• 포인트

토목·건축 구조기술사 시험대비

재료 및 구조역학

PROFESSIONAL ENGINEER

임 청 권
공학박사
토목구조기술사

예문사

머 리 말

 최근 급속한 건축·토목기술의 발달과 함께 구조설계나 시공상의 안전성은 공학자들로 하여금 많은 경각심과 연구의 필요성을 자아내고 있다.

 외국으로부터의 전문인력 수입에 발맞추어 국내에서도 많은 건설인들이 전문기술사 자격시험에 대비하고 있으며, 특히 폭넓은 구조공학 분야와 시공을 겸비한 토목·건축구조기술사의 비중이 점차 커져가는 추세이다.

 본서는 구조 기술사 수험생들이 가장 접근하기 힘들어하는 재료역학과 구조역학의 전반적인 내용들을 간결하고 알기 쉽게 기술하였으며, 쉬운 예제에서부터 다년간 출제된 기술문제에 이르기까지 다양한 문제들을 단계별로 수록하였다.

본서의 구성은 다음과 같다.
1. 재료역학과 구조역학을 통합하여 22개의 Chapter로 구분하였다.
2. 기본원리, 역학적 개념, 가정사항 및 공식유도 등을 실제 답안 작성형식으로 간결하게 요약하였다.
3. 필수예제는 쉬운 것부터 단계별로 정리하였으며, 가능한 많은 문제를 수록하였다.
4. 각 Chapter의 끝 부분에는 구조기술사 기출문제와 예상문제 등을 실전문제로 수록하였으며, 풀이는 본서 뒷부분에 정리하였다.

 재료와 구조역학을 공부하시는 분들께 많은 도움이 되길 바라며, 본서의 내용 중 미진한 부분이나 기술적 오류에 대해서는 앞으로 계속 보완·수정해 나갈 것이다.

 아울러 구조기술사를 공부하는 분들의 아낌없는 지도·편달을 부탁드리며 본서의 출판을 위해 물심양면으로 애써주신 예문사 정용수 사장님과 직원 여러분께 진심으로 감사드린다.

임 청 권

Chapter 1 단면성질

1.1 단면1차 모멘트 ··· 3
1.2 단면2차 모멘트 ··· 9
1.3 그 외의 단면성질 ··· 10
▶ 실전문제 ·· 20

Chapter 2 응력과 변형률

2.1 응력과 변형률의 정의 ··· 25
2.2 응력의 종류 ·· 26
2.3 변형률의 종류 ·· 29
2.4 응력과 변형률의 관계 ··· 32
2.5 축력부재의 길이 변형량 ··· 36
▶ 실전문제 ·· 45

Chapter 3 정정구조의 해석

3.1 구조물 일반 ·· 49
3.2 단면력의 정의와 부호규약 ··· 55
3.3 정정보의 해석 ·· 57
3.4 겔버보의 해석 ·· 66
3.5 정정라아멘의 해석 ·· 72
3.6 정정아치의 해석 ·· 81
▶ 실전문제 ·· 89

Chapter 4 보의 휨응력과 전단응력

4.1 보의 휨응력 σ ·· 93
4.2 보의 전단응력 τ ·· 97
▶ 실전문제 ·· 102

차 례

Chapter 5 비틀림 응력과 전단중심
- 5.1 비틀림과 뒤틀림의 정의 ····· 105
- 5.2 비틀림 응력(Torsional Stress) ····· 106
- 5.3 박판에서의 전단응력과 비틀림 상수 ····· 118
- 5.4 전단중심(shear center) ····· 129
- ▶ 실전문제 ····· 138

Chapter 6 주응력과 주변형률
- 6.1 평면응력 ····· 143
- 6.2 주응력 ····· 144
- 6.3 평면 변형률과 주변형률 ····· 153
- 6.4 Strain gauge 또는 Strain rosette (스트레인 로제트) ····· 155
- 6.5 주단면 2차 모멘트 (주관성 모멘트) ····· 158
- ▶ 실전문제 ····· 161

Chapter 7 기타 응력 산정
- 7.1 대칭단면의 비대칭 하중에 의한 응력 ····· 167
- 7.2 비대칭 단면의 순수 휨 응력 ····· 171
- 7.3 합성보의 휨 응력 ····· 174

Chapter 8 기 둥
- 8.1 핵(Core) 및 핵거리 ····· 183
- 8.2 장 주 ····· 187
- 8.3 장주에서 Euler 공식의 유도 ····· 190
- ▶ 실전문제 ····· 205

Chapter 9 구조물의 처짐과 처짐각
- 9.1 처짐과 처짐각의 정의 ····· 209
- 9.2 공액보법(Conjugate Beam Method) ····· 209
- 9.3 가상일의 방법 (Method of virtual work) ····· 223
- ▶ 실전문제 ····· 237

Chapter 10   변형에너지

- 10.1 축력이 가해진 경우 ··· 241
- 10.2 휨 모멘트가 가해진 경우 ·· 244
- 10.3 전단력이 가해진 경우 ·· 247
- 10.4 비틀림 우력이 가해진 경우 ··· 252
- 10.5 Castigliano의 정리 ·· 253
  - ▶ 실전문제 ·· 257

Chapter 11   변형일치법

- 11.1 개 요 ·· 261
- 11.2 2경간 연속보의 변형일치법 계산 예 ·································· 261
  - ▶ 실전문제 ·· 277

Chapter 12   3연 모멘트법

- 12.1 개 요 ·· 281
- 12.2 해법순서와 3연모멘트 공식 ··· 281
- 12.3 2경간 연속보의 3연 모멘트법 적용 예 ······························· 285
  - ▶ 실전문제 ·· 300

Chapter 13   처짐각법

- 13.1 개 요 ·· 303
- 13.2 처짐각법의 해석 순서와 공식 ··· 303
- 13.3 Sidesway가 있는 라아멘의 해석(응용) ······························· 318
  - ▶ 실전문제 ·· 327

Chapter 14   모멘트 분배법

- 14.1 개 요 ·· 331
- 14.2 모멘트 분배법의 해석순서와 공식 ····································· 331
  - ▶ 실전문제 ·· 343

Chapter 15 부정정 구조에서 고정단 모멘트, 전달률, 강도 등의 계산법

15.1 기둥 유사법 ··· 347
15.2 모멘트 면적법(공액보 법) ·· 355
▸실전문제 ··· 359

Chapter 16 소성해석

16.1 소성해석의 정의 ··· 363
16.2 소성 휨(plastic bending) ·· 363
16.3 단순보의 소성해석 ·· 368
16.4 뼈대 구조물의 극한하중 (붕괴하중) ······································ 381
▸실전문제 ··· 391

Chapter 17 케 이 블

17.1 케이블의 일반정리 ·· 395
17.2 케이블의 역학적 공식 ·· 396
▸실전문제 ··· 404

Chapter 18 정정트러스의 해석

18.1 개 요 ·· 407
18.2 부재력 산정 ·· 407
18.3 처짐 산정 ··· 412
▸실전문제 ··· 419

Chapter 19 부정정트러스의 해석 및 트러스의 응용

19.1 개 요 ·· 423
19.2 변위일치법 (=변형일치법) ··· 424
19.3 부재열법 (Bar-chain Method) ·· 433
19.4 부재 치환법 ·· 435
19.5 강성도법 (변위법)과 유연도법 (응력법) ································· 439
▸실전문제 ··· 450

Chapter 20 영향선

20.1 정정보의 영향선 ··· 455
20.2 Truss의 영향선 ·· 463
20.3 부정정보의 영향선 (기존 방법 이용) ·· 470
20.4 부정정 보의 영향선 (Müller-Breslau의 원리) ·························· 481
20.5 고차 부정정 구조물의 영향선 ··· 495
▶ 실전문제 ··· 502

Chapter 21 Matrix 구조해석

21.1 용어설명 ··· 507
21.2 자유도 (Degree of Freedom) ··· 508
21.3 Matrix 법의 공식 ·· 512
21.4 보의 Matrix 해석순서 ·· 514
21.5 라아멘의 Matrix 해석순서 ··· 523
21.6 트러스의 Matrix 해석순서 ··· 531
▶ 실전문제 ··· 542

Chapter 22 동 역 학

22.1 동적 평형 방정식 ·· 547
22.2 감쇠 자유 진동 ·· 549
22.3 SDOF(Single Degree Of Freedom)의 응답 ··························· 554
22.4 구조동역학 ·· 561
▶ 실전문제 ··· 568

실전문제 풀이 및 해답

Professional Engineer

기술사 시험자격 기준 및 시험일정

01 응시자격

1. 기술사 : 다음 각 호의 1에 해당하는 자

가. 기사의 자격을 취득한 후 응시하고자 하는 종목이 속하는 직무분야 (노동부령으로 정하는 유사직무 분야를 포함한다. 이하 "동일 직무분야"라 한다) 에서 4년 이상 실무에 종사한 자

나. 산업기사의 자격을 취득한 후 응시하고자 하는 종목이 속하는 동일 직무분야에서 6년 이상 실무에 종사한 자

다. 기능사의 자격을 취득한 후 응시하고자 하는 종목이 속하는 동일 직무분야에서 8년 이상 실무에 종사한 자

라. 4년제 대학 졸업자 또는 이와 동등이상의 학력이 있다고 인정되는 자(이하 "대학 졸업자 등"이라 한다)로서 졸업 후 응시하고자 하는 종목이 속하는 동일 직무분야에서 7년 이상 실무에 종사한 자

마. 기술자격 종목별로 기사의 수준에 해당하는 교육훈련을 실시하는 기관으로서 노동부령이 정하는 교육훈련기관의 기술훈련과정을 이수한 자로서 이수 후 동일 직무분야에서 7년 이상 실무에 종사한 자

바. 전문대학졸업자 또는 이와 동등이상의 학력이 있다고 인정되는 자(이하 "전문대학 졸업자 등"이라 한다)로서 졸업 후 응시하고자 하는 종목이 속하는 동일 직무분야에서 9년 이상 실무에 종사한 자
※ 4년제 대학 전 과정의 2분의 1 이상을 마치고 9년 이상 실무에 종사한 자도 포함

사. 기술자격종목별로 산업기사의 수준에 해당하는 교육훈련을 실시하는 기관으로서 노동부령이 정하는 교육훈련기관의 기술훈련과정을 이수한 자로서 이수 후 동일 직무분야에서 9년 이상 실무에 종사한 자

아. 응시하고자 하는 종목이 속하는 동일 직무분야에서 11년 이상 실무에 종사 한 자

자. 외국에서 동일한 등급 및 종목에 해당하는 자격을 취득한 자

02 응시절차

1. 원서교부 및 접수

(1) 수검원서 교부
   ① 교부장소 : 공단 16개 지방사무소 및 전국 시·군·구청 민원실
   ② 수검원서는 공휴일 및 행사일 공단 창립기념일(3월 18일), 근로자의 날(5월 1일)등을 제외하고 연중교부
   ③ 단체교부시는 수검대상기관장의 요청에 의하여 수검인원을 감안 적정량 교부

(2) 수검원서 접수
   ① 접수장소 : 공단 16개 지방사무소
   ② 필기시험 대상자 : 해당 종목의 필기시험 원서 접수기간
   ③ 필기시험 면제대상자 및 기능사보 : 해당 종목의 필기시험 면제자 원서접수기간(실기면접시험, 실비납부기간)
   ④ 필기시험 전과목 면제 해당자 : 해당종목의 실기시험 원서접수기간
   ⑤ 외국자격 취득자 : 해당 종목의 필기시험 원서접수기간

(3) 수검원서 교부 및 접수기간
   ① 평일 : 09 : 00~18 : 00 (단, 11월 1일부터 다음연도 2월말까지는 09 : 00~17 : 00)
   ② 토요일 : 09 : 00~13 : 00 (단, 공휴일은 원서교부 및 접수를 하지 않음)

03 응시절차합격자 안내 등 공단종합민원 정보서비스 안내

1. 자동안내 내용

안내내용	이용방법	안내기간
합격자 발표 및 실기시험 안내	• 자동응답전화(ARS)이용시 : 060-700-2009 ▲ 지역번호없이 전국 동일번호 ▲ 시내전화이용 단, 공중전화 사용불가 • PC통신 이용시 - 천리안 : 01420/01421접속 → GO License	• 합격자 발표 - 발표일로부터 　기능사 : 3일간, 　기능사 이외종목 　: 4일간(실기시험 합격자는 7일간) • 실기시험 안내 - 당회 실기시험 5일전부터 시험종료일까지
필기득점공개	• ARS(060-700-2009) • 인터넷 : www.q-net.or.kr	• 필기득점공개 발표일로부터 7일간

필기득점공개	• ARS(060-700-2009) • 인터넷 : www.q-net.or.kr	• 필기득점공개 발표일로부터 7일간

종합민원 안내
-자격검정시행일정
-직업교육훈련과정
-취업정보
-기능장려사업
-공단홍보자료
	• 자동응답전화(ARS)이용시 :
	  060-700-4009
	  ▲ 지역번호없이 전국 동일번호
	  ▲ 시내전화이용 단, 공중전화 사용불가
	• PC통신 이용시
	  -천리안 : 01420/01421 -> GO License
		• 상시안내

인터넷 : www.HRDkorea.or.kr는 종합민원정보 합격자발표 및 필기시험에 대한 득점공개

※ 060-700-2009 전화안내 서비스를 이용하는 경우 전화요금 외에 소정의 정보이용료가 추가되오니 참고하시기 바람

04 수검원서 교부 및 접수

지방사무소명	주 소	검정안내 전화번호		
		필기시험	실기시험	등록
서울경인지역본부	서울특별시 마포구 공덕동 370-4	3273-9651~2	3273-9653~4	716-8440
충청지역본부	대전광역시 동구 용전동 143-18	627-8811	627-8812	627-8813
영남지역본부	부산광역시 남구 용당동 546-2	620-1910	620-1920	620-1930
호남지역본부	광주광역시 북구 월출동 첨단과학산업단지 7-7블럭	970-1701	970-1702	970-1703
서울동부지방사무소	서울특별시 동대문구 장안동 415-7	242-6140~1	242-6142~3	242-6144
서울남부지방사무소	서울특별시 관악구 신림본동 1638-32	876-8323	876-8324	876-8322
대구지방사무소	대구광역시 달서구 갈산동 971-1	586-7601	586-7602	586-7603
인천지방사무소	인천광역시 남동구 고잔동 625-1	818-2181	818-2182	818-2183
경기지방사무소	경기도 수원시 장안구 정자2동 80-17	253-1916	253-1917	253-1915
강원지방사무소	강원도 춘천시 온의동 65-32	254-6990	254-6992	254-6563
충북지방사무소	충북 청주시 흥덕구 운천동 1121	272-8141	272-8142	272-8143
충남지방사무소	충북 천안시 성정동 927	576-6781	576-6782	576-6783
전북지방사무소	전북 전주시 덕진구 덕진2가 114-2	254-0477	254-6010	254-9205
전남지방사무소	전남 순천시 장천동 176-1	742-4052	742-4052	742-4051
울산지방사무소	울산광역시 남구 삼산동 19-9	276-9031	276-9031	276-9032
경북지방사무소	경상북도 안동시 평화동 71-83	855-2122	855-2122	855-2122
경남지방사무소	경상남도 창원시 중앙동 105-1	285-4001	285-4002	285-4003
제주지방사무소	제주도 제주시 일도2동 361-22	723-0701	723-0701	723-0702

05 기술사의 정의 및 검정방법

1. 기술사의 정의

기술사(Professional Engineer : PE)라 함은 국가기술자격법에 의한 국가시험에 합격한 자로서 해당기술분야에 대한 고도의 전문지식과 실무경험에 입각한 계획, 연구, 설계, 분석, 시험, 운영, 시공, 평가 또는 이에 관한 지도, 감리 등의 기술용역업무를 수행하는 전문기술자를 말한다.

2. 검정방법

1) 기술사의 검정은 필기시험과 면접시험 방법으로 실시한다.
2) 1차 필기 시험은 100% 주관 논문형식으로 출제되며 1교시에서 4교시까지 각 교시당 100분이 주어져 총 400분 동안 시험을 치르게 된다.
   (1) 채점은 한국산업인력공단에서 위촉하는 2인 이상의 채점위원이 채점
   (2) 통상 1교시당 100점으로 하며 총 400점을 만점으로 총점 중 60%인 240점 이상 취득하면 1차 필기시험에 합격하게 된다. 이는 각 교시당의 과락이 없으며 4교시를 통합하여 총 취득점수가 240점 이상이면 합격을 의미하는 것이다.
   (3) 시험문제는 전반적인 기초사항과 전문적인 사항에 대하여 1교시에 단답형 문제가 출제되며, 2~4교시에는 대략 4~6문제 정도 출제된다.
3) 경력심사 : 1차 필기시험에 합격한 자에 한하여 응시한 종목에 합당한 경력여부를 수검자가 제시한 경력증명서 내용을 심사한다. 따라서 수험에 임하기 전 자신의 경력과 응시종목광의 일치여부를 확인하여 보고, 경력심사시 응시종목과의 경력인정이 의심스러울 경우 한국산업인력공단 검정부에 1차 확인하여 보는 것도 현명한 방법이다. 이를 고려하지 않고 힘들게 공부하여 1차 필기시험에 합격하였으나 경력심사에서 불이익을 당하여 부적격 처리되는 경우가 종종 있으니 유의하기 바란다.
4) 면접시험 : 1차 필기시험과 경력심사에서 합격한 자에 한하여 면접시험이 부과되는데 응시종목의 출제위원으로 구성된 관련 전문가(대학교수, 기술사)가 공동으로 구성되어 수험생 한사람 한사람을 상대로 기술사로서 기본적으로 갖추어야 할 인격, 품격 등을 보고 해당분야의 경력, 업적, 업무수행 능력 및 적격성 등에 관하여 약 10~40분 동안 구술 테스트를 한다. 따라서 경력 및 업적 등에 관하여 미리 정리, 구술시 당황하지 않도록 한다.

면접시험에 임할 경우 준비사항

- 복장과 두발을 단정히 하고 정장을 하도록 한다.
- 반드시 겸손한 태도를 유지하여야 하며 확실한 의사표현 방법을 구사한다.
- 심사위원이 묻는 방향에 부합된 방향으로 답변을 행하도록 한다.
- 묻는 내용에 대하여 잘 알지 못할 경우 솔직한 태도로 잘 모르고 있음을 답변한다.
- 모든 행동에 예의를 갖추도록 한다.

06 필기시험(종목에 따라서 차이가 있음)

1. 필기시험 준비

1차 필기 시험은 주관 논문형식으로 출제되므로 출제자의 의도에 맞는 답안을 작성하기위해서는 폭넓은 지식과 풍부한 경험이 있어야 한다.

시험에 임박하여 벼락치기식, 또는 어느 한 분야만 집중적으로 공부하여 4교시 동안 출제되는 문제에 대하여 훌륭한 답안을 작성할 수 없을 것이다.

따라서 기술사 시험에 도전할 결심을 하였다면 적어도 1~2년 정도의 장기적인 계획서작성, 대학 때 배운 기본사항에서부터 현업에서 대두되고 있는 전문사항에 이르기까지 차근차근 정리, 이를 반복하여 공부함이 중요하다. 왜냐하면 시험경험이 많고 적음을 떠나 '제한된 시간'내에 출제자의 의도에 맞게 답안을 작성, 아는 것을 보여줄 수 있는 일종의 '순발력'이 필요하기 때문이다.

또한 대부분의 불합격자가 열심히 노력은 하였으나 40~50점 대에서 애석하게 실패하는 경우를 분석해 보면 출제경향을 잘 모르는 경우와 또는 안다고 하여도 답안작성 요령을 잘 모르는 경우가 많기 때문에 총 응시자의 약 10% 정도만이 합격되고 있는 실정이다.

따라서 시험에 합격하기 위해서는 나름대로의 시험준비요령이 필요하며 그에 따른 실전을 더욱 중요하다.

- 시간에 개념을 두고 모의고사 답안지를 이용, 모의시험을 치루어 자신의 답안작성 내용중 미약한 사항들을 지적, 보완시키는 작업을 반복, 병행한다.

2. 답안의 작성

1) 답안작성 전

문제를 받으면 즉시 답안작성 들어가지 말고 그 시간의 문제를 최소한 3~4호 정도 정독을 한 후

① 문제의 요지 파악 : 출제위원이 요구하는 질의 요지(문제의 핵심)와 출제문제의 난이도 등을 파악한다.

② 점수배분에 따른 답안작성 시간 배정 : 출제문제에 대한 답안을 주어진 시간 내에 완성하여야 하는 시간과의 싸움이다. 따라서, 각 문항별 답안작성 시간을 적절히 배정하는 것이 시험의 당, 낙을 좌우하는 큰 요소일 수도 있으므로 시간배분에 실수가 없도록 한다.

③ 문제의 우선순위 결정 : 문항별 시간배정을 끝낸 후 확실하게 자신이 있다고 생각되는 문제를 골라 먼저 최대한 빠른 시간내로 답안을 작성하는 것도 요령이다.

④ 선택문제의 결정 : 선택형 문제가 주어졌을 경우 정해진 답안 작성요령에 따라야 하며, 일단 문제를 결정, 선택하였으면 약간 알고 있는 문제라 하더라도 미련을 갖지 않는다.

2) 답안의 작성

답안은 일목요연하게 객관적 입장에서 작성하여야 한다.
① 출제문제에 대한 작서 방향을 결정한 후
② 전체 목차와 서론, 본론, 결론 내용 등 기, 승, 전, 결을 마음으로 구상한 후 골격을 잡아 기재를 하고,
③ 세부사항을 풍부하게 기술한다.
④ 관련도서, 자료제시 및 현장 실무적인 내용을 가능한 많이 첨언하고 끝을 맺는다.

3) 답안 작성시 유의사항 및 기타 참고 사항

① -을 논하라. 형식의 문제
  서론, 본론, 결론의 형식에 수험생의 의견을 포함하여 작성한다.
② -을 설명하라. 형식의 문제
  형식에 구애없이 질의 내용을 바로 설명, 작성한다.
③ 계산문제
  통산 50~60% 정도의 계산문제도 함께 출제되는 경우가 있으며, 논술형보다 시간 및 확실한 점수를 얻을 수 있는 부분이므로 절대 놓치지 않도록 충분한 수험대책이 요구된다. 가능하면 공식유도과정, 풀이과정 등을 기재하고 단위계산에 유의한다.
④ 득점은 전 문항에서 골고루 나올 수 있도록 한다.
⑤ 배점이 25점이면 3페이지 정도(최소 2페이지 이상) 논리성 있게 서술하고, 5점이면 반페이지 정도 설명하며 전체적으로 최소한 10페이지는 쓸려고 노력한다. 그리고 20분 정도에 답안지 2페이지 이상 작성할 수 있도록 평소 반복 연습을 한다.(종목에 따라 차이가 있음)
⑥ 시험문제는 1교시를 제외하고 교시당 100분씩 주어지는 시간에 보통 4~6문항의 답안을 작성해야 한다. 따라서 답안작성 계획성에 배정한 각 항목당의 시간을 지켜가며 작성해야 전반적으로 고른 점수를 얻을 수 있다. 만약 한 문제에 배정된 시간을 초과하여 작성할 경우 다음 문제의 배정시간이 짧아져 다음 답안이 부실해짐은 당연할 것이다.
⑦ 잘 알고 있는 문제라고 그 문제에만 너무 시간을 소비하지 말아야 한다.
⑧ 최선을 다한다는 생각으로 임하고 빨리 포기하지 않는다.
  응시자의 거의가 이 계통에서 경험이 많은 사람들이다. 따라서 모든 문제의

답을 어렴풋이 알고 있다. 조금 아는 문제라고 자만하지 말며 조그만 차이는 엄청난 차이라고 생각하고, 또한 내가 쉬우면 남들도 쉽다는 것을 명심하여 한줄 더 쓰고 그린다는 각오로써 끝까지 최선을 다한다. 많지도 않은 4~5점이 부족하여 시험에 실패하지 않도록 한다.

⑨ 도저히 좋은 답안이 작성되지 않을 때, 또는 공식이 생각나지 않을 때는 보편타당한 경험 수치로 작성한다.

요구하는 정확한 답을 써야 되겠지만 정 생각이 나지 않을 경우, 당신은 그 부분에서 최고일 수도 있다. 따라서 당신이 전문가이기 때문에 관련된 현장 실무사항을 보편타당 하게 작성한다면, 그것이 출제자가 생각했던 것보다 더 나은 답일 수도 있으며, 그것이 핵심 답일 수도 있다.

⑩ 글씨는 깨끗하고 문장은 간결하며, 문법이나 맞춤법에 주의한다.

⑪ 용어사용시 교과서 또는 설계기준표준시방서에 사용되는 용어를 사용하고 전문용어의 경우 원어 사용이 유리하며 볼펜은 검정색으로 찌꺼기가 나오지 않는 것을 사용한다.

■ 이상을 정리하면
- 마음의 정리와 본인의 굳은 의지가 필요하다.
  시험에 응시해서 기필코 합격해야 되겠다는 본인 스스로와의 약속이 가장 중요하다. 바쁜 생활에 쫓기다 보면 시험준비를 위한 마음가짐을 갖기란 그리 쉬운일이 아닐 것이다. 일단 확실한 의지로서 시작한다.
- 주변생활을 단순화하여 많은 식간을 할애한다.
  시험에 응시하려고 마음의 준비가 갖추어지면 준비를 위한 절대적인 시간이 필요하다. 시간은 본인 스스로 만들어 자기에게 가장 유리한 시간에 집중적으로 매일 매일 생활하하는 것이 중요하다.
- 초지일관의 자세로 임한다.
  처음 시작하여서는 진도도 나가지 않고 내용도 생소하여 처음 마음먹은 대로 잘되지 않을 지도 모르지만 조건은 모두 마찬가지이므로 끝까지 포기하지 않고 끝을 낸다는 '한다면 한다'는 각오로 진행한다.
- 철저한 계획서를 작성한다.
- 학교때 배운 기본도서를 문제풀이까지 독파한다.
- 잡지, 일간지, 월간지, 계간지, 세미나책에서 필요한 부분과 시사성있는 최신 기술정보를 수집, 정리한다.
- 산재해있는 여러 자료들을 자기것으로 정리하여 하나로 만든다.
- 과년도(최소 10년 이전부터) 문제를 입수, 풀이 및 분석하여 출제경향을 가늠하여 본다.

분석방법
1) 전체 문제를 입수, 과목별로 구분, 분류한다. 2) 해당과목의 문제중 중복되는 문제끼리 취합한다. 3) 중복되는 문제의 출제빈도를 확인하고 2회 이상 출제되었던 문제는 집중적으로 공부한다.

- 집중적으로 공부해야할 Subnote를 작성, 암기를 병행한다.
- 공부할 시간이 부족할 경우, 모든 것을 완전히 알려는 것보다는 전체 골격 이해와 핵심부분을 집중 정리한다.
- 수험자간에 각자가 준비한 출제경향, 정리내용 등 정보를 수시로 교환한다.
- 필기구는 항상 검정볼펜을 사용, 연습한다.
- 전체를 반복할 수 있도록 계획서를 짠다.
- 시험 1~2주 전에는 핵심사항 위주의 예상문제를 150~200문제를 선별하여 집중 암기한다.

Chapter 1
단 면 성 질

Chapter 1 단면성질

1.1 단면1차 모멘트

1.1.1 단면1차 모멘트 Q의 정의

$$Q = \int y \cdot dA$$

여기서, y : 구하고자 하는 축에서 상재된 면적 (바깥부분의 면적)의 도심까지의 수직거리

1.1.2 단면도심 산정

단면의 도심은 단면1차 모멘트를 이용하면 쉽게 구할 수 있다.

도심 (x, y) 산정법	
$x = \dfrac{Q_y}{A} = \dfrac{\int x \cdot dA}{\int dA}$ $(or) = \dfrac{\Sigma x_i \cdot A_i}{A}$	$y = \dfrac{Q_x}{A} = \dfrac{\int y \cdot dA}{\int dA}$ $(or) = \dfrac{\Sigma y_i \cdot A_i}{A}$

> **참고**
>
> • 체적(V)의 도심 $x = \dfrac{\int x \cdot dV}{V}$ • 선분(L)의 도심 $x = \dfrac{\int x \cdot dL}{L}$

4 재료 및 구조 역학

참고 도심의 암기사항

1. 반원 및 $\frac{1}{4}$ 원의 도심, $\bar{y}$

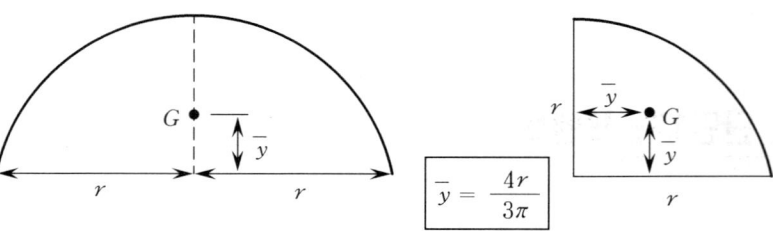

$$\bar{y} = \frac{4r}{3\pi}$$

2. 포물선의 도심

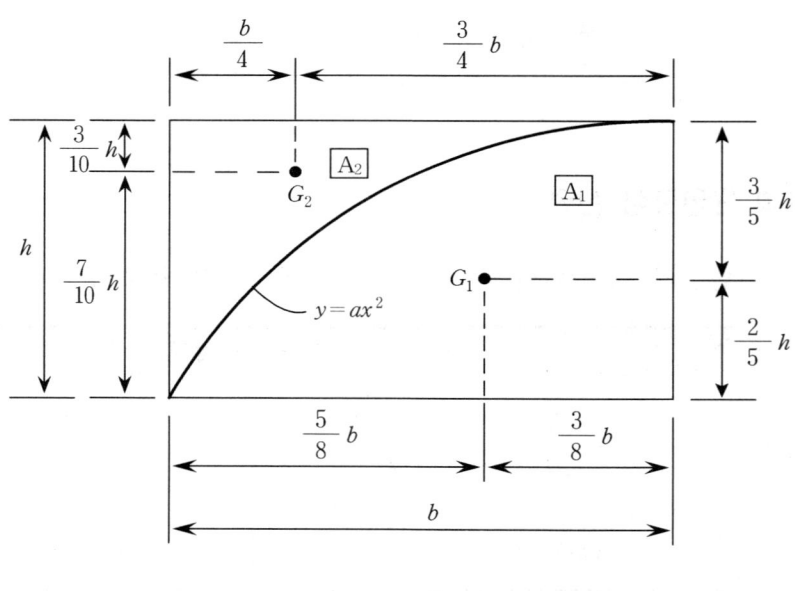

면적 $\begin{cases} A_1 = \dfrac{2}{3} b \cdot h \\ A_2 = \dfrac{1}{3} b \cdot h \end{cases}$

필수예제 1

다음 삼각형 abc 의 도심 (x, y)을 구하시오.

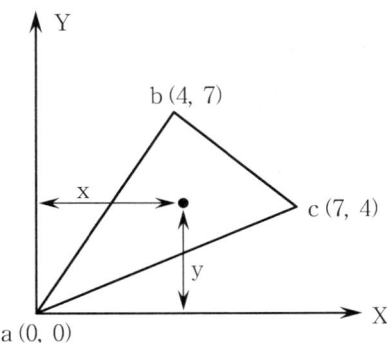

풀이과정 직선도형이므로 $x = \dfrac{\Sigma x_i \cdot A_i}{A}$ 를 이용하며, 삼각형을 감싸는 사각형으로 고려한다.

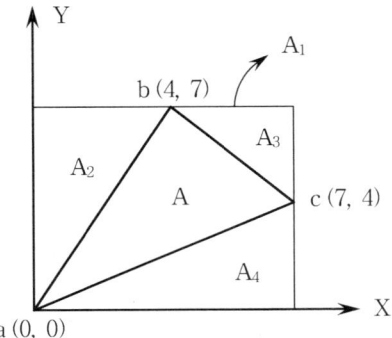

1. 각 부분의 면적 산정

   $A_1 = 7 \times 7 = 49$

   $A_2 = 4 \times 7 \times 0.5 = 14$

   $A_3 = 3 \times 3 \times 0.5 = 4.5$

   $A_4 = 7 \times 4 \times 0.5 = 14$

   $A = A_1 - A_2 - A_3 - A_4 = 49 - 14 - 4.5 - 14 = 16.5$

2. 원점에서 각 부분의 도심 산정

   $x_1 = 3.5$ $\qquad\qquad$ $y_1 = 3.5$

   $x_2 = \dfrac{1}{3} \times 4 = \dfrac{4}{3}$ $\qquad\qquad$ $y_2 = \dfrac{2}{3} \times 7 = \dfrac{14}{3}$

   $x_3 = 4 + \dfrac{2}{3} \times 3 = 6$ $\qquad\qquad$ $y_3 = 4 + \dfrac{2}{3} \times 3 = 6$

   $x_4 = \dfrac{2}{3} \times 7 = \dfrac{14}{3}$ $\qquad\qquad$ $y_4 = \dfrac{1}{3} \times 4 = \dfrac{4}{3}$

3. 삼각형 면적(A)의 도심 산정

   $x = \dfrac{\Sigma x_i \cdot A_i}{A} = \dfrac{A_1 \cdot x_1 - A_2 \cdot x_2 - A_3 \cdot x_3 - A_4 \cdot x_4}{A}$

   $ = \dfrac{49 \times 3.5 - 14 \times 4/3 - 4.5 \times 6 - 14 \times 14/3}{16.5}$

   $ = 3.667$

   $y = \dfrac{\Sigma y_i \cdot A_i}{A} = \dfrac{A_1 \cdot y_1 - A_2 \cdot y_2 - A_3 \cdot y_3 - A_4 \cdot y_4}{A}$

   $ = \dfrac{49 \times 3.5 - 14 \times 14/3 - 4.5 \times 6 - 14 \times 4/3}{16.5}$

   $ = 3.667$

필수예제 2

빗금친 도형의 도심 좌표 $\overline{x}$, $\overline{y}$ 를 구하시오.(단, CDE는 반원이다.)

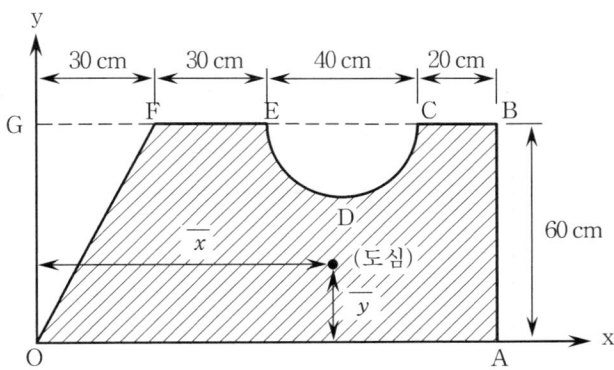

풀이과정

사각형 OABG의 면적 $A_1 = 60 \times 120 = 7200 \text{ cm}^2$

삼각형 OFG의 면적 $A_2 = -\dfrac{1}{2}(30)(60) = -900 \text{ cm}^2$

반원 CDE의 면적 $A_3 = -\dfrac{\pi (20)^2}{2} = -200\,\pi \text{ cm}^2$

	$A_i \,(\text{cm}^2)$	$x_i \,(\text{cm})$	$y_i \,(\text{cm})$	$\Sigma\, x_i A_i$	$\Sigma\, y_i A_i$
사각형	7200	60	30	432×10^3	216×10^3
삼각형	-900	10	40	-9×10^3	-36×10^3
반 원	$-200\,\pi$	80	$60 - \dfrac{4 \times 20}{3\pi}$	$-16\,\pi \times 10^3$	-32.4×10^3
Σ	5671.7			372.7×10^3	147.6×10^3

$\overline{x} = \dfrac{\Sigma\, x_i A_i}{\Sigma\, A_i} = \dfrac{372.7 \times 10^3}{5671.7} = 65.7 \text{ cm}$

$\overline{y} = \dfrac{\Sigma\, y_i A_i}{\Sigma\, A_i} = \dfrac{147.6 \times 10^3}{5671.7} = 26.0 \text{ cm}$

필수예제 3

반지름 r인 부채꼴 단면 OAB의 도심을 구하시오.

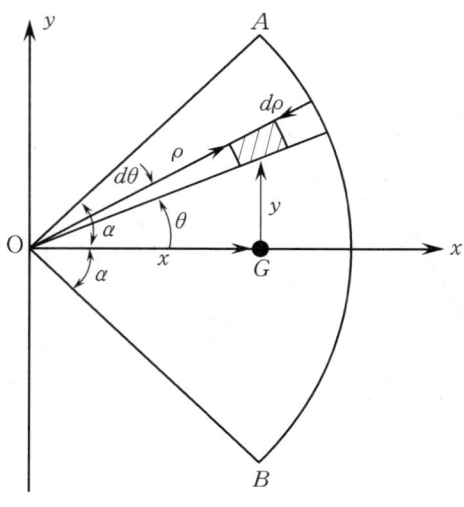

풀이과정

1. 원형단면이므로 극좌표계 사용
2. x축에 대해서 대칭이므로 도심은 x축상에 있다.
3. 점 O에서 임의의 반지름 ρ에 위치한 미소면적 dA
    $$dA = d\rho \times \rho \cdot d\theta$$
    dA의 중심좌표 : $x = \rho \cdot \cos\theta,\ y = \rho \cdot \sin\theta$
4. OAB의 도심 $\overline{x}$

$$\overline{x} = \frac{\int x \cdot dA}{\int dA} = \frac{\iint \rho \cdot \cos\theta\,(\rho \cdot d\rho \cdot d\theta)}{\iint \rho \cdot d\rho \cdot d\theta}$$

$$= \frac{\int_0^r \rho^2 \cdot d\rho \cdot \int_{-\alpha}^{\alpha} \cos\theta \cdot d\theta}{\int_0^r \rho \cdot d\rho \cdot \int_{-\alpha}^{\alpha} d\theta}$$

$$= \frac{\dfrac{r^3}{3}(2 \cdot \sin\alpha)}{\dfrac{r^2}{2}(2\alpha)} = \frac{2}{3}r\left(\frac{\sin\alpha}{\alpha}\right)$$

1.2 단면2차 모멘트

1.2.1 단면2차 모멘트 I의 정의

(1) 미소면적에 대하여 임의 축에서 미소 면적까지의 거리를 제곱하여 곱한 값을 전단면에 대해 적분한 것이 단면2차 모멘트이다.
(2) 구조물의 강성에 직접적인 영향을 미치는 단면 성질이다.

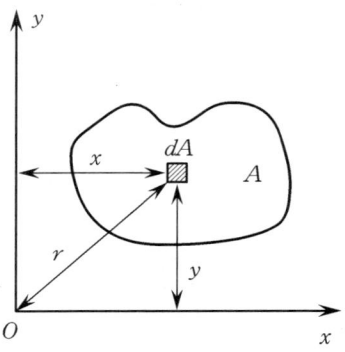

$$I_x = \int_A y^2 \cdot dA, \quad I_y = \int_A x^2 \cdot dA$$

여기서 x, y는 dA의 중심좌표이다.

1.2.2 기본 도형의 단면 2차 모멘트 I

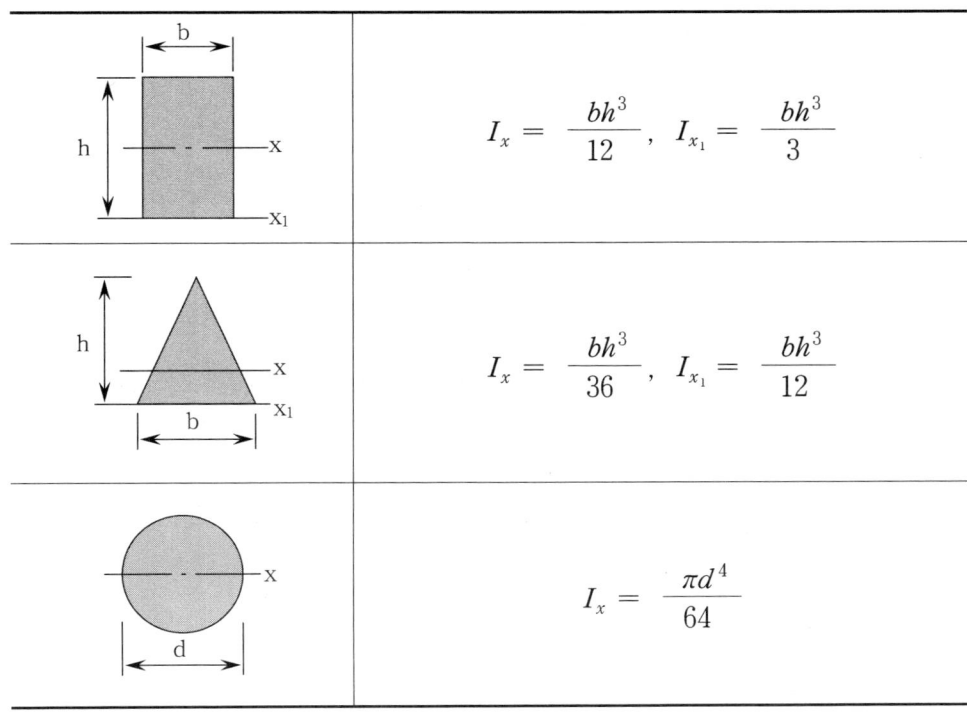

직사각형	$I_x = \dfrac{bh^3}{12}, \quad I_{x_1} = \dfrac{bh^3}{3}$
삼각형	$I_x = \dfrac{bh^3}{36}, \quad I_{x_1} = \dfrac{bh^3}{12}$
원	$I_x = \dfrac{\pi d^4}{64}$

1.3 그 외의 단면성질

1.3.1 극관성 단면2차 모멘트, I_p

(1) 정 의

극관성 단면2차 모멘트(또는 단면2차 극모멘트)는 구하고자 하는 직교 좌표축 x, y에 대한 단면2차 모멘트의 합이다.

$$\therefore I_p = I_x + I_y$$

(2) 특 징

극관성 단면2차 모멘트 I_p는 좌표축의 회전에 관계없이 항상 일정하다. 예를들어 그림의 L형강에서 도심 G를 지나는 직교좌표축 x, y에 대한 I_p는, 같은점 G를 지나면서 θ만큼 회전한 직교좌표축 u, v에 대한 I_p와 항상 같다.

$$I_p = I_x + I_y = I_u + I_v$$

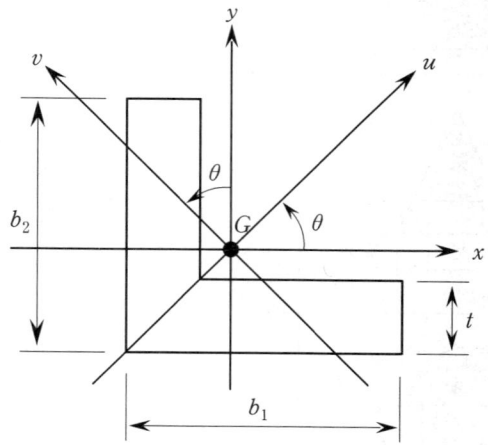

1.3.2 단면계수 (Section Modulus), Z

(1) 정 의

단면계수는 도심을 지나는 임의의 축에 대한 단면2차 모멘트 값에 그 축에서 가장 먼 수직거리를 나눈 값이다.

$$\therefore Z_{x(상단)} = \frac{I_x}{y_1}$$

$$Z_{x(하단)} = \frac{I_x}{y_2}$$

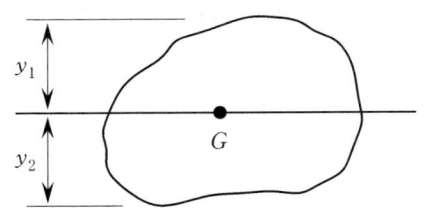

(2) 여러 도형의 단면계수

① 직사각형 단면

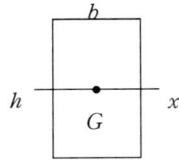

$$Z_x = \frac{I_x}{y} = \frac{\frac{bh^3}{12}}{\frac{h}{2}} = \frac{bh^2}{6}$$

② 원형 단면

$$Z_x = \frac{I_x}{y} = \frac{\frac{\pi d^4}{64}}{\frac{d}{2}} = \frac{\pi d^3}{32}$$

③ 삼각형 단면

$$Z_{x(상단)} = \frac{I_x}{y_1} = \frac{\frac{bh^3}{36}}{\frac{2}{3}h} = \frac{bh^2}{24}$$

$$Z_{x(하단)} = \frac{I_x}{y_2} = \frac{\frac{bh^3}{36}}{\frac{1}{3}h} = \frac{bh^2}{12}$$

1.3.3 회전반경, r

$$r_x = \sqrt{\frac{I_x}{A}}, \quad r_y = \sqrt{\frac{I_y}{A}}$$

1.3.4 단면 상승 모멘트, I_{xy}

(1) 정 의

$$I_{xy} = \int x \cdot y \, dA$$

여기서, x, y는 구하고자 하는 직교좌표축에서 도형의 도심까지의 x, y 방향 수직거리

(2) 사 용

단면의 주축과 주단면 2차 모멘트 산정시 이용한다.

(3) 특 징

한 축이라도 대칭축이면 I_{xy}는 0이다.

(4) 평형축 정리

$$I_{xy(임의축)} = I_{XY(도심축)} + A \cdot \overline{x} \cdot \overline{y}$$

(5) 직사각형 단면 예

① 도심을 지나는 x, y축에 대한 단면 상승 모멘트

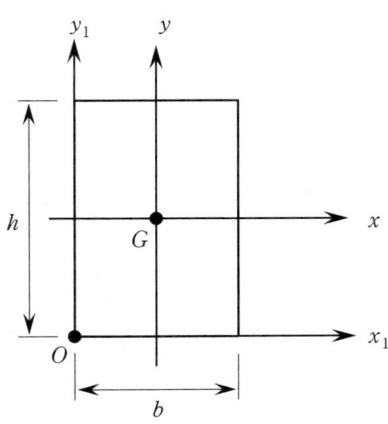

$I_{xy(G)} = 0$ (zero)

(∵ 도심축 x, y는 전체 도형의 도심을 지나므로 수직거리가 0 (zero) 이다.)

② O점을 지나는 x_1, y_1축에 대한 단면 상승 모멘트

$$I_{x_1y_1(O)} = I_{xy(G)} + A \cdot \overline{x} \cdot \overline{y} : 평형축 정리$$

$$= 0 + (b \cdot h) \times \left(\frac{b}{2}\right) \times \left(\frac{h}{2}\right)$$

$$= \frac{b^2 h^2}{4}$$

여기서, $\overline{x}$, $\overline{y}$: x, y 축과 x_1, y_1축과의 수직거리

> **참고** **평형축 정리**

그림에서 단면적 A, 도심 c(좌표 x_c, y_c), 도심 c에서 d만큼 떨어진 점을 O(좌표 x, y)라고 하자.

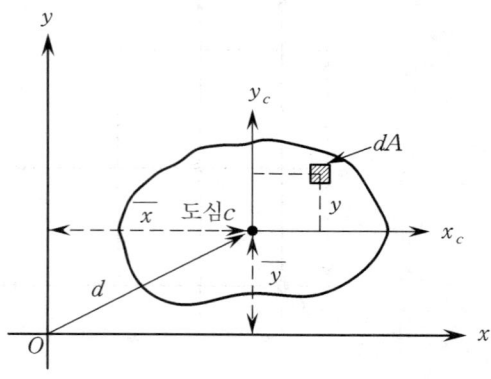

(1) 단면 2차 모멘트에 관한 평형축 정리

$$I_x = I_{xc} + A \cdot \overline{y}^2$$
$$I_y = I_{yc} + A \cdot \overline{x}^2$$

(2) 극관성 단면 2차 모멘트에 관한 평형축 정리

$$\begin{aligned} I_{p(0)} &= I_x + I_y \\ &= I_{xc} + A \cdot \overline{y}^2 + I_{yc} + A \cdot \overline{x}^2 \\ &= (I_{xc} + I_{yc}) + A \cdot (\overline{x}^2 + \overline{y}^2) \\ &= I_{p(c)} + A \cdot d^2 \end{aligned}$$

(3) 단면 상승 모멘트에 관한 평형축 정리

$$\begin{aligned} I_{xy} &= \int_A (x + \overline{x})(y + \overline{y}) \cdot dA \\ &= \int_A x \cdot y \cdot dA + \overline{y} \int_A x \cdot dA \\ &\quad + \overline{x} \int_A y \cdot dA + \overline{x} \cdot \overline{y} \cdot \int_A dA \end{aligned}$$

(여기서, $\int_A x \cdot dA = \int_A y \cdot dA = 0$, $\int_A dA = A$이다.)

$$\therefore I_{xy} = I_{x_c y_c} + A \cdot \overline{x} \cdot \overline{y}$$

필수예제 4

그림과 같은 직사각형 단면에서 다음 축에 관하여 단면 2차 모멘트를 구하시오.

   (1) 중립축 x_c에 관한 I_{x_c}
   (2) 밑변 x축에 관한 I_x

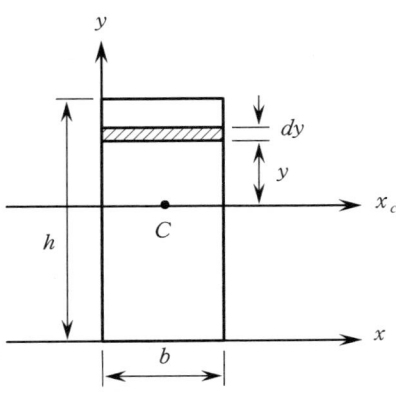

풀이과정 (1) ① 미소면적 $dA = b \cdot dy$

    ② 도심축 x_c에 관해서 y의 적분구간은 $-\dfrac{h}{2} \sim \dfrac{h}{2}$

    ③ $I_{x_c} = \int y^2 \cdot dA$

$$= \int_{-\frac{h}{2}}^{\frac{h}{2}} y^2 \cdot b \cdot dy = b \left[\frac{y^3}{3} \right]_{-\frac{h}{2}}^{\frac{h}{2}} = \frac{bh^3}{12}$$

(2) ① 밑면 x축에 관해서 y의 적분구간은 $0 \sim h$

   ② $I_x = \int y^2 \cdot dA = \int_0^h y^2 \cdot b \cdot dy = b \left[\dfrac{y^3}{3} \right]_0^h = \dfrac{bh^3}{3}$

필수예제 5

그림과 같은 단면 OAB에서 I_x, I_y를 구하시오.

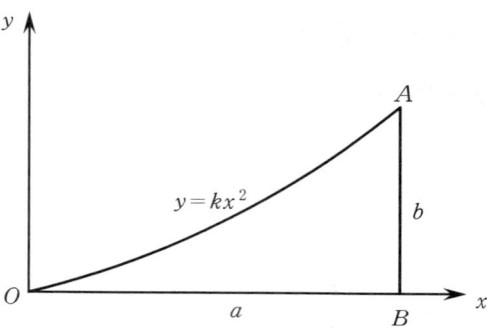

풀이과정

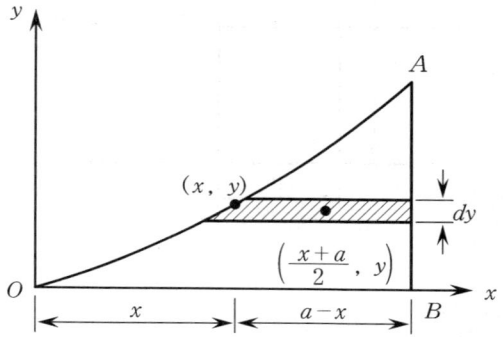

(1) I_x

① $b = k \cdot a^2$ ∴ $k = \dfrac{b}{a^2}$

② $dA = (a-x)dy = \left(a - \sqrt{\dfrac{y}{k}}\right)dy = \left(a - k^{-\frac{1}{2}} \cdot y^{\frac{1}{2}}\right)dy$

③ $I_x = \int y^2 \cdot dA = \int_0^b y^2 \left(a - k^{-\frac{1}{2}} \cdot y^{\frac{1}{2}}\right) dy$

$= \int_0^b \left(ay^2 - k^{-\frac{1}{2}} y^{\frac{5}{2}}\right) dy$

$= \dfrac{ab^3}{3} - \dfrac{2}{7} k^{-\frac{1}{2}} b^{\frac{7}{2}} = b^3 \left[\dfrac{a}{3} - \dfrac{2}{7}\left(\dfrac{a^2}{b}\right)^{\frac{1}{2}} \cdot b^{\frac{1}{2}}\right] = \dfrac{ab^3}{21}$

(2) $I_y \Rightarrow$ (별해) 참조

(별해)

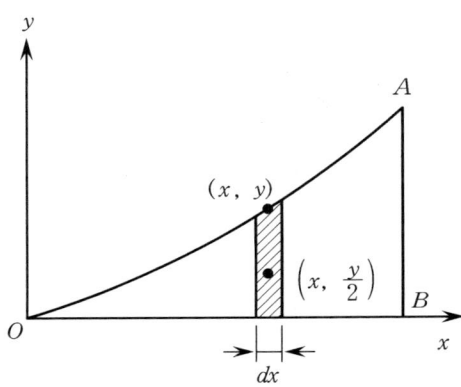

(1) I_x

① 미소면적 dA를 직사각형으로 간주하고 밑변 x축에 대한 단면 2차 모멘트 $I_x = \dfrac{bh^3}{3}$을 이용한다.

② $dI_x = \dfrac{1}{3}(dx)(y)^3 = \dfrac{1}{3}y^3 \cdot dx = \dfrac{1}{3}k^3 \cdot x^6 \cdot dx$

③ $I_x = \int dI_x = \int_0^a \dfrac{1}{3}k^3 \cdot x^6 \cdot dx$

$= \dfrac{1}{3}k^3 \cdot \dfrac{a^7}{7} = \dfrac{1}{21}\left(\dfrac{b}{a^2}\right)^3 \cdot a^7 = \dfrac{ab^3}{21}$

(2) I_y

① $dA = y \cdot dx = k \cdot x^2 \cdot dx$

② $I_y = \int x^2 \cdot dA = \int x^2 \cdot k \cdot x^2 \cdot dx$

$= \int_0^a k \cdot x^4 dx = \dfrac{1}{5}k \cdot a^5 = \dfrac{1}{5}\left(\dfrac{b}{a^2}\right)a^5 = \dfrac{1}{5}a^3 \cdot b$

필수예제 6

반경이 r인 원형단면에서 도심축에 관한 극관성 단면 2차 모멘트를 구하시오. (O 는 도심)

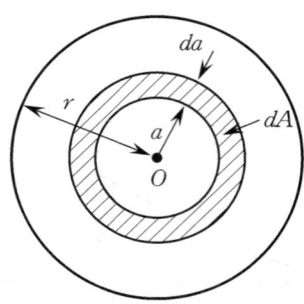

풀이과정

1. 미소면적 $dA = 2\pi a \times da$
2. 적분구간 : $o \sim r$
3. 도심에 대한 극관성 단면 2차 모멘트 I_p

$$I_p = \int a^2 \cdot dA = \int_0^r a^2 \cdot (2\pi a \cdot da)$$
$$= 2\pi \cdot \left[\frac{a^4}{4} \right]_0^r = \frac{\pi r^4}{2}$$

필수예제 7

밑변이 b이고, 높이가 h인 직각삼각형에서 도심축에 관한 단면 상승 모멘트 $I_{x_c y_c}$를 구하시오.

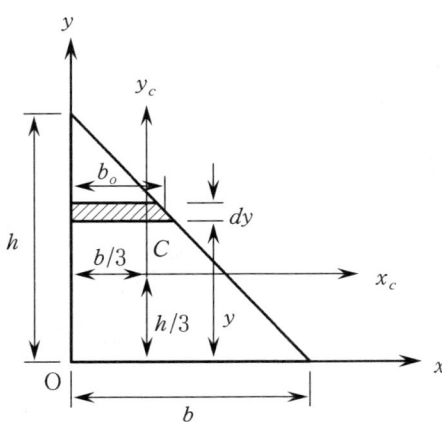

풀이과정

1. $b_o = \dfrac{b(h-y)}{h}$

2. ① 미소면적 $dA = b_o \cdot dy = \dfrac{b(h-y)}{h} dy$

   ② x, y 축에 대한 dA의 도심좌표 : $\left(\dfrac{b_o}{2},\ y\right)$

3. x, y 축 (O점)에 대한 단면 상승 모멘트 I_{xy}

$$I_{xy} = \int_A x \cdot y \cdot dA = \int \dfrac{b_o}{2} \cdot y \cdot dA$$

$$= \int_0^h \dfrac{b(h-y)}{2h} \cdot y \cdot \dfrac{b(h-y)}{h} dy$$

$$= \dfrac{b^2}{2h^2} \int_0^h (h-y)^2 y \cdot dy = \dfrac{b^2 h^2}{24}$$

4. 평형축 정리

$$I_{xy} = I_{x_c y_c} + A \cdot \overline{x} \cdot \overline{y}$$

$$\dfrac{b^2 \cdot h^2}{24} = I_{x_c y_c} + \dfrac{bh}{2}\left(\dfrac{b}{3}\right)\left(\dfrac{h}{3}\right)$$

5. 도심축에 관한 단면 상승 모멘트 $I_{x_c y_c}$

$$\therefore I_{x_c y_c} = \dfrac{b^2 \cdot h^2}{24} - \dfrac{b^2 \cdot h^2}{18} = -\dfrac{b^2 \cdot h^2}{72}$$

실전문제

1. 다음 그림에서 삼각형 ABC의 도심 y 좌표를 구하시오.

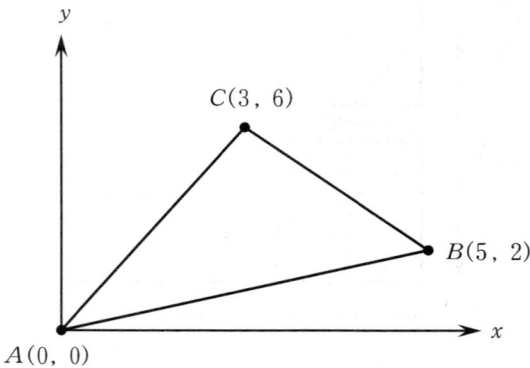

2. 다음 그림과 같은 삼각형 단면에서 x축 도심을 구하시오.

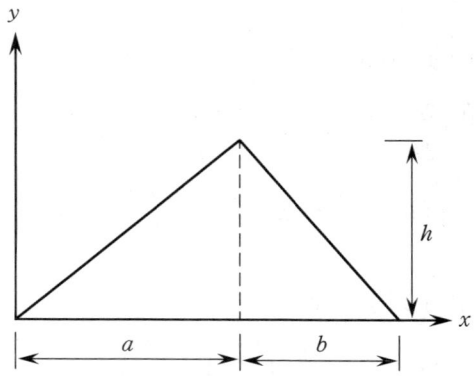

3. 다음 단면의 도심을 구하시오.

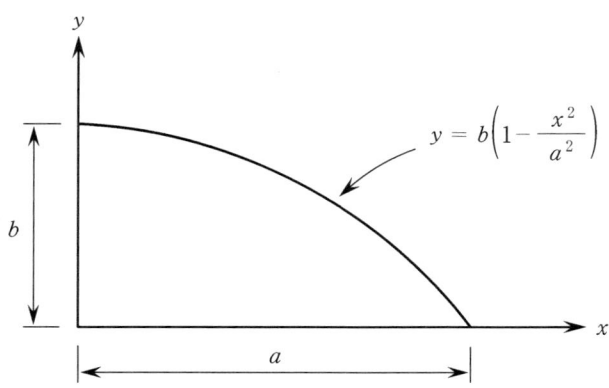

4. 그림에서 x 축에 대한 단면 2차 모멘트를 구하시오.

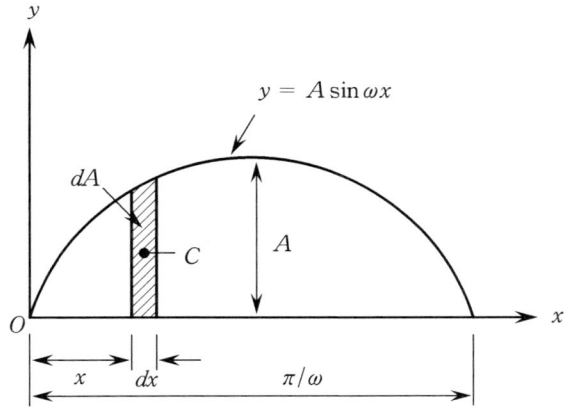

정답				
	1. 2.67	**2.** $\dfrac{2a+b}{3}$	**3.** $\overline{x} = \dfrac{3}{8}a$, $\overline{y} = \dfrac{2}{5}b$	**4.** $\dfrac{4A^3}{9\omega}$

Chapter 2
응력과 변형률

Chapter 2 응력과 변형률

2.1 응력과 변형률의 정의

2.1.1 응력

부재에 외력이 작용하면 이 외력이 부재 내부로 단면력의 형태로 전파되며 이로 인해 물체 혹은 부재가 변형하는 동시에 부재내부에 저항력(내력)이 생긴다. 이때, 내력은 단위면적당의 힘으로 표현되며 이를 응력(stress)이라고 한다. 따라서 응력의 단위는 kg/cm^2가 된다.

2.1.2 변형률

부재에 외력이 가해지면 내부에 응력이 발생하고 부재의 형태와 크기가 변한다. 이때 부재의 원래 크기와 변형량과의 비율을 변형률(strain)이라 한다. 따라서 변형률의 단위는 무차원이 된다.

2.2 응력의 종류

수직응력은 σ로, 접면응력은 τ로 각각 표시한다.

2.2.1 축응력(σ) : 축력 P에 의해 발생한다.

$$\sigma = \frac{P}{A}$$

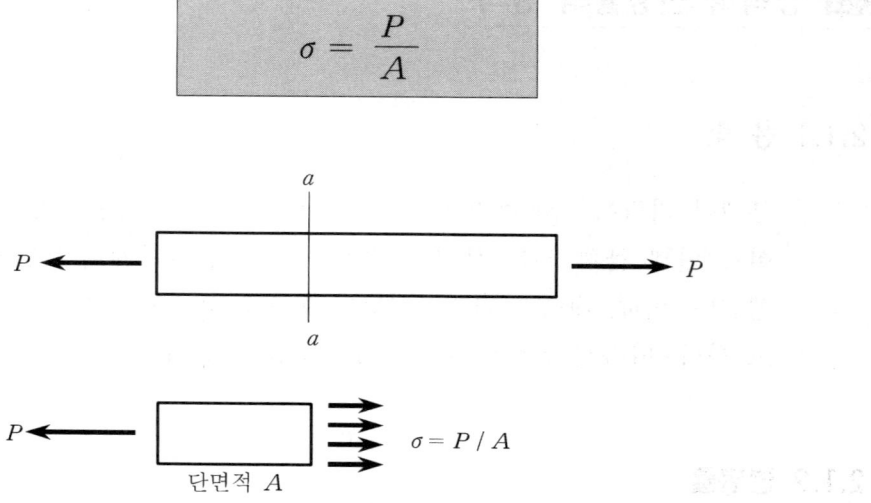

2.2.2 휨응력(σ)과 전단응력(τ)

휨하중에 의해 내부에서 휨모멘트(M)와 전단력(V)의 단면력이 발생하며 휨모멘트에 의해 휨응력이, 전단력에 의해 전단응력이 각각 발생한다.

$$\sigma = \frac{M}{I} y$$

$$\tau = \frac{VQ}{bI}$$

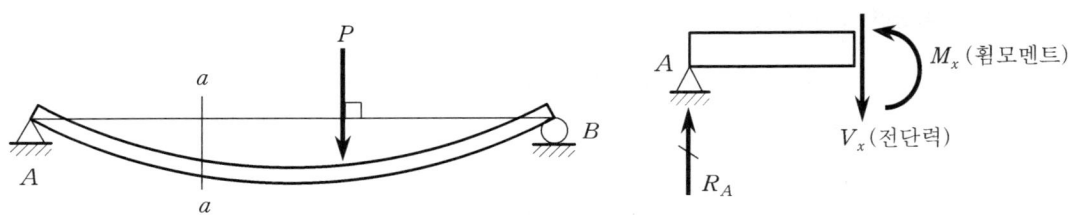

(a) 휨부재의 단면력

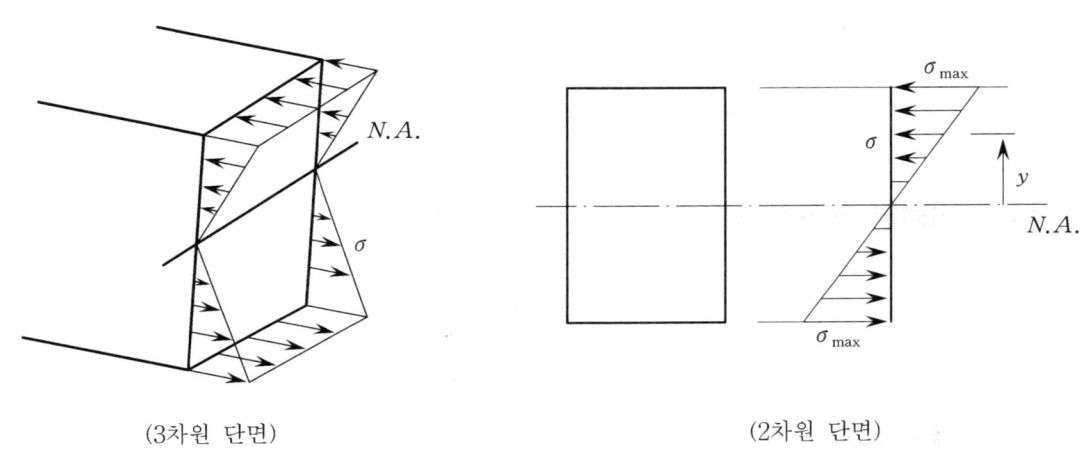

(b) M_x로 인한 휨응력 σ

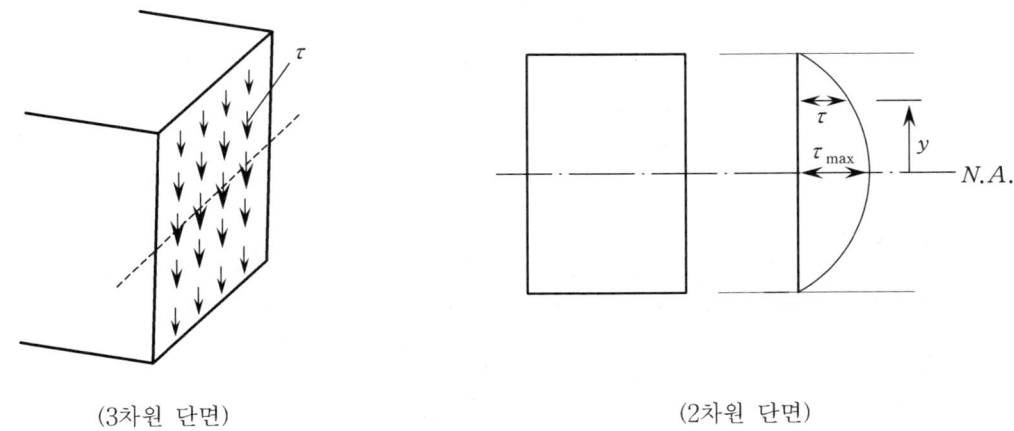

(c) V_x로 인한 전단응력 τ

[휨 부재의 단면력]

(1) 휨응력 분포의 특징

① 인장과 압축응력이 동시에 발생
② 직선분포
③ 중립축에서 응력이 0
④ 단면 상·하단에서 응력이 최대

(2) 전단응력 분포의 특징

① 곡선분포
② 중립축에서 응력이 최대(단면1차 모멘트도 최대)
③ 단면 상·하단에서 응력이 0

2.2.3 비틀림 응력(τ) : 비틀림 우력 T에 의해 발생한다.

$$\tau = \frac{T \cdot r}{J}$$

> **참고**
>
> • 비틀림 각 $\phi = \dfrac{T \cdot l}{G \cdot J}$

여기서, r : 단면의 반경
J : 비틀림 상수 (또는 극관성 단면2차 모멘트)
G : 전단 탄성계수
l : 부재길이

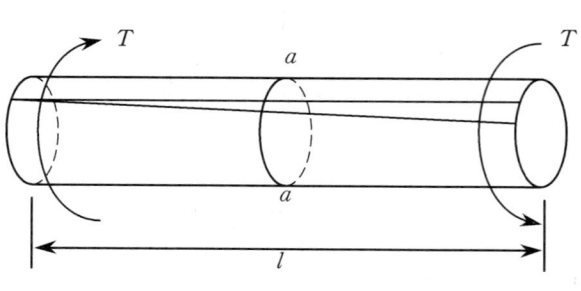

(a)

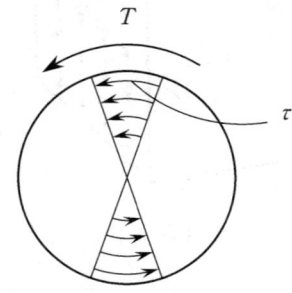

(b) 단면 a-a의 비틀림 응력 τ

2.3 변형률의 종류

2.3.1 수직변형률 ε

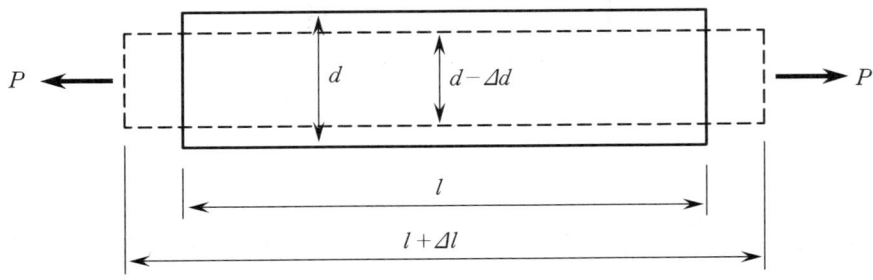

(1) 축방향 변형률(= 종방향 변형률) : ε_l

$$\therefore \varepsilon_l = \frac{\Delta l}{l}$$

(2) 축직각방향 변형률(= 횡방향 변형률) : ε_d

$$\therefore \varepsilon_d = (-)\frac{\Delta d}{d}$$

> **참고**
>
> - 포아송 비 (Poisson's ratio) : ν
>
> $$\therefore \nu = \frac{\text{축직각방향변형률}}{\text{축방향변형률}} = \frac{\varepsilon_d}{\varepsilon_l}$$
>
> - 포아송 수 (Poisson's number) : m
>
> $$\therefore m = \frac{1}{\nu} = \frac{\varepsilon_l}{\varepsilon_d}$$

2.3.2 전단변형률 γ

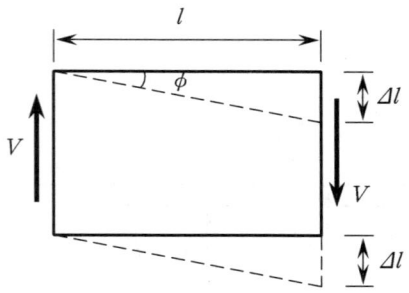

$\tan\phi = \dfrac{\Delta l}{l}$ 이며 Δl 이 대단히 작기 때문에 ϕ 도 매우 작은 값이다. 따라서 $\tan\phi \fallingdotseq \phi$ (radian) 로 표시할 수 있다.

$$\therefore \text{전단변형률 } \gamma = \phi = \dfrac{\Delta l}{l}$$

2.3.3 체적변형률 ε_v

체적변형률은 원래의 체적(V)에 대한 체적변화량(ΔV)의 비이다.

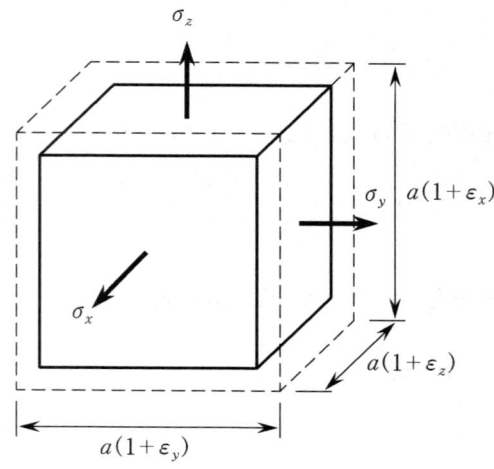

(1) 3축 응력에서의 변형률

$$\varepsilon_x = \frac{\sigma_x}{E} - \frac{\nu}{E}(\sigma_y + \sigma_z) = \frac{1}{E}(\sigma_x - \nu\sigma_y - \nu\sigma_z)$$

$$\varepsilon_y = \frac{\sigma_y}{E} - \frac{\nu}{E}(\sigma_x + \sigma_z) = \frac{1}{E}(\sigma_y - \nu\sigma_x - \nu\sigma_z)$$

$$\varepsilon_x = \frac{\sigma_z}{E} - \frac{\nu}{E}(\sigma_x - \sigma_y) = \frac{1}{E}(\sigma_z - \nu\sigma_x - \nu\sigma_y)$$

(2) 체적 변형률 ε_v

$$\varepsilon_v = \frac{\varDelta V}{V} = \varepsilon_x + \varepsilon_y + \varepsilon_z$$

$$= \frac{1}{E}(\sigma_x + \sigma_y + \sigma_z) - \frac{2\nu}{E}(\sigma_x + \sigma_y + \sigma_z)$$

$$= \frac{1-2\nu}{E}(\sigma_x + \sigma_y + \sigma_z)$$

2.3.4 온도 변형률 ε_t

균일한 봉에 온도를 상승시키면 봉은 $\varDelta l$ 만큼 늘어나게 되고 그 양은 봉의 선팽창 계수와 온도상승량에 비례한다.

$$\therefore \varepsilon_t = \frac{\varDelta l}{l} = \alpha \cdot \varDelta T$$

여기서, α : 재료에 따른 선팽창계수(1/℃)
$\varDelta T$: 온도변화량(℃)

이때, 온도변형률에 의한 온도응력 σ_t 는 다음과 같다.

$$\therefore \sigma_t = E \cdot \varepsilon_t = E \cdot \alpha \cdot \varDelta T$$

2.4 응력과 변형률의 관계

균일단면을 가진 구조용강에 대한 인장실험 결과, 다음의 $\sigma-\varepsilon$ 그래프를 얻었으며, 이를 응력-변형률 곡선(stress-strain curve)이라 한다.

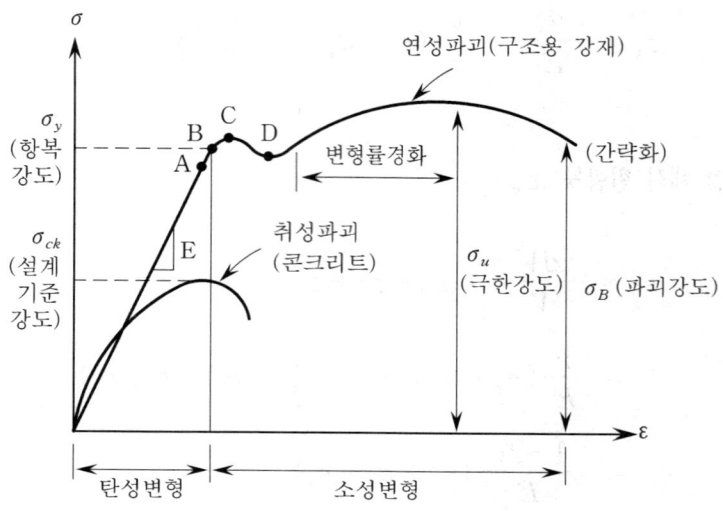

여기서, A : 비례한도 (proportional limit)
  → Hooke의 법칙이 성립할 수 있는 구간
B : 탄성한도 (elastic limit)
  → 탄성과 소성의 경계점, 소성변형이 생기기 시작하는 구간
C : 상항복점 → 실험조건에 따라 여러 가지 값을 나타냄
D : 하항복점 → 강재의 종류에 따른 항복응력

2.4.1 비례한도 내

비례한도 내에서는 재료가 탄성거동을 하며, 이 구간 내에서 Hooke의 법칙과 탄성계수가 이용된다.

(1) Hooke의 법칙

$$\sigma = E \cdot \varepsilon, \quad \tau = G \cdot \gamma$$

여기서, E : 탄성계수 (또는 수직탄성계수, 종탄성 계수)
G : 전단탄성계수 (또는 횡탄성계수)

(2) 구조용 강재의 탄성계수, E_s

$$E_s = (2 \sim 2.1) \times 10^6 \ (\text{kg}/\text{cm}^2)$$

(3) 콘크리트의 탄성계수, E_c

$\sigma_{ck} \leq 300 \ : \ E_c = W^{1.5} \times 4270 \sqrt{\sigma_{ck}}$

$\sigma_{ck} > 300 \ : \ E_c = 3000 W^{1.5} \sqrt{f_{ck}} + 70000$

여기서, W : 콘크리트의 단위중량 (t/m^3)
(보통 콘크리트 : $W = 2.3 \ \text{t}/\text{m}^3$)

σ_{ck} 와 E_c 의 단위는 kg/cm^2 이다.

* 콘크리트 시방서는 σ_{ck} 를 f_{ck}, σ_y 를 f_y 등으로 사용하고 있다.

(4) 종탄성계수와 횡탄성계수의 관계

$$G = \frac{E}{2(1+\nu)}$$

2.4.2 소성구간

비례한도를 넘어가면 재료의 항복강도에 도달하게 되고, 재료는 비선형 거동을 한다. 이때, 내부의 응력은 거의 항복강도에 머물게 된다.

(1) 구조용 강재 : 연성파괴를 하며 큰 소성변형을 동반한다.
(2) 콘크리트 : 급작스런 취성파괴를 하며 최대 변형률이 0.003~0.004 정도에서 파단된다.

> ### (종)탄성계수 E 와 전단(횡)탄성계수 G 의 관계

순수 전단 상태를 받는 정사각형 요소와 Mohr's circle은 그림과 같다.

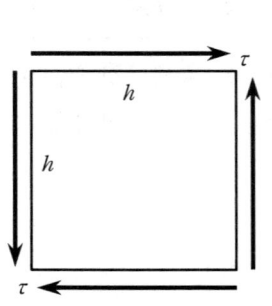
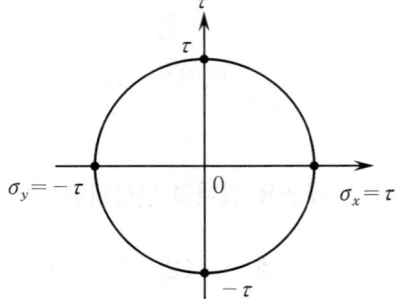

이 상태는 $\sigma_x = -\sigma_y = \tau$ 가 되고 순수전단을 받은 전단변형은 다음과 같다.

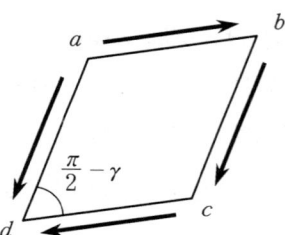
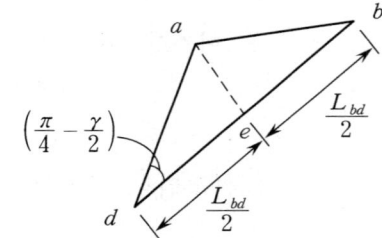

전단변형 후, 대각선 길이를 L_{bd} 라 하면, 초기의 정사각형 대각선길이 $\sqrt{2}h$ 에서 $\varDelta_{bd}$ 만큼 증가된 것이다.

$$\varDelta_{bd} = \sqrt{2}h \cdot \varepsilon \qquad (\varepsilon = \frac{\varDelta_{bd}}{\sqrt{2}h}, \quad L_{bd} = \sqrt{2}h + \varDelta_{bd})$$

여기서, $\sigma_x = -\sigma_y = \sigma = \tau$ (Mohr circle 참조)

$$\varepsilon = \frac{\sigma_x}{E} - \frac{\nu}{E}\sigma_y$$

$$= \frac{\sigma}{E}(1+\nu) = \frac{\tau}{E}(1+\nu)$$

그러므로 Δ_{bd} 식을 정리하면 다음과 같다.

$$\therefore \Delta_{bd} = \sqrt{2}h \cdot \frac{\tau}{E}(1+\nu) \quad \cdots\cdots\cdots ①$$

증분된 대각선 길이 $L_{bd} = \sqrt{2}h + \Delta_{bd}$ 이므로, 삼각형 ade에서

$$\cos\left(\frac{\pi}{4} - \frac{\gamma}{2}\right) = \frac{\frac{L_{bd}}{2}}{h} = \frac{L_{bd}}{2h} = \frac{\sqrt{2}h + \Delta_{bd}}{2h}$$

$$= \frac{1}{\sqrt{2}} + \frac{\Delta_{bd}}{2h} \quad \cdots\cdots\cdots ②$$

여기서, $\cos(\alpha - \beta) = \cos\alpha \cdot \cos\beta + \sin\alpha \cdot \sin\beta$ 이므로,

$$\cos\left(\frac{\pi}{4} - \frac{\gamma}{2}\right) = \cos\frac{\pi}{4} \cdot \cos\frac{\gamma}{2} + \sin\frac{\pi}{4} \cdot \sin\frac{\gamma}{2}$$

$$= \frac{1}{\sqrt{2}}\left(\cos\frac{\gamma}{2} + \sin\frac{\gamma}{2}\right)$$

그런데, γ 는 미소각이므로 $\cos\frac{\gamma}{2} \fallingdotseq 1$, $\sin\frac{\gamma}{2} \fallingdotseq \frac{\gamma}{2}$ 이다.

따라서, $\cos\left(\frac{\pi}{4} - \frac{\gamma}{2}\right) = \frac{1}{\sqrt{2}}\left(1 + \frac{\gamma}{2}\right)$ 가 된다.

그러므로, 식 ②를 다음과 같이 쓸 수 있다.

$$\frac{1}{\sqrt{2}}\left(1 + \frac{\gamma}{2}\right) = \frac{1}{\sqrt{2}} + \frac{\Delta_{bd}}{2h}$$

$$\therefore \Delta_{bd} = \frac{\sqrt{2}}{2}h \cdot \gamma \quad \cdots\cdots\cdots ③$$

여기서, $\gamma = \frac{\tau}{G}$ (Hooke's law) 이므로 ③식은 다음과 같다.

$$\Delta_{bd} = \frac{\sqrt{2}h \cdot \tau}{2G} \quad \cdots\cdots\cdots ④$$

식 ①과 ④는 동일하므로,

$$\sqrt{2}h \cdot \frac{\tau}{E}(1+\nu) = \frac{\sqrt{2}h \cdot \tau}{2G}$$ 가 되며, G 에 관하여 정리하면 다음과 같다.

$$\therefore G = \frac{E}{2(1+\nu)}$$

2.5 축력부재의 길이 변형량(Δl, 또는 δ)

2.5.1 일반공식

$$\begin{cases} \text{Hooke's law} : \sigma = E \cdot \varepsilon = E \cdot \dfrac{\Delta l}{l} \\ \text{축응력} : \sigma = \dfrac{P}{A} \end{cases}$$

$$\Rightarrow E \cdot \frac{\Delta l}{l} = \frac{P}{A}$$

$$\therefore \Delta l = \frac{Pl}{AE}$$

여기서, AE : 축강성(축강도)

$\dfrac{l}{AE}$: 유연도(flexibility)

$\dfrac{AE}{l}$: 강성도(stiffness)

> **참고**
>
> ① $P = 1$일 때 $\Delta l = \dfrac{l}{AE}$: 유연도
>
> 유연도란 단위하중으로 인한 변형이다.
>
> ② $\Delta l = 1$일 때 $P = \dfrac{AE}{l}$: 강성도
>
> 강성도란 단위변형을 일으키는 데 소요되는 힘이다.

필수예제 1

단면적이 $2\,cm^2$ 인 강봉이 그림과 같은 하중을 받는다면, 강봉의 길이 변형량은 얼마인가? (단, 강봉의 탄성계수는 $2.1 \times 10^6\,kg/cm^2$ 이다.)

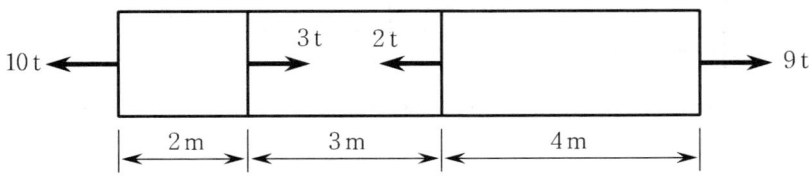

풀이과정
일정한 하중이 아니기 때문에 자유물체도로부터 각각의 변형량을 조합해야 한다.

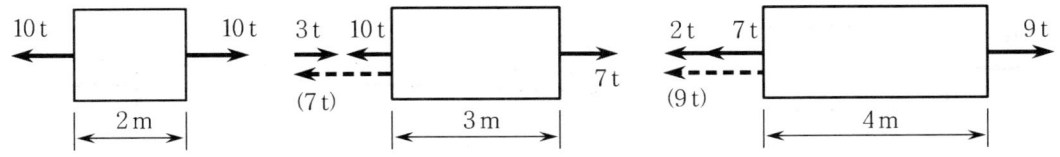

반드시 힘의 평형을 만족할 수 있도록 자유물체도를 성립시켜야 한다.
각각의 물체도로부터 Δl을 산정하면 다음과 같다.

$$\Delta l = \frac{1}{AE}(P_1 l_1 + P_2 l_2 + P_3 l_3)$$

$$= \frac{1}{2 \times (2.1 \times 10^6)}\{(10 \times 10^3 \times 200) + (7 \times 10^3 \times 300) + (9 \times 10^3 \times 400)\}$$

$$= 1.83\,cm\,(늘음)\quad(단,\ 인장력을\ +로\ 함)$$

∴ 전체적으로 1.83 cm 늘어남

필수예제 2

다음 강봉의 변형량을 구하시오. (단, $E = 2.1 \times 10^6 \text{ kg/cm}^2$ 이다.)

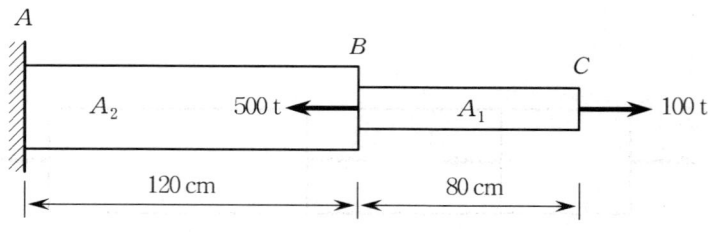

$A_1 = 30 \text{ cm}^2, \quad A_2 = 60 \text{ cm}^2$ (단면적)

풀이과정 변단면에 하중도 일정하지 않다.

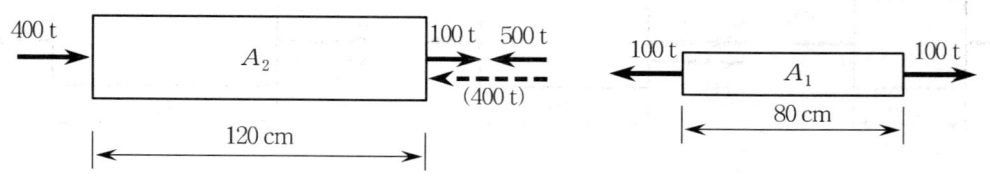

$$\Delta l = \frac{P_1 \cdot l_1}{A_1 \cdot E} + \frac{P_2 \cdot l_2}{A_2 \cdot E}$$

$$= \frac{100 \times 10^3 \times 80}{30 \times 2.1 \times 10^6} - \frac{400 \times 10^3 \times 120}{60 \times 2.1 \times 10^6}$$

$$= -0.254 \text{ cm (줄음)}$$

∴ 전체길이는 0.254 cm 줄어든다.

2.5.2 공식의 응용

(1) 변단면인 경우

$$\begin{cases} \Delta l = \sum_{i=1}^{n} \dfrac{P_i \cdot l_i}{A_i \cdot E_i} \Rightarrow 직선변화 \\ \Delta l = \int_0^l \dfrac{P_i \cdot d_x}{A_i \cdot E_i} \Rightarrow 곡선변화 \end{cases}$$

(2) 트러스 부재인 경우

$$\begin{cases} 부재력\ 산정(평형\ 방정식을\ 이용) \\ \Downarrow \\ 변형량\ \Delta l\ (\delta)\ 산정 \end{cases}$$

(3) 부정정 강봉인 경우

$$\begin{cases} 유연도법\ 또는\ 강성도법으로\ 반력\ 산정 \\ \Downarrow \\ 자유물체로부터\ 내부축력\ 산정 \\ \Downarrow \\ 변형량\ \Delta l\ (\delta)\ 산정 \end{cases}$$

필수예제 3

부정정 봉에서 다음에 답하시오.
(a) AB 구간에 발생하는 축방향 응력
(b) BC 구간에 발생하는 횡방향 변형률
(c) CD 구간의 길이변화 (단, 단면적 $A = 10\,\text{cm}^2$, 포아송비 $\nu = 0.3$, 탄성계수 $E = 10^6\,\text{kg/cm}^2$ 이다.)

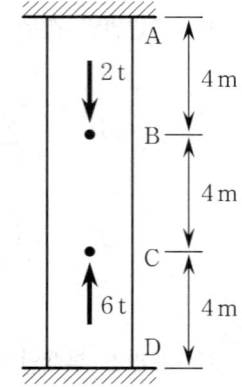

풀이과정 1. 부정정 강봉의 반력 산정

반력 R_A를 과잉력으로 선정한 후, 다음의 자유물체도로부터 반력을 구한다.

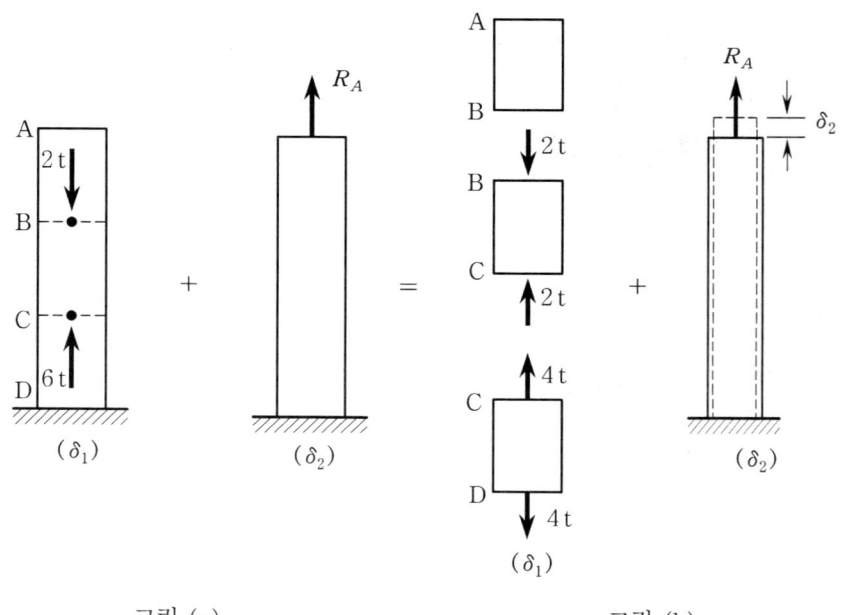

그림 (a)   그림 (b)

그림 (a)에서 δ_1은 과잉력 R_A를 제외한 하중만에 의한 길이 변화량이며 δ_2는 과잉력 R_A에 의한 길이 변화량이다.

이때, δ_1의 계산은 그림 (b)처럼 자유물체도를 이용하여 수행한다.

$$\delta_1 = \frac{1}{AE}(-2\times4+4\times4) = \frac{8}{AE}$$

$$\delta_2 = \frac{R_A\times12}{AE}$$

실제 봉의 A점은 고정단이므로 최종 변형량은 0이다. 따라서 그림의 적합방정식은 다음과 같다.

$$\delta_1 + \delta_2 = 0$$

대입하면,

$$\frac{8}{AE} + \frac{12R_A}{AE} = 0$$

$$\therefore R_A = -0.667\,\text{t}\;(\downarrow)$$

$$\therefore R_D = 0.667+2-6 = -3.333\,\text{t}\;(\downarrow)$$

2. 자유물체도

부정정 봉의 반력을 산정하였으므로 각 구간에 대한 하중상태를 파악하기 위하여 자유물체도를 그린다.

(a) AB 구간의 축방향 응력 σ_{AB}

$$\sigma_{AB} = \frac{P_{AB}}{A} = \frac{0.667\times10^3}{10}$$

$$= 66.7\,\text{kg/cm}^2\;(압축)$$

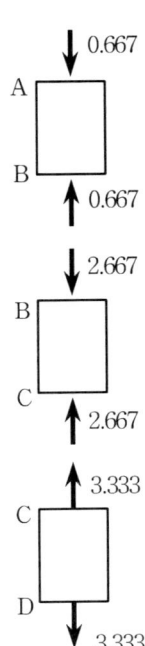

(b) BC 구간의 횡방향 변형률 ε'

① BC 구간의 응력 σ_{BC}

$$\sigma_{BC} = \frac{P_{BC}}{A} = \frac{2.667 \times 10^3}{10} = 266.7 \text{ kg/cm}^2 \text{ (압축)}$$

② 축방향 변형률 ε

$$\varepsilon = \frac{\sigma_{BC}}{E} = \frac{266.7}{10^6} = 0.0002667$$

③ 횡방향 변형률 ε'

$$\varepsilon' = \nu \cdot \varepsilon = 0.3 \times 0.0002667 = 8 \times 10^{-5}$$

(c) CD 구간의 길이 변화량 δ_{CD}

$$\delta_{CD} = \frac{P_{CD} \cdot l_{CD}}{AE} = \frac{3.333 \times 10^3 \times 400}{10 \times 10^6} = 0.1333 \text{ cm (늘음)}$$

필수예제 4

중앙의 구리실린더와 바깥쪽의 강실린더가 그림과 같이 축력 200 kN 을 받고 있다. 강실린더와 구리실린더의 단면적은 각각 2000 mm² 와 5000 mm² 이며 하중 작용 전의 양쪽 실린더의 길이는 동일하다. 이때, 구리실린더에 200 kN 의 하중이 전부 작용하려면 최소한 얼마의 온도 상승이 있어야 하는가? (단, 구리의 탄성계수와 선팽창 계수는 각각 $E_{cu} = 120\,\text{GNm}^{-2}$, $\alpha_{cu} = 20 \times 10^{-6}\,\text{K}^{-1}$ 이며, 강의 탄성계수와 선팽창계수는 각각 $E_s = 200\,\text{GNm}^{-2}$, $\alpha_s = 12 \times 10^{-6}\,\text{K}^{-1}$ 이다.)

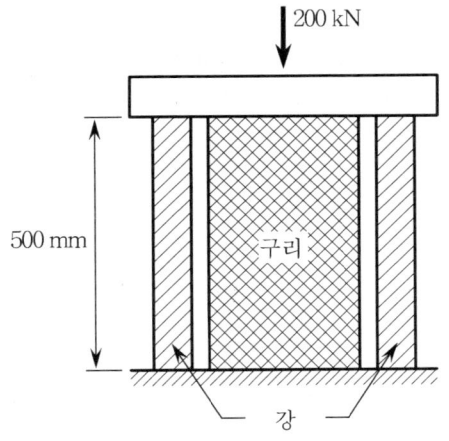

풀이과정

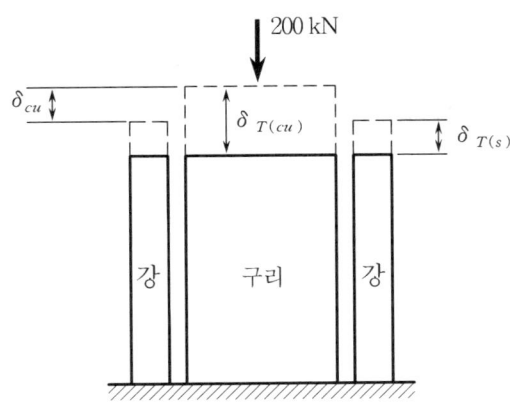

선팽창계수가 강보다 구리가 크므로 온도상승에 의해 구리가 더 많이 늘어난다. 점선으로 그려진 구리실린더의 온도상승에 따른 길이변화량, $\delta_{T(cu)}$ 가 하중 200 kN에 의해 줄어들 것이므로 구리실린더의 순수늘음량은 온도상승에 의한 늘음량 $\delta_{T(cu)}$ 에서 하중에 의한 줄음량 δ_{cu} 를 뺀 값이다.

이때, 구리가 모든 하중을 부담하므로 강은 온도상승에 의한 늘음량 $\delta_{T(s)}$ 만 존재한다.

따라서 구리의 순수늘음량 ($\delta_{T(cu)} - \delta_{cu}$) 과 강의 온도상승에 의한 늘음량 $\delta_{T(s)}$ 이 같을 때, 구리가 모든 하중을 부담하는 최소의 온도상승량 (ΔT) 이 된다.

1. 하중에 의한 구리의 줄음량 δ_{cu}

$$\delta_{cu} = \frac{P \cdot l}{AE_{cu}} = \frac{(200 \times 10^3)(500)}{(5000)(120 \times 10^9 \times 10^{-6})} = 0.167\,mm$$

2. 온도상승량 ΔT에 의한 늘음량
    (1) 구리 $\delta_{T(cu)}$
    $$\delta_{T(cu)} = a_{cu} \cdot \Delta T \cdot l = 20 \times 10^{-6} \times \Delta T \times 500 = 0.01 \cdot \Delta T$$
    (2) 강 $\delta_{T(s)}$
    $$\delta_{T(s)} = a_s \cdot \Delta T \cdot l = 12 \times 10^{-6} \times \Delta T \times 500 = 0.006 \cdot \Delta T$$

3. 온도상승량 ΔT

$\delta_{T(cu)} - \delta_{cu} = \delta_{T(s)}$

$0.01 \cdot \Delta T - 0.167 = 0.006 \cdot \Delta T$

$\therefore \Delta T = 41.75\ K$

실전문제

1. 다음에 답하시오.

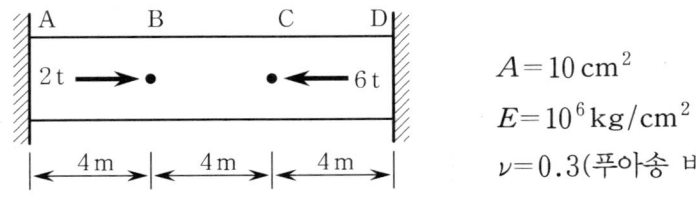

$A = 10 \, \text{cm}^2$
$E = 10^6 \, \text{kg/cm}^2$
$\nu = 0.3$ (푸아송 비)

부정정 강봉에 하중이 단면의 도심에 작용하고 있다.
(1) AB 구간에 작용하는 축응력 σ_{AB} 는?
(2) BC 구간에 작용하는 횡방향 변형률 ε' 는?
(3) CD 구간의 변위량은?

2. 길이 1000 m, 단위중량 $\gamma = 8 \, \text{t/m}^3$, 탄성계수 $E = 2 \times 10^6 \, \text{kg/cm}^2$인 강봉을 수직으로 세웠을 때 총 길이는 얼마로 되는가?

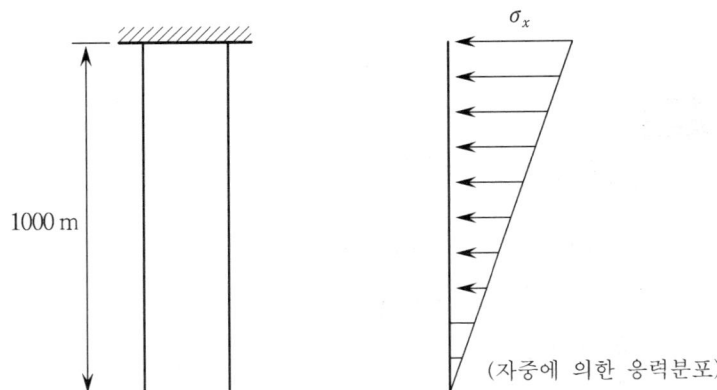

(자중에 의한 응력분포)

3. 그림과 같은 강봉에서 탄소성 처짐을 고려한 총 처짐량을 구하시오.
(자중과 하중을 모두 고려할 것)

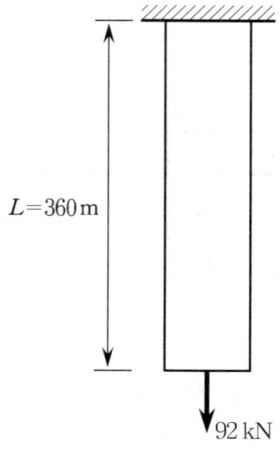
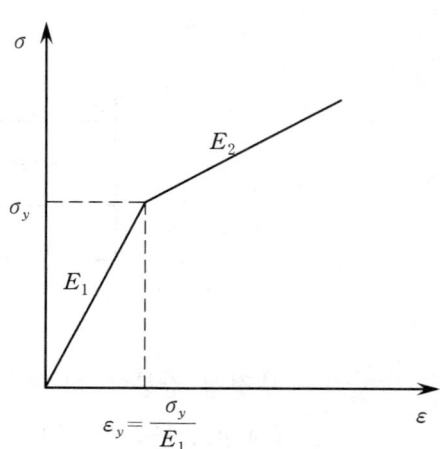

$A = 960 \text{ mm}^2$ $\gamma = 28 \text{ kN}/\text{m}^3$

$\sigma_y = 100 \text{ MPa}$ $E_1 = 75 \text{ GPa}$

$E_2 = 12 \text{ GPa}$

정답

1. (1) $\sigma_{AB} = \dfrac{200}{3} \text{ kg}/\text{cm}^2$ (압축응력)

(2) $\varepsilon' = 8 \times 10^{-5}$ (늘음)

(3) $\delta_{CD} = 0.133 \text{ cm}$ (늘음)

2. 1000.2 m

3. 527.3 mm (늘음)

Chapter 3
정정구조의 해석

Chapter 3 정정구조의 해석

3.1 구조물 일반

3.1.1 구조물 분류 (정정구조)

(1) 보

① 단순보 (Simple Beam)　　② 캔틸레버 (Cantilever)

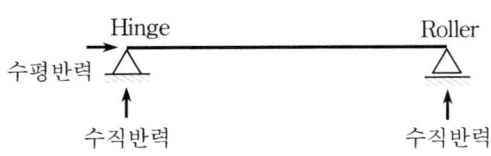
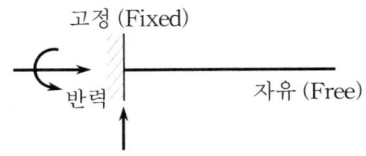

③ 내민보 (Overhanging Beam)

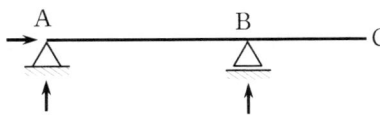

④ 겔버 보 (Gerber Beam)

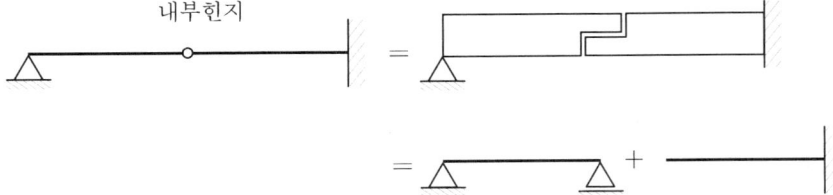

(2) 라아멘(Rahmen) 또는 뼈대구조(Frame)

라아멘의 절점은 용접형식으로 된 고정단이며 모멘트가 발생하게 된다.

> **참고**
> 절점은 부재와 부재가 만나는 연결점이다.

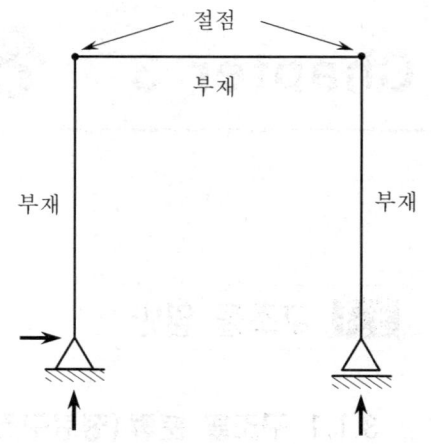

① 캔틸레버형 라아멘

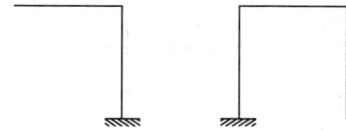

② 단순보형 라아멘

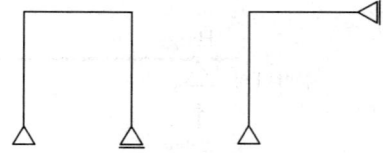

③ 3롤러형 라아멘

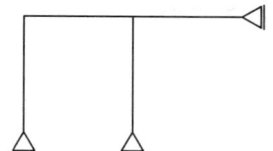

④ 3힌지 라아멘(겔버계 라아멘)

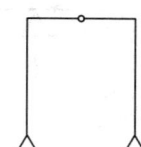 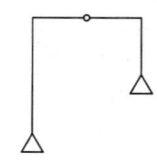

(3) 트러스 (Truss)

보통, 트러스의 모든 절점은 핀 형식으로 된 힌지이며 각 절점에서 모멘트는 0이 된다.

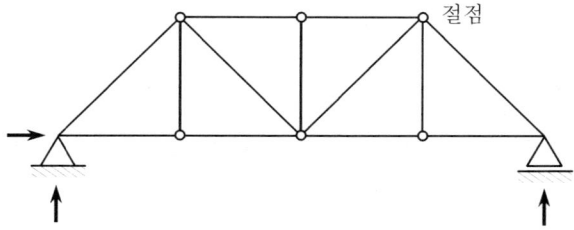

(4) 아치 (Arch)

아치는 수직으로 작용한 외력 때문에 양단의 지점에서 수평반력이 생기며 이로인해 각 단면에서의 휨모멘트가 감소한다. 또한 부재단면은 주로 축방향 압축력을 지지하게 된다.

종류는 2힌지 아치, 고정단 아치, 그리고 겔버보와 같은 형식의 3힌지 아치가 있다.

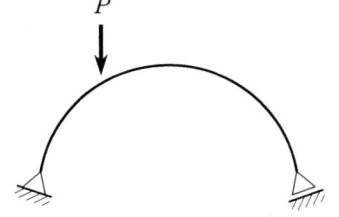 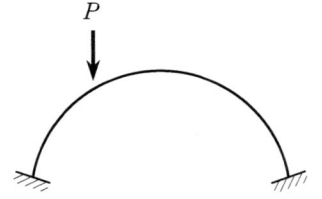 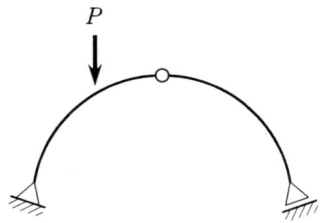

(a) 2힌지 아치   (b) 고정단 아치   (c) 3힌지 아치 (겔버아치)

3.1.2 구조물 판별법

반력이 3개 이상이면 구조물은 안정이며 안정인 구조물에는 정정 구조물과 부정정 구조물이 있다.

이때 부정정 구조의 반력산정에서 힘의 평형조건만으로 풀 수 없는 미지수를 부정정 차수라 하며 다음 식으로 구할 수 있다.

$$n = (r + m_1 + 2m_2 + 3m_3) - (2P_2 + 3P_3)$$

여기서, n : 부정정 차수(만약 $n = 0$ 이면 정정 구조물)
r : 반력수
m : 부재상태
P : 절점상태

m (부재상태)	P (절점상태)
$P_2 \circ \!\!-\!\!-\!\!-\!\!-\!\!-\!\!-\!\!-\!\!-\!\!-\!\! m_1 \!\!-\!\!-\!\!-\!\!-\!\!-\!\!-\!\!-\!\!-\!\!- \circ P_2$	절점 또는 지점이 힌지, 롤러 → P_2 (M = 0)
$P_2 \circ \!\!-\!\!-\!\!-\!\! m_2 \!\!-\!\!-\!\!-\!\! P_3$ (고정)	절점 또는 지점이 고정 → P_3 (M ≠ 0)
P_3 (고정) $\!\!-\!\!-\!\! m_3 \!\!-\!\!-\!\! P_3$ (고정)	

> **참고** ✓
>
> · 보통 { 트러스 구조물의 모든 절점은 힌지이다.
>   { 라아멘 구조물의 모든 절점은 고정이다.
>
> · 위 식의 n 이 ⊖가 나오면 내적 불안정 구조물이 되어 하중이 가해지면 구조물의 모양 자체가 변형된다.
>
> · 연속 보에서 내부 힌지 및 롤러는 고정절점 P_3로 취급한다. (반력계산은 그대로 힌지나 롤러로 취급)

필수예제 1

다음 구조물의 부정정 차수를 구하시오.

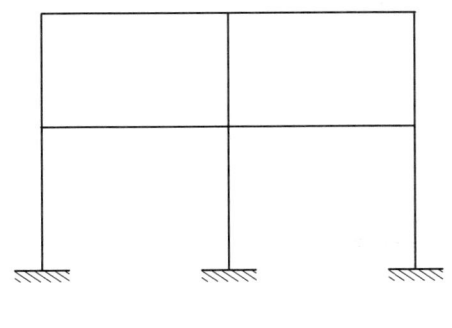

(a)

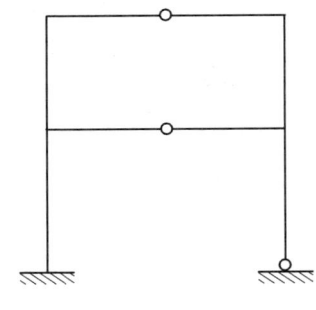

(b)

풀이과정 (a) 라아멘의 절점은 고정 (P_3)이며 고정-고정 사이의 부재는 m_3이다.

$r = 9$ (반력수), $m_3 = 10$, $P_3 = 9$

$\therefore n = (r + m_1 + 2m_2 + 3m_3) - (2P_2 + 3P_3)$

$= (9 + 3 \times 10) - (3 \times 9) = 12$

따라서 12차 부정정 구조물이다.

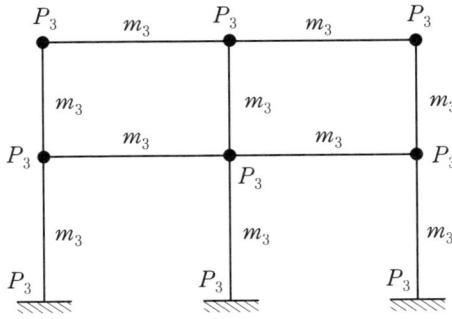

(b) 활절 (P_2)이 있는 라아멘 구조이며 고정-힌지 사이의 부재는 m_2이다.

$r = 5$ (반력수), $m_2 = 5$, $m_3 = 3$m $P_2 = 3$, $P_3 = 5$

$\therefore n = (r + m_1 + 2m_2 + 3m_3) - (2P_2 + 3P_3)$

$= (5 + 2 \times 5 + 3 \times 3) - (2 \times 3 + 3 \times 5)$

$= 24 - 21 = 3$

따라서 3차 부정정 구조물이다.

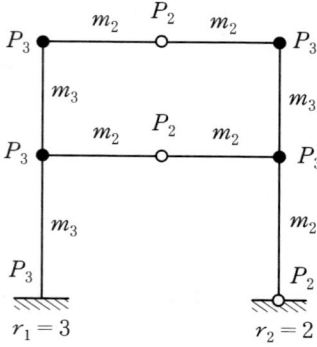

3.2 단면력의 정의와 부호규약

구조물을 해석한다는 것은 외력에 의한 반력을 구한 후 단면력의 분포를 찾아내는 것이다. 본 장에서 나오는 대표적인 단면력은 축방향력 (N), 전단력 (V), 그리고 휨모멘트 (M) 등이다.

3.2.1 축방향력 (N)

구조물의 축방향(중심축 방향)으로 작용하는 압축 또는 인장의 힘을 축방향력 (Axial force)이라 한다.

주로 트러스 구조물의 부재력에 해당하는 힘이다. 부호규약은 특별한 규정이 없으며 강구조와 같은 인장부재는 인장력을 (+)로, 기둥과 같은 압축부재는 압축력을 (+)로 하는 것이 편리하다.

예를 들어 인장부재가 많은 강구조에서 부호규약은 다음과 같다.

3.2.2 전단력 (V)과 휨모멘트 (M)

(1) 정 의

단면력은 말그대로 임의의 위치에서 잘랐을 때 자른 면에 발생하는 힘이다.

구조물을 임의점에서 자르면 두 동강 나게 되고 이때 왼쪽이나 오른쪽의 한 부분만을 취하여 단면력을 구한다.

이때 잘라낸 부분도 힘의 평형조건을 만족해야 하는데 그 중 수직력의 합은 0 ($\Sigma F_y = 0$)을 만족시키는 값이 전단력 V이며, 모멘트의 합은 0 ($\Sigma M = 0$)을 만족시키는 값이 휨모멘트 M이 된다.

(2) 부호규약

전단력 V는 시계방향을 $(+)$, 반시계방향을 $(-)$로 하며 휨모멘트 M은 아래로 볼록해지는 방향을 $(+)$, 위로 볼록해지는 방향을 $(-)$로 한다. 이를 그림으로 표시하면 다음과 같다.

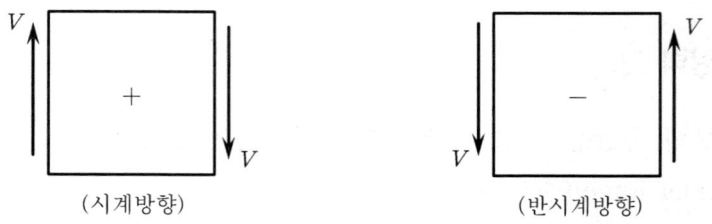

[전단력의 부호규약]

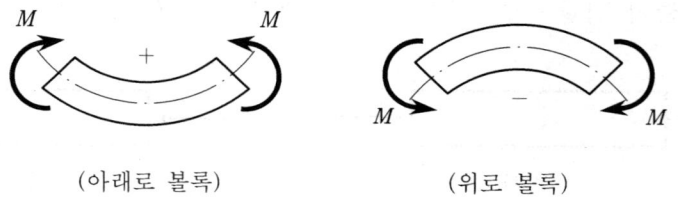

[휨모멘트의 부호규약]

전단력과 휨모멘트를 임의의 요소에 같이 작용시켜서 부호규약을 알아두어야 한다. 위 부호규약을 같이 그려보면 다음과 같다.

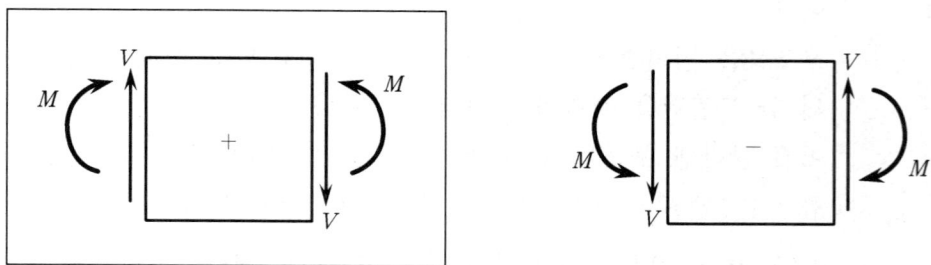

[전단력과 휨모멘트의 부호규약]

3.3 정정보의 해석

그림과 같은 단순보에 등분포하중 w 가 가해진 경우 S.F.D 와 B.M.D 를 구하여 본다. 설명은 앞의 집중하중을 참고로 하며 간단히 그림과 식으로 표현하기로 한다.

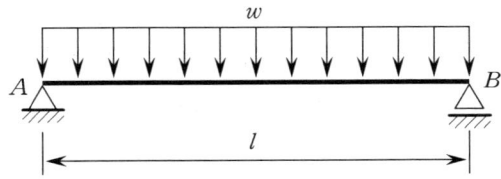

3.3.1 지점반력 R_A 및 R_B 의 산정

등분포하중을 그림과 같이 합력 P' 로 생각할 수 있으며 P' 는 등분포하중의 면적이다. 또한 P' 의 작용위치는 등분포하중이 가해진 길이의 중앙이 될 것이다.

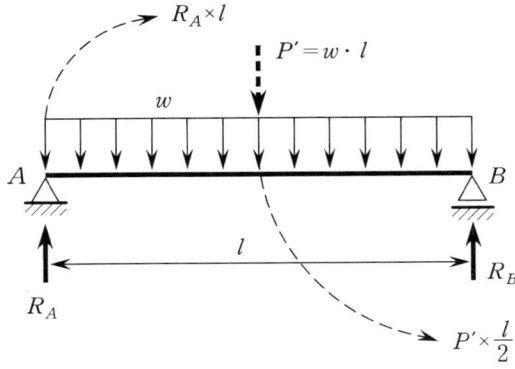

$$\begin{cases} P' = w \cdot l \text{ (가정)} \\ \Sigma M_B = 0 \ ; \ R_A \times l - (w \cdot l) \times \dfrac{l}{2} = 0 \\ \therefore R_A = \dfrac{wl}{2} \ (\uparrow) \end{cases}$$

즉, R_A는 등분포하중의 절반면적이 되며, 이는 보의 대칭을 고려할 때 R_B도 등분포하중의 절반면적이 될 것이다.

$$\begin{cases} \Sigma F_y = 0 \ : \ R_A + R_B = w \cdot l \\ \quad \text{여기서, } R_A = \dfrac{wl}{2} \text{이므로} \\ \therefore R_B = \dfrac{wl}{2} \ (\uparrow) \end{cases}$$

3.3.2 임의의 단면에서 단면력 산정

등분포 하중 w가 균등히 보에 작용하므로 한곳에서만 자르면 될 것이다. 지점 A로부터 임의의 거리 x만큼 떨어진 단면에 작용하는 단면력은 전단력 V와 모멘트 M이 있다. 이때 (+)방향의 부호규약을 적용하면 다음의 그림과 같다.

$$\begin{cases} 0 \leq x \leq l \ (A \text{ 지점 기준}) \\ \Sigma F_y = 0 \ ; \ V = \dfrac{wl}{2} - w \cdot x \\ \Sigma M_c = 0 \ ; \ M = \dfrac{wl}{2} \cdot x - \dfrac{w \cdot x^2}{2} \end{cases}$$

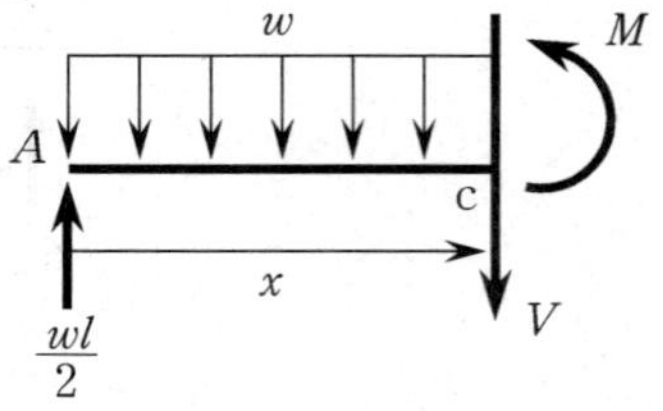

3.3.3 S.F.D와 B.M.D의 작도

위에서 구한 V와 M의 일반식으로 그림을 그리면 다음과 같다.

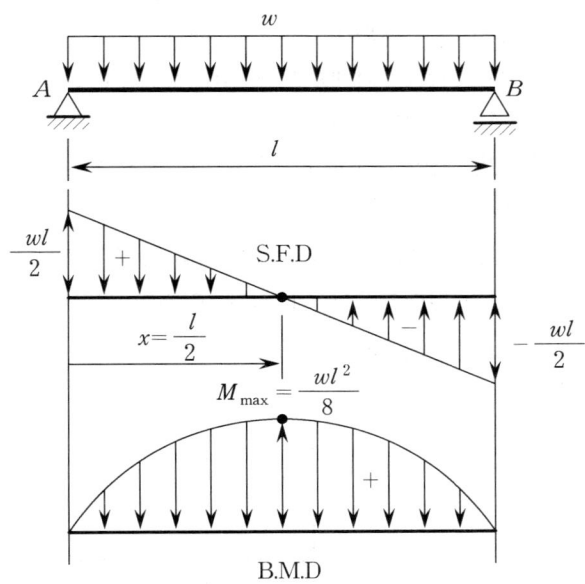

$0 \leq x \leq l$ (A지점 기준)

$$V = \frac{wl}{2} - wx$$

$$\begin{cases} x = 0 \; ; \; V = \dfrac{wl}{2} \\ x = l \; ; \; V = \dfrac{wl}{2} \\ V = 0 \; ; \; x = \dfrac{l}{2} \end{cases}$$

$$M = \frac{wl}{2}x - \frac{wx^2}{2}$$

$$M_{\max}\left(x = \frac{l}{2}\right) = \frac{wl}{2}\left(\frac{x}{2}\right) - \frac{w}{2}\left(\frac{x}{2}\right)^2 = \frac{wl^2}{8}$$

> **참고** 　**단순보의 S.F.D와 B.M.D의 특징**
>
> 앞에서 구한 S.F.D와 B.M.D를 참고로 그 특징을 보면 다음과 같다.
>
> ① 지점에서 전단력은 반력과 같다. 단, 오른쪽 지점의 전단력은 반력의 ⊖방향이다. 이는 전단력의 ⊕부호규약이 자른면에 따라서 서로 반대 방향이기 때문이다. (↑ + ↓)
> ② 집중하중이 가해지면 전단력은 상수이며 등분포하중이 가해지면 전단력은 직선분포이다.
> ③ 전단력을 적분하면 모멘트이며 모멘트를 미분하면 전단력이다. 단, 부호는 무시한다.
>
> 그림의 S.F.D에서 x 구간까지의 면적(빗금부분)은 B.M.D에서 x 거리의 모멘트 M_x가 된다. 이것이 전단력을 적분(면적)하면 모멘트가 되는 원리이다.
>
>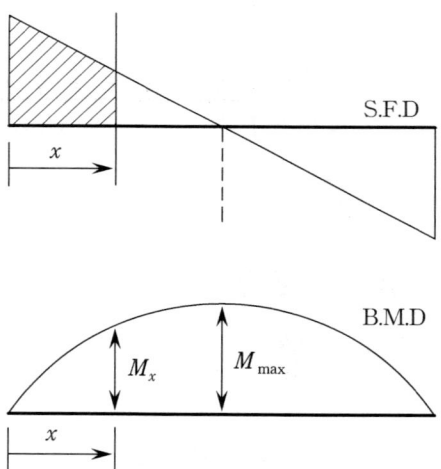
>
> ④ 전단력이 0이 나오는 구간에서 휨모멘트가 최대가 된다.
> ⑤ 전단력이 상수이면 B.M.D는 직선이며, 전단력이 직선식이면 B.M.D는 곡선 분포가 된다.
> ⑥ 단순보에서 최외각 힌지나 롤러는 모멘트가 0이다.
> ⑦ 단순보에서 최대 전단력은 지점에서 생기며 절대값은 반력과 동일하다.

필수예제 2

다음 보에서 최대 휨모멘트가 발생되는 위치 x와 최대 휨모멘트 값을 구하시오.

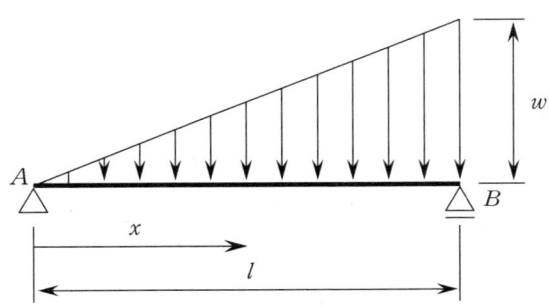

풀이과정 「등질, 등단면 보에서는 전단력이 0인 곳이 최대 휨모멘트의 발생 지점이다.」

1. 반력

$$\Sigma M_B = 0 : R_A \times l - \left(w \times l \times \frac{1}{2}\right) \times \frac{l}{3} = 0$$

$$\therefore R_A = \frac{wl}{6}$$

$$\Sigma F_y = 0 : R_A + R_B = \frac{wl}{2}$$

$$\therefore R_B = \frac{wl}{2} - \frac{wl}{6} = \frac{wl}{3}$$

2. 전단력의 일반식

$$w' = \frac{x}{l} = w \text{ 이므로,}$$

$$V = R_A - w' \cdot x \cdot \frac{1}{2}$$

$$= \frac{wl}{6} - \frac{w}{2l} x^2$$

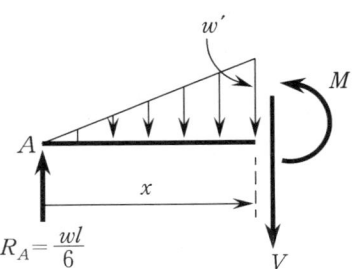

3. 최대 휨모멘트 발생위치 x

   전단력이 0이어야 하므로 $V = \dfrac{wl}{6} - \dfrac{w}{2l}x^2 = 0$

   $\therefore x = \dfrac{l}{\sqrt{3}}$

4. 최대 휨모멘트 M_{max}

   위 단면도에서 모멘트의 일반식을 구하면,

   $M = R_A \times x - \left(w' \cdot x \cdot \dfrac{1}{2}\right) \times \dfrac{x}{3} = \dfrac{wl}{6}x - \dfrac{w}{6l}x^3$

   따라서, $x = \dfrac{l}{\sqrt{3}}$ 일 때, M_{max} 이므로,

   $\therefore M_{max} = \dfrac{wl}{6}\left(\dfrac{l}{\sqrt{3}}\right) - \dfrac{w}{6l}\left(\dfrac{l}{\sqrt{3}}\right)^3 = \dfrac{wl^2}{9\sqrt{3}}$

5. S.F.D와 B.M.D

   V 와 M 의 일반식으로 작도하면 다음과 같다.

   $V = \dfrac{wl}{6} - \dfrac{w}{2l}x^2$

   $\begin{cases} x = 0 \; ; \; V_A = \dfrac{wl}{6} \\ x = l \; ; \; V_B = -\dfrac{wl}{3} \end{cases}$

   $M = \dfrac{wl}{6}x - \dfrac{w}{6l}x^3$

   $\begin{cases} x = 0 \; ; \; M_A = 0 \\ x = l \; ; \; M_B = 0 \\ x = \dfrac{l}{\sqrt{3}} \; ; \; M_{max} = \dfrac{wl^2}{9\sqrt{3}} \end{cases}$

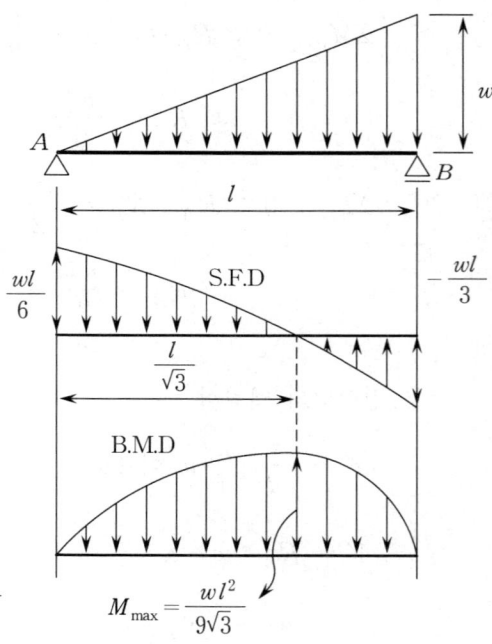

필수예제 3

다음 단순보에서 각 물음에 답하시오.

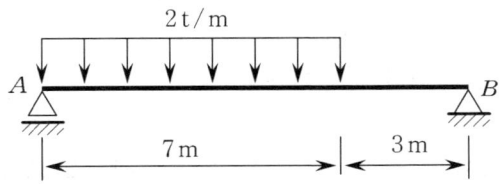

(a) 지점 A, B의 반력을 구하시오.
(b) 지간중앙에서의 모멘트를 구하시오.
(c) 최대모멘트 발생지점과 그 값을 구하시오.
(d) 전단력도(S.F.D)와 휨모멘트(B.M.D)를 그리시오.

풀이과정 (a) 지점 A, B의 반력

$\Sigma M_B = 0$; $R_A \times 10 - 2 \times 7 \times (3 + 3.5) = 0$

$\therefore R_A = 9.1$ (t)

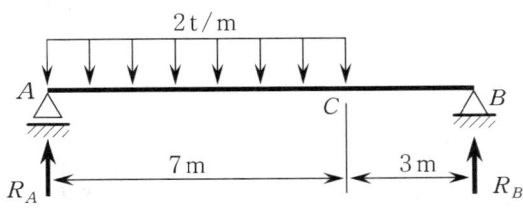

$\Sigma F_y = 0$; $R_A + R_B = 2 \times 7$

$R_B = 2 \times 7 - 9.1$

$\therefore R_B = 4.9$ (t)

(b) 지간중앙($x = 5$ m)에서의 모멘트, M

$\therefore M = 9.1 \times 5 - 2 \times 5 \times 2.5 = 20.5$ (t·m)

(c) 최대모멘트 발생지점과 M_{max}

최대모멘트는 전단력이 0이 되는 곳에서 발생한다. 따라서, 전단력의 일반식을 구하면 다음과 같다.

보 $A-C$ 에서,

$0 \leq x \leq 7$; $V = 9.1 - 2x$

$V = 0$; $9.1 - 2x = 0$

$\therefore x = 4.55$ m

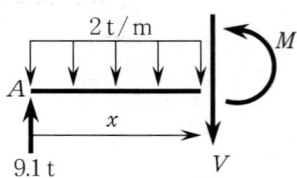

즉, A 지점에서 4.55 m 떨어진 곳에서 전단력이 0이며 M_{max} 이 발생한다.
따라서, $x = 4.55$ m 일 때의 M_{max} 은

$\therefore M_{max} = 9.1 \times 4.55 - 2 \times 4.55 \times \dfrac{4.55}{2} = 20.7$ t·m

(d) 전단력도와 휨모멘트

① $A-C$ 보에서 V 와 M 의 일반식

$V = 9.1 - 2x$

$M = 9.1x - x^2$

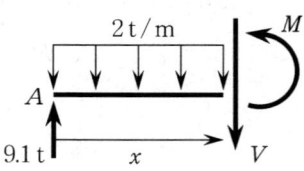

② $B-C$ 보에서 V 와 M 의 일반식

$V = -4.9$

$M = 4.9x$

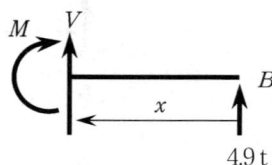

일반식으로부터 S.F.D와 B.M.D를 작성하면 다음과 같다.

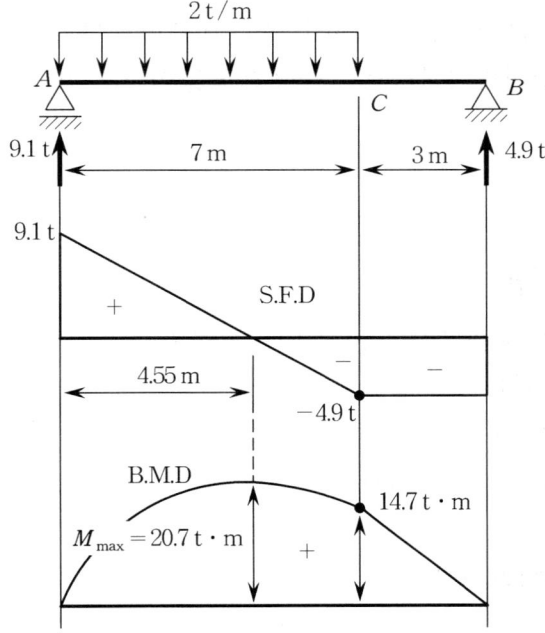

3.4 겔버보 (Gerber Beam)의 해석

3.4.1 정 의

부정정 (연속)보에 부정정 차수만큼 내부힌지 (활절)를 넣어 정정보로 만들어서 힘의 평형방정식만으로 구조해석을 할 수 있는 보를 말한다.

3.4.2 해 법

(1) 겔버보의 치환

겔버보는 다음의 셋 중 하나로 치환한다.
① 캔틸레버 + 단순보
② 내민보 + 단순보
③ 캔틸레버 + 내민보

(2) 치환 후 반력의 제거

일반적인 겔버보를 예로 들어 그 구조를 살펴보자.

그림 (a)와 같은 실제 겔버보를 치환하면 그림 (c)와 같이 내민보와 단순보로 나눌 수 있다. 이때 단순보 C-D에서는 반력 R_C와 R_D가 발생하지만 실제 겔버보(그림 a)의 C와 D는 지점이 아니므로 반력이 생기지 않는다.

그러므로 반력 R_C와 R_D에 해당하는 양만큼 같은 곳인 내민보의 C와 D점에 반대방향의 R_C와 R_D를 가하여 반력을 제거하여야 한다.

이렇게 하면 내민보(A-B-C와 D-E-F)와 단순보(C-D)를 따로 나누어 해석할 수 있게 된다.

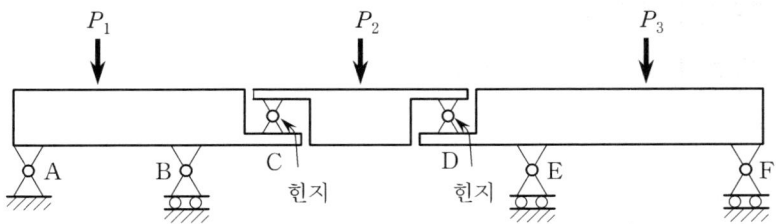

(a) 실제 겔버보

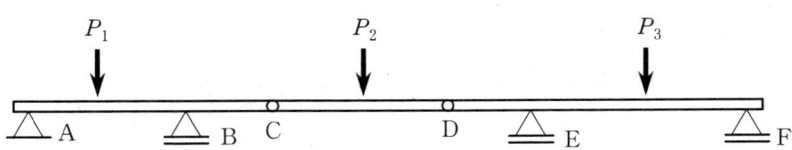

(b) 구조도

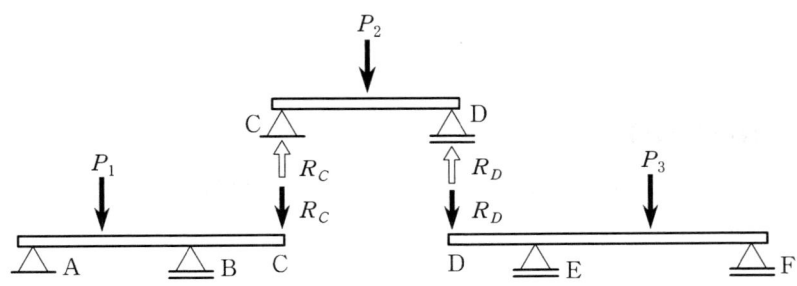

(c) 치환

[겔버보의 치환]

(3) 겔버보의 해석 예

다음의 겔버보를 해석해 보자.

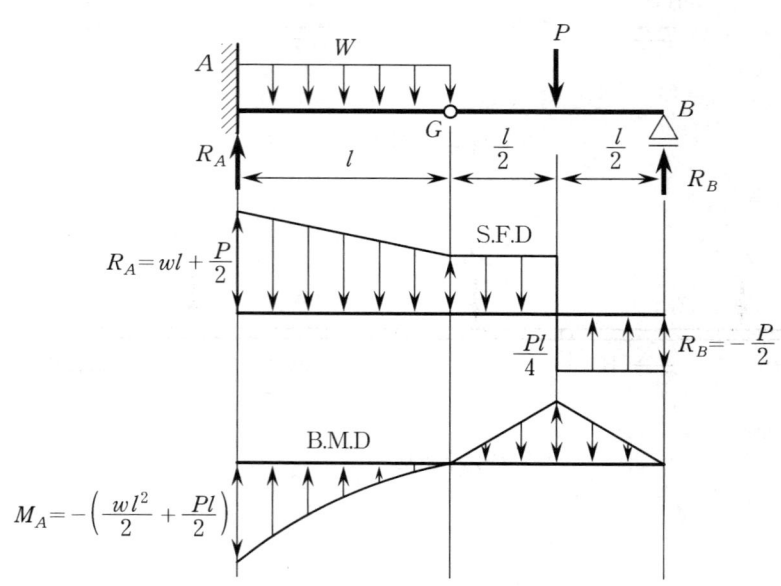

(해석순서)

① 겔버 보 = 캔틸레버 + 단순보로 치환한다.

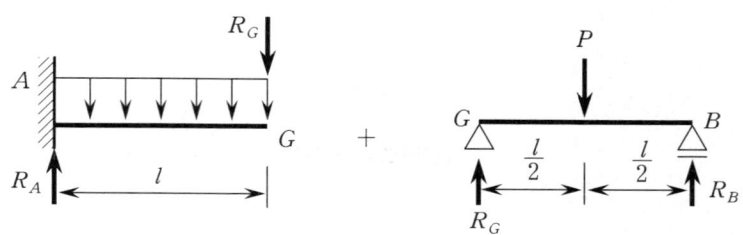

> **주의** 내부힌지절점 G에서는 실제 반력이 발생하지 않으므로 캔틸레버에서 R_G를 하중으로 가해 주어야 한다.

② 단순보에서 반력 R_G와 R_B를 구한다.

$\Sigma M_B = 0$, $\Sigma F_y = 0$;

$\therefore R_G = R_B = \dfrac{P}{2}$

③ 단순보에서 S.F.D와 B.M.D 작성 (그림참조)

④ 캔틸레버에서 반력 R_G를 하중으로 가한 후 반력 R_A와 M_A를 구한다.

$\Sigma F_y = 0$; $\therefore R_A = wl + \dfrac{P}{2}$

$\Sigma M_A = 0$; $\therefore M_A = \dfrac{wl^2}{2} + \dfrac{Pl}{2}$

⑤ 캔틸레버의 자유단 G에서 임의의 위치 x되는 곳을 잘랐을 때 전단력 V와 휨모멘트 M은 다음과 같다.

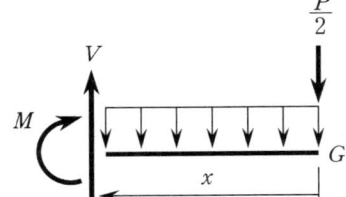

$\Sigma F_y = 0$; $\therefore V = wx + \dfrac{P}{2}$

$\Sigma M = 0$; $\therefore M = -\dfrac{w}{2}x^2 - \dfrac{P}{2}x$

⑥ 단순보와 캔틸레버의 S.F.D와 B.M.D를 합쳐 그리면 문제 그림에 나타난 것과 같다.

주의 겔버보에서 내부힌지 위치의 휨모멘트는 최외각 힌지나 롤러에 해당하며, 그 값은 반드시 0이어야 한다.

필수예제 4

다음 겔버보를 해석하시오.

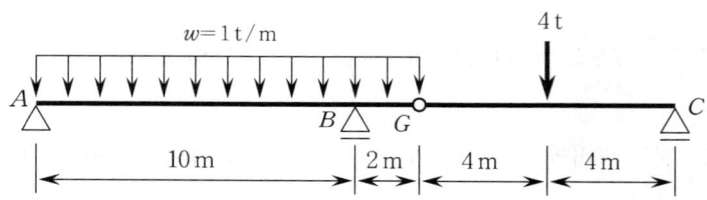

풀이과정 겔버보 = 내민보 + 단순보로 치환

1. 반력

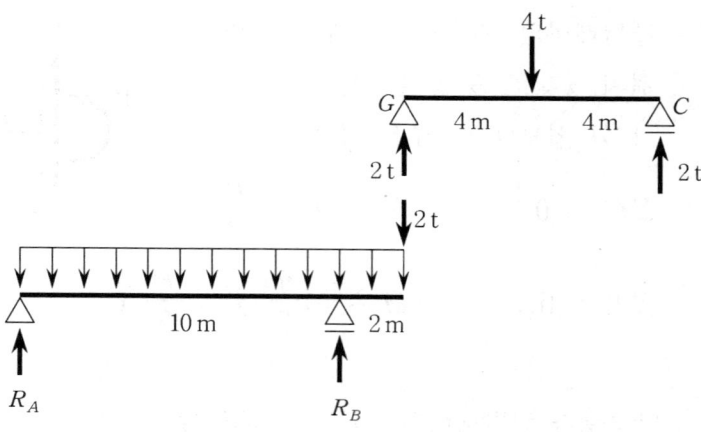

$\Sigma M_B = 0$; $R_A \times 10 + 2 \times 2 - 1 \times 10 \times 5 + 1 \times 2 \times 1 = 0$

$\therefore R_A = 4.4\text{t} (\uparrow)$

$\Sigma F_y = 0$; $R_A + R_B = 1 \times 12 + 2$

$\therefore R_B = 9.6\text{t} (\uparrow)$

② S.F.D와 B.M.D

($0 \leq x \leq 10$, $A \sim B$ 구간)
$$\begin{cases} V = 4.4 - x \\ M = 4.4x - \dfrac{x^2}{2} \end{cases}$$

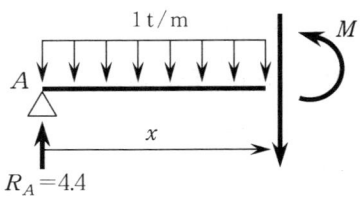

($0 \leq x \leq 2$, $G \sim B$ 구간)
$$\begin{cases} V = 2 + x \\ M = -2x - \dfrac{x^2}{2} \end{cases}$$

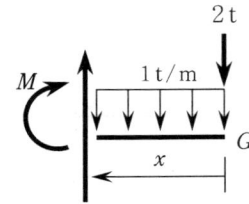

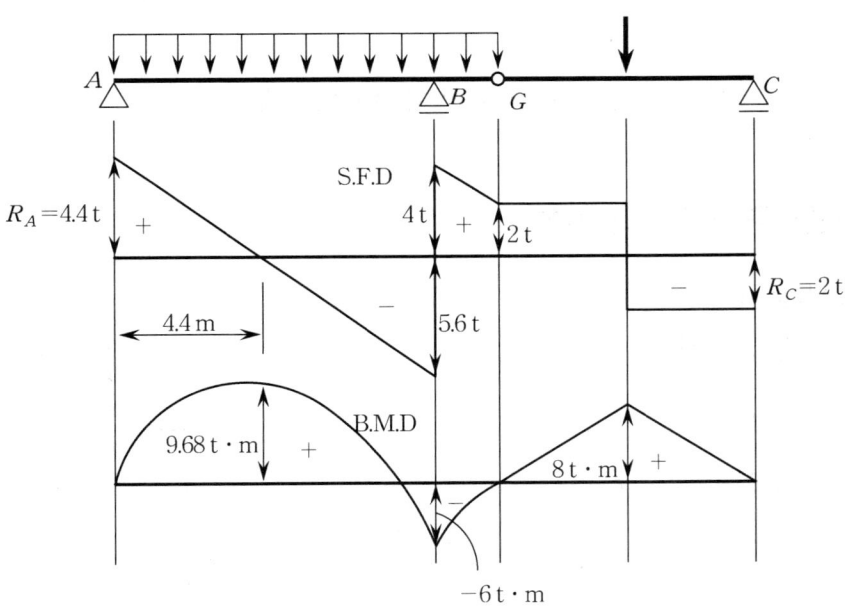

3.5 정정라아멘의 해석

부재와 부재가 서로 강결(fixed 또는 rigid joint)로 연결되어 있는 구조를 라아멘, 또는 rigid frame이라고 한다. 라아멘은 각 부재의 연결이 강체연결로 되어 있으므로 외력을 받아 구조가 변형되어도 각 절점에서 이루는 각은 변형전과 동일하다.

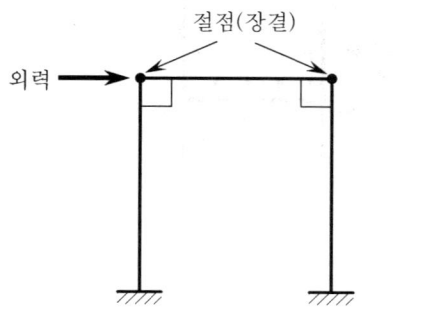 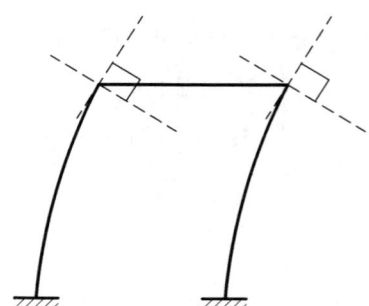

[라아멘구조의 절점변위(부재각은 동일)]

3.5.1 단순보형 라아멘의 해석

(해석순서)

(1) 지점 반력 산정

$\Sigma F_x = 0 \ ; \ H_A = 0$

$\Sigma M_B = 0 \ ; \ R_A \times l - P \times b = 0$

$\therefore R_A = \dfrac{P \cdot b}{l} \ (\uparrow)$

$\Sigma F_y = 0 \ ; \ R_A + R_B = P$

$\therefore R_B = P - \dfrac{P \cdot b}{l}$

$= \dfrac{P \cdot a}{l} \ (\uparrow)$

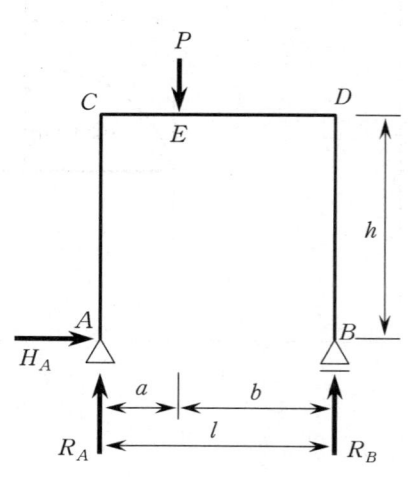

(2) **전단력, 축력, 휨 모멘트의 일반식**

① $A-C$ 부재 ; $(0 \leq x \leq h)$

$$\begin{cases} V = 0 \\ A = -R_A = -\dfrac{P \cdot b}{l} \quad (\text{압축}) \\ M = 0 \end{cases}$$

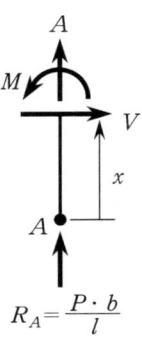

② $C-E$ 부재 ; $(0 \leq x \leq a)$

$$\begin{cases} V = R_A = \dfrac{P \cdot b}{l} \\ A = 0 \\ M = \dfrac{P \cdot b}{l} x \end{cases} \begin{cases} M(x=0) = 0 \\ M(x=b) = \dfrac{Pab}{l} \end{cases}$$

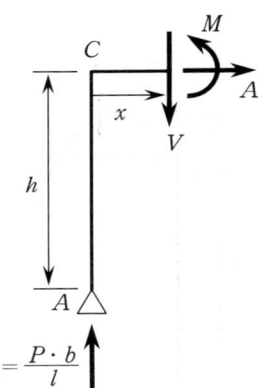

③ $D-E$ 부재 ; $(0 \leq x \leq b)$

$$\begin{cases} V = -R_B = \dfrac{Pa}{l} \\ A = 0 \\ M = \dfrac{pa}{l} x \end{cases} \begin{cases} M(x=0) = 0 \\ M(x=a) = \dfrac{Pab}{l} \end{cases}$$

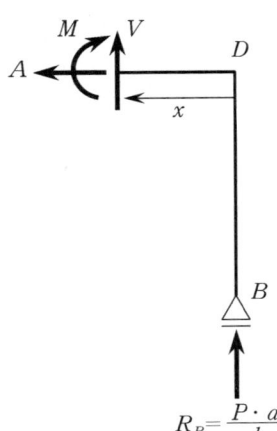

④ $B-D$ 부재 ; $(0 \leq x \leq h)$

$$\begin{cases} V = 0 \\ A = -R_B = -\dfrac{P \cdot a}{l} \quad (압축) \\ M = 0 \end{cases}$$

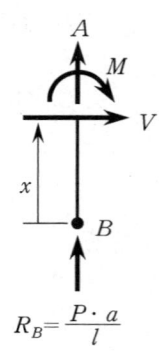

(3) S.F.D, A.F.D, B.M.D의 작도

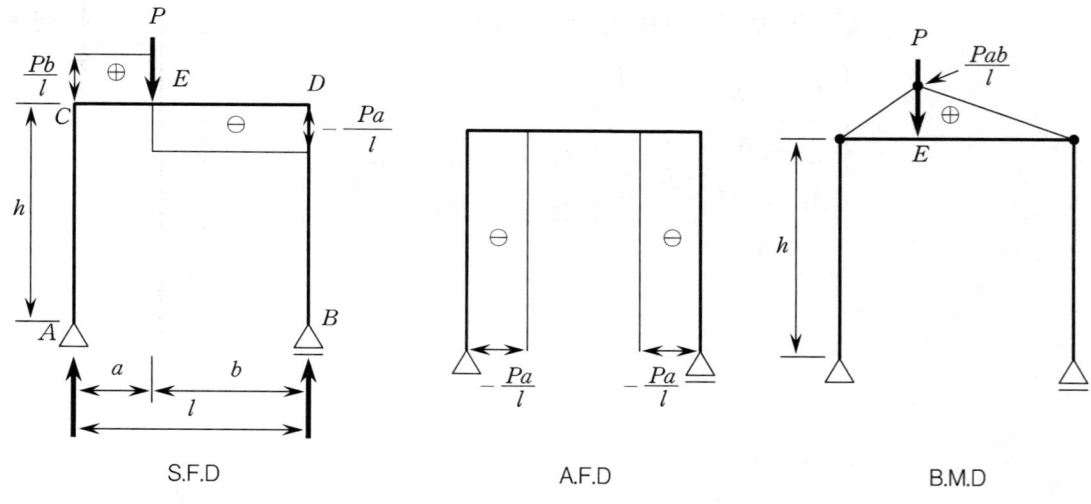

S.F.D　　　　　　　　A.F.D　　　　　　　　B.M.D

3.5.2 3힌지형 (Gerber 형) 라아멘의 해석

(1) 반력 산정법

① 반력을 구하려는 지점의 상대편 지점에서 모멘트를 취한다. 즉, $\Sigma M = 0$에 대한 방정식을 만든다.

② 활절(내부힌지)에서 한쪽편 부재만에 대해 모멘트를 취한다. 즉, ΣM_G(활절위치) $= 0$에 대한 방정식을 만든다.

※ 높이가 같은 라아멘은 위 ①, ②식에서 각각 반력이 계산되고, 만약 높이가 다른 라아멘일 경우는 ①, ②에서 나오는 식을 연립하여 풀면 된다.

> **참고**
>
> 겔버보와 마찬가지로 3힌지형 라아멘에서도 활절(내부힌지) 위치에서 모멘트 값은 항상 0이어야 한다.

필수예제 5

다음 3힌지 라아멘에서 지점 D의 반력을 구하시오.

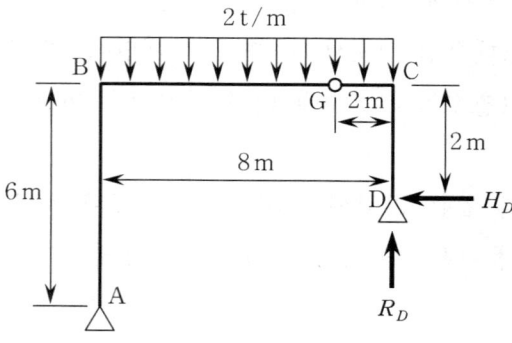

풀이과정

① $\Sigma M_A = 0$; $2 \times 8 \times 4 - R_D \times 8 - H_D \times 4 = 0$

② $\Sigma M_G = 0$; $2 \times 2 \times 1 - R_D \times 2 + H_D \times 2 = 0$

⇒ (연립) ①−②×4

$$64 - 8R_D - 4H_D = 0$$
$$-)\ 16 - 8R_D + 8H_D = 0$$
$$\overline{\ 48\quad\quad -12H_D = 0\ }$$

∴ $H_D = 4$ (t) (←)

$H_D = 4$를 ①식에 대입하면,

∴ $R_D = \dfrac{1}{8}(64 - 4 \times 4) = 6$ t (↑)

필수예제 6

다음과 같은 3힌지 라아멘을 해석하시오.

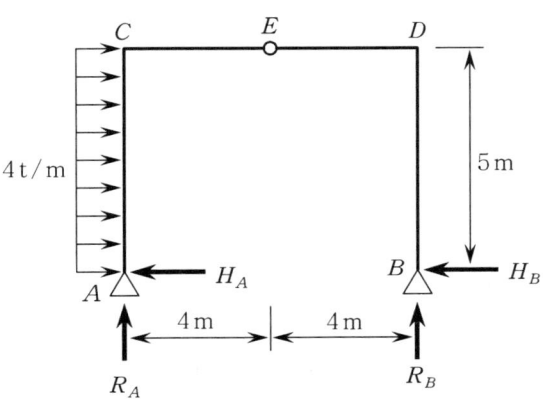

풀이과정 1. 지점 반력 산정

① $\Sigma M_B = 0$; (↻+)

$$R_A \times 8 + (4 \times 5) \times \frac{5}{2} = 0$$

∴ $R_A = -6.25$ t (↓)

② $\Sigma M_E = 0$; (ACE 부재) (↻+)

$$R_A \times 4 + H_A \times 5 - (4 \times 5) \times \frac{5}{2} = 0$$

∴ $H_A = \frac{1}{5}(50 + 6.25 \times 4) = 15$ t (←)

* 지점 B의 반력은 평형 방정식으로 산정된다.

③ $\Sigma F_x = 0$; $H_A + H_B = 4 \times 5$

∴ $H_B = 20 - 15 = 5$ t (←)

④ $\Sigma F_y = 0$; $R_A + R_B = 0$

∴ $R_B = 6.25$ t (↑)

2. 전단력(V), 축력(A), 휨모멘트(M)의 일반식
   ① $A - C$ 부재 $(0 \leq x \leq 5)$;

$$\begin{cases} V = 15 - 4x \\ \quad \begin{cases} V(x = 0) = 15 \text{ t} \\ V(x = 5) = -5 \text{ t} \\ V = 0\text{이 되는 곳} : x = 3.75 \text{ m} \end{cases} \\ A = 6.25 \text{ t (인장)} \\ M = 15x - 2x^2 \\ \quad \begin{cases} M(x = 0) = 0 \\ M(x = 5) = 25 \text{ t} \cdot \text{m} \\ M(x = 3.75) = 28.125 \text{ t} \cdot \text{m} \end{cases} \end{cases}$$

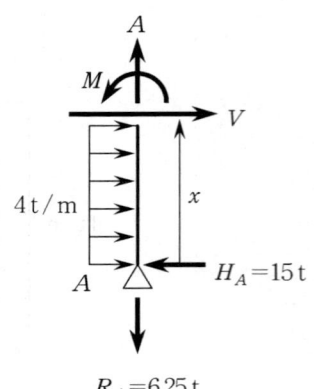

② $C - E$ 부재 $(0 \leq x \leq 4)$;

$$\begin{cases} V = -6.25 \text{ t} \\ A = 15 - 4 \times 5 = -5 \text{ t (압축)} \\ M = 15 \times 5 - 6.25 \times x - (4 \times 5) \times \dfrac{5}{2} \\ \quad = 25 - 6.25x \\ \quad \begin{cases} M(x = 0) = 25 \text{ t} \cdot \text{m} \\ M(x = 4) = 0 \end{cases} \end{cases}$$

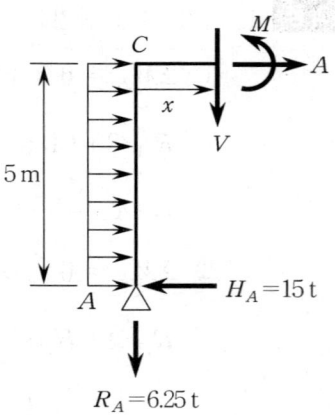

③ $D-E$ 부재 $(0 \leq x \leq 4)$;

$$\begin{cases} V = -6.25 \text{ t} \\ A = -5 \text{ t (압축)} \\ M = 6.25x - 25 \end{cases}$$

$$\begin{cases} M(x=0) = -25 \text{ t} \cdot \text{m} \\ M(x=4) = 0 \end{cases}$$

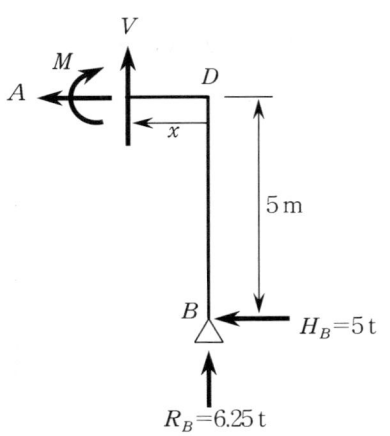

④ $B-D$ 부재 $(0 \leq x \leq 5)$;

$$\begin{cases} V = 5 \\ A = -6.25 \text{ t (압축)} \\ M = -5x \end{cases}$$

$$\begin{cases} M(x=0) = 0 \\ M(x=5) = -25 \end{cases}$$

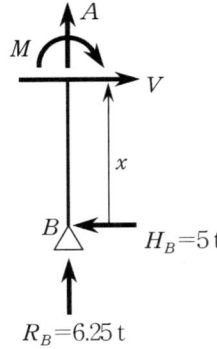

3. S.F.D, A.F.D, B.M.D의 작성

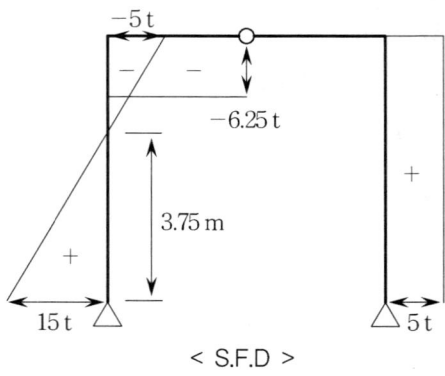

< S.F.D >

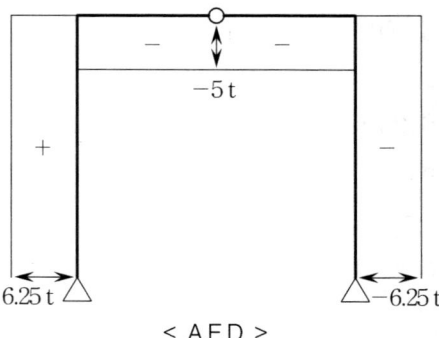

< A.F.D >

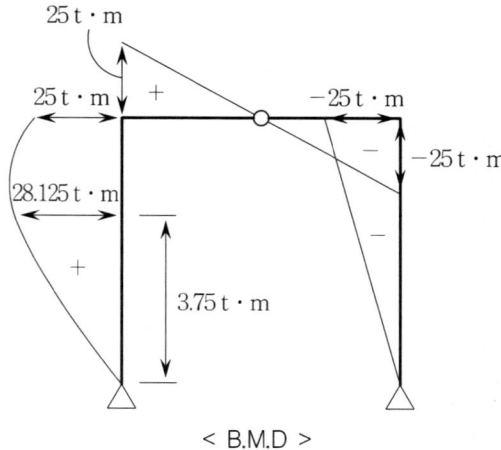

< B.M.D >

3.6 정정아치의 해석

3.6.1 일반적인 아치의 해석 (캔틸레버 아치, 단순 아치)

반원형 아치의 자유단에 집중하중 P가 가해졌을 때 단면력을 구하여 보자.

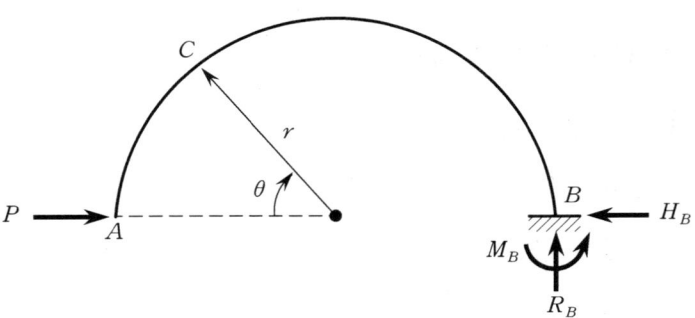

(1) 지점반력 산정

$$\Sigma F_x = 0 \ ; \ H_B = P \ (\leftarrow)$$
$$\Sigma F_y = 0 \ ; \ R_B = 0$$
$$\Sigma M_B = 0 \ ; \ M_B = 0$$

(2) 전단력(V), 축력(A), 휨모멘트(M)의 일반식

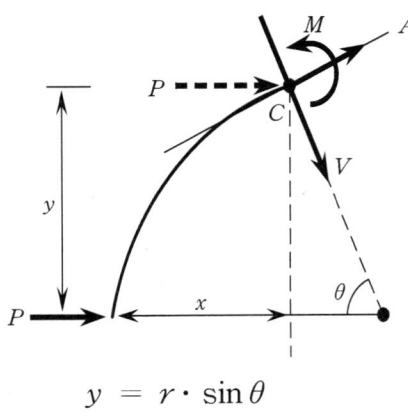
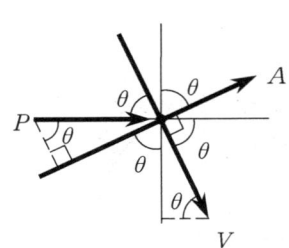

$$y = r \cdot \sin\theta$$

C점에 작용하는 힘을 기하적으로 표현하면,

$$\begin{cases} V = -P \cdot \cos\theta \\ A = -P \cdot \sin\theta \\ M = -P \cdot y = -P \cdot r \cdot \sin\theta \end{cases}$$

단면력은 θ의 함수로써 곡선분포가 될 것이다.

(3) S.F.D, A.F.D, B.M.D의 작도

$V = -P \cdot \cos\theta$

$$\begin{cases} \theta = 0° \ ; \ V = -P \\ \theta = 45° \ ; \ V = -\dfrac{1}{\sqrt{2}}P \\ \theta = 90° \ ; \ V = 0 \end{cases}$$

* $\theta = 90°$ 이상은 대칭으로 될 것이다.

$A = -P \cdot \sin\theta$ $\qquad\qquad M = -P \cdot r \cdot \sin\theta$

$$\begin{cases} \theta = 0° \ ; \ A = 0 \\ \theta = 45° \ ; \ A = -\dfrac{1}{\sqrt{2}}P \\ \theta = 90° \ ; \ A = -P \end{cases} \qquad \begin{cases} \theta = 0° \ ; \ M = 0 \\ \theta = 45° \ ; \ M = -\dfrac{1}{\sqrt{2}}P \cdot r \\ \theta = 90° \ ; \ M = -P \cdot r \end{cases}$$

일반식으로 구한 단면력도는 다음과 같다.

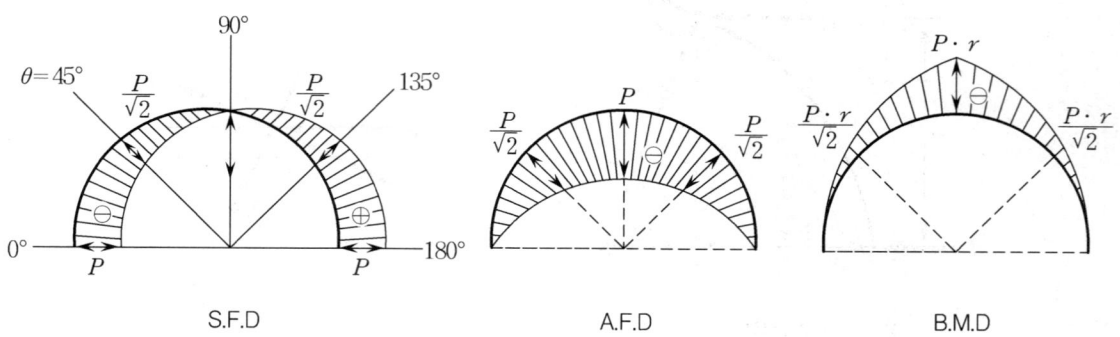

S.F.D A.F.D B.M.D

3.6.2 3힌지 형 (Gerber계) 아치의 해법

(1) 반력을 구할 때 (라아멘과 동일)

① 상대편 지점에서 $\Sigma M = 0$

② 활절 (내부힌지)에서 $\Sigma M_G = 0$

(2) 전단력을 구할 때

임의의 거리에 부호규약과 일치된 전단력을 작용시켜 그에 해당되는 모든 힘의 성분을 조합하여 전단력을 산정한다.

필수예제 7

그림과 같은 비대칭 3힌지 아치에서 A점의 수평반력 H_A는?

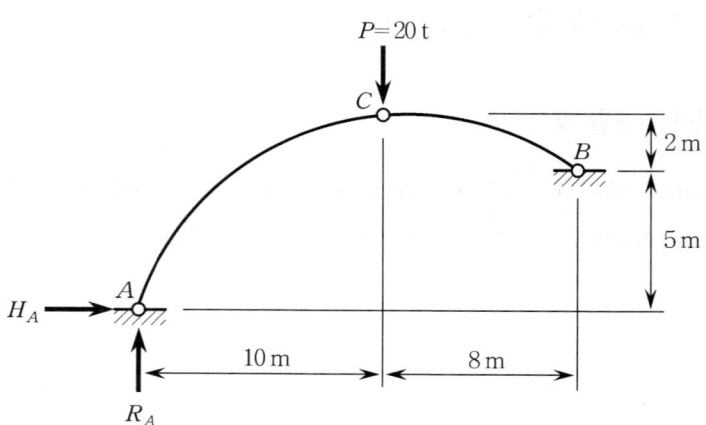

풀이과정

① 상대편지점에서

$\Sigma M_B = 0$; (+↻)

$R_A \times 18 - H_A \times 5 - 20 \times 8 = 0$

② Gerber에서

$\Sigma M_C = 0$; (+↻)

$R_A \times 10 - H_A \times 7 = 0 \rightarrow R_A = 0.7 H_A$

③ 연립방정식

$R_A \times 18 - H_A \times 5 = 20 \times 8$ (여기서, $R_A = 0.7 H_A$)

$(0.7 H_A) \times 18 - H_A \times 5 = 160$

∴ $H_A = 21.05$ t (→)

필수예제 8

C 점의 전단력을 구하시오.

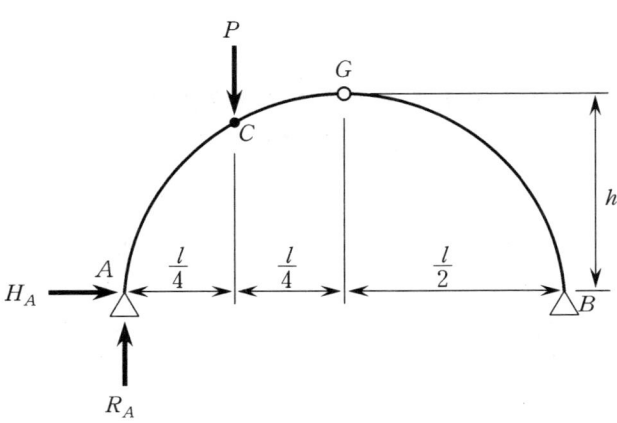

풀이과정 C 점의 전단력을 구하기 위해서는 지점 A 의 반력을 구하여야 한다.

1. 반력 H_A 와 R_A 의 산정

   ① $\Sigma M_B = 0$; $R_A \times l - P \times \dfrac{3}{4} l = 0$

   $$\therefore R_A = \dfrac{3}{4} P$$

   ② $\Sigma M_G = 0$; $\dfrac{3}{4} P \times \dfrac{l}{2} - H_A \times h - P \times \dfrac{l}{4} = 0$

   $$\therefore H_A = \dfrac{Pl}{8h}$$

2. 전단력 V_C 의 산정

   R_A 와 H_A 의 V성분 방향에 대해 $\Sigma F = 0$를 취한다.

   $\therefore V_C(right) = R_A \cdot \cos\theta - H_A \cdot \sin\theta - P \cdot \cos\theta$

   $$= \left(\dfrac{3}{4} P - P\right)\cos\theta - \dfrac{Pl}{8h}\sin\theta = -\dfrac{P}{4}\cos\theta - \dfrac{Pl}{8h}\sin\theta$$

   $\therefore V_C(left) = R_A \cdot \cos\theta - H_A \cdot \sin\theta$

   $$= \dfrac{3}{4} P \cdot \cos\theta - \dfrac{Pl}{8h}\sin\theta$$

필수예제 9

그림과 같은 포물선 3힌지 아치가 등분포하중을 받을 경우에는 단면력으로 압축력만을 받는데 이를 증명하라.

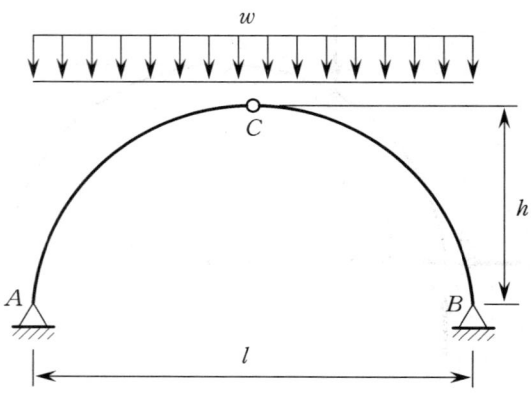

풀이과정

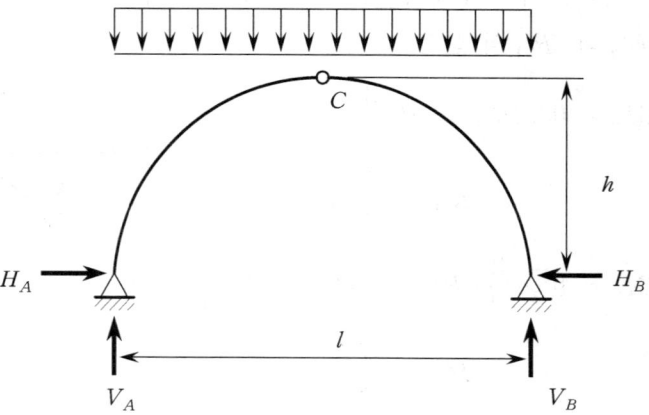

1. 반력 산정

$$\Sigma M_B = 0 \;;\; V_A \cdot l - \frac{wl^2}{2} = 0 \quad \therefore V_A = \frac{wl}{2} \;(\uparrow)$$

$$\Sigma F_y = 0 \;;\quad \therefore V_B = \frac{wl}{2} \;(\uparrow)$$

$$\Sigma M_C = 0 \;;\; V_A \cdot \frac{l}{2} - H_a \cdot h - \frac{wl}{2} \cdot \frac{l}{4} = 0 \quad \therefore H_A = \frac{wl^2}{8h} \;(\rightarrow)$$

$$\Sigma F_x = 0 \; ; \qquad \therefore H_B = \frac{wl^2}{8h} \; (\leftarrow)$$

2. 아치의 곡선방정식

$$y = ax^2 + bx + c$$

$x = 0$ 일 때 $y = 0 \rightarrow \therefore c = 0$

$x = l$ 일 때 $y = 0 \rightarrow al^2 + bl = 0 \qquad \therefore b = -al$

$x = \dfrac{l}{2}$ 일 때 $y = h \rightarrow h = \dfrac{al^2}{4} + \dfrac{bl}{2} = \dfrac{al^2}{4} - \dfrac{al^2}{2} = -\dfrac{al^2}{4}$

$$\therefore a = -\frac{4h}{l^2}, \; b = \frac{4h}{l}$$

$$\therefore y = -\frac{4h}{l^2}x^2 + \frac{4h}{l}x = \frac{4h}{l^2}x(l-x)$$

3. 단면력 유도

임의의 단면에서의 자유물체도는

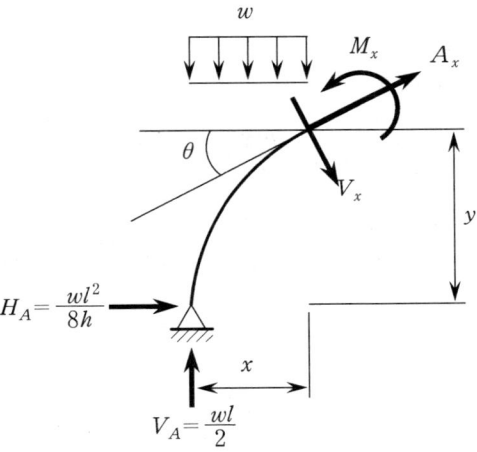

$$\tan \theta = \frac{dy}{dx} = \frac{4h}{l} - \frac{8h}{l^2}x$$

$\Sigma F_x = 0 \; ; \; \dfrac{wl^2}{8h} + A_x \cdot \cos\theta + V_x \cdot \sin\theta = 0$ ·················· ①

$\Sigma F_y = 0 \; ; \; \dfrac{wl}{2} + A_x \cdot \sin\theta - V_x \cdot \cos\theta - wx = 0$ ·················· ②

① 식으로부터

$$A_x = -V_x \cdot \frac{\sin\theta}{\cos\theta} - \frac{wl^2}{8h \cdot \cos\theta} = -V_x \cdot \tan\theta - \frac{wl^2}{8h \cdot \cos\theta} \quad \cdots\cdots \text{③}$$

③ → ②에 대입하면

$$\frac{wl}{2} + \left(-V_x \cdot \tan\theta - \frac{wl^2}{8h \cdot \cos\theta}\right)\sin\theta - V_x \cdot \cos\theta - wx = 0$$

$$V_x(\cos\theta + \tan\theta \cdot \sin\theta) - \frac{wl}{2} + wx + \frac{wl^2}{8h}\tan\theta = 0$$

$$V_x\left(\frac{\sin^2\theta + \cos^2\theta}{\cos\theta}\right) - \frac{wl}{2} + w_x + \frac{wl^2}{8h}\left(\frac{4h}{l} - \frac{8h}{l^2}x\right) = 0$$

$$V_x\left(\frac{1}{\cos\theta}\right) - \frac{wl}{2} + wx + \frac{wl}{2} - wx = 0$$

$$\therefore V_x = 0$$

$V_x = 0$을 ③식에 대입하면,

$$\therefore A_x = -\frac{wl^2}{8h \cdot \cos\theta}$$

$$\Sigma M = 0 \ ; \ M_x + \frac{wl^2}{8h}y + \frac{wx^2}{2} - \frac{wl}{2}x = 0$$

$$\therefore M_x = \frac{wl}{2}x - \frac{wx^2}{2} - \frac{wl^2}{8h}\left\{\frac{4h}{l^2}x(l-x)\right\} = 0$$

4. 증명 결론

임의 점의 단면력은 $A_x = -\dfrac{wl^2}{8h\cos\theta}$, $V_x = M_x = 0$이다.

그러므로 등분포하중을 받는 3힌지 포물선아치는 축방향력만 받음을 알 수 있다.

실전문제

1. 다음 겔버보를 해석하시오.

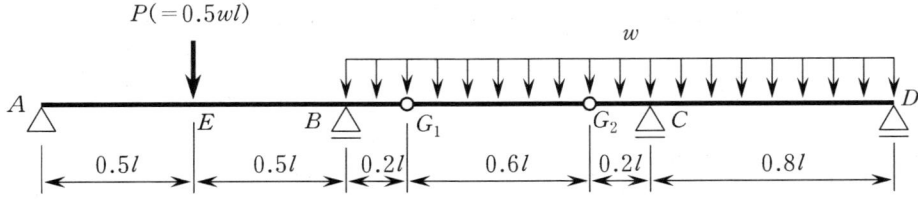

2. 보 ABCD가 무게 $w = 6\,\text{kN}$을 받고 있다. Cable BE는 B점에서 마찰이 없는 도르레를 지나 연직봉재의 E점에 매어져 있다. 연직봉재의 왼쪽 직선 단면 C에서 전단력 V와 휨 모멘트 M을 구하시오.

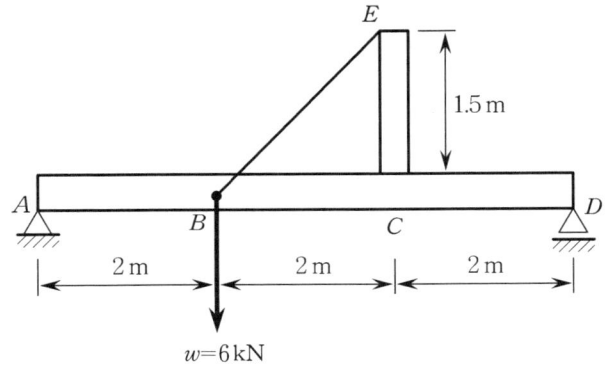

정답

1.

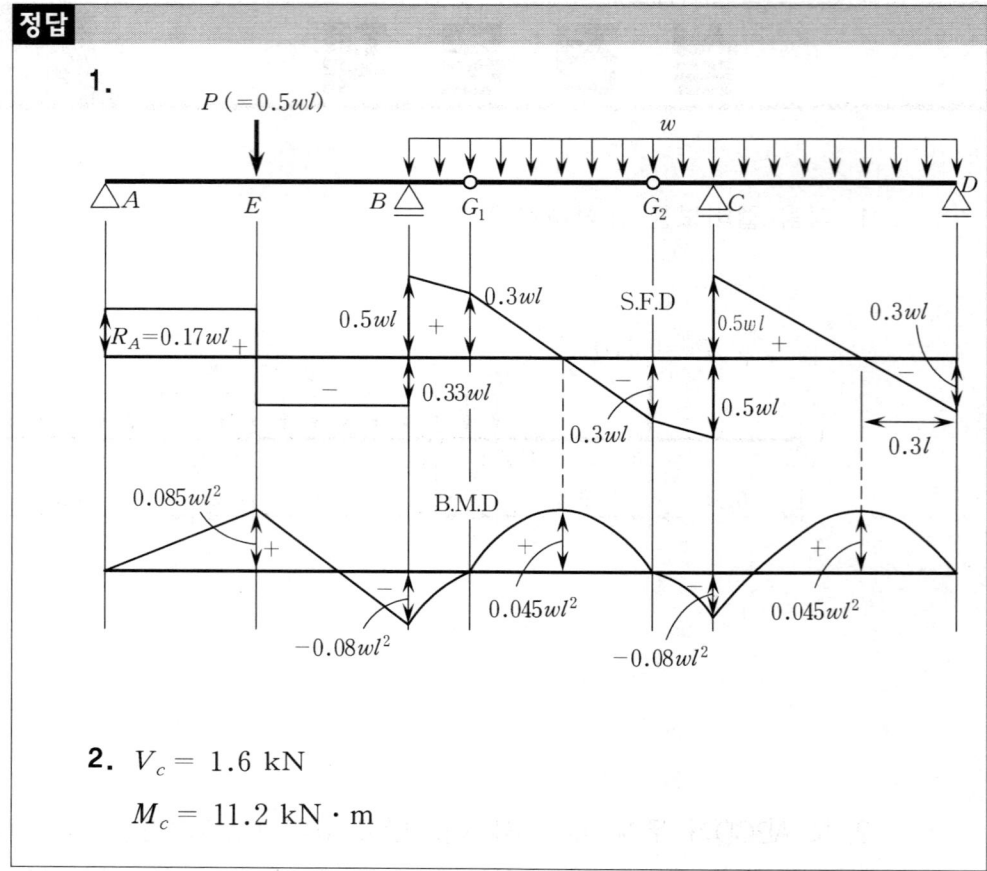

2. $V_c = 1.6$ kN
$M_c = 11.2$ kN·m

Chapter 4
보의 휨응력과 전단응력

Chapter 4 보의 휨응력과 전단응력

4.1 보의 휨응력 σ

$$\sigma = \frac{M}{I} y$$

여기서, M : 외력에 의해 단면에 나타나는 휨모멘트
    I : 단면2차 모멘트
    y : 중립축에서 휨응력을 구하고자 하는 점까지의 수직거리

또한, 최대 수직응력은 단면계수를 사용하여 구할 수도 있다.

$$\sigma_{max} = \frac{M}{I} y = \frac{M}{Z}$$

여기서, Z : 단면계수 $\left(= \dfrac{I}{y} \right)$
    y : 중립축에서 상하단까지의 거리

필수예제 1

다음 그림과 같은 단순보에서 최대 휨응력의 값은 얼마인가?

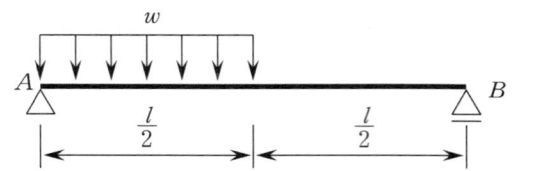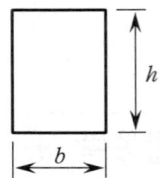

풀이과정 최대 휨응력은 최대 휨모멘트가 발생하는 곳에서 생기며, 최대 휨모멘트는 전단력이 0인 곳에서 생긴다. (단, 단면이 일정한 경우에 해당된다)

1. 전단력이 0인 곳

    반력 R_A를 구하면,

    $$\Sigma M_B = 0 \;;\; R_A = \frac{1}{l}\left(w \times \frac{l}{2} \times \frac{3}{4}l\right) = \frac{3}{8}wl$$

    > **주의** 휨 모멘트가 최대인 곳은 등분포 하중이 작용하는 구간일 것이다. 그러므로 등분포하중 작용 구간에서 전단력이 0인 곳이 나올 것이다.

    $$\Sigma F_y = 0 \;;\; V = \frac{3}{8}wl - wx$$

    $$V = 0 \;;\; \frac{3}{8}wl - wx = 0$$

    $$\therefore x = \frac{3}{8}l$$

    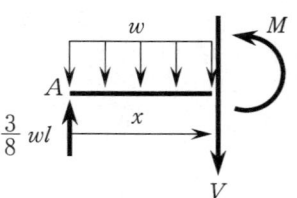

2. 최대 휨 모멘트 산정

    $$M = \frac{3}{8}wlx - \frac{w}{2}x^2$$

    $x = \frac{3}{8}l$ 일 때 $M_{\max}$ 이므로,

    $$M_{\max} = \frac{3}{8}wl \times \left(\frac{3}{8}l\right) - \frac{w}{2} \times \left(\frac{3}{8}l\right)^2 = \frac{9wl^2}{128}$$

3. 단면성질

$$I = \frac{bh^3}{12}, \quad y_{\max} = \pm\frac{h}{2}$$

4. 최대 휨응력 산정

$$\therefore \sigma_{\max} = \frac{M}{I}y = \frac{\dfrac{9wl^2}{128}}{\dfrac{bh^3}{12}} \times \left(\pm\frac{h}{2}\right) = \pm\frac{27w \cdot l}{64b \cdot h^2}$$

> **참고**
> - 최대 휨응력 산정은 단면계수(Z)를 사용해도 된다.
> $$Z = \frac{I}{y_{\max}} \Rightarrow \therefore \sigma_{\max} = \frac{M_{\max}}{Z}$$

필수예제 2

그림과 같은 단순보에 삼각형 분포하중이 작용하고 있다. 단면은 wide flange형이며, 재료의 허용응력이 125 MPa 이라면, 최대 분포하중의 크기 w를 구하시오. (단, 보의 하중은 무시한다.)

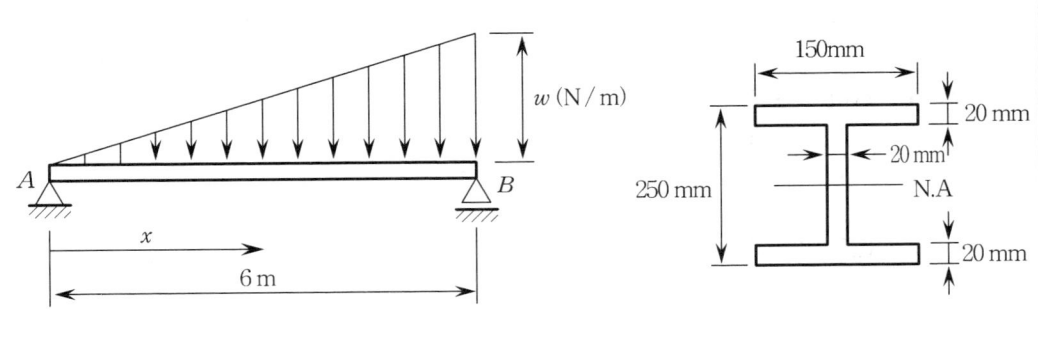

풀이과정

1. A, B지점의 반력 산정

$$R_B = \frac{w \cdot l}{3} = \frac{w \times 6}{3} = 2w \ (\uparrow)$$

$$R_A = \frac{w \cdot l}{6} = \frac{w \times 6}{6} = w \ (\uparrow)$$

2. 전단력이 zero인 곳 x

$$6 : w = x : w' \Rightarrow w' = \frac{w}{6}x$$

$$\Sigma F_y = 0 \ ; \ V = R_A - w' \cdot x \cdot \frac{1}{2} = w - \frac{w}{12}x^2$$

$$V = 0 \ ; \ w - \frac{w}{12}x^2 = 0$$

$$\therefore x = 2\sqrt{3} \text{ m (A점 기준)}$$

3. 최대 모멘트 M_{max} 산정

$$M = R_A \cdot x - \frac{w'}{2} x \times \frac{x}{3} = w \cdot x - \frac{w}{36}x^3$$

$x = 2\sqrt{3}$ 일 때 M_{max} 이므로

$$\therefore M_{max} = w(2\sqrt{3}) - \frac{w}{36}(2\sqrt{3})^3 = 2.31\,w \ (\text{N} \cdot \text{m})$$

4. 단면성질

① $y_{max} = \dfrac{250}{2} = 125$ mm

② 중립축에 대한 단면 2차 모멘트 I

$$I = \frac{150 \times 250^3}{12} - \frac{(150-20) \times (250-40)^3}{12} = 95 \times 10^6 \text{ mm}^4$$

5. 최대 분포하중 w 산정

$$\sigma_{max} = \frac{M_{max}}{I} \cdot y_{max}$$

$$125 \times 10^6 = \frac{2.31w}{95 \times 10^6 \times 10^{-12}} \times (0.125)$$

$$\therefore w = 41 \text{ kN/m}$$

4.2 보의 전단응력 τ

$$\tau = \frac{VQ}{bI}$$

여기서, V : 임의의 단면에 작용하는 전단력
Q : 중립축에 대한 단면1차 모멘트
I : 단면2차 모멘트
b : 단면의 폭

[최대 전단응력과 전단계수]

(1) 직사각형 단면

폭 b와 단면 2차 모멘트는 일정하므로 τ_{max}이 되기 위해서는 V_{max}과 Q_{max}이 되어야 한다. 여기서, V_{max}은 구조물 해석중 최대 전단력을 구하면 되고, Q_{max}은 중립축에 대해서 단면 1차 모멘트를 취할 때 최대가 된다.

$$Q_{max} = b \times \frac{h}{2} \times \frac{h}{4} = \frac{bh^2}{8}$$

$$I = \frac{bh^3}{12}$$

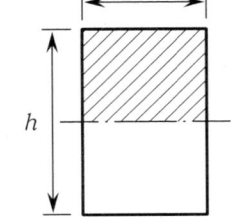

$$\therefore \tau_{max} = \frac{V \cdot Q_{max}}{bI} = \frac{V \cdot \dfrac{bh^2}{8}}{b \cdot \dfrac{bh^3}{12}} = \frac{3}{2} \frac{V}{bh}$$

여기서, $bh = A$ (단면적)

$$\therefore \tau_{max} = \frac{3}{2} \frac{V}{A} = \frac{3}{2} \tau_{mean} \quad (\tau_{mean} = \frac{V}{A} \text{ ; 평균전단응력})$$

이때, $\dfrac{3}{2}$을 직사각형 단면의 전단계수라고 한다.

(공식 적용) 직사각형 단면에서 최대 전단응력을 구할 때는 $\tau = \dfrac{VQ}{bI}$ 로 구해도 되지만, $\tau = \dfrac{3}{2}\dfrac{V}{A}$ 가 더 편리하다.

(2) 원형 단면

폭 $b = D$, $I = \dfrac{\pi D^4}{64}$

단면적 $A = \dfrac{\pi D^2}{4}$

$Q_{max} = \left(\dfrac{\pi D^2}{4} \times \dfrac{1}{2}\right) \times \dfrac{2D}{3\pi} = \dfrac{D^3}{12}$

$\therefore \tau_{max} = \dfrac{VQ_{max}}{bI} = \dfrac{V \times \dfrac{D^3}{12}}{D \times \dfrac{\pi D^4}{64}} = \dfrac{16 \cdot V}{3\pi D^2}$

$= \dfrac{4 \cdot V}{3 \times \left(\dfrac{\pi D^2}{4}\right)} = \dfrac{4}{3}\dfrac{V}{A} = \left(= \dfrac{4}{3}\tau_{mean}\right)$

여기서, 원형단면의 전단계수는 $\dfrac{4}{3}$ 이다.

(3) 삼각형 단면

삼각형 단면은 폭 b와 Q가 높이 y에 따라 변하므로 임의의 위치에서 τ를 구한 후 이를 미분하여 τ_{max}이 되는 거리 y를 구해야 한다. 편의를 위해 삼각형 위쪽에서부터 y만큼 떨어진 단면을 생각한다.

폭 $b' = \dfrac{b}{h} y$

$Q_y = b' \times y \times \dfrac{1}{2} \times \left(\dfrac{2}{3} h - \dfrac{2}{3} y \right)$

$\quad = \dfrac{b}{h} y^2 \times \dfrac{1}{3} \times (h-y)$

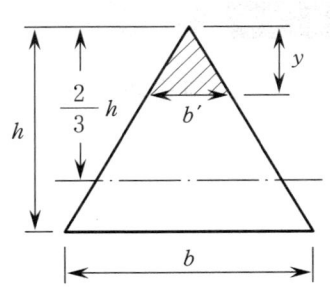

$\tau_y = \dfrac{V \cdot Q_y}{b' \cdot I} = \dfrac{V}{I} \cdot \dfrac{\dfrac{b}{h} y^2 \times \dfrac{1}{3} \times (h-y)}{\dfrac{b}{h} y}$

$\quad = \dfrac{V}{3I} \cdot y \cdot (h-y)$

τ_{max}이 되기 위해서는 $\dfrac{\partial \tau_y}{\partial y} = 0$가 되어야 하므로,

$\dfrac{\partial \tau_y}{\partial y} = \dfrac{V}{3I} \cdot (h-2y) = 0$

$\therefore y = \dfrac{h}{2}$ 에서 τ_{max} 이 된다.

$\tau_{max} = \dfrac{V}{3I} \left(\dfrac{h}{2} \right) \left(h - \dfrac{h}{2} \right) = \dfrac{Vh^2}{12I}$

여기서, $I = \dfrac{bh^3}{36}$

$\tau_{max} = \dfrac{Vh^2}{12 \times \dfrac{bh^3}{36}} = \dfrac{3V}{bh}$

여기서, 삼각형의 단면적 $A = \dfrac{bh}{2}$

$\therefore \tau_{max} = \dfrac{3V}{2 \times \left(\dfrac{bh}{2} \right)} = \dfrac{3}{2} \dfrac{V}{A} \left(= \dfrac{3}{2} \tau_{mean} \right)$

여기서, 삼각형 단면의 전단계수는 $\dfrac{3}{2}$ 이다.

필수예제 3

그림과 같은 캔틸레버 보에서 단면이 T형일 때 다음에 답하시오.

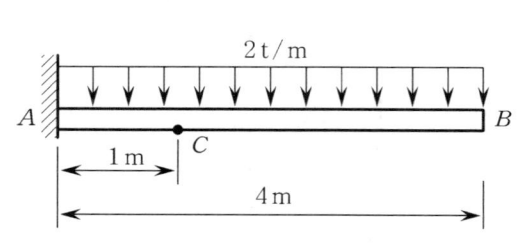
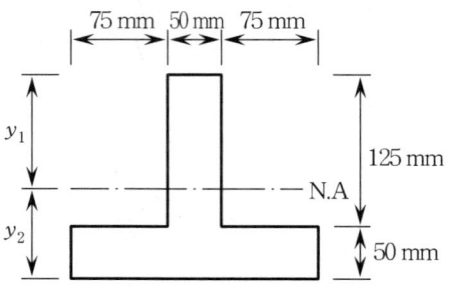

(a) 보에서 최대전단응력 τ_{max} 을 구하시오.
(b) 고정단에서 1 m 떨어진 C 점에서 단면중 위에서 25 mm 떨어진 곳의 전단응력을 구하시오.

풀이과정 (a) 최대 전단응력 τ_{max} 산정

① 중립축 위치 산정

$$y_1 = \frac{50 \times 125 \times 62.5 + 200 \times 50 \times 150}{50 \times 125 + 200 \times 50} = 116.3 \text{ mm}$$

$$y_2 = 175 - 116.3 = 58.7 \text{ mm}$$

② 중립축에 대한 단면2차 모멘트 I 산정

$$I = \frac{50 \times 125^2}{12} + 50 \times 125 \times (116.3 - \frac{125}{2})^2$$
$$+ \frac{200 \times 50^3}{12} + 200 \times 50 \times (58.7 - 25)^2 = 39.7 \times 10^6 \text{ mm}^4$$

③ 최대 전단력 V_{max} 산정

$$V_{max} = R_A = 2 \times 4 = 8 \text{ t}$$

④ 최대 단면 1차 모멘트 Q_{max} 산정

중립축에서 단면 1차 모멘트가 최대이다.

$$Q_{max} = 50 \times 116.3 \times \frac{116.3}{2} = 338142 \text{ mm}^3$$

⑤ 최대 전단응력 τ_{max} 산정

$$\tau_{max} = \frac{V_{max} \cdot Q_{max}}{b \cdot I} \quad (\text{여기서, } b = 50 \text{ mm})$$

$$\therefore \tau_{max} = \frac{8 \times 10^3 \times 338142}{50 \times 39.7 \times 10^6} = 1.363 \text{ kg/mm}^2 = 136.3 \text{ kg/cm}^2$$

(b) C점 단면에서 위로부터 25mm 떨어진 곳의 전단응력 τ 산정

① 단면 1차 모멘트 Q 산정

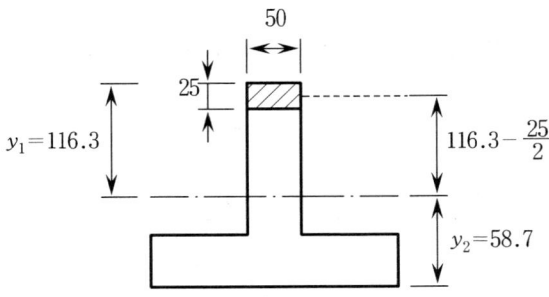

$$Q = 50 \times 25 \times (116.3 - \frac{25}{2}) = 129750 \text{ mm}^3$$

② C점의 전단력 V_c

$$V_c = 2 \times 3 = 6 \text{ t}$$

③ 전단응력 τ 산정

$$\therefore \tau = \frac{V_c \cdot Q}{b \cdot I} = \frac{6 \times 10^3 \times 129750}{50 \times 39.7 \times 10^6} = 0.392 \text{ kg/mm}^2$$

$$= 39.2 \text{ kg/cm}^2$$

실전문제

1. 3개의 집중하중이 가해진 내민보가 있다. 재료에 대한 허용응력이 인장은 35 MPa, 압축은 150 MPa 일 때 허용될 수 있는 최대하중 p를 구하시오.

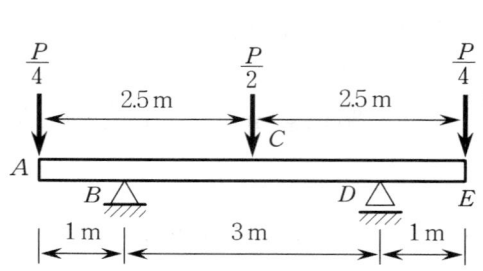
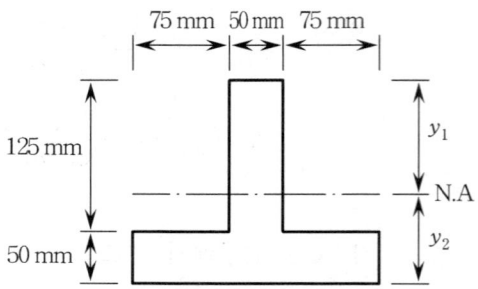

2. 그림과 같은 변단면 보에서 최대휨응력을 b, q_0, L, h로 표시하시오.

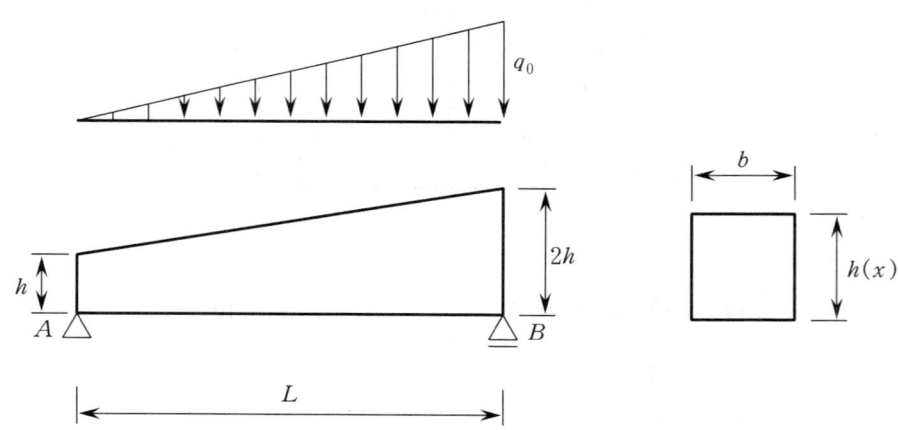

정답

1. $47.8\,\text{kN}$ 2. $\sigma_{\max} = 0.172\,\dfrac{q_0 L^2}{bh^2}$

Chapter 5
비틀림 응력과 전단중심

Chapter 5 비틀림 응력과 전단중심

5.1 비틀림과 뒤틀림의 정의

그림 (a)와 같이, 원형단면봉의 양단에 비틀림 모멘트 T를 가하면 순수하게 비틀림만 발생하고 축방향으로의 변형은 일어나지 않는다. 이와 같이 축방향 변형이 없이 순수하게 비틀림만 발생하는 현상을 순수 비틀림(Pure Torsion) 상태라고 한다.

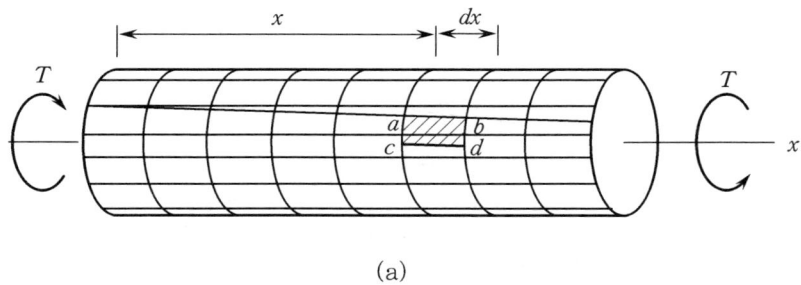

(a)

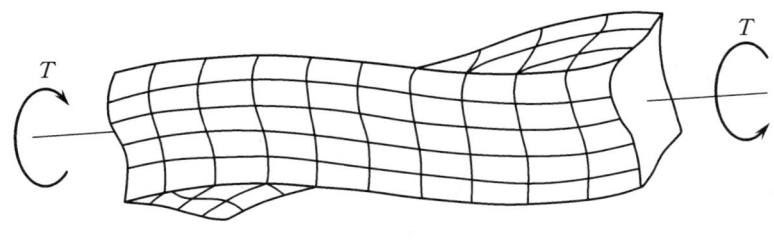

(b)

그림 (b)에서, 직사각형과 같은 비원형 단면이 비틀림 모멘트 T를 받으면 비틀림 상태와 함께 축방향으로의 변형(오목이나 볼록변형)이 같이 일어난다. 이와 같이 축방향 변형을 동반한 비틀림 현상을 뒤틀림(Warping)이라고 한다.

참고로, 비원형단면, 특히 I형이나 ㄷ형과 같은 개단면을 가진 캔틸레버 부재가 비틀림을 받으면 고정단에서는 뒤틀림이 완전 구속되고 자유단에서는 비틀림이 자유롭기 때문에 비틀림 모멘트는 순수 비틀림 모멘트와 뒤틀림 모멘트로 구성되어 해석이 복잡해진다.

5.2 비틀림 응력 (Torsional Stress)

그림과 같이 한쪽이 고정된 원형 보의 자유단에 우력 T가 작용하면 보에는 비틀림이 발생하며, 내부에는 비틀림 응력 τ가 생긴다.

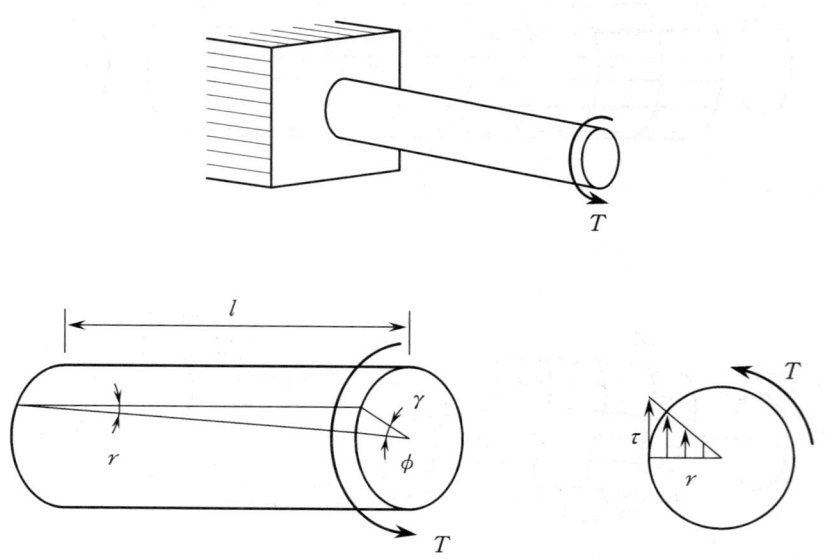

가해진 우력 T를 비틀림 모멘트(torsion), 또는 토크(torque)라 한다. 비틀림 응력 τ는 다음과 같다.

$$\therefore \tau = \frac{T \cdot r}{J}$$

여기서, I_P : 극관성 단면 2차 모멘트 ($J = I_P$)
J : 비틀림 상수 (5.3절 참조)

비틀림각 $\phi = \dfrac{T \cdot l}{G \cdot J}$

여기서, l : 보의 길이
G : 전단 탄성계수
GJ : 비틀림 강성

참고 · **비틀림과 비틀림각의 유도**

(1) 비틀림 : 한쪽 끝은 고정시키고 다른 끝을 각 ϕ 만큼 회전시킨다.

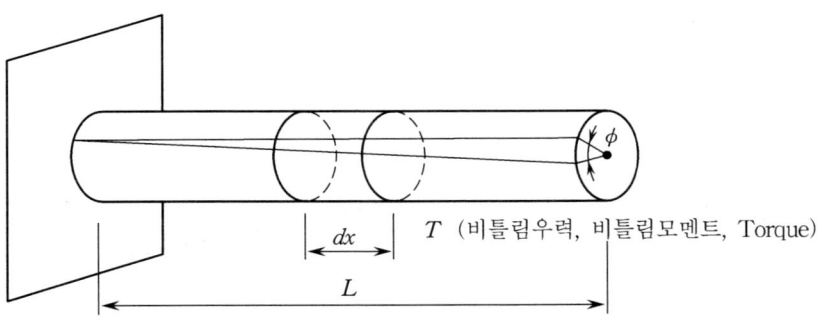

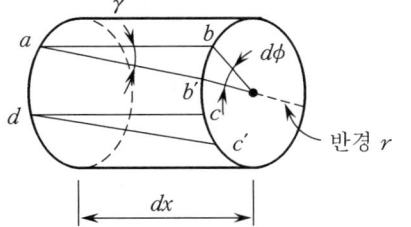

(순수전단상태)
전단만 존재, 모든 구간의 단면적이 일정

전단변형률 $\gamma = \dfrac{bb'}{ab}$ ($\tan\gamma \fallingdotseq \gamma$)

여기서, $\begin{cases} bb' = r \cdot d\phi \text{ (원호의 길이)} \\ ab = dx \end{cases}$

$\gamma = \dfrac{r \cdot d\phi}{dx}$

여기서, $\dfrac{d\phi}{dx}$ 는 비틀림각 ϕ의 변화율, 일반적으로 $\dfrac{d\phi}{dx} = \theta$ 로 둔다.

θ : 단위길이당 비틀림각

$\gamma = \dfrac{r \cdot d\phi}{dx} = r \cdot \theta$

이 때, 단면이 일정하면 $\dfrac{d\phi}{dx}$ 는 전체길이에 대해 일정하다.

$\theta = \dfrac{d\phi}{dx} = \dfrac{\phi}{L}$

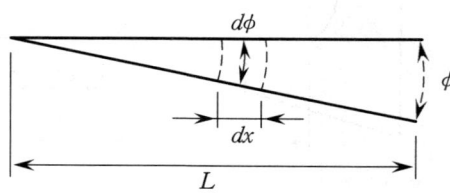

$\therefore \gamma = r \cdot \theta = r \cdot \dfrac{\phi}{L}$ (원형단면 봉)

(2) 전단응력(Hooke's law)

$\tau = G \cdot \gamma = G \cdot r \cdot \theta$ ·· ①

여기서, G : 전단탄성계수

γ : 전단변형률

(3) 비틀림 우력(모멘트) T 와 비틀림각의 관계

전단응력의 합 = 비틀림 우력 T

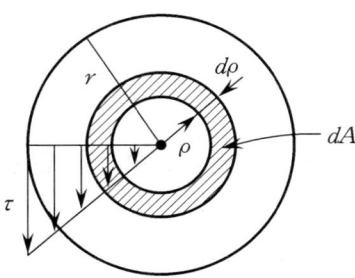

(τ 는 T 에 의해 발생하므로, 거리가 커질수록 커진다.)

빗금부분의 전단력 = $\tau \cdot dA$
봉의 축선에 대한 모멘트 = 전단력 × 거리 = $\tau \cdot dA \times l$
전체 비틀림 우력 T = 전체 봉의 축선에 대한 모멘트

$$T = \int \tau \cdot \rho \cdot dA = \int G \cdot \rho^2 \cdot \theta \cdot dA$$
$$= G \cdot \theta \int \rho^2 \cdot dA = G \cdot \theta \cdot I_P$$

원에서 $I_P = I_x + I_y = \dfrac{\pi d^4}{32} \left(= \dfrac{\pi r^4}{2} \right)$

$$\therefore \theta = \dfrac{T}{G \cdot I_P} \quad \cdots\cdots\cdots\cdots\cdots\cdots ②$$

비틀림각 $\phi = \theta \cdot L$

$$\boxed{\therefore \phi = \dfrac{T \cdot L}{G \cdot I_P}} \quad \text{: 비틀림각 (radian)}$$

② → ① 대입하면

$$\boxed{\therefore \tau_{\max} = \dfrac{T \cdot r}{I_P}} \quad \text{: 비틀림 응력}$$

만약, 중공단면 : $I_P = \dfrac{\pi}{2}(r_2^4 - r_1^4)$

$\qquad\qquad\qquad = \dfrac{\pi}{32}(d_2^4 - d_1^4)$

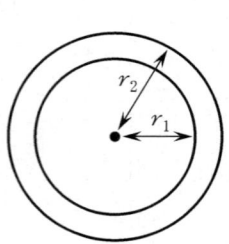

※ 비균일분포 비틀림 (단면이 변화)

$\phi = \displaystyle\sum_{i=1}^{n} \dfrac{T_i \cdot L_i}{G_i \cdot I_{pi}}$

$\phi = \displaystyle\int_0^L d\phi = \int_0^L \dfrac{T_x \cdot dx}{G \cdot I_{Px}}$

필수예제 1

다음 그림과 같은 중공 원형단면에 비틀림 우력 $T = 75 \text{ kg} \cdot \text{cm}$ 가 작용할 때, 최대 비틀림 응력은?

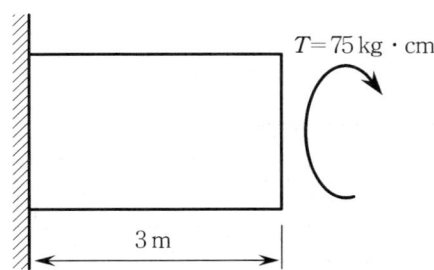 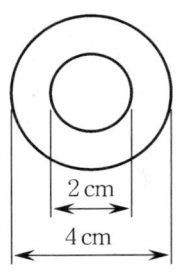

풀이과정 $\tau = \dfrac{T \cdot r}{I_P}$ 이므로, r_{max} 일 때 τ_{max} 이 된다.

$r_{max} = \dfrac{4}{2} = 2 \text{ cm}, \quad T = 75 \text{ kg} \cdot \text{cm}$

$I_P = \dfrac{\pi}{32}(4^4 - 2^4) = 23.56 \text{ cm}^4$

$\therefore \tau_{max} = \dfrac{75 \times 2}{23.56} = 6.4 \text{ kg/cm}^2$

필수예제 2

그림과 같이 직경이 다른 중실축이 B, C 부분에 각각 비틀림 모멘트 $T_1 = 200\,\text{kg}\cdot\text{m}$, $T_2 = 1{,}500\,\text{kg}\cdot\text{m}$를 받고 있다. B점의 비틀림각을 구하시오. ($G = 840 \times 10^3\,\text{kg/cm}^2$)

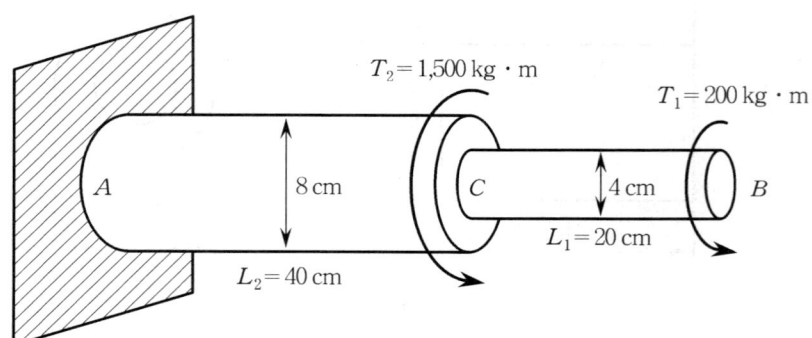

풀이과정 (공식) G가 일정하고 단면이 변하므로, 비틀림각 ϕ는 $\phi = \sum_{i=1}^{n} \dfrac{T_i \cdot L_i}{G \cdot I_{Pi}}$를 이용한다.

1. BC 사이의 비틀림 모멘트
$$T_{BC} = T_1 = 200 \times 10^2\,\text{kg}\cdot\text{cm}$$
CA 사이의 비틀림 모멘트
$$T_{CA} = T_1 + T_2 = (200+1500)\times 10^2 = 1700\times 10^2\,\text{kg}\cdot\text{cm}$$

2. 각 구간의 극관성 모멘트 I_P (원형단면)
$$I_{P(BC)} = \frac{\pi}{32}(4)^4 = 25.13\,\text{cm}^4,\quad I_{P(CA)} = \frac{\pi}{32}(8)^4 = 402.12\,\text{cm}^4$$

3. 비틀림 각 $\phi_B = BC$ 구간의 $\phi + CA$ 구간의 ϕ

$$\phi_B = \Sigma \frac{T_i \cdot L_i}{G \cdot I_{Pi}} = \frac{1}{G}\left(\frac{T_{BC}\cdot L_1}{I_{P(BC)}} + \frac{T_{CA}\cdot L_2}{I_{P(CA)}} \right)$$

$$= \frac{1}{840\times 10^3}\left(\frac{200\times 10^2 \times 20}{25.13} + \frac{1700\times 10^2 \times 40}{402.12} \right) = 0.038\,\text{rad}$$

$$= 2.24°\,(\text{Deg})$$

필수예제 3

양단이 고정된 중실 원형봉이 그림에 나타낸 바와 같이 서로 반대로 작용하는 두 개의 비틀림 우력 T_0를 받고 있다.

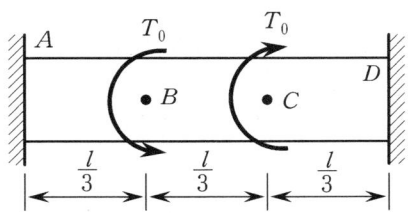

(a) 반력 T_A와 T_D
(b) 비틀림각 ϕ_B (B점에서)
(c) 중간 부분에서의 비틀림각 ϕ_m에 관한 식을 구하시오.

풀이과정 (a) ① 자유물체도

반력 T_D를 과잉력으로 선정한 후 자유물체도를 그리면 다음과 같다.

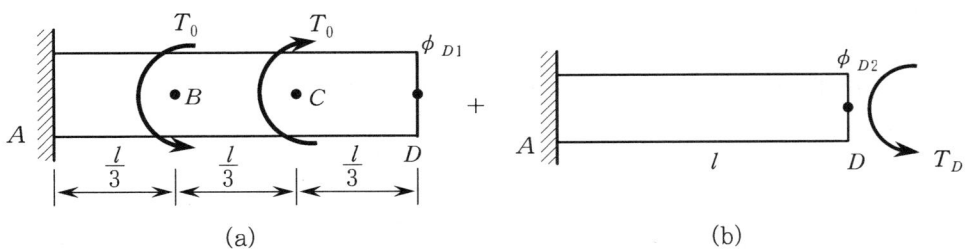

② 적합조건

D점의 비틀림각의 합 $\phi_D = 0$이다. 따라서 그림 (a), (b)에서 각각 구한 ϕ_{D1}과 ϕ_{D2}의 합은 0이 되어야 한다.

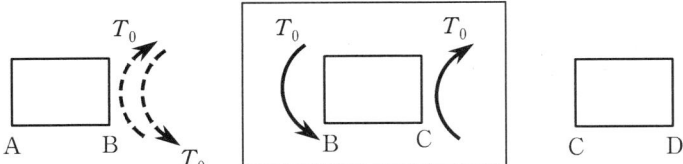

BC 구간만 T_0 가 작용하며 ϕ_{D1} 은 다음과 같다.

$$\therefore \phi_{D1} = \frac{1}{GJ}\left(T_0 \times \frac{l}{3}\right) = \frac{T_0 \cdot l}{3GJ} \ (\curvearrowleft)$$

그림 (b)에서 ϕ_{D2} 를 구하면 다음과 같다.

$$\therefore \phi_{D2} = -\frac{1}{GJ}(T_D \times l) \ (\curvearrowright)$$

적합조건 : $\phi_D = \phi_{D1} + \phi_{D2} = 0$

$$\frac{T_0 \cdot l}{3GJ} - \frac{T_D \cdot l}{GJ} = 0$$

$$\therefore T_D = \frac{T_0}{3} \ (\curvearrowright)$$

③ 평형 방정식

$$T_A + T_D = T_0 - T_0 = 0$$

$$\therefore T_A = -\frac{T_0}{3} \ (\curvearrowleft)$$

(b) ① 구조물 전체의 자유물체도 (양단고정봉)

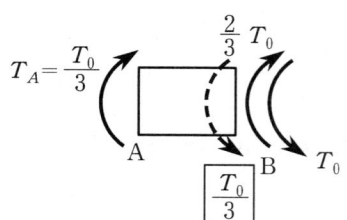 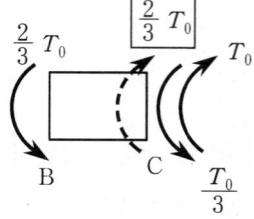 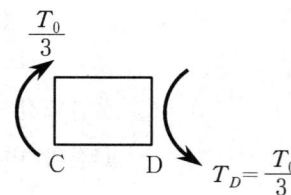

② 비틀림각 ϕ_B의 산정

B점을 기준으로 A~B봉에서

$$\therefore \phi_B = \frac{1}{GJ}\left(\frac{T_0}{3}\times\frac{l}{3}\right) = \frac{T_0 \cdot l}{9GJ} \quad (\curvearrowleft)$$

> **참고**
> B점을 기준으로 B~D봉에서 ϕ_B를 구해도 위와 동일하다.

(C) ① 자유물체도

A에서 봉의 중앙 m까지만 보면 다음과 같다.

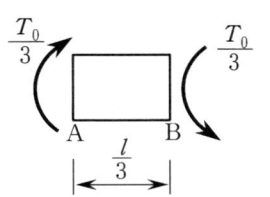 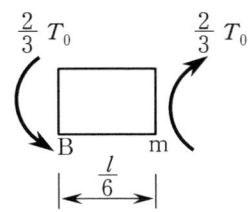

② 비틀림 각 ϕ_m의 산정

$$\therefore \phi_m = \frac{1}{GJ}\left(\frac{T_0}{3}\times\frac{l}{3} - \frac{2T_0}{3}\times\frac{l}{6}\right) = 0$$

필수예제 4

외경 2 in, 내경 1.5 in 인 중공봉강 ABC 가 A 와 C 양단이 고정되어 있다. 수평력 P가 수직봉의 양단에 작용하고 있다. 봉의 내하 전단응력이 12000 psi 일 때 수평력 p 의 허용치를 계산하라.

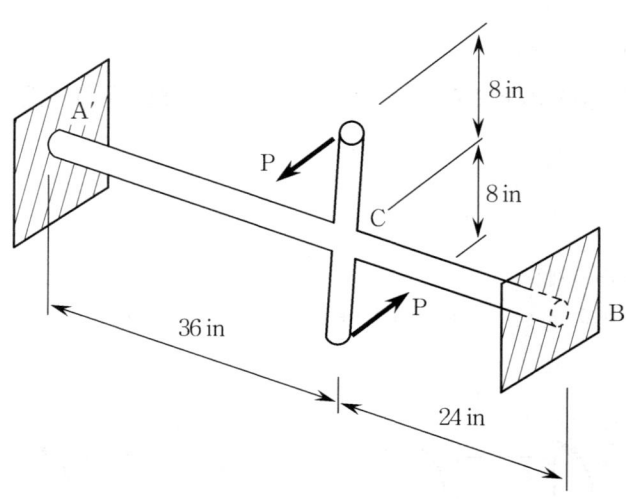

풀이과정 1. 반력 산정

B점의 반력 (T_B)을 과잉력으로 선정한 후 자유물체도와 적합조건을 이용하여 반력을 구한다.

(1) 자유물체도

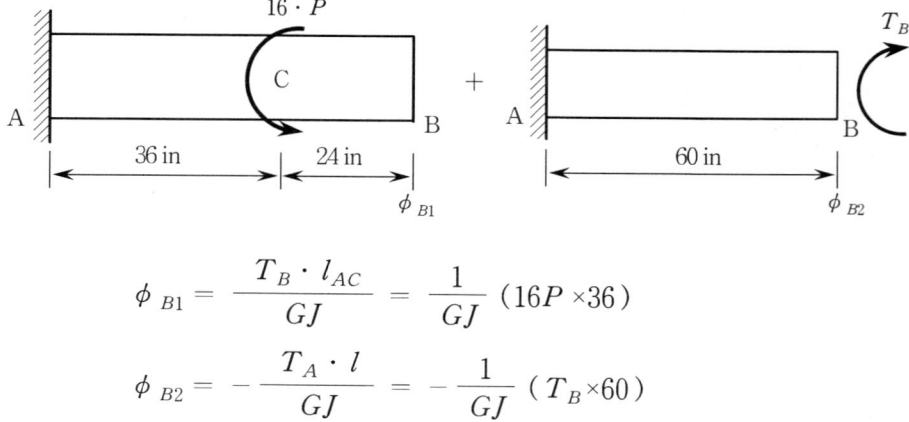

$$\phi_{B1} = \frac{T_B \cdot l_{AC}}{GJ} = \frac{1}{GJ}(16P \times 36)$$

$$\phi_{B2} = -\frac{T_A \cdot l}{GJ} = -\frac{1}{GJ}(T_B \times 60)$$

(2) 적합조건

B점은 고정단이므로 비틀림각 (ϕ_B)이 0이다.

$$\phi_B = \phi_{B1} + \phi_{B2} = 0$$

$$16P \times 36 - T_B \times 60 = 0$$

$$\therefore T_B = 9.6P$$

$$\therefore T_A = 16P - T_B = 6.4P$$

2. 수평력 P의 허용치 산정

비틀림 응력 $\tau = \dfrac{T \cdot r}{I_p}$ 이 최대가 되려면 비틀림 우력 T와 반경 r이 최대가 되어야 한다.

(1) 내하 전단응력 τ_{max}의 조건

$$T_{max} = 9.6P$$

$$r_{max} = 1 \text{ in}$$

$$\tau_{max} = 120000 \text{ psi}$$

(2) 극관성 단면2차 모멘트 I_p의 산정

$$I_p = \frac{\pi}{32}(2^4 - 1.5^4) = 1.074 \text{ in}^4$$

(3) P의 허용치

$$\tau_{max} = \frac{T_{max} \cdot r_{max}}{I_p}$$

$$120000 = \frac{9.6P \times 1}{1.074}$$

$$\therefore P = 1342 \text{ lb}$$

5.3 박판에서의 전단응력과 비틀림 상수

5.3.1 전단류 또는 전단흐름(Shear Flow)

관의 두께가 얇은 박판인 경우의 전단응력은 두께 t에 대해서 같은 분포로 간주할 수 있으며, 전단응력과 두께와의 적(積)은 단면의 모든 점에서 일정하다. 이러한 전단응력과 관 두께의 곱을 전단류 또는 전단흐름이라 하고, 기호 f로 표시한다.

$$f = \tau \cdot t = constant$$

이때 단면의 전구간에 대해 전단류를 적분하면 전단력(F)이 되며 이는 임의의 단면적에 전단응력을 곱한 것과 같다.

$$F = \int f \cdot dx$$
$$= \int \tau \cdot t \cdot dx = \int \tau \cdot dA$$

5.3.2 중심선 이론

임의의 박판 단면에 대한 전단류 산정의 문제에 있어서는 그 단면의 중심선이 이루는 면적으로 하는 것이 편리할 때가 많다.

아래 그림의 박판단면에서 비틀림우력 T가 작용할 때 전단류 f는 다음과 같다.

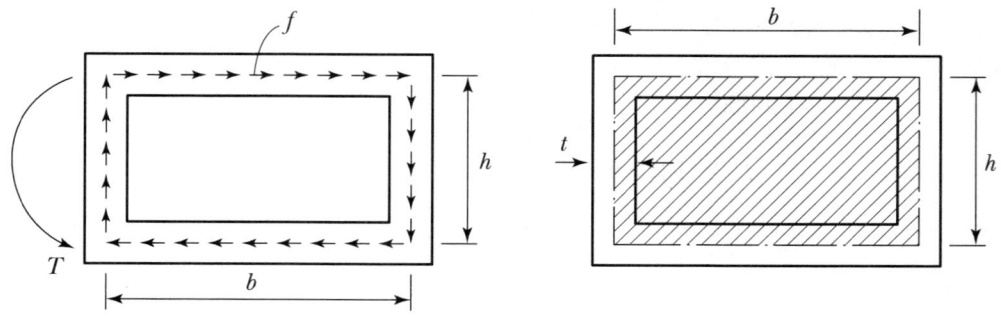

빗금친 부분의 면적을 A_m이라 하고, 비틀림 우력 T에 대하여 전단류

f가 일정하다고 가정하면, 전단류 f와 전단응력 τ는 다음과 같다.

단면에 가해진 모멘트의 합은 0이므로,
$$\sum M = 0 \ ; \ T = f \times b \times h + f \times h \times b$$
$$= 2 \cdot f \cdot A_m$$

(여기서, $A_m = b \times h$이며, 중심선이 이루는 면적에 해당함)

$$\therefore f = \frac{T}{2A_m} = \frac{T}{2bh} = \tau \cdot t$$

$$\therefore \tau = \frac{T}{2 \cdot A_m \cdot t}$$

그러므로 박판단면에서의 전단응력은 두께 t에 대해 균일한 분포로 가정하며 그 값은 $\tau = \dfrac{T}{2 \cdot A_m \cdot t}$로 구할 수 있다.

5.3.3 박판의 최대전단응력($\tau_{\max}$)

박판에서 최대전단응력은 f값이 일정하기 때문에 관의 두께가 가장 작은 곳에서 발생한다.

관 두께가 일정하지 않은 박판의 최대전단응력 $\tau_{\max}$를 구할 때는 각 두께에 대한 τ값을 중심선 이론으로 구한 후 그 중 가장 큰 값을 선택한다.

$$\left. \begin{array}{l} \tau_1 = \dfrac{T}{2A_m \cdot t_1} \\[2ex] \tau_2 = \dfrac{T}{2A_m \cdot t_2} \\[1ex] \vdots \end{array} \right\} \text{가장 큰 값이 } \tau_{\max}$$

5.3.4 비틀림 상수(J)

(1) 중실 원형 단면

$$J = I_P = 2I = \frac{\pi d^4}{32}$$

$$\tau = \frac{T \cdot r}{J}$$

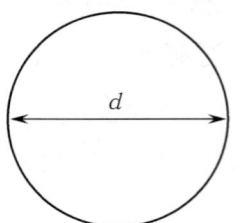

여기서, J : 비틀림 상수
I_P : 극관성 단면2차 모멘트
τ : 비틀림 응력
r : 반경

(2) 중공 박판 단면 (원형, Box형)

$$J = \frac{4 \cdot A_m^2}{\int_0^{L_m} \frac{ds}{t}}$$

$$\tau = \frac{f}{t} = \frac{T}{2 \cdot A_m \cdot t}$$

여기서, L_m : 단면 중심선의 전장
A_m : 중심선이 이루는 면적
t : 단면 두께
f : 전단류(shear flow)
T : 비틀림 우력

① 일정한 두께 t 를 가진 박판 원형 단면

$$J = \frac{4A_m^2 \cdot t}{L_m}$$

여기서, $L_m = 2\pi r$
$A_m = \pi r^2$

$$\therefore J = 2\pi r^3 t$$

② 박판 Box형 단면

$$J = \frac{4\,A_m^{\,2}}{\int_0^{L_m} \dfrac{ds}{t}}$$

이러한 단면은 t에 대하여 L_m이 다르므로 적분해야 한다.

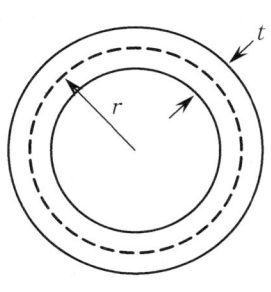

$$\int_0^{L_m}\frac{ds}{t} = 2\cdot\int_0^{h}\frac{ds}{t_1} + 2\cdot\int_0^{b}\frac{ds}{t_2}$$
$$= 2\left(\frac{h}{t_1} + \frac{b}{t_2}\right)$$
$$= \frac{2(ht_2 + ht_1)}{t_1 t_2}$$

$A_m = b \cdot h$

$$\therefore\ J = \frac{4(bh)^2}{\dfrac{2(ht_2 + bt_1)}{t_1 t_2}} = \frac{2b^2 h^2 t_1 t_2}{ht_2 + bt_1}$$

(3) 개단면 (I형, H형)

$$J = \Sigma\frac{1}{3}bt^3$$

여기서, b : 요소단면의 길이
t : 요소단면의 두께

비틀림 모멘트에 의한 최대전단응력

flange : $\tau_f = \dfrac{T \cdot t_f}{J}$

web : $\tau_w = \dfrac{T \cdot t_w}{J}$

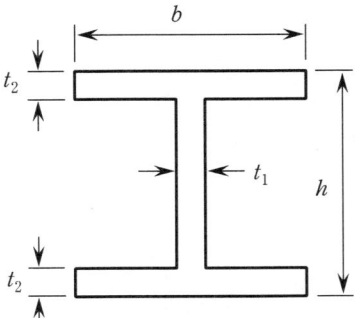

여기서, t_f : flange 두께

t_w : web 두께

그림에서 J 값을 구하면 다음과 같다.

$$J = \left(\frac{1}{3} \times b \times t_2^3\right) \times 2 + \frac{1}{3}(h - 2t_2) \times t_1^3$$

> **참고** ✓ **비틀림 각 ϕ**
>
> 단면형상에 따라 비틀림 상수 J를 앞과 같이 구한 후 비틀림 각 ϕ는 다음 공식으로 찾을 수 있다.
>
> $$\phi = \frac{T \cdot l}{G \cdot J}$$
>
> 여기서, G : 전단탄성계수
>
> l : 부재 길이

필수예제 5

그림과 같은 사각형 박판단면의 중공 알루미늄관이 그 길이축을 따라 56.5 kN·m의 비틀림모멘트를 받고 있다. G = 28 GPa로 가정하여 전단응력과 단위길이당 비틀림각을 구하시오.

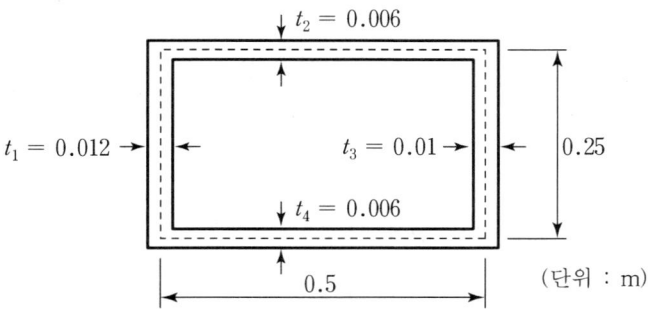

풀이과정 박판단면이므로 중심선 이론을 사용하며, 각 두께에 대한 전단응력을 구한 후 최대전단응력도 구해본다.

1. 각 두께 t에 대한 전단응력 산정

   중심선이 이루는 면적 $A_m = 0.5 \times 0.25 = 0.125 \text{ m}^2$

$$\tau_1 = \frac{T}{2 \cdot A_m \cdot t_1} = \frac{56.5 \times 10^3}{2 \times 0.125 \times 0.012} = 18.83 \text{ MPa}$$

$$\tau_2 = \frac{T}{2 \cdot A_m \cdot t_2} = \frac{56.5 \times 10^3}{2 \times 0.125 \times 0.006} = 37.67 \text{ MPa}$$

$$\tau_3 = \frac{T}{2 \cdot A_m \cdot t_3} = \frac{56.5 \times 10^3}{2 \times 0.125 \times 0.01} = 22.6 \text{ MPa}$$

2. 최대전단응력 $\tau_{\max}$

   최대전단응력은 두께가 가장 얇은 t_2에서 발생하며 그 값은 다음과 같다.

$$\therefore \tau_{\max} = 37.67 \text{ MPa}$$

3. 단위길이당 비틀림각 θ

   (1) 비틀림 상수 J

   ① $\int_0^{Lm} \dfrac{ds}{t} = \dfrac{0.25}{0.012} + \dfrac{0.5 \times 2}{0.006} + \dfrac{0.25}{0.01}$
   $= 212.5$

   ② $J = \dfrac{4A_m^2}{\int_0^{Lm} \dfrac{ds}{t}} = \dfrac{4 \times (0.125)^2}{212.5} = 29.4 \times 10^{-4}$

   (2) 단위길이당 비틀림각 θ의 산정

   $\theta = \dfrac{T}{GJ} = \dfrac{56.5 \times 10^3}{28 \times 10^9 \times 2.94 \times 10^{-4}}$
   $= 6.86 \times 10^{-3} \text{ rad/m}$

필수예제 6

H-300×300×10×15 단면에 비틀림 모멘트 T = 1.5t·m가 작용할 때 최대 전단응력이 발생하는 위치와 크기를 구하시오.

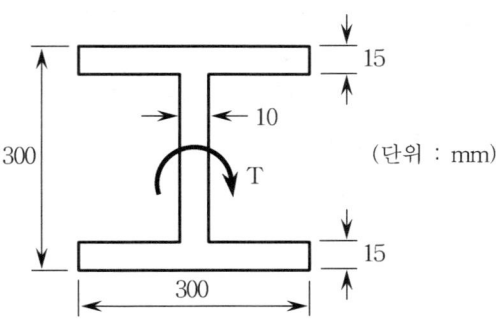

풀이과정 비틀림 모멘트에 대한 전단류는 다음과 같다.

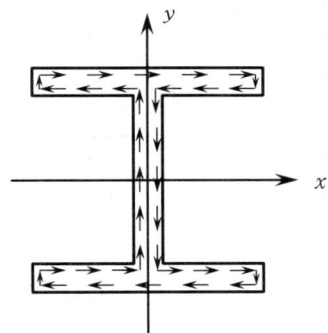

* flange부는 x축 방향, web부는 y축 방향이 주축이 된다.

1. 사용이론
   개단면의 순수비틀림에 대한 전단응력식을 사용한다.
   $$\therefore \tau = \frac{T \cdot t}{J}$$

2. 비틀림 상수 J의 산정
   $$J = \Sigma \frac{1}{3} bt^3 = \left(\frac{1}{3} \times 30 \times 1.5^3\right) \times 2 + \frac{1}{3} \times (30-3) \times 1^3 = 76.5 \text{ cm}^4$$

3. 최대 전단응력 τ_{max} 의 산정

   (1) flange 부 : $\tau_f = \dfrac{T \cdot t_f}{J} = \dfrac{1.5 \times 10^5 \times 1.5}{76.5} = 2941 \text{ kg/cm}^2$

   (2) web 부 : $\tau_w = \dfrac{T \cdot t_w}{J} = \dfrac{1.5 \times 10^5 \times 1}{76.5} = 1961 \text{ kg/cm}^2$

   ∴ 최대전단응력은 상·하 플랜지의 상부 및 하부에서 발생하며 그 크기는
   $\tau_{max} = 2941 \text{ kg/cm}^2$ 이다.

4. 응력분포

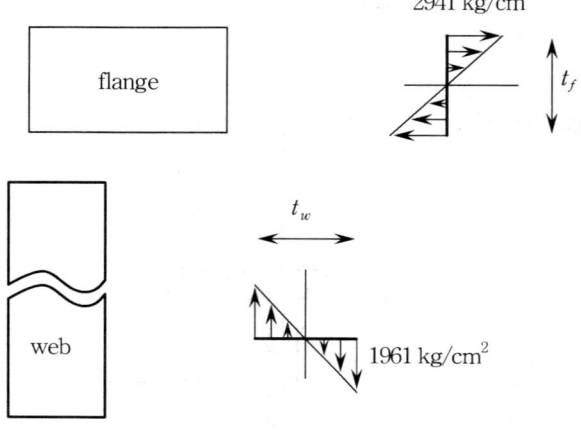

필수예제 7

비틀림 모멘트를 받고 있는 폐단면에서 순수 비틀림 모멘트 $T = 500$ kips-in 가 작용한다. 그림과 같은 각 단면 (a), (b), (c)에서 최대 전단응력과 단위길이당 비틀림 각을 계산하시오.
(단, 전단탄성계수 $G = 12 \times 10^3$ ksi 이다.)

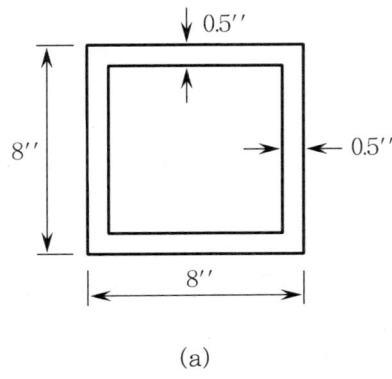

(a)

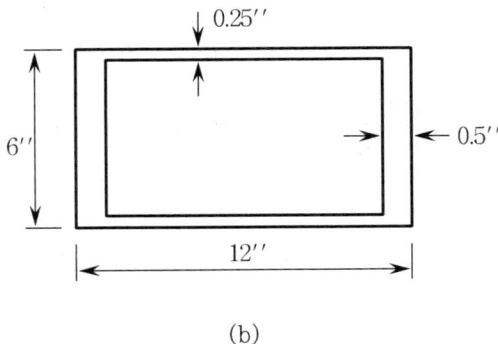

(b)

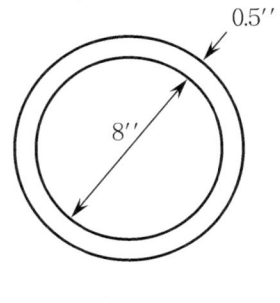

(c)

풀이과정 (a) $\tau_{max} = \dfrac{f}{t} = \dfrac{T}{2A_m \cdot t}$

$$= \dfrac{500}{2 \times \{(8-0.5) \times (8-0.5)\} \times 0.5} = 8.89 \text{ ksi}$$

J (비틀림상수) $= \dfrac{4 \cdot A_m^2}{\int_0^l \dfrac{ds}{t}} = \dfrac{4 \times (7.5 \times 7.5)^2}{\dfrac{1}{0.5}(4 \times 7.5)} = 210.94 \text{ in}^4$

단위길이당 비틀림 각 $\theta = \dfrac{\phi}{l} = \dfrac{T}{GJ}$

$$= \dfrac{500}{12 \times 10^3 \times 210.94} = 1.98 \times 10^{-4} \text{ rad/in}$$

(b) $\tau_{max} = \dfrac{500}{2 \times \{(12-0.5) \times (6-0.25)\} \times 0.25} = 15.12 \text{ ksi}$

(여기서, τ_{max}은 $t = 0.25$일 때 발생한다.)

$$J = \dfrac{4 \times (5.75 \times 11.5)^2}{\dfrac{1}{0.5}\{2 \times (6-0.25)\} + \dfrac{1}{0.25}\{2 \times (12-0.5)\}} = 152.09 \text{ in}^4$$

$$\theta = \dfrac{500}{12 \times 10^3 \times 152.09} = 2.74 \times 10^{-4} \text{ rad/in}$$

(c) $\tau_{max} = \dfrac{500}{2 \times \left(\dfrac{\pi \times 8.5^2}{4}\right) \times 0.5} = 8.81 \text{ ksi}$

$$J = \dfrac{4 \times \left(\dfrac{\pi \times 8.5^2}{4}\right)^2}{\dfrac{1}{0.5} \times (\pi \times 8.5)} = 241.17 \text{ in}^4$$

$$\theta = \dfrac{500}{12 \times 10^3 \times 241.17} = 1.73 \times 10^{-4} \text{ rad/in}$$

5.4 전단중심(shear center)

5.4.1 정 의

단면에 하중이 작용할 때, 그 단면에 순수굽힘(pure bending)을 유발시키는 하중의 작용점을 전단중심이라 한다. 만약, 하중이 전단중심에 작용하지 않으면 비틀림(Torsion)이 발생한다.

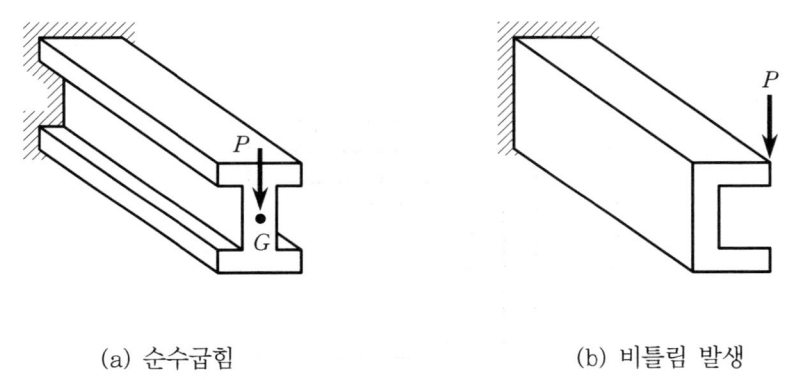

(a) 순수굽힘 (b) 비틀림 발생

5.4.2 전단중심의 특징

(1) 2축 대칭단면의 전단중심은 도심과 일치한다.

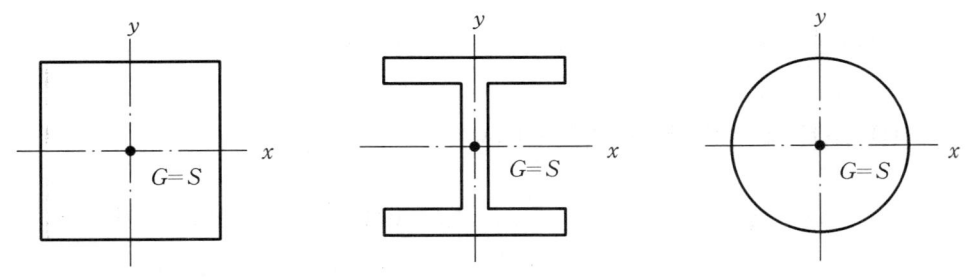

여기서, G : 단면도심
S : 전단중심

(2) 1축 대칭의 전단중심은 그 대칭축 상에 있다.

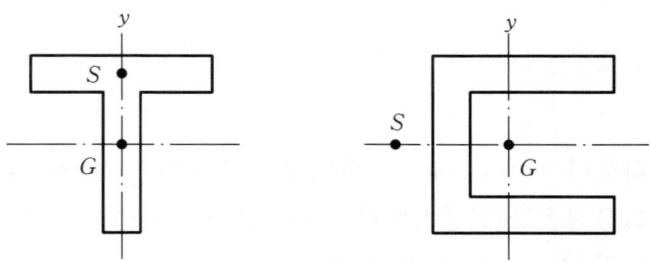

5.4.3 Channel 단면의 전단중심 산정

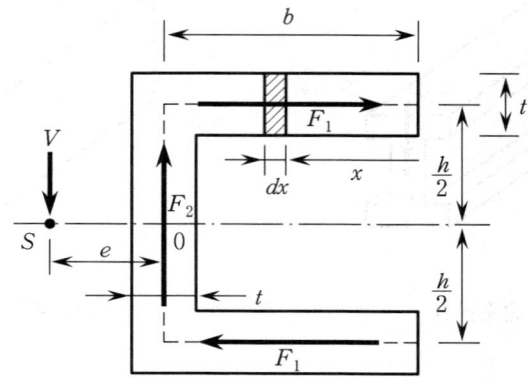

두께가 t인 channel 단면에서 중심선 이론에 의해 전단중심 S의 위치 e를 구해본다. 외력(또는 전단력) V가 전단중심 S에 작용하면 반대방향으로 전단류 f가 발생하며 이들 전단류의 합력을 F_1과 F_2라고 하자. 그러면 전단중심 위치 e는 다음과 같이 구할 수 있다.

(1) 전단중심 위치 산정의 역순서 (개요)

① $\Sigma M_o = 0$; $e = \dfrac{F_1 \cdot h}{V}$ (0점에서 모멘트를 취하면 F_2값은 구하지 않아도 된다.)
   ↑

② $F_1 = \displaystyle\int_0^b f \cdot dx$ (전단류의 합력이 F_1이다)
   ↑

③ $f = \tau \cdot t$

　　⇑

④ $\tau = \dfrac{V \cdot Q}{t \cdot I}$

　　⇑

⑤ Q

(전단응력이 가해지는 폭은 플랜지 두께 t가 되며 V와 I는 상수 취급한다.)

(중립축에서 플랜지에 대한 단면1차 모멘트이며 임의의 거리 x에 대해서 구한다.)

(2) 전단중심 위치 e의 산정 (순서대로)

① 중립축에 대한 x위치의 단면1차 모멘트, Q

$$Q = 면적 \times 수직거리$$
$$= (t \cdot x) \times \dfrac{h}{2}$$

② 전단응력 τ

$$\tau = \dfrac{V \cdot Q}{t \cdot I} = \dfrac{V}{t \cdot I} \left(t \cdot x \cdot \dfrac{h}{2} \right)$$
$$= \dfrac{V \cdot h \cdot x}{2I}$$

③ 전단류 f

$$f = \tau \cdot t$$
$$= \dfrac{V \cdot h \cdot t \cdot x}{2I}$$

④ 전단류의 합력 F_1

미소구간 dx에 작용하는 전단류 f를 0~b 구간까지 적분하면 합력 F_1이 산정된다.

$$F_1 = \int_0^b f \cdot dx$$
$$= \int_0^b \dfrac{V \cdot h \cdot t}{2I} x \cdot dx$$

$$= \frac{V \cdot h \cdot t}{2I} \times \frac{b^2}{2} = \frac{V \cdot h \cdot t \cdot b^2}{4I}$$

⑤ 전단중심 위치 e

$$\Sigma M_o = 0 \;;\; F_1 \times h - V \times e = 0$$

$$\therefore e = \frac{F_1 \cdot h}{V} = \frac{\left(\dfrac{V \cdot h \cdot t \cdot b^2}{4I}\right) \cdot h}{V}$$

$$= \frac{h^2 \cdot t \cdot b^2}{4I}$$

> **참고**
>
> 중심선 이론을 이용하여 단면 2차 모멘트를 구한 후 e 값을 정리하면 다음과 같다.
>
> $$I = \frac{th^3}{12} + bt\left(\frac{h}{2}\right)^2 \times 2 = \frac{th^2}{12}(6b + h)$$
>
> $$\therefore e = \frac{3b^2}{6b + h}$$

참고 — 전단응력 분포도

전단응력 $\left(\tau = \dfrac{VQ}{tI}\right)$의 분포는 단면1차 모멘트 Q에 의해 결정된다.

따라서 플랜지에 대한 단면1차 모멘트를 Q_1이라 하면 $Q_1 = t \cdot x \cdot \dfrac{h}{2}$ 와 같이 x의 1차식이 되며, τ의 분포 또한 Q와 같은 1차 직선식이 된다. (그림의 τ_1 분포)

그러나 복부에 대한 단면1차 모멘트 Q_2는,

$Q_2 = \dfrac{th}{2} b + t \cdot y \cdot \left(\dfrac{h}{2} - \dfrac{y}{2}\right)$ 와 같이 플랜지가 영향을 미치면서 거리 y의 2차식이 되며 τ의 분포 또한 Q_2와 같은 2차 포물선이 된다. (그림의 τ_2 분포)

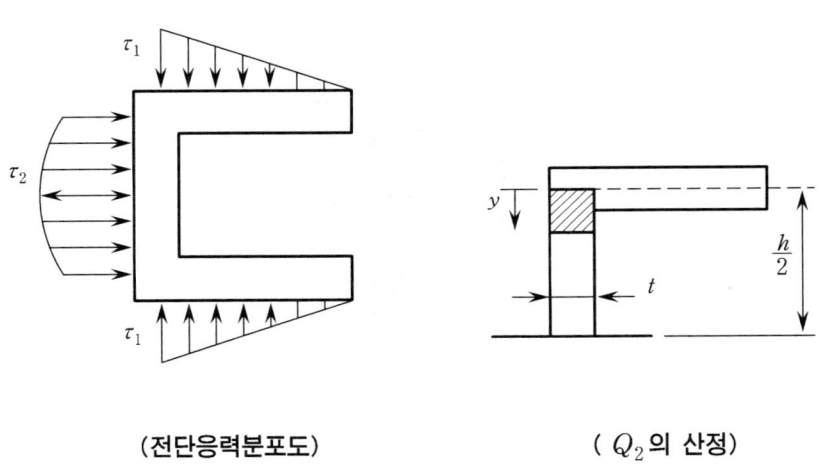

(전단응력분포도)   (Q_2의 산정)

필수예제 7

다음 반원형 단면의 전단중심을 구하시오.

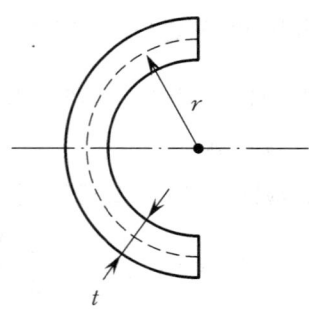

풀이과정 빗금친 미소 요소의 단면적을 dA 라 하자.

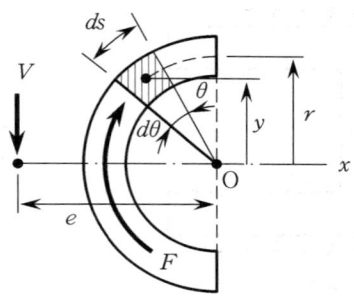

$$dS = r \cdot d\theta$$
$$dA = t \cdot dS = t \cdot r \cdot d\theta$$

미소면적 dA 의 중립축에 대한 도심위치 y 는 $y = r \cdot \cos\theta$ 가 된다.
점 O에 대한 모멘트의 합은 0이므로 $\Sigma M_O = 0$; $F \times r = V \times e$

$$\therefore e = \frac{F \times r}{V}$$

1. 전단응력 τ 를 구한다.

$\tau = \dfrac{V \cdot Q}{t \cdot I}$ 이며 0에서 θ 까지의 단면1차 모멘트는 다음과 같다.

$$Q = \int y \cdot dA = \int_0^\theta (r \cdot \cos\theta)(t \cdot r \cdot d\theta)$$
$$= r^2 \cdot t \cdot [\sin\theta]_0^\theta = r^2 \cdot t \cdot \sin\theta$$

전단면에 대한 단면2차 모멘트 I는 다음과 같이 구할 수 있다.

$$I = \int y^2 \cdot dA = \int_0^\pi (r \cdot \cos\theta)^2 \cdot t \cdot r \cdot d\theta$$
$$= r^3 \cdot t \cdot \int_0^\pi (\cos\theta)^2 d\theta = r^3 \cdot t \cdot \int_0^\pi \frac{1}{2}(1+\cos 2\theta) d\theta$$
$$= \frac{r^3 \cdot t}{2} \left[\theta + \frac{1}{2} \cdot \sin 2\theta\right]_0^\pi = \frac{r^3 \cdot t}{2} \cdot \pi$$

그러므로 전단응력 τ는

$$\tau = \frac{V \cdot Q}{t \cdot I} = \frac{V}{t} \cdot \frac{r^2 \cdot t \cdot \sin\theta}{\frac{r^3 \cdot t}{2} \cdot \pi} = \frac{2V \cdot \sin\theta}{\pi \cdot r \cdot t}$$

주의 위 τ식은 단면중 0에서 θ까지 구간에 대한 τ 값이다.

2. 전단력 F를 구한다.

$$F = \int f \cdot ds = \int \tau \cdot t \cdot ds$$
$$= \int \frac{2V \cdot \sin\theta}{\pi \cdot r \cdot t} t \cdot r \cdot d\theta$$

이때, 전단면에 대한 전단력 F는 θ가 0에서 π까지의 범위이므로 다음과 같다.

$$F = \int_0^\pi \frac{2V}{\pi} \sin\theta \cdot d\theta$$
$$= \frac{2V}{\pi} [-\cos\theta]_0^\pi = \frac{2V}{\pi} (1+1) = \frac{4V}{\pi}$$

3. 전단중심위치 e를 구한다.

$$\therefore e = \frac{F \times r}{V} = \frac{4V \cdot r}{\pi \cdot V} = \frac{4r}{\pi}$$

필수예제 8

그림과 같은 단면에 V_y 가 작용할 때 전단중심 e를 구하시오. (단, $b_2 > b_1$ 이다.)

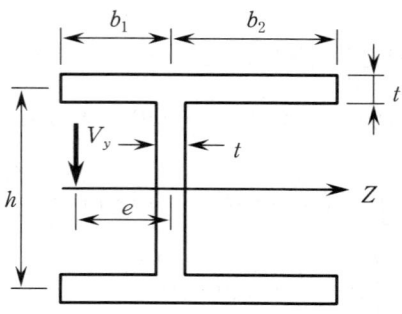

풀이과정 이 문제는 전단응력의 분포를 이용하여 풀어본다.

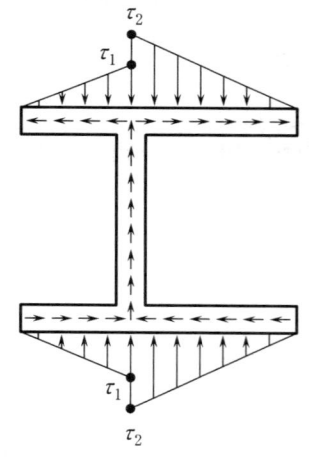
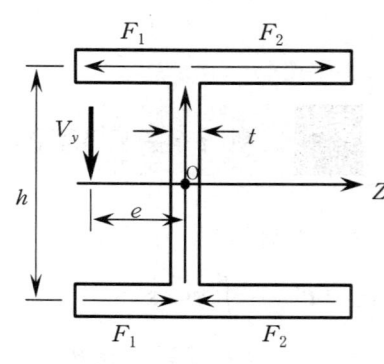

1. 단면2차 모멘트 I_z

$$I_z = \frac{t \cdot h^3}{12} + 2\left\{(b_1+b_2) \times t \times \left(\frac{h}{2}\right)^2\right\} = \frac{th^2}{12}(h+6b_1+6b_2)$$

2. 전단응력 τ_1 과 τ_2 산정

(1) $\tau_1 = \dfrac{V_y \cdot Q_1}{t \cdot I_z}$ $\left(여기서,\ Q_1 = b_1 \times t \times \dfrac{h}{2}\right)$

$\therefore \tau_1 = \dfrac{V_y}{t \cdot I_z}\left(\dfrac{1}{2}b_1 \cdot t \cdot h\right) = \dfrac{V_y \cdot b_1 \cdot h}{2I_z}$

(2) $\tau_2 = \dfrac{V_y \cdot Q_2}{t \cdot I_z}$

여기서, $Q_2 = b_2 \times t \times \dfrac{h}{2}$

$\therefore \tau_2 = \dfrac{V_y}{t \cdot I_z}\left(\dfrac{1}{2}b_2 \cdot t \cdot h\right) = \dfrac{V_y \cdot b_2 \cdot h}{2 \cdot I_z}$

3. 전단류의 합(전단력) F_1 과 F_2 산정

$F_1 = \tau_1 \times b_1 \times \dfrac{1}{2} \times t$

$= \dfrac{V_y \cdot b_1 \cdot h}{2I_z} \times b_1 \times \dfrac{1}{2} \times t = \dfrac{V_y \cdot b_1^2 \cdot h \cdot t}{4 \cdot I_z}$

$F_2 = \tau_2 \times b_2 \times \dfrac{1}{2} \times t$

$= \dfrac{V_y \cdot b_2 \cdot h}{2I_z} \times b_2 \times \dfrac{1}{2} \times t = \dfrac{V_y \cdot b_2^2 \cdot h \cdot t}{4I_z}$

4. 전단중심 e 의 산정

$\Sigma M_0 = 0 \;;\; V_y \cdot e + F_1 \cdot h = F_2 \cdot h$

$\therefore e = \dfrac{F_2 - F_1}{V_y}h = \dfrac{(b_2^2 - b_1^2)}{4I_z}h^2 \cdot t$

$= \dfrac{(b_2^2 - b_1^2)}{4}h^2 \cdot t \times \dfrac{12}{th^2(h + 6b_1 + 6b_2)}$

$= \dfrac{3(b_2^2 - b_1^2)}{h + 6b_1 + 6b_2}$

실전문제

1. 다음 그림과 같은 중공 직사각형의 강관 단면에 100,000 kg·cm 의 비틀림 모멘트가 작용할 때 단면에 작용하는 최대 전단응력과 단위길이당 비틀림 각을 구하시오. (단, 강재의 전단탄성계수 $G = 8 \times 10^5$ kg/cm² 이다.)

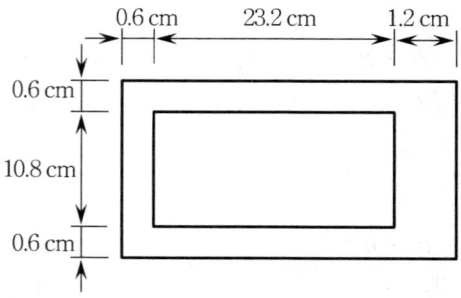

2. 정삼각형의 스테인레스 강으로 된 두께가 얇은 관이 있다. 허용전단응력이 60 MPa 일 때 최대 허용 비틀림 우력 T의 크기는 얼마인가? 또한, 이 때의 단위길이당 비틀림 각 θ 는 얼마인가?
(단, 강의 전단탄성계수 $G = 80$ GPa 이다.)

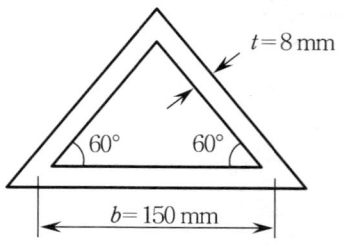

3. 양단이 고정된 봉 ABC가 B점에서 비틀림 우력 T를 받고 있다. AB 부분은 지름 d_1의 중실 원형봉으로 되어 있고 BC 부분은 외경 d_2, 내경 d_1의 중공 원형봉으로 되어 있다. 고정단 A와 C의 반력이 같아지도록 a/l의 비에 관한 식을 유도하라.

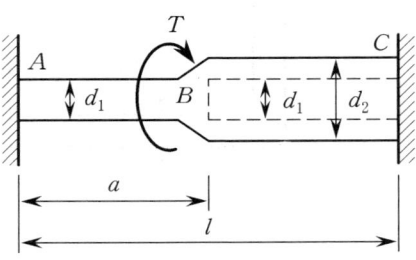

4. 다음 그림과 같은 ㄷ형 단면에 20t의 하중이 작용하고 있다.

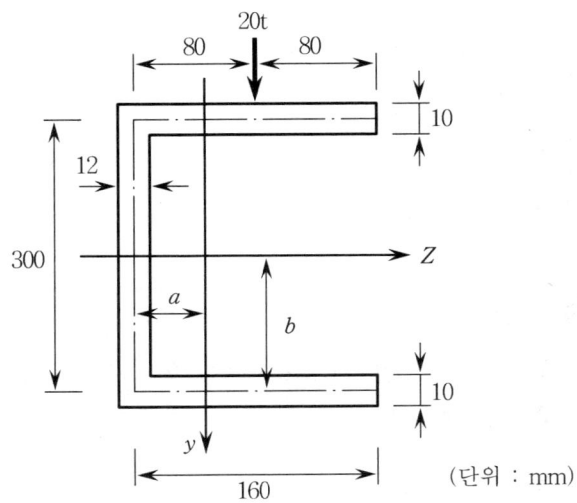

(단위 : mm)

(a) 최대전단응력 τ_{max}을 구하라.
(b) 비틀림모멘트 M_T를 구하라.

5. 그림과 같은 일축대칭 단면의 전단중심 위치 e를 구하시오.

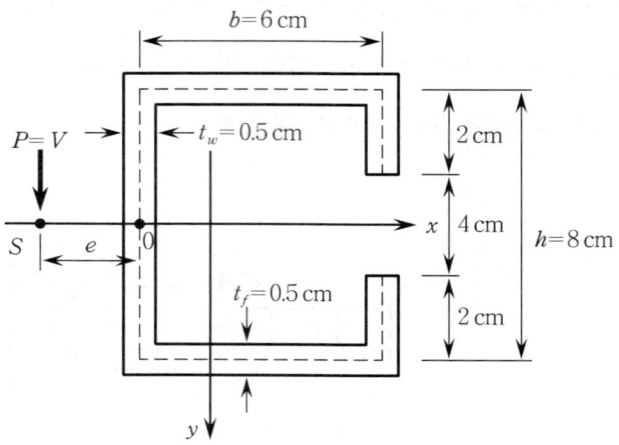

6. 비선형 거동을 하는 원형 강봉 단면의 전단응력 분포를 그리고, 탄성 – 소성재료에 대한 극한 비틀림력과 항복 비틀림력에 대한 비를 구하시오.

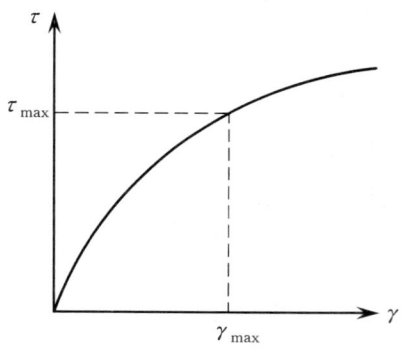
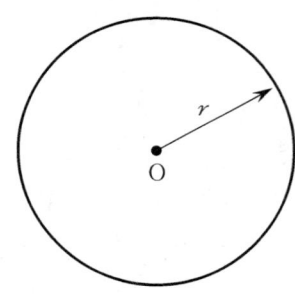

정답

1. $\tau_{max} = 303.3 \text{ kg/cm}^2$, $\theta = 4.5 \times 10^{-5} \text{ rad/cm}$
2. $T = 9.35 \text{ kN} \cdot \text{m}$, $\theta = 1.73 \times 10^{-2} \text{ rad/m}$
3. $\dfrac{a}{l} = \left(\dfrac{d_1}{d_2}\right)^4$
4. (a) $\tau_{max} = 631.31 \text{ kg/cm}^2$ (b) $M_T = 276364 \text{ kg} \cdot \text{cm}$
5. 3.43 cm 6. $\dfrac{T_u}{T_y} = \dfrac{4}{3}$

Chapter

6
주응력과 주변형률

Chapter 6 주응력과 주변형률

6.1 평면응력

임의의 평면상에서 각 θ 만큼 회전한 요소에 작용하는 평면응력 σ_θ 와 τ_θ 는 다음과 같다.

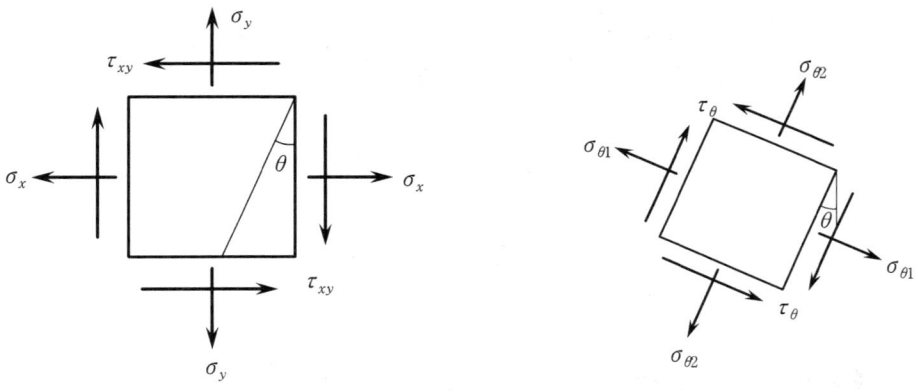

$$\sigma_{\theta 1} = \frac{\sigma_x + \sigma_y}{2} + \frac{\sigma_x - \sigma_y}{2} \cos 2\theta + \tau_{xy} \cdot \sin 2\theta$$

$$\sigma_{\theta 2} = \frac{\sigma_x + \sigma_y}{2} - \frac{\sigma_x - \sigma_y}{2} \cos 2\theta - \tau_{xy} \cdot \sin 2\theta$$

$$\tau_\theta = -\left(\frac{\sigma_x - \sigma_y}{2}\right) \sin 2\theta + \tau_{xy} \cdot \cos 2\theta$$

6.2 주응력

평면응력에서 각 θ가 0°에서 360°까지 변하는 동안, 최대(또는 최소)가 되는 σ_θ를 주응력이라 하며, 그때의 각 θ를 주평면각이라 한다.

6.2.1 공식

$$\sigma_{1,2} = \frac{\sigma_x + \sigma_y}{2} \pm \sqrt{\left(\frac{\sigma_x - \sigma_y}{2}\right)^2 + \tau_{xy}^2}$$

$$\tan 2\theta_p = \frac{2\tau_{xy}}{\sigma_x - \sigma_y}$$

$$\tau_{max} = \sqrt{\left(\frac{\sigma_x - \sigma_y}{2}\right)^2 + \tau_{xy}^2}$$

여기서, $\sigma_{1,2}$: 주응력(최대 및 최소 응력)
θ_p : 주평면각
τ_{max} : 최대 전단응력

> **참고 ✓ 주응력 구하는 계산문제의 주의점**
> ① 휨과 전단이 동시에 작용하는 구조물에서 최대응력을 구하는 문제는 주응력을 찾는 문제이다.
> ② 주응력 공식 내에 들어가는 σ_x, σ_y 그리고 τ_{xy}는 주어진 구조물에서 나타나는 최대 응력을 이용한다. (필수예제 참조)

6.2.2 Mohr's circle (모아원)

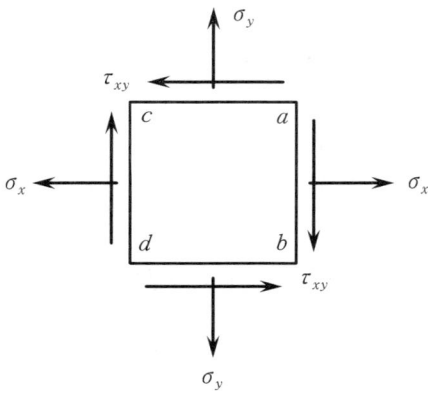

임의의 단면에 위와 같은 응력이 작용한다고 가정하면, Mohr's circle을 이용한 주응력 σ_1과 σ_2는 다음과 같이 구할 수 있다.

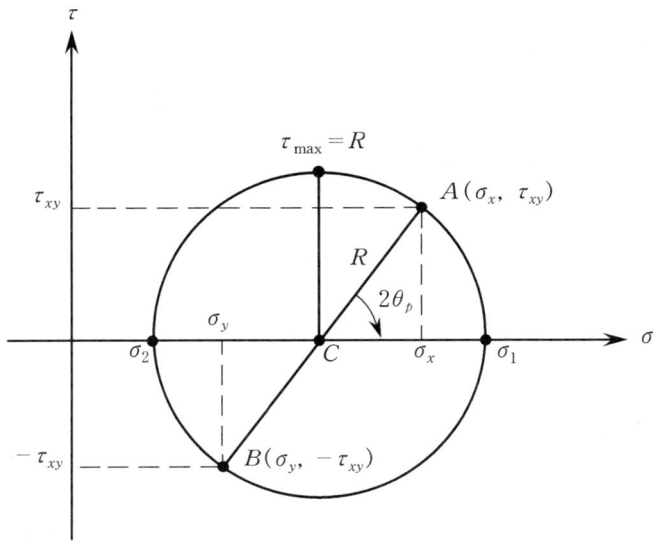

(1) 모아원의 좌표축은 보통 사용하는 1사분면을 ⊕로 선택하고, x축을 σ, y축을 τ로 둔다.
(2) 요소의 보호규약은 σ가 인장을 (+), τ가 시계방향을 (+)로 둔다.

(3) 요소에 보이는 ab면의 (σ_x, τ_{xy})를 A점, ac면의 (σ_y, $-\tau_{xy}$)를 B점으로 하는 원을 그린다.

(4) 원의 중심 C의 좌표 : $\left(\dfrac{\sigma_x+\sigma_y}{2},\ 0\right)$

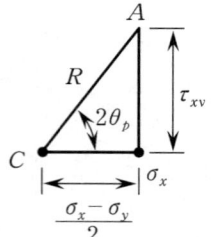

(5) 원의 반경 $R = \sqrt{\left(\dfrac{\sigma_x-\sigma_y}{2}\right)^2 + \tau_{xy}^{\ 2}}$

(6) 주응력 σ_1 = 중심까지의 거리 $+ R$

$$= \dfrac{\sigma_x+\sigma_y}{2} + \sqrt{\left(\dfrac{\sigma_x-\sigma_y}{2}\right)^2 + \tau_{xy}^{\ 2}}$$

σ_2 = 중심까지의 거리 $- R$

$$= \dfrac{\sigma_x+\sigma_y}{2} - \sqrt{\left(\dfrac{\sigma_x-\sigma_y}{2}\right)^2 + \tau_{xy}^{\ 2}}$$

(7) 주평면각

모아원에서 처음 원을 그린 A, B점에서 주응력 작용면까지를 $2\theta_P$로 두며, 요소에서는 θ_P가 된다. (주평면은 주응력이 작용하고 있는 면이 된다) 이때, 모아원의 A점은 요소의 ab면에 해당하는 응력을 나타내므로, 모아원의 $2\theta_P$와 동일한 방향으로 요소에 θ_P만큼 회전한 것이 주평면이 된다. (단, θ_P는 시계방향이 +)

$$\tan 2\theta_P = \dfrac{\tau_{xy}}{\dfrac{\sigma_x-\sigma_y}{2}}$$

$$= \dfrac{2\tau_{xy}}{\sigma_x-\sigma_y}$$

※ $\tau_{\max} = R$

$$= \sqrt{\left(\dfrac{\sigma_x-\sigma_y}{2}\right)^2 + \tau_{xy}^{\ 2}}$$

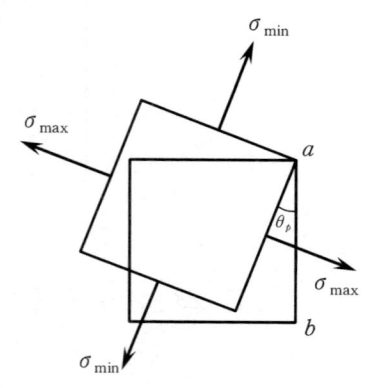

필수예제 1

평면응력상태의 한 요소에 대해 다음에 답하시오.

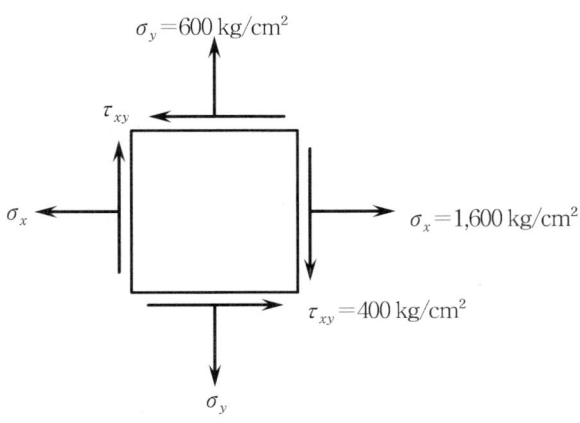

(a) 주평면각 및 주응력
(b) 45° 회전한 요소의 수직응력 σ_θ 및 전단응력 τ_θ
(c) Mohr's circle에 의한 수평면각과 주응력 산정

풀이과정 (a) 주평면각 θ_P 및 주응력

$$\tan 2\theta_P = \frac{2\tau_{xy}}{\sigma_x - \sigma_y} = \frac{2 \times 400}{1600 - 600} = 0.8$$

$$\therefore \begin{cases} 2\theta_P = 38.66° \\ \theta_P = 19.33° \end{cases}$$

$$\sigma_{\substack{max \\ min}} = \frac{\sigma_x + \sigma_y}{2} \pm \sqrt{\left(\frac{\sigma_x - \sigma_y}{2}\right)^2 + \tau_{xy}^2}$$

$$= \frac{1600 + 600}{2} \pm \sqrt{\left(\frac{1600 - 600}{2}\right)^2 + 400^2} = 1100 \pm 640$$

$$\therefore \begin{cases} \sigma_{max} = 1740 \text{ kg/cm}^2 \text{ (인장)} \\ \sigma_{min} = 460 \text{ kg/cm}^2 \text{ (인장)} \end{cases}$$

(b) $\theta = 45°$에서 σ_θ 및 τ_θ

$$\therefore \sigma_\theta = \frac{\sigma_x + \sigma_y}{2} + \frac{\sigma_x - \sigma_y}{2}\cos 2\theta + \tau_{xy} \cdot \sin 2\theta$$

$$= \frac{1600 + 600}{2} + \frac{1600 - 600}{2} \times \cos 90 + 400 \times \sin 90$$

$$= 1500 \text{ kg/cm}^2$$

$$\therefore \tau_\theta = -\left(\frac{\sigma_x - \sigma_y}{2}\right)\sin 2\theta + \tau_{xy} \cdot \cos 2\theta$$

$$= -\left(\frac{1600 - 600}{2}\right) \times \sin 90 + 400 \times \cos 90 = -500 \text{ kg/cm}^2$$

(c) Mohr의 원

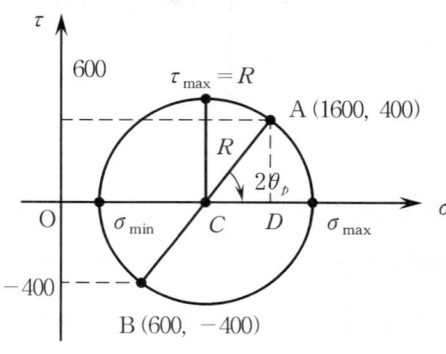

[작성순서]
① 요소의 응력을 두 점 A, B로 선택 $A(1600, 400)$, $B(600, -400)$
② $\overline{AB}$를 직경으로 하는 원을 그린다.
③ 중심 C의 좌표 $C\left(\frac{1600 + 600}{2}, 0\right) = C(1100, 0)$
④ 삼각형 ACD에서 반경 R과 $2\theta_P$ 산정

$$\therefore R = \sqrt{500^2 + 400^2} = 640 \text{ kg/cm}^2$$

$$\tan 2\theta_P = \frac{400}{500}$$

$$\therefore \begin{cases} 2\theta_P = 38.66° \\ \theta_P = 19.33° \end{cases}$$

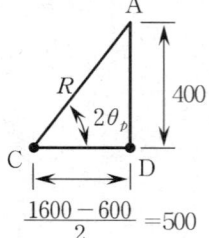

⑤ 주응력 산정

$$\therefore \sigma_{max} = C(1100, 0) + R = 1100 + 640 = 1740 \text{ kg/cm}^2 \text{ (인장)}$$

$$\therefore \sigma_{min} = C(1100, 0) - R = 1100 - 640 = 460 \text{ kg/cm}^2 \text{ (인장)}$$

필수예제 2

기둥 AB가 지면으로 들어가는 방향의 입체 편심하중을 받고 있다. 기둥의 단면계수 $Z = 10 \text{ in}^3$ 라면 다음 물음에 답하시오.

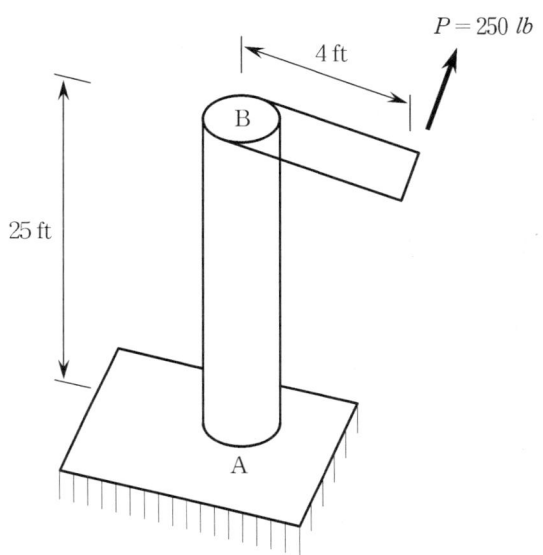

(a) 하중 P에 의해서 발생하는 최대 인장응력과 최대 전단응력을 구하시오.
(b) A점에서의 최대인장응력과 최대 전단응력이 각각 16000 psi 와 6000 psi 라면 하중 P의 최대 허용치는 얼마인가?

풀이과정 [key point] 기둥 AB는 하중 P에 의해 휨과 비틀림을 동시에 받으며 각각의 최대응력에 의한 주응력 산정 문제이다.

(a) 최대인장응력(σ_{max})과 최대 전단응력(τ_{max})

$$M = P \times h = 250 \times 25 \times 12 = 75000 \ lb-in$$
$$T = P \times a = 250 \times 4 \times 12 = 12000 \ lb-in$$
$$\sigma = \frac{M}{Z} = \frac{75000}{10} = 7500 \ psi$$

$$\tau = \frac{T \cdot r}{I_p} = \frac{T}{2 \cdot Z} = \frac{12000}{2 \times 10} = 600 \; psi$$

$$\therefore \; \sigma_{1.2} = \frac{\sigma}{2} \pm \sqrt{\left(\frac{\sigma}{2}\right)^2 + \tau^2} = 3750 \pm \sqrt{3750^2 + 600^2} = 3750 \pm 3798$$

그러므로,

$$\therefore \begin{cases} \sigma_{max} = 3750 + 3798 = 7548 \; psi \\ \tau_{max} = 3798 \; psi \end{cases}$$

(b) 최대 허용하중 P

$$\sigma = \frac{M}{Z} = \frac{P \times 25 \times 12}{10} = 30 P$$

$$\tau = \frac{T}{2 \times Z} = \frac{P \cdot a}{2 \cdot Z} = \frac{P \times 4 \times 12}{2 \times 10} = 2.4 P$$

$$\sigma_1 = \sigma_{max} = \frac{\sigma}{2} + \sqrt{\left(\frac{\sigma}{2}\right)^2 + \tau^2}$$

$$= 15P + \sqrt{15^2 + 2.4^2} \cdot P = 30.19 \, P$$

$$\therefore \; 16000 = 30.19 \, P \; \Rightarrow \; P = 530 \; lb$$

$$\tau_{max} = \sqrt{\left(\frac{\sigma}{2}\right)^2 + \tau^2} = 15.19 \, P$$

$$\therefore \; 6000 = 15.19 P \; \Rightarrow \; P = 395 \, lb$$

그러므로, 하중 P의 최대 허용치는 가장 작은값이 된다.

$$\therefore \; P = P_{min} = 395 \; lb$$

필수예제 3

간판(sign)이 외경이 100 mm 이고 내경이 80 mm 인 관에 부착되어 있다. (그림 참조) 간판의 크기는 2 m × 0.75 m 이며 간판의 아래면이 지지점으로부터 3 m 위에 있다. 간판에 대한 공기압력은 1.5 kPa 이다. 관의 밑에 위치한 점 A, B 및 C에서 간판에 작용하는 공기압력에 의한 최대전단응력을 결정하여라.

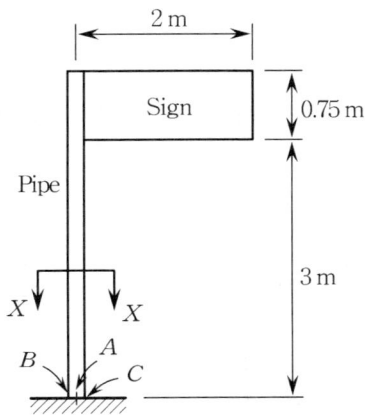
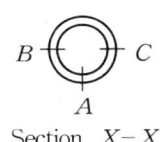

풀이과정

1. 단면력 산정

   (1) 외력 P

   $P = \sigma\,(\text{공기압력}) \times A\,(\text{단면적}) = (1.5 \times 10^3) \times (2 \times 0.75) = 2250\text{ N}$

   (2) 모멘트 M

   지점에서 발생하는 모멘트 M

   $M = P \times \left(3 + \dfrac{0.75}{2}\right) = 2250 \times 3.375 = 7593.75\text{ N}\cdot\text{m}$

   (3) 비틀림 우력 T

   공기압(P)에 의해 관에 발생하는 비틀림 우력 T

   $T = P \times 1 = 2250\text{ N}\cdot\text{m}$

   (4) 전단력 V

   $V = P = 2250\text{ N}$

2. 단면성질 산정 (관)

$$I = \frac{\pi}{64}(0.1^4 - 0.08^4) = 2.898 \times 10^{-6} \text{ m}^4$$

$$I_P = 2I = 2.898 \times 10^{-6} \times 2 = 5.796 \times 10^{-6} \text{ m}^4$$

$$Q = \left\{\left(\frac{\pi}{4} \times 0.1^2 \times \frac{1}{2}\right) \times \frac{2 \times 0.1}{3\pi}\right\} - \left\{\left(\frac{\pi}{4} \times 0.08^2 \times \frac{1}{2}\right) \times \frac{2 \times 0.08}{3\pi}\right\}$$

$$= 4.067 \times 10^{-5} \text{ m}^3$$

3. 응력산정 (최대응력)

   (1) 휨응력 σ

   $$\sigma = \frac{M}{I}y = \frac{7593.75}{2.898 \times 10^{-6}} \times 0.05 = 1.31 \times 10^8 \text{ Pa} = 131 \text{ MPa}$$

   (2) 비틀림 응력 τ_t

   $$\tau_t = \frac{T \cdot r}{I_P} = \frac{2250 \times 0.05}{5.796 \times 10^{-6}} = 19.4 \text{ MPa}$$

   (3) 전단응력 τ_s

   $$\tau_s = \frac{VQ}{bI} = \frac{2250 \times 4.067 \times 10^{-5}}{0.02 \times 2.898 \times 10^{-6}} = 1.58 \text{ MPa}$$

   (여기서, b : 관의 두께 ($= 20$ mm))

4. A, B, C점의 최대 전단응력 산정

   (1) A점의 최대 전단응력 $\therefore \tau_A = \sqrt{\left(\frac{\sigma}{2}\right)^2 + 19.4^2} = 68.3$ MPa

   (2) B와 C점의 최대 전단응력(τ_B & τ_C)

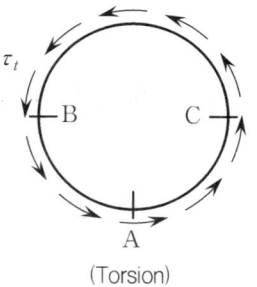
(Torsion)
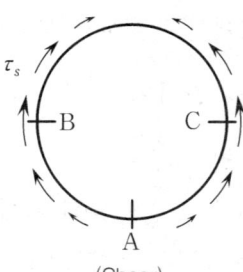
(Shear)

   $\therefore \tau_B = \tau_t - \tau_s = 19.4 - 1.58 = 17.82$ MPa

   $\therefore \tau_C = \tau_t + \tau_s = 19.4 + 1.58 = 20.98$ MPa

6.3 평면 변형률과 주변형률

임의의 요소가 평면응력을 받는 상태에서 x, y 방향으로 변형률(ε_x, ε_y)과 전단 변형률(γ_{xy})이 발생한다.

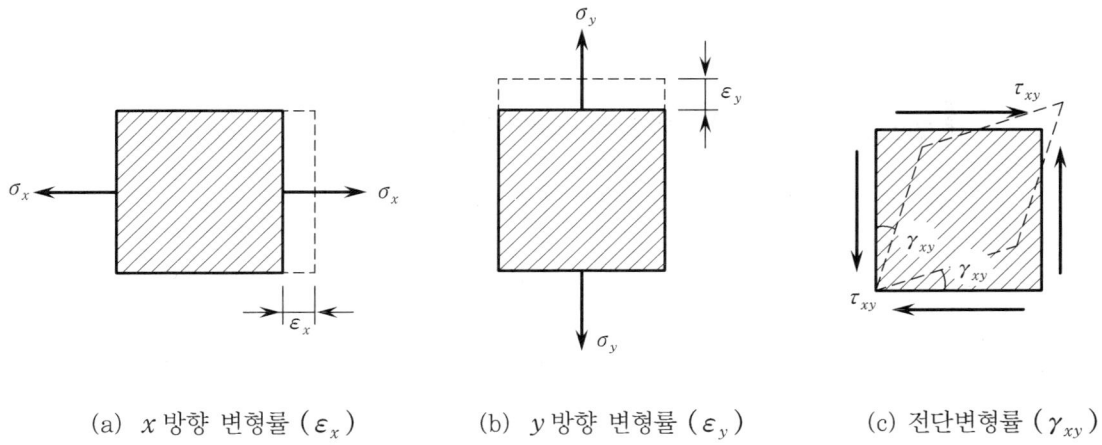

(a) x방향 변형률(ε_x)　　(b) y방향 변형률(ε_y)　　(c) 전단변형률(γ_{xy})

한 요소에서 임의의 각 θ에 작용하는 평면 변형률 ε_θ와 γ_θ는 다른 공식으로 구할 수 있다.

$$\varepsilon_\theta = \frac{\varepsilon_x + \varepsilon_y}{2} + \frac{\varepsilon_x - \varepsilon_y}{2}\cos2\theta + \frac{\gamma_{xy}}{2}\sin2\theta$$

$$\frac{\gamma_\theta}{2} = -\left(\frac{\varepsilon_x - \varepsilon_y}{2}\right)\sin2\theta + \frac{\gamma_{xy}}{2}\cos2\theta$$

이때 임의의 각 θ가 변하는 동안 발생할 수 있는 최대(또는 최소) 변형률을 주변형률(principal strain)이라 하며 다음 공식으로 구할 수 있다.

$$\varepsilon_{\substack{max\\min}} = \frac{\varepsilon_x + \varepsilon_y}{2} \pm \sqrt{\left(\frac{\varepsilon_x - \varepsilon_y}{2}\right)^2 + \left(\frac{\gamma_{xy}}{2}\right)^2} \quad : \text{주변형률 공식}$$

그리고 최대 전단 변형률과 주변형각은 다음과 같다.

$$\frac{\gamma_{max}}{2} = \sqrt{\left(\frac{\varepsilon_x - \varepsilon_y}{2}\right)^2 + \left(\frac{\gamma_{xy}}{2}\right)^2}$$

$$\tan 2\theta_P = \frac{\gamma_{xy}}{\varepsilon_x - \varepsilon_y}$$

> **참고** 3축응력에 대한 Hooke의 법칙
>
> 1. 변형률
>
> $$\varepsilon_x = \frac{\sigma_x}{E} - \frac{\nu}{E}(\sigma_y + \sigma_z) = \frac{1}{E}(\sigma_x - \nu\sigma_y - \nu\sigma_z)$$
>
> $$\varepsilon_y = \frac{\sigma_y}{E} - \frac{\nu}{E}(\sigma_x + \sigma_z) = \frac{1}{E}(\sigma_y - \nu\sigma_x - \nu\sigma_z)$$
>
> $$\varepsilon_z = \frac{\sigma_z}{E} - \frac{\nu}{E}(\sigma_x + \sigma_z) = \frac{1}{E}(\sigma_z - \nu\sigma_x - \nu\sigma_y)$$
>
> 2. 응력
>
> $$\sigma_x = \frac{E}{(1+\nu)(1-2\nu)}\{(1-\nu)\varepsilon_x + \nu(\varepsilon_y + \varepsilon_z)\}$$
>
> $$\sigma_y = \frac{E}{(1+\nu)(1-2\nu)}\{(1-\nu)\varepsilon_y + \nu(\varepsilon_x + \varepsilon_z)\}$$
>
> $$\sigma_z = \frac{E}{(1+\nu)(1-2\nu)}\{(1-\nu)\varepsilon_z + \nu(\varepsilon_x + \varepsilon_y)\}$$
>
> 3. 체적변화율 ε_v
>
> $$\varepsilon_v = \frac{\triangle V}{V} = \frac{1-2\nu}{E}(\sigma_x + \sigma_y + \sigma_z)$$
>
> $$(\varepsilon_v = \varepsilon_x + \varepsilon_y + \varepsilon_z)$$

6.4 Strain gauge 또는 Strain rosette (스트레인 로제트)

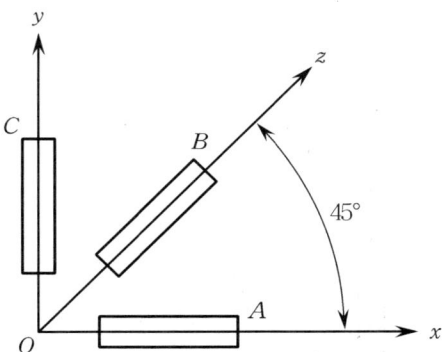

게이지 A와 C는 각각 x와 y축의 변형률을 측정하며 전단변형률 γ_{xy}는 다음에 의해 구한다.

$$\varepsilon_\theta = \frac{\varepsilon_x + \varepsilon_y}{2} + \frac{\varepsilon_x - \varepsilon_y}{2}\cos 2\theta + \frac{\gamma_{xy}}{2}\sin 2\theta$$

여기서, $\theta = 45° \rightarrow \varepsilon_\theta = \varepsilon_B$: B 게이지의 측정치

여기서 $\varepsilon_x = \varepsilon_A$, $\varepsilon_y = \varepsilon_C$ 이므로, γ_{xy}는 다음과 같다.

$$\varepsilon_B = \frac{\varepsilon_A + \varepsilon_C}{2} + \frac{\varepsilon_A - \varepsilon_C}{2}\cos 90 + \frac{\gamma_{xy}}{2}\sin 90$$

여기서, $\cos 90 = 0$, $\sin 90 = 1$

$$\therefore \gamma_{xy} = 2\varepsilon_B - \varepsilon_A - \varepsilon_C$$

즉, 각 게이지의 측정치로부터 γ_{xy}가 결정된다.

필수예제 4

45° 스트레인 로제트를 사용하여 다음의 변형도를 측정하였다. 주변형률의 크기와 방향을 결정하고, 이 상태에서 발생하는 주응력의 크기를 구하라. (단, $E = 2.11 \times 10^6 \, \text{kg/cm}^2$, $\nu = 0.3$, $\varepsilon_1 = 75$, $\varepsilon_2 = -11$, $\varepsilon_3 = 21$, gauge의 단위는 micro 이다.)

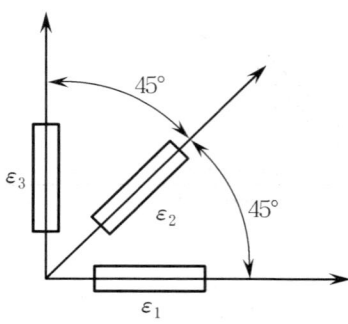

풀이과정

1. γ_{xy} 의 산정

$$\varepsilon_\theta = \frac{\varepsilon_x + \varepsilon_y}{2} + \frac{\varepsilon_x - \varepsilon_y}{2} \cos 2\theta + \frac{\gamma_{xy}}{2} \sin 2\theta$$

여기서, $\theta = 45° \rightarrow \begin{cases} \cos 90 = 0 \\ \sin 90 = 1 \end{cases}$

$\gamma_{xy} = 2 \cdot \varepsilon_2 - \varepsilon_1 - \varepsilon_3 = 2 \times (-11) - 75 - 21 = -118$

(이 때, 모든 gauge 값은 micro 단위이다.)

2. 주변형률

$$\varepsilon_{1,2} = \frac{\varepsilon_x + \varepsilon_y}{2} \pm \sqrt{\left(\frac{\varepsilon_x - \varepsilon_y}{2}\right)^2 + \left(\frac{\gamma_{xy}}{2}\right)^2}$$

$$= \frac{75 + 21}{2} \pm \sqrt{\left(\frac{75 - 21}{2}\right)^2 + \left(\frac{118}{2}\right)^2}$$

$$= \begin{cases} 113 \, \cdots\cdots \text{최대 주변형률} \\ -17 \, \cdots\cdots \text{최소 주변형률} \end{cases}$$

3. 주변형각

$$\tan 2\theta_P = \frac{\gamma_{xy}}{\varepsilon_x - \varepsilon_y} = \frac{-118}{75-21} = -2.185$$

$$\therefore 2\theta_P = \tan^{-1}(-2.185) = -65.41°$$

$$\therefore \theta_P = -32.7° \text{ (반시계방향으로 회전)}$$

4. 주응력

$$\sigma_x = \frac{E}{1-\nu^2}(\varepsilon_x + \nu\varepsilon_y)$$

$$= \frac{2.11 \times 10^6}{1-0.3^2}(75 + 0.3 \times 21) \times 10^{-6}$$

$$= 188.5 \text{ kg/cm}^2$$

$$\sigma_y = \frac{E}{1-\nu^2}(\varepsilon_y + \nu\varepsilon_x)$$

$$= \frac{2.11 \times 10^6}{1-0.3^2}(21 + 0.3 \times 75) \times 10^{-6}$$

$$= 100.9 \text{ kg/cm}^2$$

$$\tau_{xy} = G \cdot \gamma_{xy}$$

여기서, $G = \dfrac{E}{2(1+\nu)} = \dfrac{2.11 \times 10^6}{2(1+0.3)} = 8.115 \times 10^5 \text{ kg/cm}^2$

$$\tau_{xy} = 8.115 \times 10^5 \times (-118) \times 10^{-6} = -95.76 \text{ kg/cm}^2$$

$$\therefore \sigma_{1,2} = \frac{\sigma_x + \sigma_y}{2} \pm \sqrt{\left(\frac{\sigma_x - \sigma_y}{2}\right)^2 + \tau_{xy}^2}$$

$$= \frac{188.5 + 100.9}{2} \pm \sqrt{\left(\frac{188.5 - 100.9}{2}\right)^2 + 95.76^2}$$

$$= \begin{cases} 250 \text{ kg/cm}^2 \cdots\cdots \text{최대 주응력} \\ 39.4 \text{ kg/cm}^2 \cdots\cdots \text{최소 주응력} \end{cases}$$

6.5 주단면 2차 모멘트 (주관성 모멘트)

6.5.1 임의의 각 θ에 대한 단면2차 모멘트 I_x', I_y'

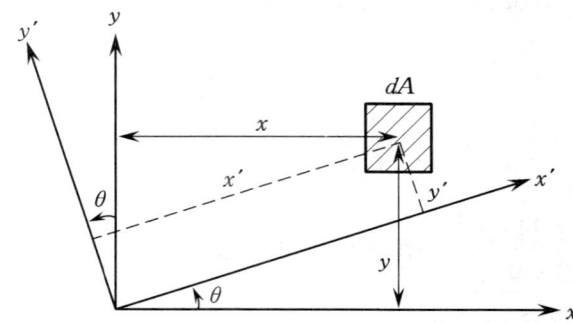

(1) x', y'축에 대한 단면 2차 모멘트

$$I_x' = \frac{I_x + I_y}{2} + \frac{I_x - I_y}{2}\cos 2\theta + I_{xy} \cdot \sin 2\theta$$

$$I_y' = \frac{I_x + I_y}{2} - \frac{I_x - I_y}{2}\cos 2\theta - I_{xy} \cdot \sin 2\theta$$

(2) x', y'축에 대한 단면 상승 모멘트

$$I_{x'y'} = -\left(\frac{I_x - I_y}{2}\right)\sin 2\theta + I_{xy} \cdot \cos 2\theta$$

* 좌표축을 회전하여도 원점을 관통하는 직각축의 단면2차 모멘트의 합은 일정하다.

$$I_x' + I_y' = I_x + I_y$$

* 각 θ는 시계 방향을 ⊕로 가정하였다. 따라서 위 그림상의 θ는 반시계 방향이므로 (−)가 된다.

6.5.2 주축 위치 θ_p

(1) 주축의 정의

① 도심축을 회전시켰을 때 단면 2차 모멘트가 최대 또는 최소인 축
② 도심축을 회전시켰을 때 단면 상승모멘트($I_{x'y'}$)가 0인 축
③ 대칭축은 주축중의 하나. 그러나 주축이라고 해서 모두 대칭축은 아니다.

(2) 주축위치 산정

$$I_{x'y'} = -\left(\frac{I_x - I_y}{2}\right)\sin 2\theta + I_{xy} \cdot \cos 2\theta = 0$$

$$\therefore \tan 2\theta_p = \frac{I_{xy}}{\dfrac{I_x - I_y}{2}} = \frac{2I_{xy}}{I_x - I_y}$$

6.5.3 주단면 2차 모멘트 (주관성 모멘트) I_1, I_2

최대 또는 최소 단면 2차 모멘트를 주단면 2차 모멘트라고 한다.

$$\therefore I_{1,2} = \frac{I_x + I_y}{2} \pm \sqrt{\left(\frac{I_x - I_y}{2}\right)^2 + I_{xy}^2}$$

필수예제 5

그림과 같은 Z형 단면에서 도심 C를 지나는 직각좌표축에서 (a) 주축의 위치, (b) 주관성 모멘트의 값을 구하여라.

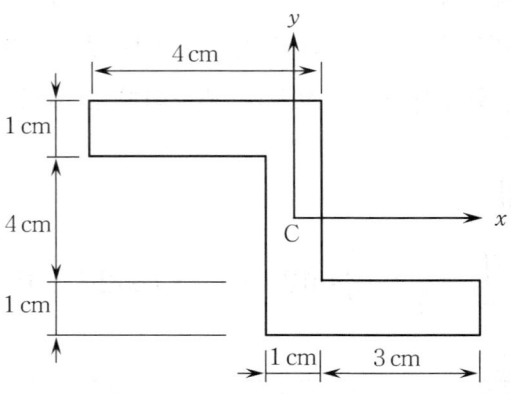

풀이과정 (a) 주축의 위치

$$I_x = \left\{ \frac{3 \times 1^3}{12} + (3 \times 1) \times (2.5)^2 \right\} \times 2 + \frac{1 \times 6^3}{12} = 56 \ \text{cm}^4$$

$$I_y = \left\{ \frac{1 \times 3^3}{12} + (3 \times 1) \times (2)^2 \right\} \times 2 + \frac{6 \times 1^3}{12} = 29 \ \text{cm}^4$$

$$I_{xy} = -\{(3 \times 1) \times (2.5) \times (2)\} \times 2 = -30 \ \text{cm}^4$$

$$\tan 2\theta_p = \frac{2I_{xy}}{I_x - I_y} = \frac{2 \times (-30)}{56 - 29} = -2.222$$

$$2\theta_p = \tan^{-1}(-2.222) = -65.77°$$

$$\therefore \theta_p = -32.89° \ (\text{반시계방향})$$

(b) 주관성 모멘트 I_1, I_2

$$I_{1,2} = \frac{I_x + I_y}{2} \pm \sqrt{\left(\frac{I_x - I_y}{2}\right)^2 + I_{xy}^2}$$

$$= \frac{56 + 29}{2} \pm \sqrt{\left(\frac{56 - 29}{2}\right)^2 + 30^2}$$

$$= \begin{cases} 75.4 \ \text{cm}^4 \\ 9.6 \ \text{cm}^4 \end{cases}$$

$$\therefore \begin{cases} \text{최대관성 모멘트} \ I_1 = 75.4 \ \text{cm}^4 \\ \text{최소관성 모멘트} \ I_2 = 9.6 \ \text{cm}^4 \end{cases}$$

chapter 6 주응력과 주변형률

1. 수평면에 놓여있는 ㄴ-형 브라켓 ABC가 하중 $P = 100\,lb$ 를 지지하고 있다. (그림 참조) 브라켓(bracket)은 외부치수가 2 in. × 4 in. 이고 벽두께가 0.125 in. 인 중공구형단면이다. AB의 중심선 길이는 20 in 이고 BC의 중심선 길이는 30 in. 이다. 힘 P만을 고려하여 지지점에서 브라켓의 꼭대기에 위치한 점 A 에서의 최대인장응력 σ_t, 최대압축응력 σ_c 그리고 최대전단응력 $\tau_{\max}$ 을 계산하여라.

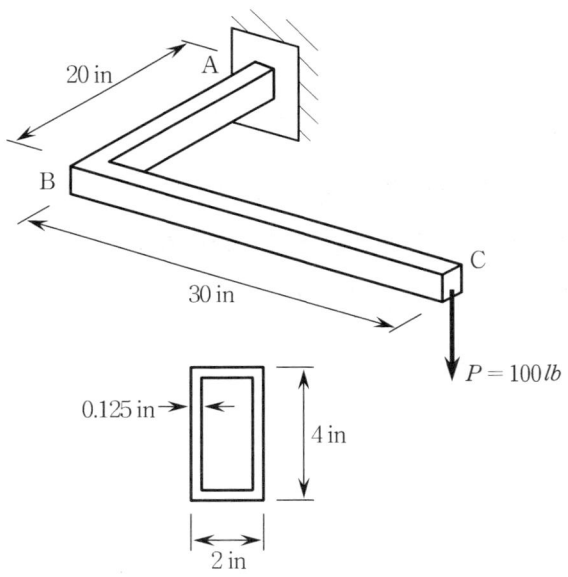

2. 그림과 같은 비대칭 단면에 대하여 다음을 구하시오.

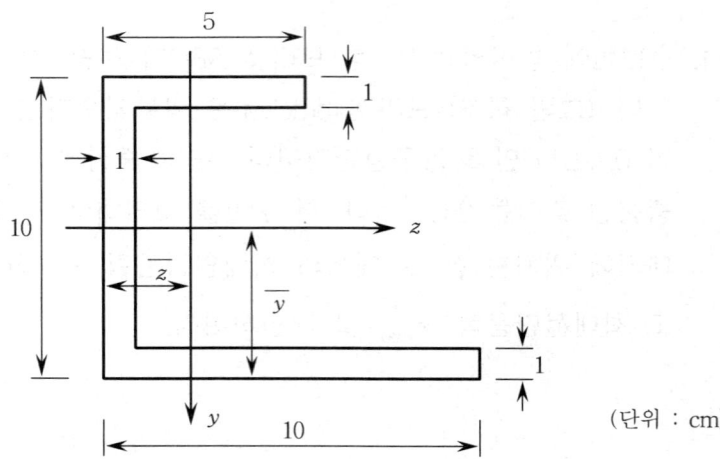

(단위 : cm)

(1) 도심의 위치 ($\overline{y}$, $\overline{z}$)
(2) 도심축에 대한 I_y, I_z, I_{yz}
(3) 주축의 방향 (z 축에 대한 각도)
(4) 주축에 대한 I_1, I_2
(5) 전단중심의 좌표

3. T-형단면의 외팔보가 그림에서 보는 바와 같이 10 kN의 경사하중을 받고 있다. 보의 웨브에서 점 A와 B에서의 주응력 σ_1과 σ_2, 그리고 평면내 최대전단응력 τ_{max}을 구하여라.

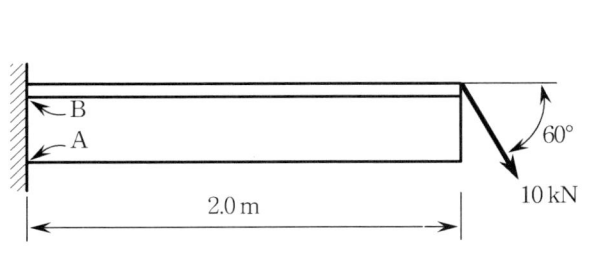
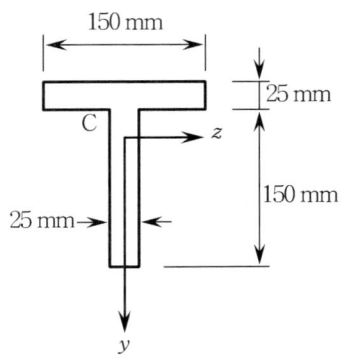

정답

1. $\sigma_t = 2455$ psi, $\sigma_c = -1111$ psi, $\tau_{max} = 1783$ psi
2. (1) $\overline{y} = 4.02$ cm, $\overline{z} = 2.89$ cm
   (2) $I_y = 185.4$ cm^4, $I_z = 325.66$ cm^4, $I_{yz} = 103.7$ cm^4
   (3) $\theta = -27.98°$ (반시계 방향)
   (4) $I_{1,2} = \begin{cases} 380.72 \text{ cm}^4 \\ 130.34 \text{ cm}^4 \end{cases}$
   (5) $e_y = -4.37$ cm, $e_z = 2.116$ cm
3. (1) A점
   $\sigma_{1,2} = \begin{cases} -96.18 \text{ MPa} \\ 0 \end{cases}$
   $\tau_{max} = 48.09$ MPa

   (2) B점
   $\sigma_{1,2} = \begin{cases} 26.41 \text{ MPa} \\ -0.263 \text{ MPa} \end{cases}$
   $\tau_{max} = 13.34$ MPa

Chapter 7
기타 응력 산정

Chapter 7 기타 응력 산정

7.1 대칭단면의 비대칭 하중에 의한 응력

임의의 단면을 가진 보에 편기하중(좌표축에 기울어져서 작용하는 하중)이 작용할 때, 이 보는 동시에 두축 이상의 방향으로 휘게 되며, 이것을 비대칭 휨이라고 한다.

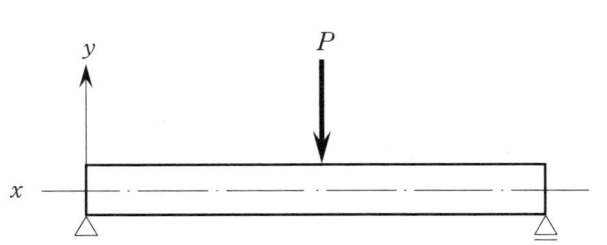
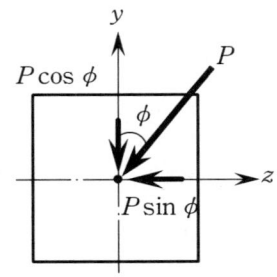

하중작용단면의 좌표축을 y, z 라고 하면 편기하중을 각 축방향에 대한 분력 $P \cdot \cos\phi$ 와 $P \cdot \sin\phi$ 로 나눌 수 있다.

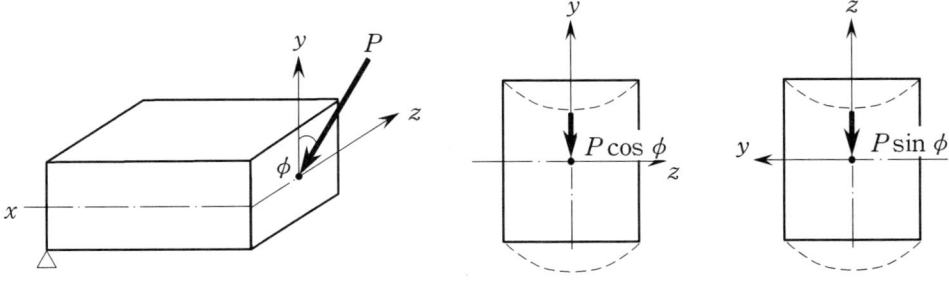

임의의 단면을 z 축과 y 축에 대해 그리면 위와 같이 편기하중에 의해 휨이 발생한다.

이때, 전체 응력식은 다음과 같다.

$$\sigma_x = \frac{M_z}{I_z} y + \frac{M_y}{I_y} z \quad \text{(수직응력)}$$

여기서, ① 부호규약 : 각 축(z와 y)에 대해 압축(—)과 인장(+)을 분류하면 편리하다.
② 모멘트 : 예를들어 하중 P가 보의 지간중앙에 작용한다면,

$$M_z = P \cdot \cos\phi \cdot \frac{l}{4}$$
$$M_y = P \cdot \sin\phi \cdot \frac{l}{4}$$ 이 된다.

필수예제 1

길이 8m인 단순보에서 하중이 y 축으로부터 $\phi = 30°$ 편기되어 작용한다. c 단면에서 중립축의 방향과 A점의 휨응력을 구하시오.

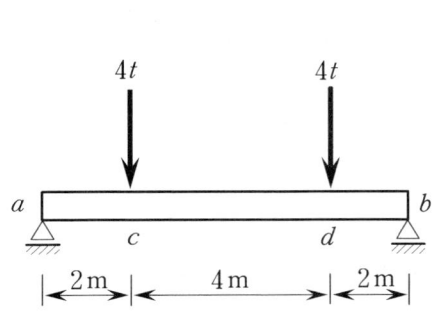

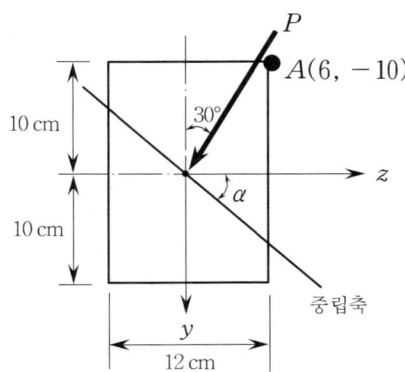

풀이과정

1. A점의 휨응력 σ_A 의 산정

   (1) 단순보에서 a, b 점의 반력

   $R_a = R_b = 4t$

   (2) y, z 축에 대한 분력 및 모멘트

   $P_V = P \cdot \cos 30$

   $P_H = P \cdot \sin 30$

   $M_z = P \cdot \cos 30 \times 2$

   $\quad = 4 \times \cos 30 \times 2 = 6.93 \text{ t} \cdot \text{m}$

   $M_y = P \cdot \sin 30 \times 2$

   $\quad = 4 \times \sin 30 \times 2 = 4 \text{ t} \cdot \text{m}$

   (3) 단면2차 모멘트

   $I_z = \dfrac{12 \times 20^3}{12} = 8000 \text{ cm}^4$

   $I_z = \dfrac{20 \times 12^3}{12} = 2880 \text{ cm}^4$

(4) 각 축에 대해 휨을 적용하면 다음 그림과 같다.

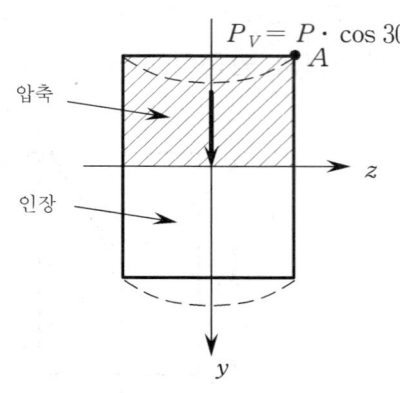 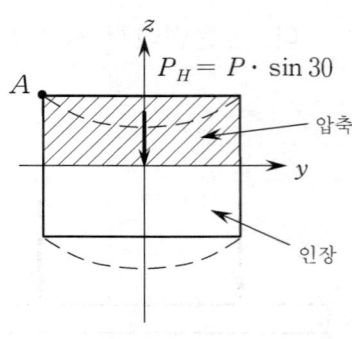

여기서, A점은 z와 y축에 대해 모두 압축을 나타낸다.

(5) A점의 휨응력 σ_A

$$\sigma_A = \frac{M_z}{I_z}y + \frac{M_y}{I_y}z$$

여기서, 압축을 $(-)$로 하면,

$$\therefore \sigma_A = -\frac{6.93 \times 10^5}{8000} \times 10 - \frac{4 \times 10^5}{2880} \times 6$$
$$= -1700 \, \text{kg/cm}^2$$

2. 중립축의 방향 산정

보의 단면에서 중립축은 $\sigma = 0$ 인 점들을 연결한 축이므로, y와 z축에 대한 각각의 응력은 서로 반대 부호가 되어야 한다.

따라서,

$$\sigma = \frac{M_z}{I_z}y - \frac{M_y}{I_y}z = 0$$

$$\frac{P \cdot \cos\phi \cdot l'}{I_z}y - \frac{P \cdot \sin\phi \cdot l'}{I_y}z = 0$$

$$\frac{\cos\phi}{I_z}y - \frac{\sin\phi}{I_y}z = 0$$

$$\therefore \tan\alpha = \frac{y}{z} = \left(\frac{I_z}{I_y}\tan\phi\right)$$

$$= \frac{12 \times 20^3}{20 \times 12^3} \times \tan 30 = 1.604$$

$$\therefore \alpha = 58.06°$$

7.2 비대칭 단면의 순수 휨 응력

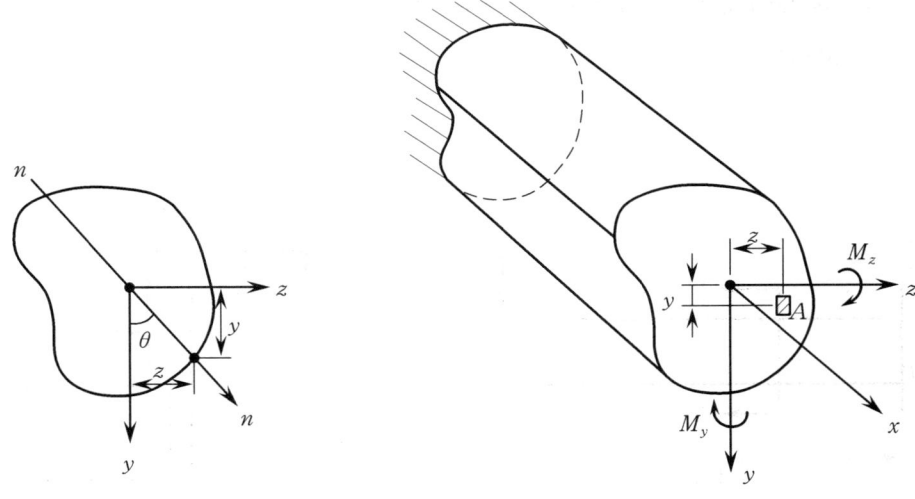

(1) 비대칭 단면보에서 임의 점의 수직응력 σ_x

$$\therefore \sigma_x = \frac{(M_y I_z + M_z I_{yz})z - (M_z I_y + M_y I_{yz})y}{I_y I_z - I_{yz}^2}$$

(2) 중립축 방향 (θ)

중립축에서는 $\sigma_x = 0$이므로, $(M_y I_z + M_z I_{yz})z - (M_z I_y + M_y I_{yz})y = 0$ 이다.

$$\therefore \tan\theta = \frac{z}{y} = \frac{M_z I_y + M_y I_{yz}}{M_y I_z + M_z I_{yz}}$$

필수예제 2

다음과 같은 Z형 단면의 캔틸레버 보에서 자유단에 하중 $P = 400$ kg 을 연직면 내에서 수직으로 받고 있다면, 최대 휨 응력과 중립축 위치를 구하시오.

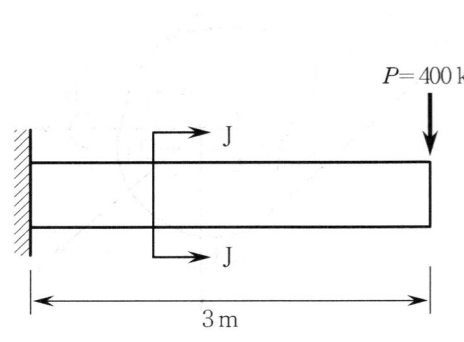

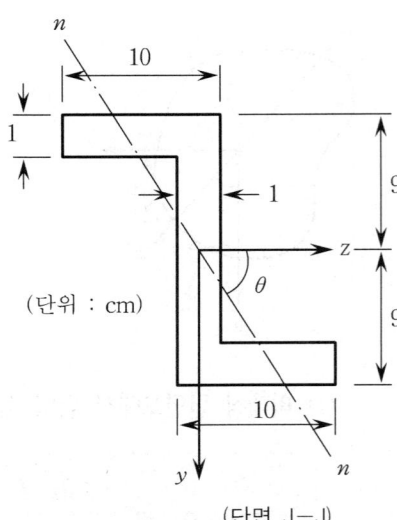

(단위 : cm)

(단면 J-J)

풀이과정
비대칭 단면의 순수 휨응력 공식을 적용한다.

1. 단면성질

$$I_y = \left\{ \frac{1 \times 9^3}{12} + (1 \times 9) \times 5^2 \right\} \times 2 + \frac{18 \times 1^3}{12} = 573 \text{ cm}^4$$

$$I_z = \left\{ \frac{9 \times 1^3}{12} + (9 \times 1) \times 8.5^2 \right\} \times 2 + \frac{1 \times 18^3}{12} = 1788 \text{ cm}^4$$

$$I_{yz} = \{(1 \times 9) \times 8.5 \times 5\} \times 2 = 765 \text{ cm}^4$$

2. 최대 휨응력 σ_{max} 산정

   (1) 최대 단면력 M_z 의 최대값은 고정단에서 발생한다.

   ① $M_z = 400 \times 300 = 120000$ kg·cm

   $M_y = 0$

② M_z가 ⊖ 모멘트이므로 부호규약은 다음과 같이 결정된다.

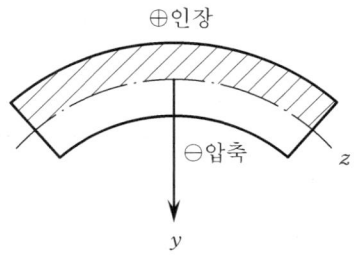

(2) 휨응력의 일반식

$$\sigma_x = \frac{M_z \cdot I_{yz} \cdot z - M_z \cdot I_y \cdot y}{I_y \cdot I_z - I_{yz}^2} = \frac{120000(765z - 573y)}{573 \times 1788 - (765)^2}$$

$$= 209z - 156.5y$$

(3) 단면 각 부분의 응력 산정

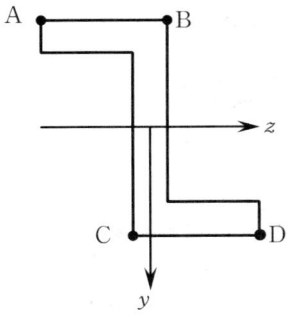

	y (cm)	z (cm)	σ_x (kg/cm²)	비고
A	-9	-9.5	-577	압축
B	-9	0.5	1513	최대 인장
C	9	-0.5	-1513	최대 압축
D	9	9.5	577	인장

최대인장응력은 B점에서 발생하며, 그 값은 1513 kg/cm² 이다.
최대압축응력은 C점에서 발생하며 그 값은 -1513 kg/cm² 이다.

3. 중립축 위치 산정

$$\sigma_x = 0 \; ; \; M_z \cdot I_{yz} \cdot z - M_z \cdot I_y \cdot y = 0$$

$$\frac{y}{z} = \frac{I_{yz}}{I_y} = \tan\theta$$

$$\therefore \theta = \tan^{-1}\left(\frac{I_{yz}}{I_y}\right) = \tan^{-1}\left(\frac{765}{573}\right) = 53.17°$$

7.3 합성보의 휨 응력

두 가지 또는 그 이상의 재료로 된 보를 합성보(Composite Beam)라고 하며, 흔히 볼 수 있는 합성보의 예는 다음 그림과 같다.

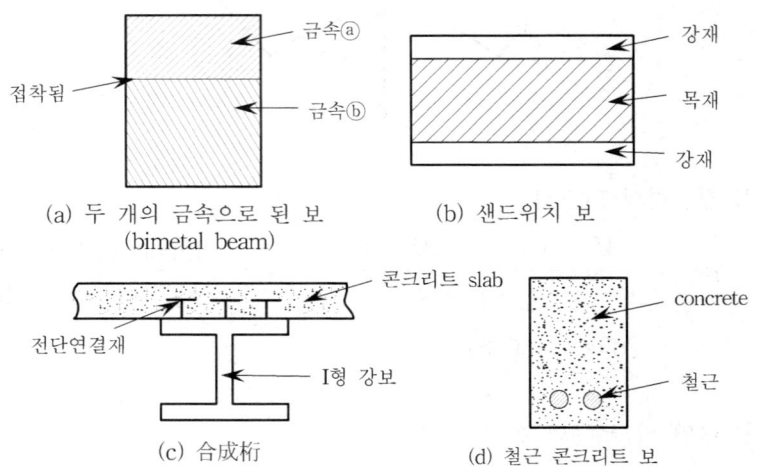

(a) 두 개의 금속으로 된 보 (bimetal beam)
(b) 샌드위치 보
(c) 合成桁
(d) 철근 콘크리트 보

합성보의 단면이 다음과 같을 때 휨응력의 분포를 살펴보자.

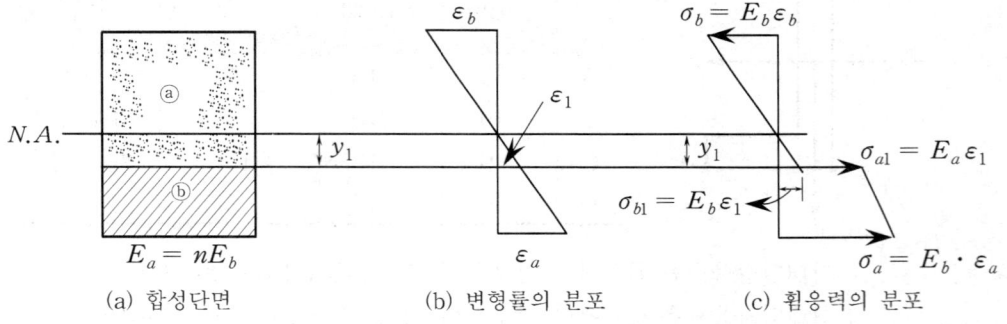

(a) 합성단면
(b) 변형률의 분포
(c) 휨응력의 분포

보가 몇 개의 재료로 구성되었든 간에 합성보의 변형률은 그림 (b)와 같이 직선적으로 변하며 중립축에서는 0이다. 또한 재료가 다르기 때문에 중립축과 도심축은 일치하지 않으며, 여기서는 $E_a > E_b$ 라고 가정하자.

이때, 단면의 상·하연 응력은 다음과 같다.

$$\sigma_a = E_a \cdot \varepsilon_a \cdots\cdots\cdots \text{하연응력}$$
$$\sigma_b = E_b \cdot \varepsilon_b \cdots\cdots\cdots \text{상연응력}$$

재료가 다른 상황에서 그대로 역학계산을 수행할 수는 없으며, 단면을 환산시킬 필요가 있다. 환산방법은 탄성계수비를 이용하며, 재료 A를 재료 B로 환산하면 다음과 같다.

$$E_a = nE_b \quad : \quad \sigma_a = n \cdot E_b \cdot \varepsilon_a$$

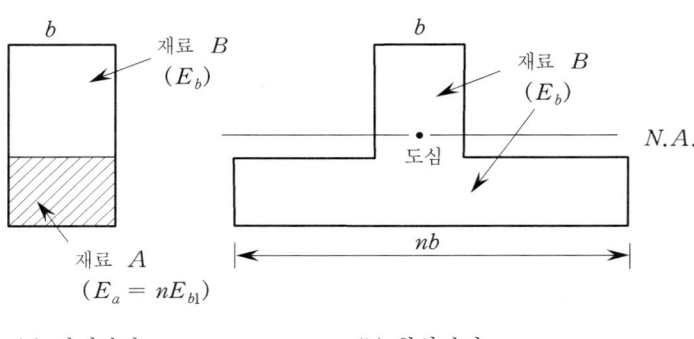

(a) 실제단면   (b) 환산단면

따라서, 재료 B로 등가환산된 단면의 상·하연 응력은 다음과 같다.

$$\sigma_a = n \cdot \frac{M}{I_{N \cdot A}} \cdot y \quad \cdots\cdots\cdots \text{하연응력}$$

$$\sigma_b = \frac{M}{I_{N \cdot A}} \cdot y \quad \cdots\cdots\cdots\cdots \text{상연응력}$$

여기서, $I_{N \cdot A}$는 중립축에 대한 환산단면 2차 모멘트이다.

필수예제 3

단면 10×20cm인 목재보의 아랫부분에 단면 10×1cm인 알루미늄 합금판이 부착되어 보의 단면을 이루고 있다. 목재의 $E_w = 8.76 \times 10^4$ kg/cm², 알루미늄 합금판의 $E_a = 7.0 \times 10^5$ kg/cm² 이다. 휨모멘트 900kg·m가 작용할 때 단면의 상·하연 응력을 구하시오.

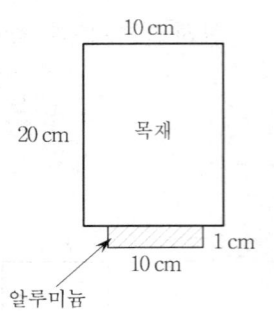

풀이과정

단면을 다음과 같이 환산할 수 있다.

$$n = \frac{E_a}{E_w} = \frac{7.0 \times 10^5}{8.75 \times 10^4} = 8$$

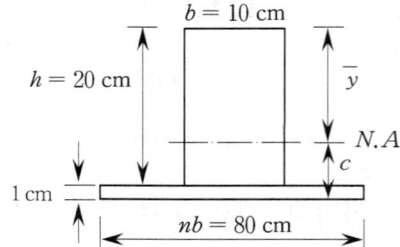

① 중립축의 위치 $\bar{y} = \frac{\Sigma A_i y_i}{\Sigma A}$

$$\bar{y} = \frac{(10 \times 20 \times 10) + (1 \times 80 \times 20.5)}{(10 \times 20) + (1 \times 80)} = 13\text{cm}$$

중립축에서 상단까지는 13cm, 하단까지는 8cm이다.

② 중립축에 대한 환산단면 2차모멘트, $I_{N \cdot A}$

$$I_{N \cdot A} = \frac{10 \times 20^3}{12} + 10 \times 20 \times (3)^2 + \frac{80 \times 1^3}{12} + 80 \times 1 \times (7.5)^2$$
$$= 12973.3 \text{ cm}^4$$

③ 상·하연응력

상연응력 $\sigma_U = \frac{M}{I_{N \cdot A}} \bar{y} = \frac{90000}{12973.3} \times (13) = 90.2$ kg/cm²

하연응력 $\sigma_L = n \frac{M}{I_{N \cdot A}} c = 8 \times \frac{90000}{12973.3} \times (8) = 444$ kg/cm²

필수예제 4

합성보가 비합성 구조보다 유리한 점을 역학적으로 설명하시오.

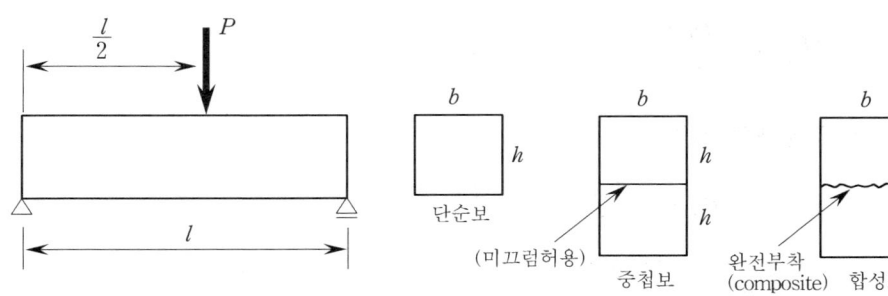

풀이과정

1. 합성구조와 비합성구조(중첩보)의 정의
   ① 합성보 : 재질이 다른 두 단면이 인위적인 연결재를 통하여 같은 거동을 하면서 외력에 저항하도록 만든 보. 철근콘크리트 보와 철골철근콘크리트 보, Sandwich 보 등이 해당된다.
   ② 비합성보(중첩보) : 재질이 다른 두 단면이 외력에 대해 동일한 거동을 하지 않고 별개로 거동하는 중첩구조를 말한다.

2. 합성보와 비합성보의 역학적 고찰
   (1) 단면성질 산정 (동일 재질로 가정)
   ① 단순단면

   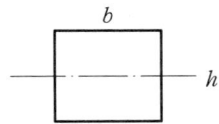

   $A = b \cdot h \qquad \bar{y} = \dfrac{h}{2}$

   $I = \dfrac{bh^3}{12} = I_0$

   ② 중첩보

   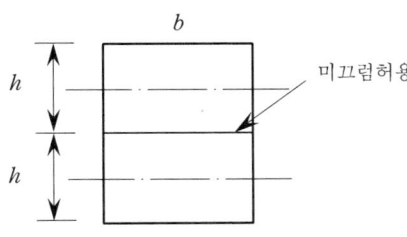

   $A = 2 \cdot (bh)$

   $I = 2 \cdot \left(\dfrac{bh^3}{12}\right) = 2I_0$

   $\bar{y} = \dfrac{h}{2}$

   ③ 합성보

   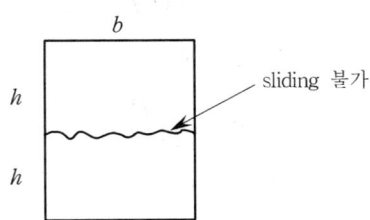

   $A = 2 \cdot (bh)$

   $I = \dfrac{b(2h)^3}{12} = \dfrac{2}{3} bh^3 = 8I_0$

   $\bar{y} = h$

(2) 외력산정

주어진 단순보에서 최대 단면모멘트는 보의 지간 중앙에서 발생하며 그 값은,
$M_{max} = \dfrac{Pl}{4}$ 이다.

(3) 허용재하 하중산정

$$\sigma_{max} = \sigma_a = \dfrac{M_{max}}{I}y = \dfrac{Pl \cdot y}{4I}$$

$$\rightarrow P_{max} = \dfrac{4\sigma_a \cdot I}{y \cdot l}$$

① 단순보

$$P_{max} = \dfrac{4\sigma_a \cdot I_0}{\left(\dfrac{h}{2}\right)(l)} = \dfrac{8\sigma_a \cdot I_0}{hl} = P_0$$

② 중첩보

$$P_{max} = \dfrac{4\sigma_a \cdot 2I_0}{\left(\dfrac{h}{2}\right)(l)} = \dfrac{2 \times 8\sigma_a \cdot I_0}{hl} = 2P_0$$

③ 합성보

$$P_{max} = \dfrac{4\sigma_a \cdot 8I_0}{(h)(l)} = \dfrac{4 \times 8\sigma_a \cdot I_0}{hl} = 4P_0$$

(4) 처짐산정(동일하중 재하시)

① 단순보

$$\delta = \dfrac{Pl^3}{48EI} = \dfrac{Pl^3}{48EI_0} = \delta_0$$

② 중첩보

$$\delta = \dfrac{Pl^3}{48E(2I_0)} = \dfrac{1}{2} \cdot \dfrac{Pl^3}{48EI_0} = \dfrac{\delta_0}{2}$$

③ 합성보

$$\delta = \dfrac{Pl^3}{48E(8I_0)} = \dfrac{1}{8} \cdot \dfrac{Pl^3}{48E(EI_0)} = \dfrac{\delta_0}{8}$$

3. 결과고찰

앞에서 살펴본 바와같이 합성보와 비합성보의 차이는 동일한 단면적임에도 불구하고 허용재하 하중은 합성보가 비합성보(중첩보)보다 2배 더 재하 가능하고, 동일하중 재하시 합성보의 처장은 비합성보 보다 1/4배가 더 작다는 것을 알수 있다.

따라서, 동일지간에 동일단면과 동일재료를 사용하였을 때는 두 단면이 같은 거동을 하는 합성보가 그렇지 않은 비합성보보다 매우 유리함을 알 수 있다.

Chapter 8

기둥

Chapter 8 기둥 (Column)

8.1 핵(Core) 및 핵거리

핵거리란 단면 내에 압축응력만이 일어나는 하중의 편심거리의 한계치이며 핵거리에 둘러싸인 부분을 핵이라 한다. 즉, 인장응력이 생기지 않는 편심하중의 범위이다.

8.1.1 핵거리(편심거리) e 의 계산

인장응력이 생기지 않아야 하므로

$$\sigma = \frac{P}{A} - \frac{M}{I}y \geq 0$$

여기서, 압축응력이 ⊕
$M = P \cdot e$
y : 도심에서 구하고자 하는 곳까지의 수직거리

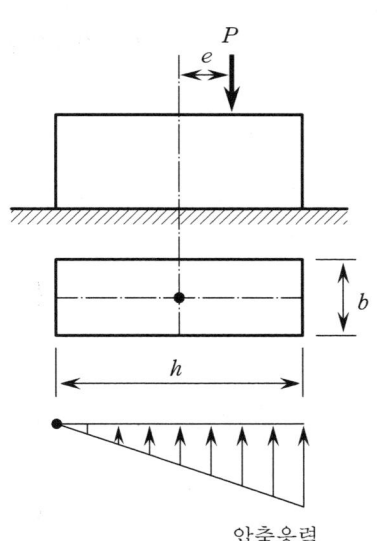

압축응력

$$\frac{P \cdot e}{I}y \leq \frac{P}{A}$$

$$\therefore e \leq \frac{I}{A \cdot y} = \frac{r^2}{y} = \frac{Z}{A}$$

여기서, r (회전반경) $= \sqrt{\dfrac{I}{A}}$

Z (단면계수) $= \dfrac{I}{y}$

8.1.2 각 단면의 핵

빗금친 부분이 각 단면의 핵이다.

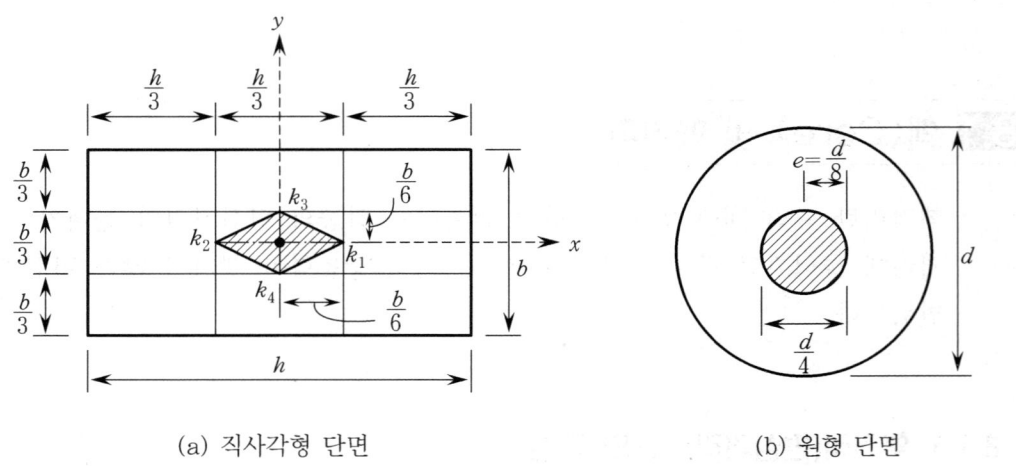

(a) 직사각형 단면   (b) 원형 단면

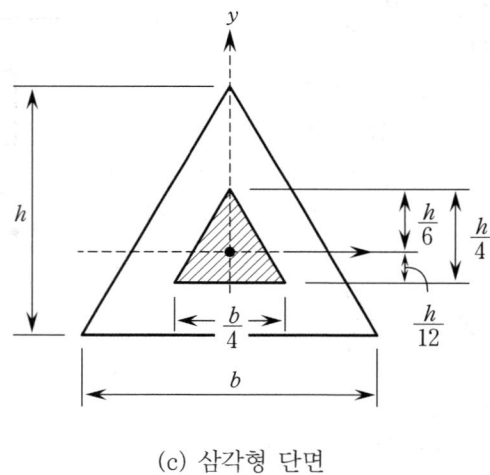

(c) 삼각형 단면

> **참고** 각 단면의 핵거리 유도

(a) 직사각형 단면

$$x \text{축} ; I_x = \frac{hb^3}{12}, \quad A = b \cdot h, \quad y = \frac{b}{2}$$

$$r_x^2 = \frac{I_x}{A} = \frac{\frac{hb^3}{12}}{b \cdot h} = \frac{b^2}{12}$$

$$\therefore e_y = \frac{r_x^2}{y} = \frac{\frac{b^2}{12}}{\frac{b}{2}} = \frac{b}{6}$$

y축 ; 위와 같이 하면 다음과 같다.

$$\therefore e_x = \frac{r_y^2}{x} = \frac{\frac{h^2}{12}}{\frac{h}{2}} = \frac{h}{6}$$

그러므로, 핵점은 도심에서 각각 $\frac{b}{6}$ 와 $\frac{h}{6}$ 떨어진 곳이며, 이러한 핵점이 이루는 마름모꼴 부분을 핵, 또는 중앙 3분점 (middle third)이라 한다.

(b) 원형 단면

직경 d인 원형 단면에서

$$I = \frac{\pi d^4}{64}, \quad A = \frac{\pi d^2}{4}, \quad y = \frac{d}{2}$$

$$r^2 = \frac{I}{A} = \frac{\frac{\pi d^4}{64}}{\frac{\pi d^2}{4}} = \frac{d^2}{16}$$

$$\therefore e = \frac{r^2}{y} = \frac{\frac{d^2}{16}}{\frac{d}{2}} = \frac{d}{8}$$

(c) 삼각형 단면

$$x \text{축}\,;\; I_x = \frac{bh^3}{36},\; A = \frac{bh}{2}$$

$$y_1 = \frac{2}{3}h,\; y_2 = \frac{h}{3}$$

$$r_x^2 = \frac{I_x}{A} = \frac{\dfrac{bh^3}{36}}{\dfrac{bh}{2}} = \frac{h^2}{18}$$

$$\therefore \begin{cases} e_{y1} = \dfrac{r_x^2}{y_1} = \dfrac{\dfrac{h^2}{18}}{\dfrac{2}{3}h} = \dfrac{h}{12} \\[2em] e_{y2} = \dfrac{r_x^2}{y_2} = \dfrac{\dfrac{h^2}{18}}{\dfrac{h}{3}} = \dfrac{h}{6} \end{cases}$$

$$y \text{축}\,;\; I_y = \frac{h\left(\dfrac{b}{2}\right)^3}{12} \times 2 = \frac{hb^3}{48}$$

$$x = \frac{2}{3} \times \frac{b}{2} = \frac{b}{3}$$

$$r_y^2 = \frac{I_y}{A} = \frac{\dfrac{hb^3}{48}}{\dfrac{bh}{2}} = \frac{b^2}{24}$$

$$\therefore e_x = \frac{r_y^2}{x} = \frac{\dfrac{b^2}{24}}{\dfrac{b}{3}} = \frac{b}{8}$$

8.2 장 주

8.2.1 정 의

압축하중이 증가하여 좌굴(Buckling) 현상이 발생하는 기둥

(1) 좌굴 방향

① 좌굴이 일어나는 방향
② 단면2차 모멘트가 최대인 축의 방향
  (최대주축방향, I_{max} 축 → 그림의 x축)
③ 최대 회전반경이 생기는 축

(2) 좌굴 축

① 좌굴이 일어날 때 기준이 된 축
② 단면2차 모멘트가 최소인 축
  (최소주축, I_{min} 축 → 그림의 y축)
③ 최소 회전반경이 생기는 축

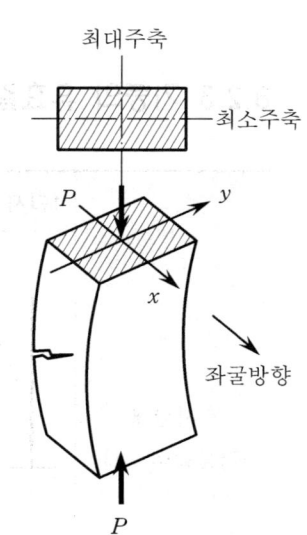

8.2.2 좌굴하중(P_{cr})과 좌굴응력(σ_{cr})

좌굴하중과 좌굴응력을 각각 Euler 하중과 Euler 응력이라고도 한다.

$$P_{cr} = \frac{\pi^2 \cdot EI}{l_u^2}$$

$$\sigma_{cr} = \frac{P_{cr}}{A} = \frac{\pi^2 \cdot EI}{A \cdot l_u^2}$$

$$= \frac{\pi^2 \cdot E \cdot r^2}{l_u^2} = \frac{\pi^2 \cdot E}{\lambda^2}$$

여기서, λ : 유효세장비 $\left(= \dfrac{l_u}{r} \right)$

l_u : 기둥의 유효길이 (좌굴길이)

r : 회전반경 $\left(= \sqrt{\dfrac{I}{A}} \right)$

(단, I는 좌굴축에 대한 단면 2차 모멘트이므로 I_{min} 이 된다.)

8.2.3 기둥의 유효길이 (좌굴길이) l_u

지지상태 (기둥길이 : l)	1단자유, 타단고정	양단힌지	1단힌지, 타단고정	양단고정
	$l_u = 2l$	$l_u = l$	$l_u \fallingdotseq 0.7l$	$l_u = 0.5l$
	$P_{cr} = \dfrac{\pi^2 \cdot EI}{l_u^2}$	$P_{cr} = \dfrac{\pi^2 \cdot EI}{4l^2}$	$P_{cr} = \dfrac{\pi^2 \cdot EI}{l^2}$	$P_{cr} = \dfrac{2\pi^2 \cdot EI}{l^2}$	$P_{cr} = \dfrac{4\pi^2 \cdot EI}{l^2}$

필수예제 1

다음 그림과 같이 일단고정, 타단힌지의 장주에 P_b의 압축력이 작용한다면 이 단면의 좌굴응력은? (단, $E = 21 \times 10^5 \text{ kg/cm}^2$)

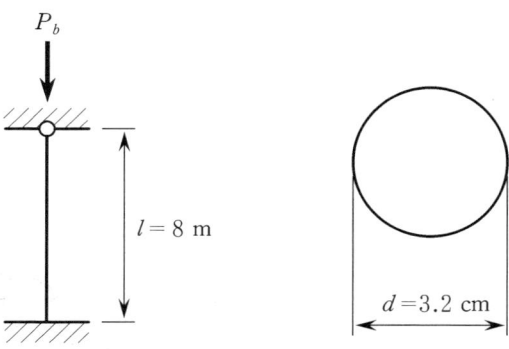

풀이과정

기둥의 유효길이 $l_u = 0.7 l = 0.7 \times 8 = 5.6 \text{ m}$

단면2차 모멘트 $I = \dfrac{\pi d^4}{64} = \dfrac{\pi (3.2)^4}{64} = 5.15 \text{ cm}^4$

단면적 $A = \dfrac{\pi d^2}{4} = \dfrac{\pi (3.2)^2}{4} = 8.04 \text{ cm}^2$

좌굴하중 $P_{cr} = \dfrac{\pi^2 \cdot EI}{l_u^2} = \dfrac{\pi^2 \times (21 \times 10^5) \times (5.15)}{(5.6 \times 100)^2} = 340.4 \text{ kg}$

∴ 좌굴응력 $\sigma_{cr} = \dfrac{P_{cr}}{A} = \dfrac{340.4}{8.04} = 42.3 \text{ kg/cm}^2$

[별해]

$r = \sqrt{\dfrac{I}{A}} = \sqrt{\dfrac{5.15}{8.04}} = 0.8 \text{ cm}$

$\lambda = \dfrac{l_u}{r} = \dfrac{5.6 \times 100}{0.8} = 700$

∴ $\sigma_{cr} = \dfrac{\pi^2 \cdot E}{\lambda^2} = \dfrac{\pi^2 \times (21 \times 10^5)}{(700)^2} = 42.3 \text{ kg/cm}^2$

8.3 장주에서 Euler 공식의 유도

8.3.1 단순지지 (힌지-롤러)된 장주

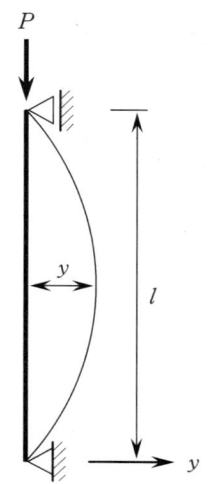 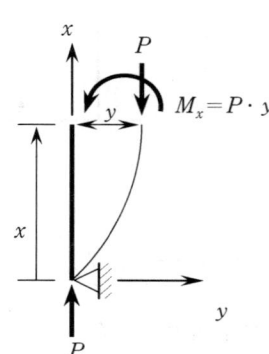

(1) 미분방정식으로부터 처짐곡선식의 유도

$$M_x = -(EI\,y'') = P \cdot y$$

$EI y'' + P \cdot y = 0$

여기서, $\dfrac{P}{EI} = k^2$

$y'' + k^2 y = 0$

위 미분방정식의 일반해는 다음과 같다.

$$\therefore y = A \cdot \cos kx + B \cdot \sin kx$$

(2) 경계조건

① $x = 0$; $y = 0 \to A = 0$

② $x = l$; $y = 0 \to y = B \cdot \sin kl = 0$

여기서, $B \neq 0$ 이므로, $\sin kl = 0$ 이어야 한다.

∴ $k \cdot l = n\pi$ ($n = 1, 2, 3, \cdots$)

(3) Euler 공식 (좌굴하중 P_{cr})

$$k \cdot l = n\pi$$

$$\sqrt{\frac{P}{EI}}\, l = n\pi$$

$$\therefore P = \frac{n^2 \pi^2 EI}{l^2}$$

최소 좌굴하중이 구조물 전체의 좌굴강도가 되며 이는 $n = 1$일 때 발생한다.

$$\therefore P_{cr} = \frac{\pi^2 \cdot EI}{l^2}$$

(4) 좌굴 (Euler) 응력 σ_{cr}

$$\sigma_{cr} = \frac{P_{cr}}{A} = \frac{\pi^2 EI}{A \cdot l^2} = \frac{\pi^2 \cdot E \cdot r^2}{l^2} = \frac{\pi^2 \cdot E}{\lambda^2}$$

여기서, λ : 유효세장비

8.3.2 일단고정, 타단 자유인 장주

자유단에서부터 모멘트를 취하는 것이 편리하다.

(1) 처짐곡선식의 유도

$$M = -P(\delta - y)$$

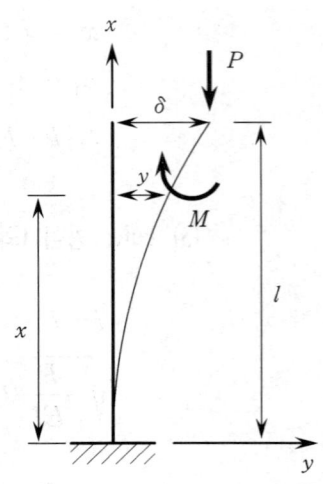

여기서, δ : 자유단의 처짐

$$EIy'' = -M = P \cdot (\delta - y)$$

여기서, $\dfrac{P}{EI} = k^2$

$$y'' + k^2 \cdot y = k^2 \cdot \delta$$

미분방정식의 해는 다음과 같다.

$$\therefore y = A \cdot \cos kx + B \cdot \sin kx + \delta$$

(2) 경계조건

고정단은 처짐 (y)과 처짐각 (y')이 모두 0이다.

① $x = 0$; $y = 0$, $y' = 0$

$\rightarrow y = A + \delta = 0$

$\therefore A = -\delta$

$\rightarrow y' = -A \cdot k \cdot \sin kx + B \cdot k \cdot \cos kx = B \cdot k = 0$

$\therefore B = 0$

A와 B를 위 처짐 곡선식에 대입하면 다음과 같다.

$\therefore y = -\delta \cdot \cos kx + \delta = \delta(1 - \cos kx)$ ⋯⋯⋯⋯⋯⋯⋯ ⓐ

② $x = l$; $y = \delta$ (ⓐ식에 대입)

$\rightarrow \delta = \delta(1 - \cos kl)$

$\therefore \delta \cdot \cos kl = 0$

(3) Euler 공식 (좌굴하중 P_{cr})

$\delta \cdot \cos kl = 0$에서 $\delta \neq 0$이므로 $\cos kl = 0$가 되어야 한다.

즉, $k \cdot l = \dfrac{n\pi}{2}$ ($n = 1, 3, 5 \cdots$)

$\sqrt{\dfrac{P}{EI}}\, l = \dfrac{n\pi}{2}$

$\therefore P = \dfrac{n^2 \pi^2 \cdot EI}{4l^2}$

여기서, 최소 좌굴시 처짐곡선은 $n = 1$일 때이므로, 최소 좌굴하중은 다음과 같다.

$\therefore P_{cr} = \dfrac{\pi^2 \cdot EI}{4l^2}$

8.3.3 양단 고정된 장주

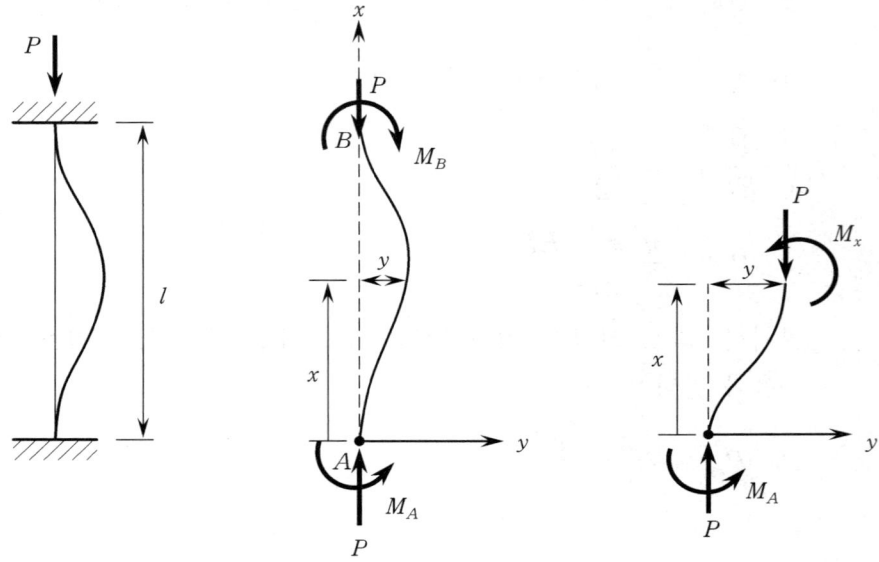

(1) 처짐곡선식의 유도

$$M_x = P \cdot y - M_A$$

$$EI\,y'' = -M_x = -P \cdot y + M_A$$

여기서, $\dfrac{P}{EI} = k^2$

$$y'' + k^2 \cdot y = \dfrac{M_A}{EI}$$

미분방정식의 해는 다음과 같다.

$$\therefore y = A \cdot \cos kx + B \cdot \sin kx + \dfrac{M_A}{P}$$

(2) 경계조건

① $x = 0$; $y = 0$, $y' = 0$

$$\rightarrow y = A + \frac{M_A}{P} = 0$$

$$\therefore A = -\frac{M_A}{P}$$

$$\rightarrow y' = -A \cdot k \cdot \sin kx + B \cdot k \cdot \cos kx$$

$(x = 0)$; $y' = B \cdot k = 0$

$$\therefore B = 0 \ (\because k \neq 0)$$

$$\therefore y = -\frac{M_A}{P} \cos kx + \frac{M_A}{P}$$

$$= \frac{M_A}{P}(1 - \cos kx)$$

② $x = l$; $y = 0$

$$\rightarrow y = \frac{M_A}{P}(1 - \cos kl) = 0$$

$$\therefore \cos kl = 1$$

$$\therefore k \cdot l = 2n\pi \ (n = 1, 2, 3 \cdots)$$

(3) Euler 공식 (좌굴하중 P_{cr})

$$k \cdot l = 2n\pi$$

$$\sqrt{\frac{P}{EI}} \, l = 2n\pi$$

$$\therefore P = \frac{4n^2 \pi^2 EI}{l^2}$$

여기서, 최소 좌굴시 처짐곡선은 $n = 1$일 때이므로, 최소 좌굴하중은 다음과 같다.

$$\therefore P_{cr} = \frac{4\pi^2 EI}{l^2}$$

8.3.4 일단고정, 타단 힌지인 장주

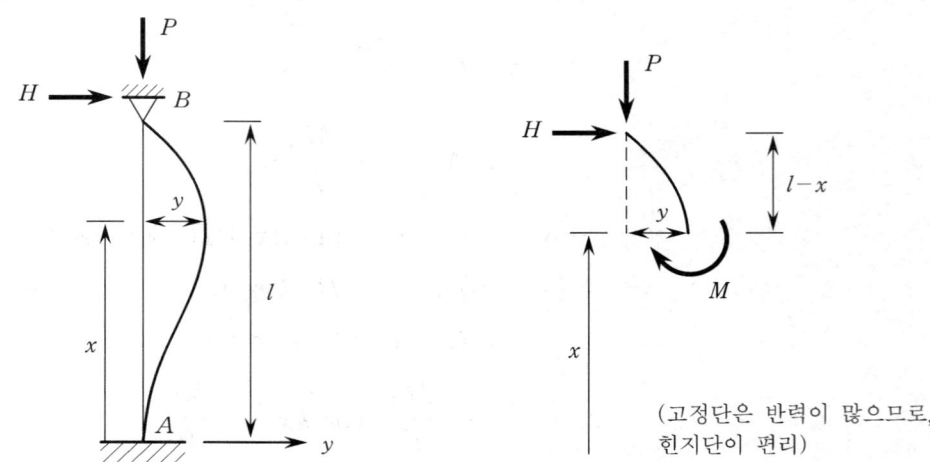

(고정단은 반력이 많으므로, 힌지단이 편리)

(1) 처짐 곡선식의 유도

$$M = P \cdot y - H(l-x)$$
$$EI y'' = -M = -P \cdot y + H(l-x)$$

여기서, $\dfrac{P}{EI} = k^2$

$$y'' + k^2 y = \dfrac{H}{EI}(l-x)$$

미분방정식의 해는,

$$\therefore y = A \cdot \cos kx + B \cdot \sin kx + \dfrac{H}{P}(l-x)$$

(2) 경계조건

① $x = 0$; $y = 0 \rightarrow A + \dfrac{Hl}{P} = 0$

② $x = 0$; $y' = 0 \rightarrow B \cdot k - \dfrac{H}{P} = 0$

③ $x = l$; $y = 0 \to A \cdot \cos kl + B \cdot \sin kl = 0$

$$\left. \begin{array}{l} \therefore A = -\dfrac{H \cdot l}{P} \\[2mm] \therefore B = \dfrac{H}{P \cdot k} \end{array} \right\} \text{③식에 대입하면}$$

$$\Rightarrow -\frac{Hl}{P}\cos kl + \frac{H}{Pk}\sin kl = 0$$

$\therefore \tan kl = kl$

그러므로, kl 의 최소값은 4.4934이다.

(3) Euler 공식 (좌굴하중 P_{cr})

$kl = 4.4934$

$\sqrt{\dfrac{P}{EI}} \cdot l = 4.4934$

$\therefore P_{cr} = \dfrac{(4.4934)^2 EI}{l^2} = \dfrac{20.19 EI}{l^2} \fallingdotseq \dfrac{2\pi^2 \cdot EI}{l^2}$

8.3.5 편심 축하중을 받는 양단 단순지지된 장주

양단 단순지지의 장주가 편심 축하중을 받을 때 최대 압축응력을 구하는 공식이 Secant 공식이며 이를 유도하면 다음과 같다.

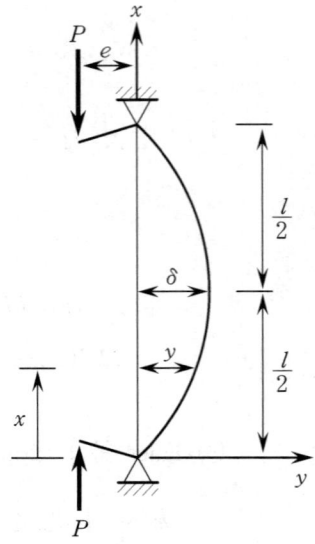

(1) 처짐곡선식의 유도

$$M_x = P \cdot (e + y)$$
$$EI\,y'' = -M_x = -P(e + y)$$

여기서, $\dfrac{P}{EI} = k^2$

$$\therefore y'' + k^2 y = -k^2 \cdot e$$

미분방정식의 해는,

$$\therefore y = A \cdot \cos kx + B \cdot \sin kx - e$$

(2) 경계조건

① $x = 0\,;\ y = 0 \rightarrow A - e = 0$
$$\therefore A = e$$

② $x = l\,;\ y = 0 \rightarrow A \cdot \cos kl + B \cdot \sin kl = e$

$$\therefore B = \frac{1}{\sin kl}(e - e\cos kl)$$
$$= \frac{e}{\sin kl}(1 - \cos kl)$$
$$= e \cdot \tan\frac{kl}{2}$$

$$\therefore y = A \cdot \cos kx + B \cdot \sin kx - e$$
$$= e\left(\cos kx + \tan\frac{kl}{2} \cdot \sin kx - 1\right)$$

(3) 최대 모멘트 (M_{max})

최대 모멘트는 $x = \dfrac{l}{2}$에서 발생하며 그 값은 다음과 같다.

$M_{max} = P(\delta + e)$

$y_{max} = \delta = e\left(\cos\dfrac{kl}{2} + \tan\dfrac{kl}{2} \cdot \sin\dfrac{kl}{2} - 1\right) = e\left(\sec\dfrac{kl}{2} - 1\right)$

$\therefore M_{max} = P(\delta + e) = P \cdot e\left(\sec\dfrac{kl}{2}\right)$

(4) 최대 압축응력 (σ_{max})

$\sigma_{max} = \dfrac{P}{A} + \dfrac{M_{max}}{I}y = \dfrac{P}{A} + \dfrac{P \cdot e \cdot \left(\sec\dfrac{kl}{2}\right)}{I}y$

이 때 y는 도심에서 압축측 상단까지의 거리이며 처짐 y와 중복표현을 막기 위해 여기서는 c라고 표기한다.

$\left.\begin{aligned} r^2 &= \dfrac{I}{A} \\ k^2 &= \dfrac{P}{EI} \end{aligned}\right\}$ 를 대입하면,

$\therefore \sigma_{max} = \dfrac{P}{A} + \dfrac{P \cdot e \cdot c}{A \cdot r^2}\sec\left(\dfrac{l}{2}\sqrt{\dfrac{P}{EI}}\right)$

$= \dfrac{P}{A}\left\{1 + \dfrac{ec}{r^2}\sec\left(\dfrac{l}{2}\sqrt{\dfrac{P}{EAr^2}}\right)\right\}$

$= \dfrac{P}{A}\left\{1 + \dfrac{ec}{r^2}\sec\left(\dfrac{l}{2r}\sqrt{\dfrac{P}{EA}}\right)\right\}$

그러므로, 편심하중을 받는 장주의 최대 압축응력 공식 (Secant 공식)은 다음과 같다.

$$\therefore \sigma_{max} = \dfrac{P}{A}\left\{1 + \dfrac{ec}{r^2}\sec\left(\dfrac{l}{2r}\sqrt{\dfrac{P}{EA}}\right)\right\}$$

필수예제 2

단면이 $a \times b$ 이고 길이가 L 인 기둥에서 xz 평면은 하단이 고정, 상단이 힌지이고, yz 평면은 상단이 자유이다.

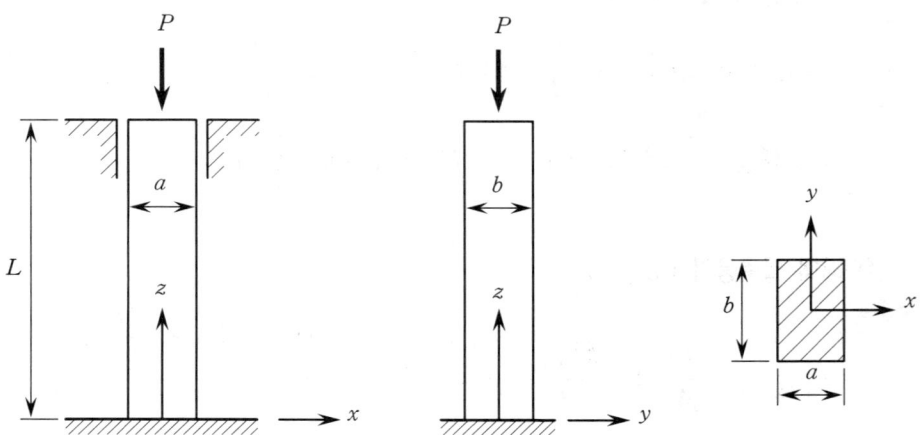

(1) 좌굴에 대해 효과적인 단면비 $\left(\dfrac{a}{b}\right)$ 를 결정하시오.

(2) $L = 5$ m, $E = 2.1 \times 10^6$ kg/cm^2, $P = 10$ ton, 안전율 $F.S$ =2.0이라 할 때 효율적인 단면크기를 결정하시오.

풀이과정

[key point] 좌굴에 대해 가장 효과적이려면 좌굴하중이 최대가 되어야 한다. 그러나 구조물의 전체 좌굴하중을 결정하는 것은 최소 좌굴하중이므로 각각의 평면에서 산정되는 좌굴하중이 같을 때 좌굴하중은 최대가 된다.

(1) 효율적인 단면비 $\left(\dfrac{a}{b}\right)$

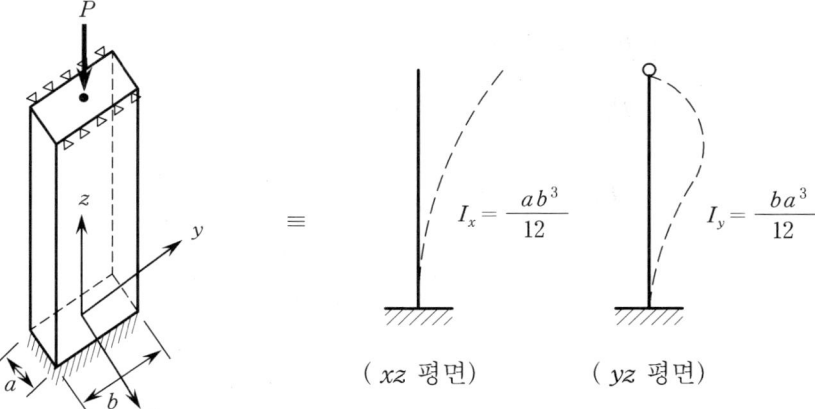

(xz 평면)   (yz 평면)

① xz 평면 (고정-자유)의 좌굴하중 P_{xz}

 y 방향으로 좌굴이 발생할 때, 하단은 고정, 상단은 자유이다. 또한 x 축이 좌굴축이 되며 단면2차 모멘트는 x 축에 대해 산정한다.

$$P_{xz} = \frac{\pi^2 \cdot EI_x}{l_u^2} = \frac{\pi^2 \cdot E}{4L^2}\left(\frac{ab^3}{12}\right)$$

② yz 평면(고정-힌지)의 좌굴하중 P_{yz}

 x 방향으로 좌굴이 발생할 때, 하단은 고정, 상단은 힌지이다. 또한 y 축이 좌굴축이 되며 단면2차 모멘트는 y 축에 대해 산정한다.

$$P_{yz} = \frac{\pi^2 \cdot EI_y}{l_u^2} = \frac{2\pi^2 \cdot E}{L^2}\left(\frac{ba^3}{12}\right)$$

③ 각 평면의 좌굴하중이 같을 때 효과적인 단면이 된다.

$P_{xz} = P_{yz}$

$$\frac{\pi^2 \cdot E}{4L^2}\left(\frac{ab^3}{12}\right) = \frac{2\pi^2 \cdot E}{L^2}\left(\frac{ba^3}{12}\right)$$

$ab^3 = 8ba^3$

$\dfrac{a^2}{b^2} = \dfrac{1}{8}$

$\therefore \dfrac{a}{b} = \dfrac{1}{2\sqrt{2}}$

(2) 좌굴하중 P_{cr}에 의한 효율적 단면크기 산정

$$\begin{cases} P_{cr} = P_{xz} = P_{yz} \\ b = 2\sqrt{2}\,a \\ P_a = \dfrac{P_{cr}}{F.S} \text{ : 허용 하중 (주어진 하중)} \end{cases}$$

$$\therefore P_{cr} = F.S \times P_a = \dfrac{2\pi^2 \cdot E}{L^2}\left(\dfrac{ba^3}{12}\right)$$

$$F.S \times P = \dfrac{\pi^2 \cdot E}{6L^2}(2\sqrt{2}\,a^4)$$

$$2 \times (10 \times 10^3) = \dfrac{\pi^2 \times (2.1 \times 10^6)}{6 \times (500)^2}(2\sqrt{2}\,a^4)$$

$$\therefore a^4 = 511.75 \text{ cm}^4$$

그러므로, 효율적인 단면크기 a, b는 다음과 같다.

$$\therefore \begin{cases} a = 4.76 \text{ cm} \\ b = 2\sqrt{2}\,a = 13.45 \text{ cm} \end{cases}$$

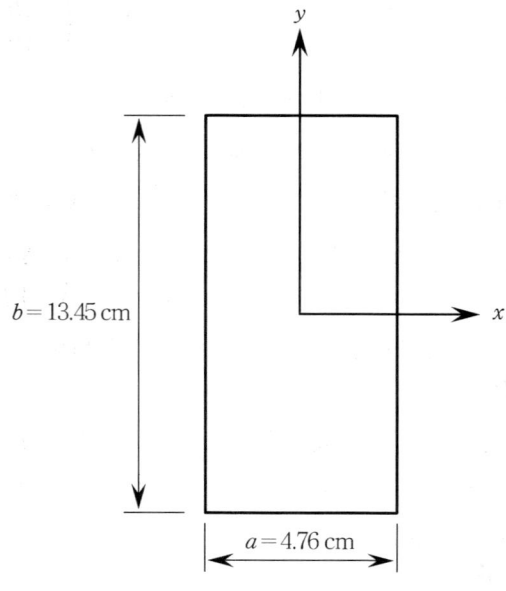

필수예제 3

다음과 같은 구조물에서 안전율이 2.5일 때 최대 작용하중을 구하시오. (단, $E = 2.1 \times 10^6 \text{ kg/cm}^2$, 면내좌굴만 고려하고 부재마다 좌굴하중과 부재력을 비교하라.)

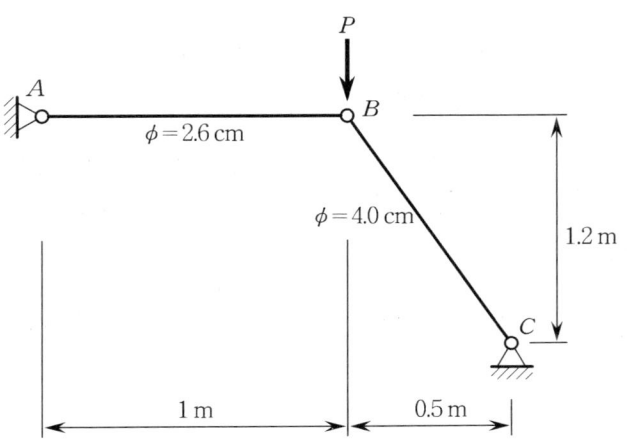

풀이과정

1. 부재력 산정

   절점 B에서,

   $$\Sigma F_y = 0 \; ; \; F_{BC}\left(\frac{1.2}{1.3}\right) + P = 0$$

   $$\therefore F_{BC} = -1.083 P \text{ (압축)}$$

   $$\Sigma F_x = 0 \; ; \; F_{AB} + F_{BC}\left(\frac{0.5}{1.3}\right) = 0$$

   $$\therefore F_{AB} = -0.42 P \text{ (압축)}$$

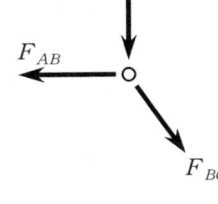

2. 좌굴하중 P_{cr} 산정

   양단 힌지이므로, $P_{cr} = \dfrac{\pi^2 \cdot EI}{l^2}$ 이다.

(1) 단면성질

$$I_{AB} = \frac{\pi d^4}{64} = \frac{\pi (2.6)^4}{64} = 2.243 \text{ cm}^4$$

$$I_{BC} = \frac{\pi (4.0)^4}{64} = 12.566 \text{ cm}^4$$

$$l_{AB} = 100 \text{ cm}$$

$$l_{BC} = \sqrt{(120)^2 + (50)^2} = 130 \text{ cm}$$

(2) AB 부재의 좌굴하중 P_{cr1}

$$P_{cr1} = \frac{\pi^2 \cdot E \cdot (I_{AB})}{(l_{AB})^2} = \frac{\pi^2 \cdot (2.1 \times 10^6)(2.243)}{(100)^2} = 4648.9 \text{ kg}$$

(3) BC 부재의 좌굴하중 P_{cr2}

$$P_{cr2} = \frac{\pi^2 \cdot E \cdot (I_{BC})}{(l_{BC})^2} = \frac{\pi^2 \cdot (2.1 \times 10^6)(12.566)}{(130)^2} = 15410.9 \text{ kg}$$

3. 구조물 전체의 좌굴하중 P_{cr}

   (1) AB 부재의 부재력이 P_{cr1} 에 도달할 때 P

   $$P_{cr1} = F_{AB}$$

   $$4648.9 = 0.42 P$$

   $$\therefore P = 11068.8 \text{ kg}$$

   (2) BC 부재의 부재력이 P_{cr2} 에 도달할 때 P

   $$15410.9 = 1.083 P$$

   $$\therefore P = 14229.8 \text{ kg}$$

   (3) 구조물 전체의 좌굴하중 P_{cr}

   하중 $P = 11068.8$ kg이 가해지면 AB 부재가 좌굴 파괴되므로,

   $$\therefore P_{cr} = 11068.8 \text{ kg}$$

4. 안전율을 고려한 최대하중 P_{max}

   안전율이 2.5이므로,

   $$\therefore P_{max} = \frac{P_{cr}}{2.5} = \frac{11068.8}{2.5} = 4427.5 \text{ kg}$$

실전문제

1. 그림과 같이 수평봉이 기둥 AB와 CD에 의해 지지되어 있다. 각 기둥의 상단은 수평봉과 핀으로 연결되어 있으며 지지점 A는 고정단이고 D는 핀연결되어 있다. 두 기둥 모두 폭이 15 mm인 정사각형 단면이며 탄성계수 $E = 200$ GPa 이다.

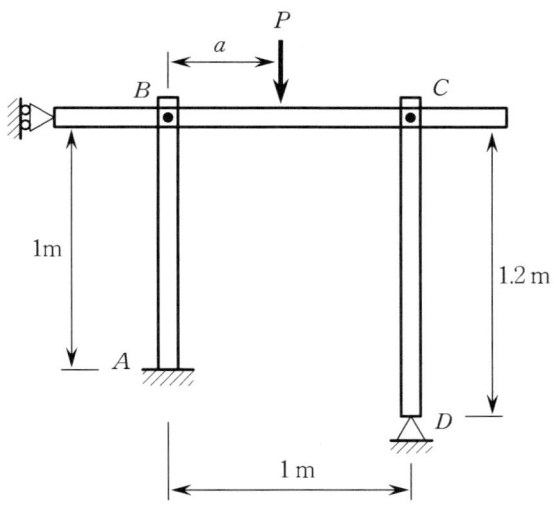

(a) $a = 0.4$ m일 때 하중 P의 임계치를 구하시오.
(b) P_{cr}의 최대치는 a가 얼마일 때 발생하며, 그 값은 얼마인가?

정답

1. (a) $P_{max} = 14.458$ kN
  (b) $a = 0.2577$ m, $P_{cr} = 22.4$ kN

Chapter 9
구조물의 처짐과 처짐각

Chapter 9 구조물의 처짐과 처짐각

9.1 처짐과 처짐각의 정의

보가 하중을 받으면, 점선처럼 변형이 되며 변형된 곡선(점선)을 탄성곡선(elastic curve)이라 한다. 이 때, 변형 전 축위의 임의의 점이 변형 후 연직방향으로 이동한 거리를 처짐(deflection) δ라 하며, 처음 보의 축에서 탄성곡선에 그은 접선과 이루는 각을 처짐각(slope) θ라고 한다.

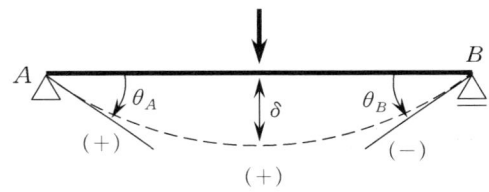

여기서, δ : 처짐으로 길이 단위(cm, mm)
θ : 처짐각으로 radian

9.2 공액보법(Conjugate Beam Method)

휨 모멘트도(B.M.D)를 하중으로 보고 처짐과 처짐각을 구하는 방법이다.

9.2.1 개 요

(1) 원 리

부호를 무시한다면 하중을 두 번 적분하면 모멘트가 나온다. 또한 미분방정식에서 이용되는 원리를 보면, 모멘트를 적분하면 처짐각이 되고 그 처짐각을 적분하면 처짐이 된다. 단, 휨강성(EI)을 고려해야 한다.

이러한 원리를 이용하여 모멘트 자체를 하중으로 간주하고 B.M.D를 보의 전체에 가한 것이 공액보이며 공액보 상태에서 전단력을 구하면 처짐각이 되고 모멘트를 구하면 처짐이 되는 것이다. 단, 여기서도 휨강성 (EI)를 고려해야 한다.

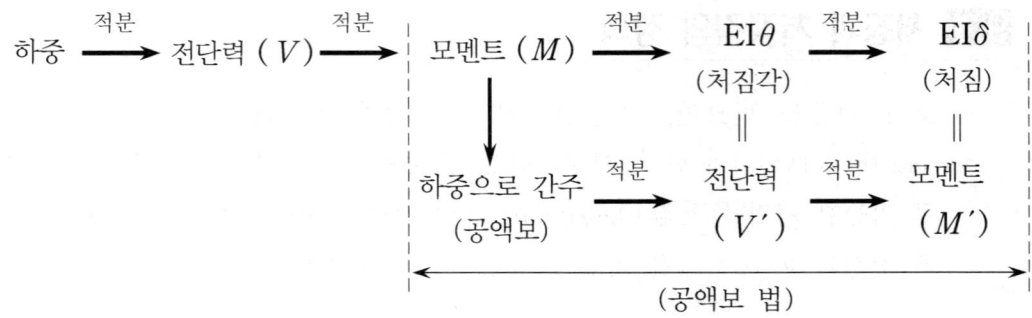

(2) 공액보 형성시 지점의 변형

<실제보>		<공액보>
힌지(Hinge)	→	롤러(Roller)
롤러	→	힌지
고정(Fixed)	→	자유(Free)
자유	→	고정

(3) 결론

공액보에서 전단력 (V')은 실제보의 처짐각 ($EI\ \theta$)이 되고, 공액보에서 모멘트 (M')는 실제보의 처짐 ($EI\ \delta$)이 된다.

9.2.2 기본적인 처짐 및 처짐각

(1) 등분포하중을 받는 단순보

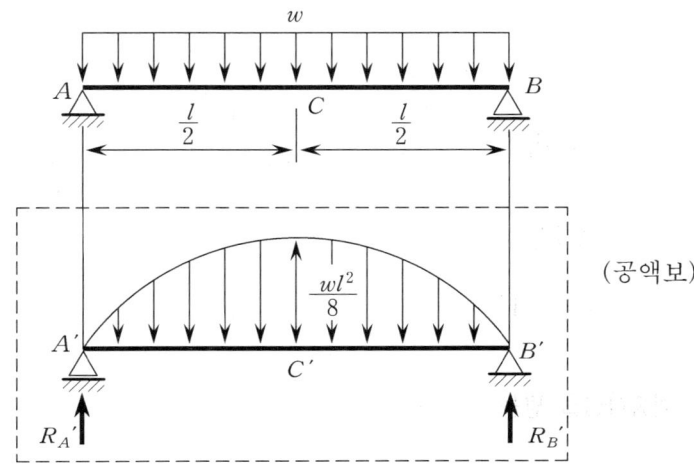

(공액보)

A, B점의 처짐각과 최대처짐(C점의 처짐)을 공액보법으로 구하면 다음과 같다.

$$R_A{}' = \frac{wl^2}{8} \times \frac{l}{2} \times \frac{2}{3} = \frac{wl^3}{24}$$

$$\therefore \theta_A = \frac{R_A{}'}{EI} = \frac{wl^3}{24EI} \ (\curvearrowright)$$

$$\therefore \theta_B = \frac{R_B{}'}{EI} = \frac{wl^3}{24EI} \ (\curvearrowleft)$$

$$M_C' = R_A' \times \frac{l}{2} - \left(\frac{wl^2}{8} \times \frac{l}{2} \times \frac{2}{3}\right) \times \frac{3}{8} \times \frac{l}{2}$$

$$= \frac{wl^3}{24} \times \frac{l}{2} - \frac{wl^3}{24} \times \frac{3l}{16}$$

$$= \frac{5wl^4}{384}$$

$$\therefore \delta_C = \frac{M_C'}{EI} = \frac{5wl^4}{384EI} \ (\downarrow)$$

$$\Sigma F_y = 0 \ ; \ V_C' = R_A' - \frac{wl^2}{24} = 0$$

(즉, $V_C' = 0$인 곳에서, $\delta_C = \delta_{max}$ 이 된다.)

(2) 집중하중을 받는 단순보

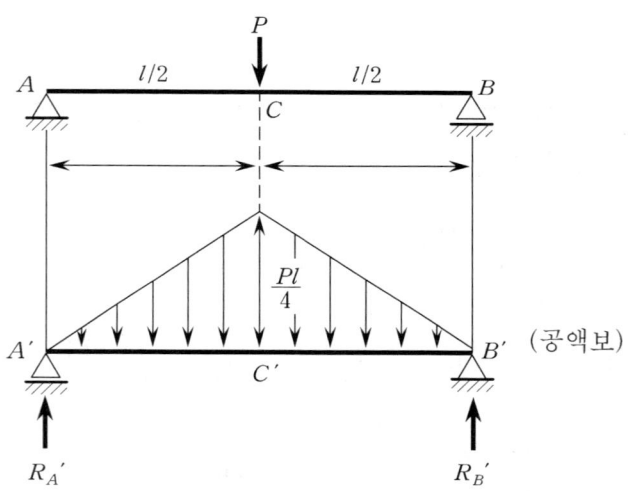 (공액보)

$$R_A' = \frac{Pl}{4} \times \frac{l}{2} \times \frac{1}{2} = \frac{Pl^2}{16}$$

$$\therefore \theta_A = \frac{R_A'}{EI} = \frac{Pl^2}{16EI} \ (\curvearrowright)$$

$$\therefore \theta_B = \frac{R_B'}{EI} = -\frac{Pl^2}{16EI} \ (\curvearrowleft)$$

$$M_C' = R_A' \times \frac{l}{2} - \left(\frac{Pl}{4} \times \frac{l}{2} \times \frac{1}{2}\right) \times \frac{1}{3} \times \frac{l}{2}$$

$$= \frac{Pl^2}{16} \times \frac{l}{2} - \frac{Pl^2}{16} \times \frac{l}{6}$$

$$= \frac{Pl^3}{48}$$

$$\therefore \delta_C = \frac{M_C'}{EI} = \frac{Pl^3}{48EI}$$

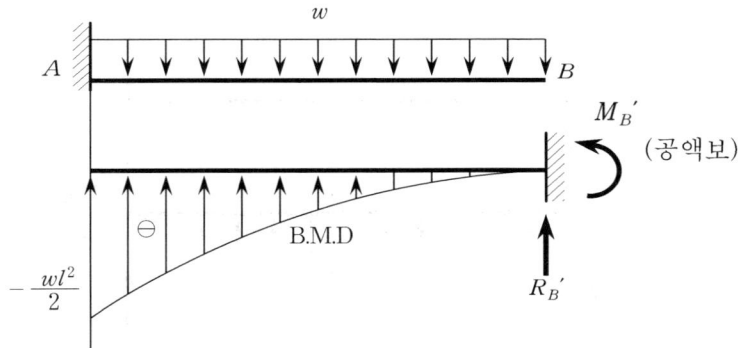

(3) 등분포하중을 받는 캔틸레버

자유단 B점의 처짐각과 처짐 (최대처짐)을 구하면 다음과 같다.

$$R_B' = -\left(\frac{wl^2}{2} \times l \times \frac{1}{3}\right) = -\frac{wl^3}{6} \ (\downarrow)$$

$$\therefore \theta_B = \frac{V_B'}{EI} = -\frac{R_B'}{EI} = \frac{wl^3}{6EI} \ (\curvearrowright)$$

$$M_B' = \frac{wl^3}{6} \times \frac{3}{4} l = \frac{wl^4}{8}$$

$$\therefore \delta_B (= \delta_{max}) = \frac{M_B'}{EI} = \frac{wl^4}{8EI} \ (\downarrow)$$

따라서, 캔틸레버의 처짐곡선은 다음과 같다.

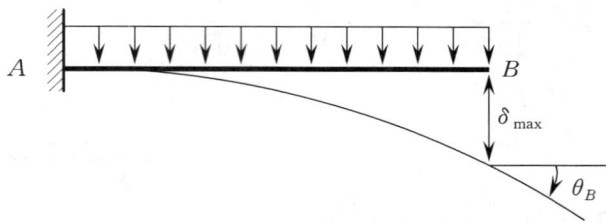

(4) 집중하중을 받는 캔틸레버

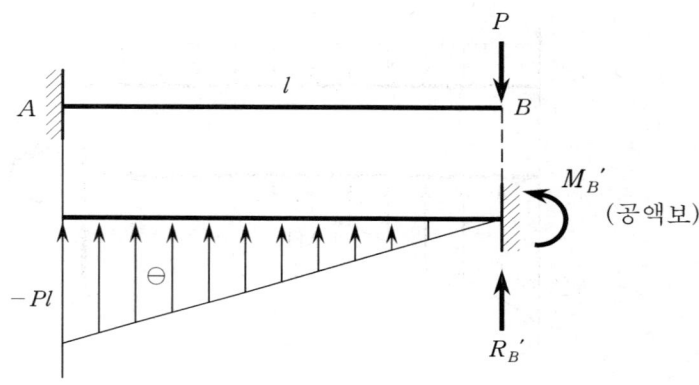

$$R_B' = -\left(Pl \times l \times \frac{1}{2}\right) = -\frac{Pl^2}{2}$$

$$\therefore \theta_B = \frac{V_B'}{EI} = -\frac{R_B'}{EI} = \frac{Pl^2}{2EI} \; (\curvearrowleft)$$

$$M_B' = \frac{Pl^2}{2} \times \frac{2}{3} l = \frac{Pl^3}{3}$$

$$\therefore \delta_B (=\delta_{max}) = \frac{M_B'}{EI} = \frac{Pl^3}{3EI} \; (\downarrow)$$

(5) 내민보

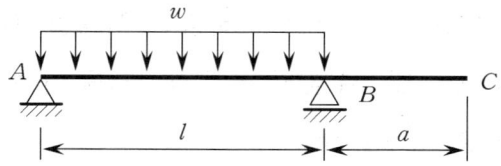

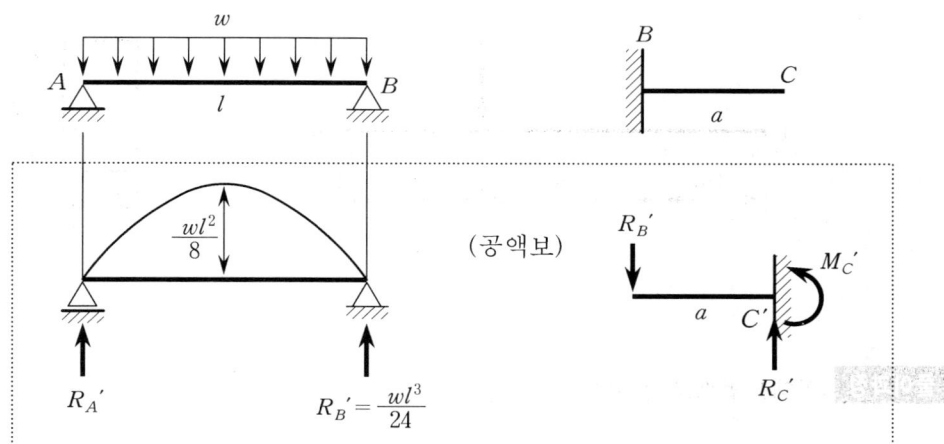

(공액보)

$$R_C' = R_B' = \frac{wl^3}{24}$$

$$\therefore \theta_C = \frac{V_C'}{EI} = -\frac{R_C'}{EI} = -\frac{wl^3}{24} \ (\curvearrowleft)$$

$$M_C' = R_B' \times a = -\frac{wl^3}{24} a$$

$$\therefore \delta_C = -\frac{wl^3 a}{24EI} \ (\uparrow)$$

따라서, 내민보의 처짐곡선은 다음과 같다.

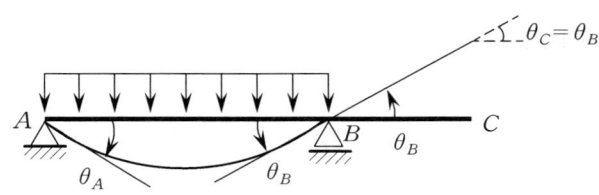

필수예제 1

그림과 같은 단순보의 D점에 하중이 작용할 때, 최대처짐 δ_{max} 과 C점의 처짐 δ_C, 및 A점의 처짐각 θ_A를 구하시오. (단, 자중은 무시하며, $E = 2 \times 10^6 \, kg/cm^2$)

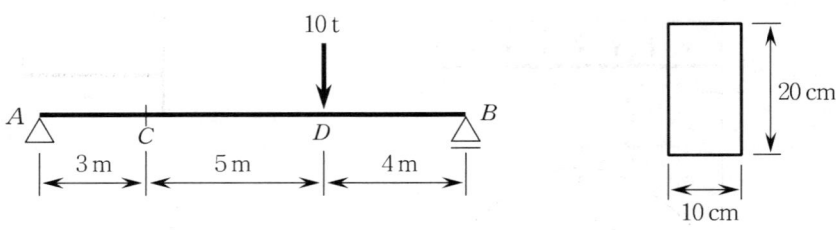

풀이과정 공액보법으로 풀어본다.

1. 공액보의 작성

$R_A = \dfrac{10 \times 4}{12} = 3.33 \, t$

$R_B = \dfrac{10 \times 8}{12} = 6.67 \, t$

$M_D = R_A \times 8 = 3.33 \times 8$
$\quad = 26.7 \, t \cdot m$

(or, $M_D = \dfrac{P \cdot a \cdot b}{l}$
$\quad = \dfrac{10 \times 8 \times 4}{12}$
$\quad = 26.7$)

$M_C = R_A \times 3 = 3.33 \times 3$
$\quad = 10 \, t \cdot m$

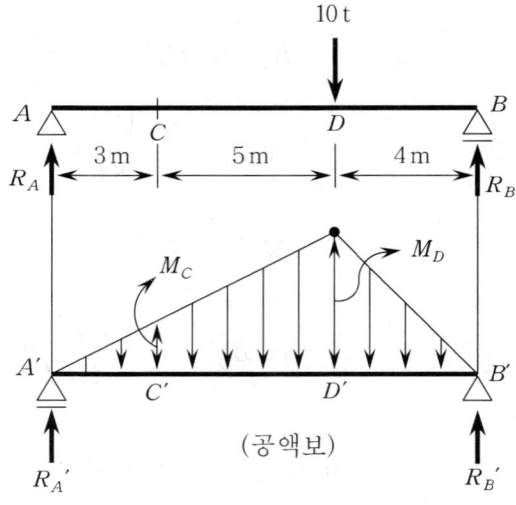

(공액보)

2. A점의 처짐각 θ_A 및 C점의 처짐 δ_c 산정

$$\Sigma M_B{}' = 0 \; ; \; R_A{}' = \frac{1}{12}\left\{26.7\times4\times\frac{1}{2}\times\left(\frac{2}{3}\times4\right) + 26.7\times8\times\frac{1}{2}\right.$$
$$\left.\times\left(4+8\times\frac{1}{3}\right)\right\} = 71.2 \, (\text{t} \cdot \text{m}^2)$$

$$M_C{}' = R_A{}'\times3 - \left\{10\times3\times\frac{1}{2}\times\left(3\times\frac{1}{3}\right)\right\}$$
$$= 71.2\times3 - 15 = 198.6 \, (\text{t} \cdot \text{m}^3)$$

$$\therefore \theta_A = \frac{V_A{}'}{EI} = \frac{R_A{}'}{EI} = \frac{71.2}{EI} \; (\curvearrowright)$$

여기서, $\begin{cases} E = 2\times10^6 \, \text{kg/cm}^2 \\ I = \dfrac{10\times20^3}{12} = 6666.7 \, \text{cm}^4 \\ V_A{}' \, (\text{공액보에서 } A \text{점의 전단력}) \\ \quad = R_A{}' = 71.2 \, (\text{t}\cdot\text{m}^2) = 71.2\times10^7 \, (\text{kg}\cdot\text{cm}^2) \end{cases}$

$$\therefore \theta_A = \frac{71.2\times10^7}{(2\times10^6)\times(6666.7)} = 0.053 \, (\text{rad})$$

$$\therefore \delta_C = \frac{M_C{}'}{EI} = \frac{198.6\times10^9}{(2\times10^6)\times(6666.7)} = 14.9 \, \text{cm}$$

3. 최대처짐 δ_{max} 의 산정

D점에서 최대처짐이 발생하지 않음에 주의한다. 최대처짐은 공액보상에서 전단력(V')이 0 인 곳에서 발생한다.

(1) 최대처짐의 발생위치 x

$$V' = 71.2 - \frac{26.7}{8}x^2\times\frac{1}{2} = 0$$

$$\therefore x = 6.53 \, \text{m}$$

(2) 최대처짐 δ_{max}

$$\delta_{max} = \frac{M_{max}{}'}{EI}$$
$$= \frac{1}{EI}\left\{71.2\times6.53 - \frac{26.7}{8}\times(6.53)^2\times\frac{1}{2}\times\frac{6.53}{3}\right\} = \frac{310}{EI}$$

$$\therefore \delta_{max} = \frac{310\times10^9}{2\times10^6\times6666.7} = 23.25 \, \text{cm}$$

필수예제 2

그림과 같은 내민보의 최대 수직응력과 최대 처짐을 구하시오. (단, 단면은 50 cm × 50 cm, $E = 2.1 \times 10^6$ kg/cm²)

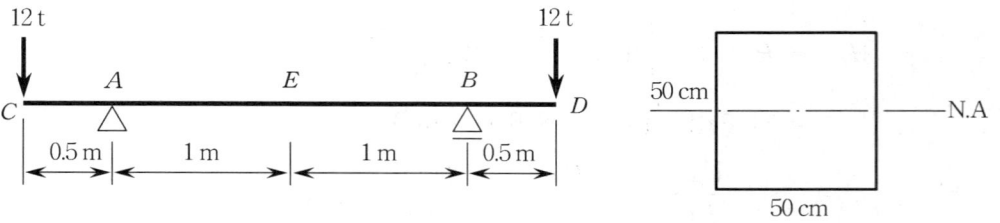

풀이과정

1. 최대 수직응력 σ_{max} 의 산정

(원리) $\sigma_{max} = \dfrac{M_{max}}{I} y \; \leftarrow \; \begin{cases} M_{max} \; \leftarrow \; B.M.D \text{를 보고 판단} \\ y = \pm \dfrac{h}{2} \end{cases}$

(1) B.M.D의 작성

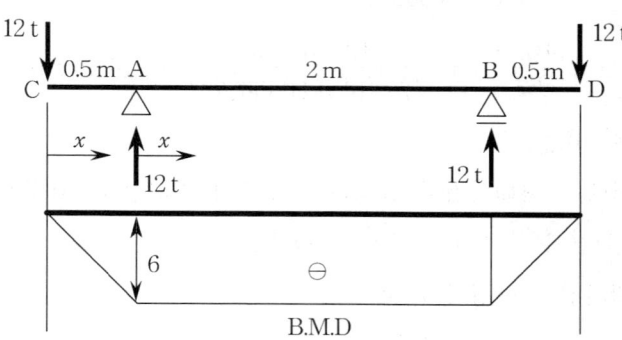

$C \sim A$ 구간 ; $M = -12x$

$A \sim B$ 구간 ; $M = -12(0.5 + x) + 12x = -6$ (상수)

(2) σ_{max} 의 산정

$M_{max} = -6 \, \text{t} \cdot \text{m} = -6 \times 10^5 \, \text{kg} \cdot \text{cm}$

$y = \pm \dfrac{h}{2} = \pm 25 \, \text{cm}$

$$I = \frac{1}{12} \times 50^4 = 520833 \text{ cm}^4$$

$$\therefore \sigma_{max} = \frac{M_{max}}{I} y = \frac{6 \times 10^5}{520833} (\pm 25)$$

$$= \pm 28.8 \text{ kg/cm}^2$$

※ 모멘트가 -이므로 중립축
　위가 인장, 밑은 압축

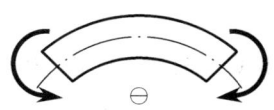

2. 최대처짐 δ_{max}
　공액보법으로 구하여 본다.

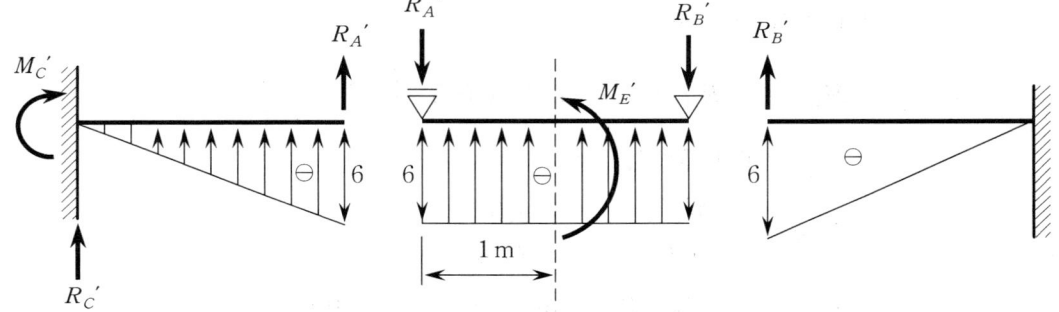

하중상태로 보아 최대처짐은 C점이나 E점에서 발생할 것이다. 따라서 C와 E에서 각각 처짐을 구한 후 최대처짐을 결정한다.

(1) E점의 처짐 δ_E의 산정

① 처짐각 θ_A

$$R_A' = (6 \times 1) = 6 \ (\downarrow)$$

$$\therefore \theta_A = \frac{V_A'}{EI} = \frac{R_A'}{EI} = \frac{6}{EI} \ (\circlearrowleft)$$

② E점의 처짐 δ_E

$$M_E' = -R_A' \times 1 + 6 \times 1 \times 0.5 = -6 + 3 = -3$$

$$EI = 2.1 \times 10^6 \ (\text{kg/cm}^2) \times 520833 \ (\text{cm}^4)$$

$$= 1.094 \times 10^{12} \text{ kg} \cdot \text{cm}^2 = 1.094 \times 10^5 \text{ t} \cdot \text{m}^2$$

$$\therefore \delta_E = \frac{M_E'}{EI} = -\frac{3}{1.094 \times 10^5}$$

$$= -2.7 \times 10^{-5} \text{ m} = -2.7 \times 10^{-3} \text{ cm } (\uparrow)$$

(즉, 상향으로 2.7×10^{-3} cm 처짐이 발생한다.)

(2) C 점의 처짐 δ_C 의 산정

　① 처짐각 θ_C

$$R_C' = -(R_A' + 6 \times 0.5 \times 0.5) = -(6+1.5) = -7.5 \; (\downarrow)$$

$$\therefore \theta_C = \frac{V_C'}{EI} = \frac{R_C'}{EI} = -\frac{7.5}{EI} \; (\circlearrowleft)$$

　② C 점의 처짐 δ_C

$$M_C' = -R_A' \times 0.5 + (6 \times 0.5 \times 0.5) \times \left(0.5 \times \frac{2}{3}\right)$$

$$= 6 \times 0.5 + 0.5 = 3.5$$

$$\therefore \delta_C = \frac{M_C'}{EI} = \frac{3.5}{1.094 \times 10^5} \; (\downarrow)$$

$$= -3.2 \times 10^{-5} \text{ m} = 3.2 \times 10^{-3} \text{ cm}$$

(3) 최대처짐 $\delta_{\max}$

　최대처짐은 C 점 (대칭구조이므로 D점도 포함)에서 발생하며 그 값은 하향으로 3.2×10^{-3} cm이다.

필수예제 3

변단면 내민보에서 C점의 연직처짐을 구하시오.

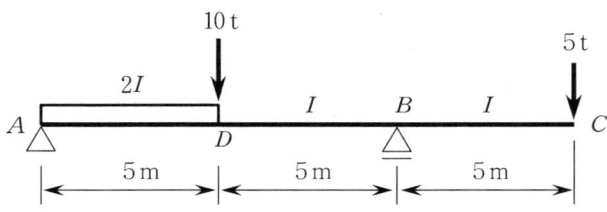

풀이과정 공액보법에 의해 연직처짐을 구한다.

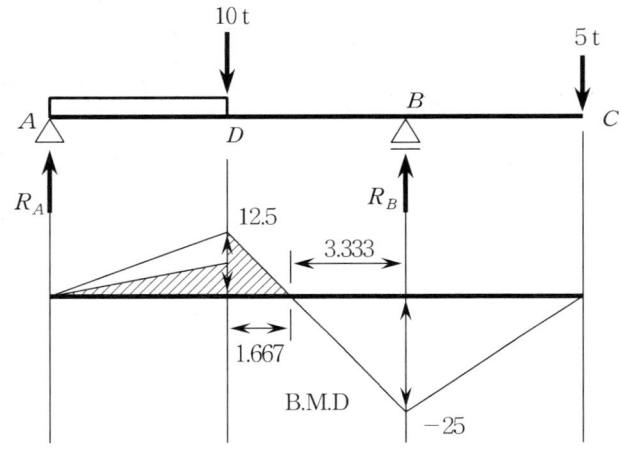

1. B.M.D의 작성
   ① 반력 산정
   $$\Sigma M_B = 0 \; ; \; R_A \times 10 - 10 \times 5 + 5 \times 5 = 0$$
   $$\therefore R_A = 2.5\,t, \quad R_B = 12.5\,t$$

   ② 각 구간별 모멘트의 일반식
   $$A \sim D \; ; \; M_x = 2.5\,x$$
   $$D \sim B \; ; \; M_x = 2.5(5+x) - 10\,x = 12.5 - 7.5\,x$$
   $$M = 0 \; ; \; 12.5 - 7.5\,x = 0$$
   $$\therefore x = 1.667$$
   $$C \sim B \; ; \; M_x = -5\,x$$

③ 모멘트의 일반식으로 B.M.D를 그리면 위와 같이 된다.

> **주의** δ 와 θ 는 EI 에 반비례 $\left(\theta = \dfrac{R'}{EI},\ \delta = \dfrac{M'}{EI}\right)$ 한다.
> 따라서, 단면이 $2I$ 이면 B.M.D는 절반으로 줄어든다.

2. 공액보의 작성

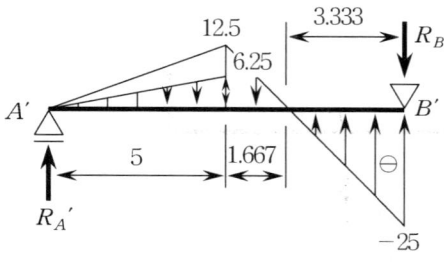
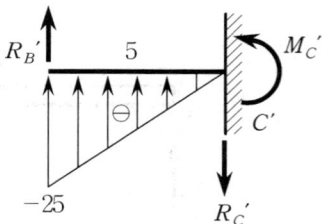

3. $A' - B'$ 공액보에서 B' 의 반력 산정

$$\Sigma M_A' = 0 : R_B' \times 10 + 6.25 \times 5 \times \frac{1}{2} \times \left(5 \times \frac{2}{3}\right)$$

$$+ 12.5 \times 1.667 \times \frac{1}{2} \times \left(5 + 1.667 \times \frac{1}{3}\right)$$

$$- 25 \times 3.333 \times \frac{1}{2} \times \left(10 - 3.333 \times \frac{1}{3}\right) = 0$$

$$\therefore R_B' = 26.04$$

4. $B' - C'$ 공액보에서 C 점의 연직처짐 산정

$$M_C' = R_B' \times 5 + 25 \times 5 \times \frac{1}{2} \times \left(5 \times \frac{2}{3}\right) = 338.52$$

$$\therefore \delta_C = \frac{M_C'}{EI} = \frac{338.52}{EI} \text{ (m) } (\downarrow)$$

9.3 가상일의 방법 (Method of virtual work)

(= 단위 하중법, unit-load method)

어떤 종류의 구조물에서든지 처짐을 계산할 수 있는 에너지법의 일종이다. 특히, 트러스의 처짐산정에서 매우 효과적으로 사용되며 트러스에서 별도로 다루기로 한다.

9.3.1 정의 및 원리

(1) 구조물에 작용한 하중에 의해 행해진 외적일은 그 구조물에 저장된 내적인 탄성에너지와 같다는 에너지 보존법칙에 근거를 둔 방법이다.

(2) 만일 어떤 하중군의 작용하에 평형상태에 있는 변형이 가능한 구조물에 작은 가상변형을 주었다면 외부하중에 의한 가상일은 내력에 의한 가상일과 동일하다.

      여기서, 가상일 : 가상변위가 일어나는 동안 실제의 힘이 한 일
             가상변위 : 어떤 구조시스템에 임의로 작용하는 가상적 변위

9.3.2 기본가정

(1) 구조물에서 하중 (외력)과 단면력 (내력)은 서로 평형을 유지한다.
(2) 구조물의 재료는 탄성한도 내에서 거동한다.

9.3.3 가상일의 방법 (=단위하중법)의 공식

(1) 가상의 단위하중에 의한 외적 일, W_{ext}

    가상변형이 일어나는 동안 외력이 하는 가상일은, 단위하중이 구조물에 작용하는 유일한 외력이므로 단위하중에 의한 일 뿐이다.

$$W_{ext} = 1 \cdot \Delta$$

      여기서, Δ : 실하중에 의해 생기는 구하고자 하는 변위

(2) **가상의 단위하중에 의한 내적 일, W_{int}**

내부 가상일은 구조요소들이 가상적으로 변할 때 단면력, 즉 축력(f), 휨모멘트(m), 전단력(v), 비틀림 우력(t)이 하는 일이다.

$$W_{int} = \int f \cdot d\delta + \int m \cdot d\theta + \int v \cdot d\lambda + \int t \cdot d\phi$$

(3) **단위하중법에 의한 변위산정 공식**

구조물의 재료가 Hooke의 법칙을 따르고 거동이 선형일 경우 변형식은 다음과 같다.

$$d\delta = \frac{F \cdot dx}{EA}, \quad d\theta = \frac{M \cdot dx}{EI}$$

$$d\lambda = \frac{f_s \cdot V \cdot dx}{GA}, \quad d\phi = \frac{T \cdot dx}{GJ}$$

여기서, F (축력), M (휨모멘트), V (전단력), T (비틀림 우력)
: 실제 하중에 의한 단면력
f_s : 전단형상계수 (제10장 참조)

가상일의 원리에 의하여, $W_{ext} = W_{int}$ 이다.

$$\therefore \Delta = \int \frac{F \cdot f}{EA} dx + \int \frac{M \cdot m}{EI} dx + \int \frac{f_s \cdot V \cdot v}{GA} dx + \int \frac{T \cdot t}{GJ} dx$$

(4) **일반적인 단위하중법의 공식**

지점침하, 온도변화 또는 조립오차 등과 함께 하중이 작용되는 가장 일반적인 경우의 단위하중법 공식이다.

$$\therefore \Delta + W_R$$
$$= \int \frac{F \cdot f}{EA} dx + \int (\alpha \cdot \Delta T + \varepsilon_f) \cdot f \cdot dx + \int \frac{f_s \cdot V \cdot v}{GA} dx$$
$$+ \int \frac{M \cdot m}{EI} dx + \int \left(\frac{\alpha \cdot \Delta T}{h}\right) \cdot m \cdot dx + \int \frac{T \cdot t}{GJ} dx$$

여기서, W_R : 처짐을 구하고자 하는 곳에 가상단위하중에 의해 생기는 지점의 반력성분에 실제의 지점침하량을 곱한 값

ε_f : 조립오차 $\left(= \dfrac{\Delta l}{l}\right)$

ΔT : 온도변화량

h : 단면높이 (온도차가 나는 높이)

> **참고**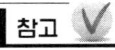
>
> 구조물의 형태나 하중 외의 상황변화에 따라 위 식 중에서 필요한 항을 유효 적절히 선택하여 사용한다.

9.3.4 휨모멘트에 의한 처짐 및 처짐각 산정법

(1) 구하고자 하는 위치에 단위연직력 1 (처짐 산정)이나 단위모멘트 1 (처짐각 산정)을 가하여 모멘트의 일반식 m을 구한다.

(2) 실제 하중에 의한 모멘트의 일반식 M을 구한다.

(3) 다음 공식으로부터 처짐 (처짐각)을 구한다.

$$\therefore \delta(\theta) = \int \frac{Mm}{EI} dx$$

필수예제 4

그림의 캔틸레버 보에서 A점의 처짐과 처짐각, 그리고 보의 중앙점 C의 처짐을 구하시오. (단, EI는 일정하다.)

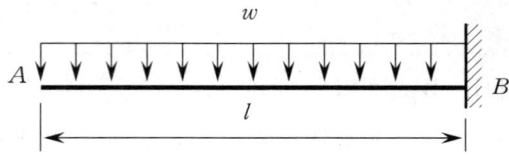

풀이과정 가상일의 방법 (단위하중법)으로 풀어본다.

1. A점의 수직처짐 δ_A의 산정

   (1) A점에 단위연직하중 1을 가하였을 때 모멘트 일반식 m

   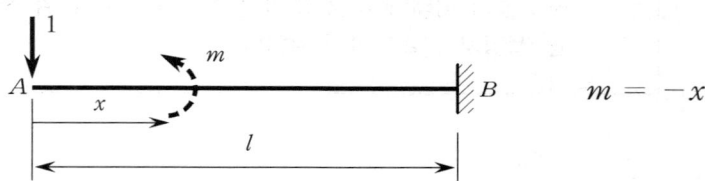

   $m = -x$

   (2) 실제하중에 의한 모멘트 일반식 M

   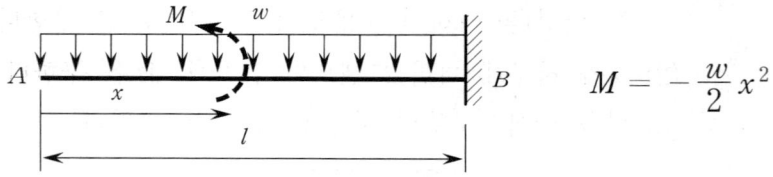

   $M = -\dfrac{w}{2}x^2$

   (3) A점의 수직처짐 δ_A

   $$\therefore \delta_A = \int_0^l \frac{Mm}{EI}dx = \int_0^l \frac{1}{EI}\left(-\frac{w}{2}x^2\right)(-x)dx$$
   $$= \frac{w}{2EI}\left[\frac{x^4}{4}\right]_0^l = \frac{wl^4}{8EI} \;(\downarrow)$$

2. A점의 처짐각 θ_A 의 산정
   (1) A점에 단위모멘트 1을 가하였을 때 모멘트 일반식 m

   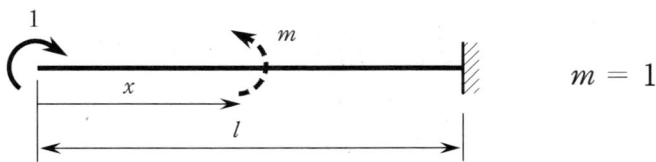

   $m = 1$

   (2) A점의 처짐각 θ_A

   $$\therefore \theta_A = \int_0^l \frac{Mm}{EI} dx = \int_0^l \frac{1}{EI}\left(-\frac{w}{2}x^2\right)(1)dx$$

   $$= -\frac{w}{2EI}\left[\frac{x^3}{3}\right]_0^l = -\frac{wl^3}{6EI} \quad \text{(반시계방향)}$$

3. 중앙점 C 의 처짐 δ_C 산정
   (1) C 점에 단위연직력 1을 가하였을 때 모멘트 일반식 m

   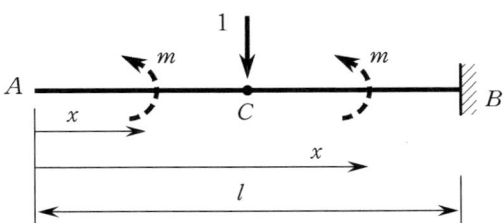

   ① $A \sim C$ 구간 $\left(0 \leq x \leq \dfrac{l}{2}\right)$: $m = 0$

   ② $C \sim B$ 구간 $\left(\dfrac{l}{2} \leq x \leq l\right)$: $m = -\left(x - \dfrac{l}{2}\right)$

(2) C점의 처짐 δ_C

$$\therefore \delta_C = \int_A^C \frac{Mm}{EI} dx + \int_C^B \frac{Mm}{EI} dx$$

$$= \int_0^{\frac{l}{2}} \frac{1}{EI} \left(-\frac{w}{2} x^2\right)(0) dx$$

$$+ \int_{\frac{l}{2}}^l \frac{1}{EI} \left(-\frac{w}{2} x^2\right) \left\{-\left(x - \frac{l}{2}\right)\right\} dx$$

$$= \frac{w}{2EI} \left[\frac{x^4}{4} - \frac{l}{6} x^3\right]_{\frac{l}{2}}^l = \frac{17wl^4}{384EI} \ (\downarrow)$$

필수예제 5

다음 변단면 내민보에서 C점의 연직처짐을 구하시오. (단, 탄성계수 E는 일정하다.)

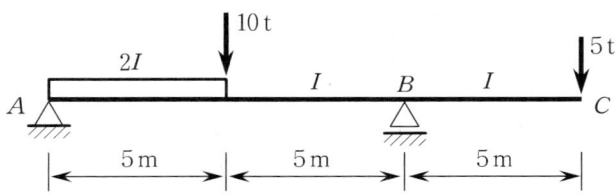

풀이과정 가상일의 방법 (단위하중법)으로 푼다.

1. C점에 단위연직하중 1을 가하였을 때 모멘트 m의 일반식

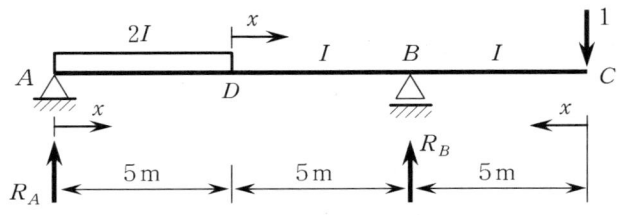

  (1) 반력산정

  ① $\Sigma M_B = 0$; (+↻)
  $$R_A \times 10 + 1 \times 5 = 0$$
  $$\therefore R_A = -0.5 \,(\downarrow)$$

  ② $\Sigma F_y = 0$; $R_A + R_B = 1$
  $$\therefore R_B = 1 + 0.5 = 1.5 \,(\uparrow)$$

  (2) 각 구간의 모멘트 m의 일반식

  ① $A \sim D$ 구간의 m (A점 기준) : $m = -0.5\,x$
  ② $D \sim B$ 구간의 m (D점 기준) : $m = -0.5\,(5+x)$
  ③ $B \sim C$ 구간의 m (C점 기준) : $m = -x$

2. 실제하중에 의한 모멘트 M의 일반식

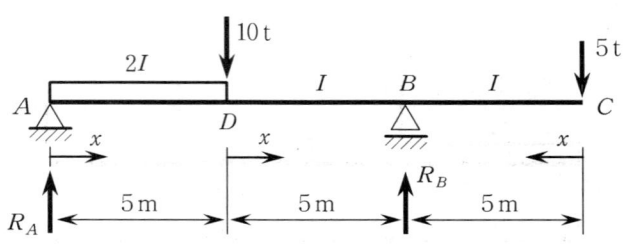

(1) 반력산정

① $\Sigma M_B = 0$; ↻(+)

$$R_A \times 10 - 10 \times 5 + 5 \times 5 = 0$$

$$\therefore R_A = 2.5 \text{ t} (\uparrow)$$

② $\Sigma F_y = 0$; $R_A + R_B = 10 + 5$

$$\therefore R_B = 15 - 2.5 = 12.5 \text{ t} (\uparrow)$$

(2) 각 구간의 모멘트 M의 일반식

① $A \sim D$ 구간의 M (A점 기준) : $M = 2.5x$
② $D \sim B$ 구간의 M (D점 기준) : $M = 2.5(5+x) - 10x = 12.5 - 7.5x$
③ $B \sim C$ 구간의 M (C점 기준) : $M = -5x$

3. 하중작용표 작성

구 간	x 범위	기준점	m	M	단면
A~D	0~5	A	$-0.5x$	$2.5x$	$2I$
D~B	0~5	D	$-0.5(5+x)$	$12.5 - 7.5x$	I
B~C	0~5	C	$-x$	$-5x$	I

4. C점의 연직처짐 δ_C 의 산정

$$\begin{aligned}
\delta_C &= \int \frac{M \cdot m}{EI} dx \\
&= \int_0^5 \frac{1}{E(2I)}(-0.5x)(2.5x)\,dx \\
&\quad + \int_0^5 \frac{1}{EI}\{-0.5(5+x)(12.5-7.5x)\}dx \\
&\quad + \int_0^5 \frac{1}{EI}(-x)(-5x)dx \\
&= \frac{1}{EI}\left\{-\frac{1.25}{2}\int_0^5 x^2 dx + \int_0^5 (3.75x^2 + 12.5x - 31.25)dx + \int_0^5 5x^2 dx\right\} \\
&= \frac{1}{EI}\left\{-0.625 \times \frac{5^3}{3} + \left(3.75 \times \frac{5^3}{3} + 12.5 \times \frac{5^2}{2} - 31.25 \times 5\right) + 5 \times \frac{5^3}{3}\right\} \\
&= \frac{338.54}{EI} \quad (\text{m})\;(\downarrow)
\end{aligned}$$

필수예제 6

그림과 같은 라아멘에서 지점 D의 수평처짐을 구하시오.
(단, E는 일정하고, 축방향력의 영향은 무시한다.)

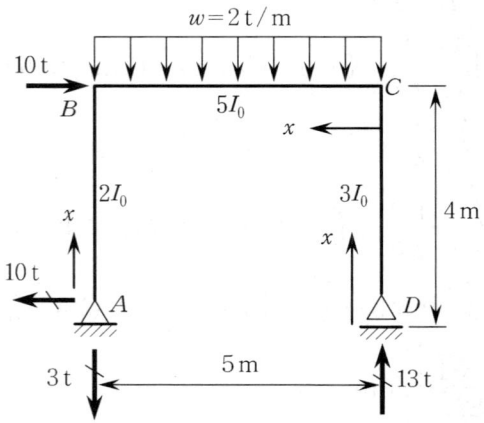

풀이과정 1. 주어진 하중에 의한 모멘트 M 의 일반식

   (1) 반력산정

     ① $\Sigma M_D = 0$; $\curvearrowleft (+)$

         $R_A \times 5 + 10 \times 4 - 2 \times 5 \times 2.5 = 0$

         $\therefore R_A = -3 \text{ t} (\downarrow)$

     ② $\Sigma F_y = 0$; $\therefore R_B = 2 \times 5 + 3 = 13 \text{ t} (\uparrow)$

     ③ $\Sigma F_x = 0$; $\therefore H_A = 10 \text{ t} (\leftarrow)$

   (2) 각 구간별 모멘트 M

     ① A~B 구간의 M (A점 기준)

         $M = 10\, x$

     ② B~C 구간의 M (C점 기준)

         $M = 13x - x^2$

     ③ C~D 구간의 M (D점 기준)

         $M = 0$

2. D점에 단위 수평하중 1을 가하였을 때 모멘트 m의 일반식
   (1) 반력산정
       연직반력은 모두 0
       $\therefore H_A = 1$ ($\leftarrow$)
   (2) 각 구간별 모멘트 m
       ① A~B 구간의 m (A점 기준)
          $m = x$
       ② B~C 구간의 m (C점 기준)
          $m = 1 \times 4 = 4$
       ③ C~D 구간의 m (D점 기준)
          $m = x$

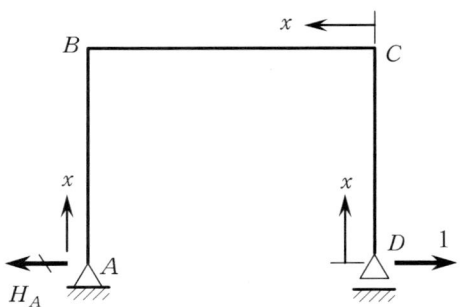

3. 하중작용표 작성

구간	x 범위	기준점	M	m	단면
A~B	0~4	A	$10x$	x	$2I_0$
B~C	0~5	C	$13x - x^2$	4	$5I_0$
C~D	0~4	D	0	x	$3I_0$

4. D점의 수평처짐 δ_D의 산정

$$\delta_D = \int \frac{M \cdot m}{EI} dx$$

$$= \int_0^4 \frac{1}{E(2I_0)} (10x)(x) dx + \int_0^5 \frac{1}{E(5I_0)} (13x - x^2)(4) dx$$

$$= \frac{1}{EI_0} \left\{ \int_0^4 5x^2 dx + \int_0^5 \frac{4}{5}(13x - x^2) dx \right\}$$

$$= \frac{1}{EI_0} \left\{ \left(5 \times \frac{4^3}{3} \right) + \frac{4}{5} \left(13 \times \frac{5^2}{2} - \frac{5^3}{3} \right) \right\}$$

$$= \frac{203.33}{EI_0} \text{ (m) } (\rightarrow)$$

9.3.5 온도변화에 의한 가상일의 방법 적용

기본적인 단위하중법 공식으로부터 온도변화에 의한 처짐이나 처짐각 공식을 알아본다.

$$\delta(\theta) = \int \frac{M \cdot m}{EI} dx$$

여기서, m : 단위하중에 의한 모멘트

$$\frac{M}{EI} = \frac{\sigma}{E \cdot y} \quad \left(\because \sigma = \frac{M}{I} y \right)$$

$$= \frac{E \cdot \alpha \cdot \Delta T}{E \cdot y} \quad (\because \sigma = E \cdot \varepsilon \cdot \Delta T)$$

$$= \frac{\alpha \cdot \Delta T}{y}$$

$$\therefore \delta(\theta) = \int m \cdot \frac{\alpha \cdot \Delta T}{y} dx$$

주의 y는 ΔT (온도차)가 발생한 단면높이

필수예제 7

그림과 같은 캔틸레버보가 상단표면에는 68 ℃, 하단표면에는 232 ℃의 온도를 받고 있다. 이 강재보의 A점의 기울기를 계산하여라.
(단, 온도의 선팽창계수는 $a = 12 \times 10^{-6}/℃$ 이다.)

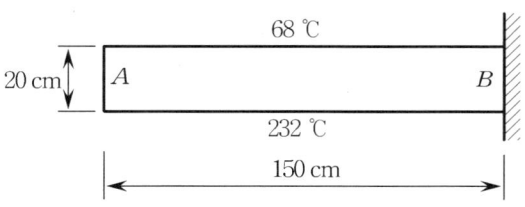

풀이과정

[key point] 상·하단 표면의 온도변화 $\Delta T = 164$ ℃ 이며, 이때 y는 상·하단 표면의 높이인 20cm가 된다.

1. A점에 단위 모멘트 1을 가하였을 때 모멘트 m의 일반식

    $m = 1$

    θ_A를 위한 m

2. 온도차에 따른 A점의 기울기 (처짐각) θ_A

$$\theta_A = \int_0^l m \cdot \frac{a \cdot \Delta T}{y} dx$$

여기서, ① $\Delta T = 232 - 68 = 164$ ℃ (상·하단의 온도차)
② $y = 20$ cm (ΔT가 발생한 높이)

$$\therefore \theta_A = \int_0^{150} (1) \left\{ \frac{(12 \times 10^{-6})(164)}{20} \right\} dx$$

$$= \frac{12 \times 10^{-6} \times 164}{20} \times 150$$

$$= 0.01476 \text{ rad } (시계방향)$$

실전문제

1. 그림과 같은 내민보 ABCD가 상면에는 T_1, 하면에는 T_2인 온도변화를 받고 있다. span의 중심에 대한 처짐 δ와 자유단 A의 회전각 θ_A 및 지점 B의 회전각 θ_B를 구하시오.

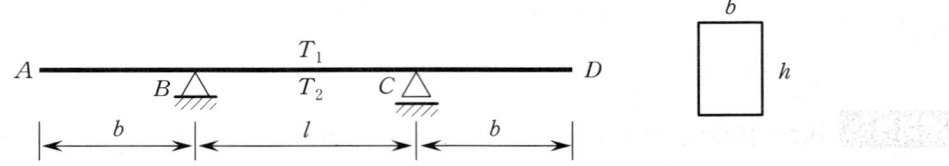

2. 그림과 같이 A, C점에서 하중 P를 받고 있는 Frame ABC에 대해 굽힘과 축변형의 영향을 생각하여 P힘에 의한 A점과 C점 사이의 거리의 증가량 $\varDelta$를 구하시오. 또한 $\beta = 0$와 $\beta = 90°$인 경우의 결과를 검토하시오. (단, AB와 BC는 모두 길이 l, 굽힘강도 EI, 축강도 EA를 가진 똑같은 부재이다.)

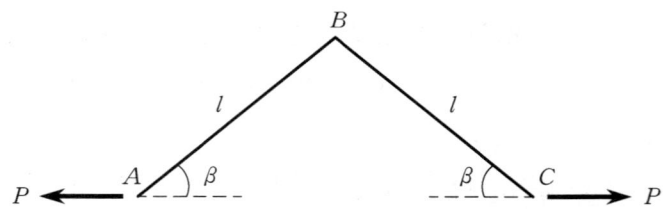

3. A단이 고정단이고 BC 부분이 반원형인 구조물에서 B점의 수직변위 (δ_v)와 수평변위 (δ_h)를 구하시오. (단, EI는 일정하고 반원형 부분의 반지름은 r 이다.)

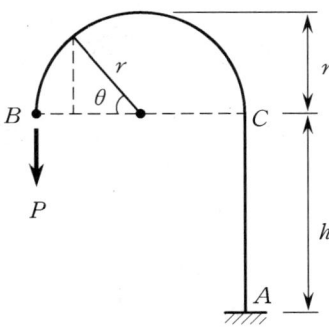

4. 정방형 Frame ABCD가 AD 부분이 중앙에서 잘려져 있다. Frame 평면에 수직방향으로 크기가 같고 방향이 반대인 힘 P가 잘려진 부분의 양단에서 작동하고 있다면, 잘려진 양단 사이의 거리 증가량 $\varDelta$를 구하시오. (단, 모든 부재의 굽힘강도는 EI, 비틀림강도는 GI_P, 정방형 Frame의 각 변의 길이는 l 이다.)

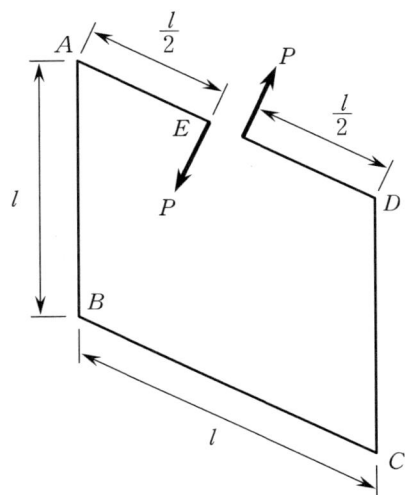

정답

1. $\delta = \dfrac{\alpha \cdot l^2}{8h}(T_2 - T_1)$

   $\theta_A = \dfrac{\alpha(2b + l)}{2h}(T_2 - T_1)$

   $\theta_B = \dfrac{\alpha l}{2h}(T_2 - T_1)$

2. $\Delta = \dfrac{2P \cdot \sin^2\beta \cdot l^3}{3EI} + \dfrac{2P\cos^2\beta \cdot l}{EA}$

   $\beta = 0 \; ; \; \Delta = \dfrac{2P \cdot l}{EA}$ (축력에 지배)

   $\beta = 90° \; ; \; \Delta = \dfrac{2P \cdot l^3}{3EI}$ (휨에 지배)

3. $\delta_v = \dfrac{1}{EI}\left(\dfrac{3\pi P \cdot r^3}{2} + 4P \cdot r^2 \cdot h\right)$

   $\delta_h = \dfrac{P \cdot r}{EI}(2r^2 - h^2)$

4. $\Delta = \dfrac{5Pl^3}{6EI} + \dfrac{3Pl^3}{2GI_P}$

Chapter 10

변형에너지

Chapter 10 변형에너지(탄성에너지)

가해진 하중에 의해 구조물은 변형이 발생하며 이는 변형에너지로 저장된다. 또한, 하중을 제거함과 동시에 원상태로 복귀하려는 힘이 생기는데 이를 탄성에너지 또는 복원력이라고 한다.
결국, 탄성에너지는 변형에너지와 같고, 외력이 한 일과 같다.

10.1 축력이 가해진 경우

10.1.1 변형에너지 U

하중 P가 탄성한도 내에서 가해지면 변형 δ가 생기며, 이때 저장되는 변형에너지(또는 탄성에너지)는 그림의 삼각형 면적에 해당한다.

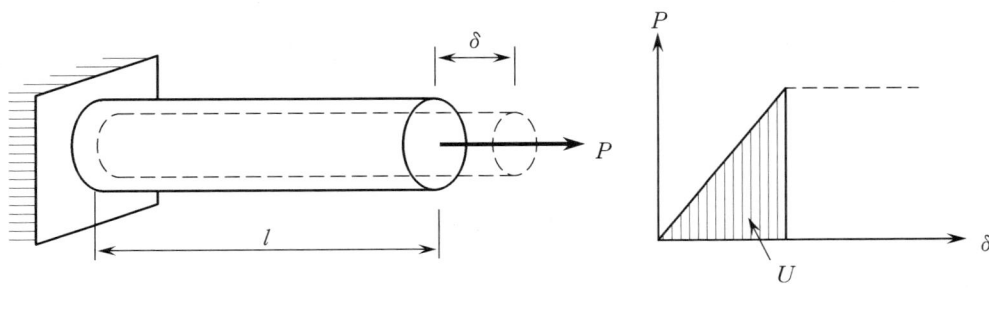

$$U = \frac{1}{2} P \cdot \delta$$

여기서, $\delta = \dfrac{Pl}{AE}$

$$\therefore U = \frac{P^2 \cdot l}{2AE} \quad \left(\text{or,} \ \ U = \int \frac{P^2}{2AE} dx \right)$$

10.1.2 변형에너지 밀도, u

단위체적당 저장되는 변형에너지를 변형에너지 밀도 u 라고 하며, u 값은 다음과 같다.

$$u = \frac{U}{V} = \frac{P^2 \cdot l}{2AE \cdot V}$$

여기서, 체적 $V = A \cdot l$

$$u = \frac{P^2}{2A^2 \cdot E}$$

여기서, $\sigma = \dfrac{P}{A}$

$$\therefore u = \frac{\sigma^2}{2E}$$

10.1.3 레질리언스 계수, u_r

재료가 비례한도에 해당하는 응력을 받고 있을 때의 변형에너지 밀도를 레질리언스 계수(modulus of resilience), u_r 이라 하며, u_r 값은 다음과 같다.

$$u_r = \frac{\sigma_{Pl}^{\,2}}{2E}$$

여기서, σ_{Pl} : 재료의 비례한도에 해당하는 응력

필수예제 1

길이가 L인 두 개의 봉재에서 (a)는 전 길이에 걸쳐 지름이 d이고, (b)는 길이의 $\frac{1}{4}$이 지름 d이며 나머지는 $3d$이다. 이들 봉재 (a), (b)에 저장되는 변형에너지의 비를 구하시오.

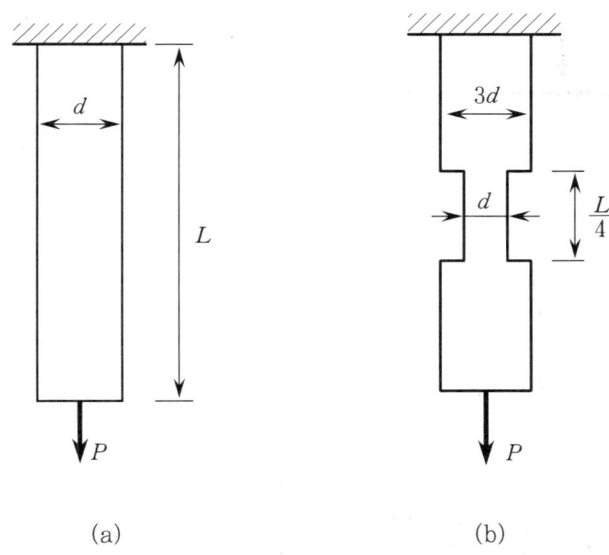

(a)　　　　　　(b)

풀이과정 축력이 가해진 경우이므로, 변형에너지 U는, $U = \dfrac{P^2 \cdot l}{2A \cdot E}$ 이다.

1. (a) 봉재의 변형에너지 : $U_a = \dfrac{P^2 \cdot L}{2AE}$

2. (b) 봉재의 변형에너지 U_b : 하중은 일정하며, 직경 d일 때의 단면적을 $A \left(= \dfrac{\pi d^2}{4} \right)$라고 하면, 직경 $3d$이면 $9A$이다.

$$U_b = \dfrac{P^2 \left(\dfrac{L}{4}\right)}{2AE} + \dfrac{P^2 \left(\dfrac{3L}{4}\right)}{2(9A)E} = \dfrac{P^2 \cdot L}{6AE} = \dfrac{U_a}{3}$$

3. (a), (b) 봉재의 변형에너지 비 : $U_a ; U_b = 1 ; \dfrac{1}{3}$

10.2 휨 모멘트가 가해진 경우

휨 모멘트 M이 가해지면 부재에는 처짐각 θ가 발생하며, 이 때 보에 저장되는 변형에너지는 다음과 같다.

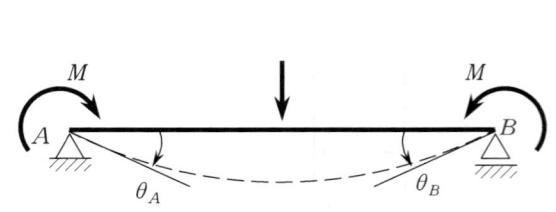
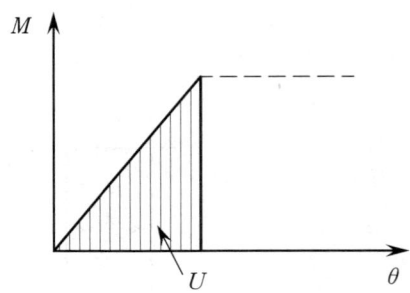

$$U = \frac{1}{2} M \cdot \theta$$

여기서, $\theta = \int \frac{M}{EI} dx$

$$\therefore U = \int \frac{M^2}{2EI} dx$$

필수예제 2

캔틸레버에 모멘트 하중 M이 작용할 때 저장되는 탄성 변형에너지는?

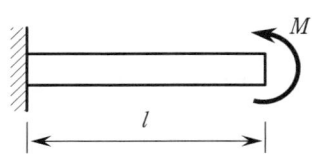 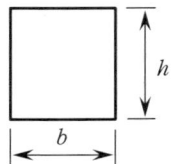

풀이과정

$$U = \int_0^l \frac{M^2}{2EI} dx = \frac{M^2}{2EI} \cdot [x]_0^l = \frac{M^2 \cdot l}{2EI} \quad (\text{여기서, } I = \frac{bh^3}{12})$$

$$\therefore U = \frac{6M^2 \cdot l}{Eb \cdot h^3}$$

필수예제 3

다음 캔틸레버의 자유단에 집중하중 P가 가해진 경우, 캔틸레버에 생기는 복원력(탄성에너지) U를 구하시오.

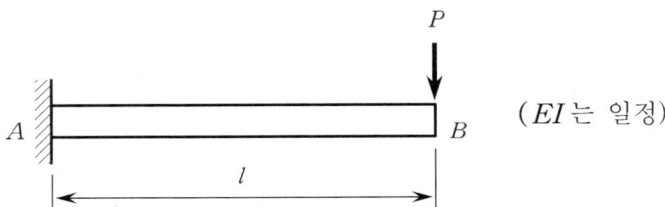

(EI는 일정)

풀이과정 휨모멘트 M이 발생하므로 탄성에너지는 $U = \int \frac{M^2}{2EI} dx$ 가 된다.

① M의 일반식 $M = -P \cdot x$

② 탄성에너지 U

$$U = \int_0^l \frac{M^2}{2EI} dx = \frac{1}{2EI} \int_0^l (P \cdot x)^2 dx$$

$$= \frac{P^2}{2EI} \cdot \left[\frac{x^3}{3}\right]_0^l = \frac{P^2 l^3}{6EI}$$

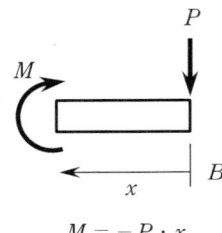

$M = -P \cdot x$

필수예제 4

등분포 하중을 받는 단순보의 처짐곡선 방정식이 다음과 같다.

$$y = \frac{qx}{24EI}(l^3 - 2lx^2 + x^3)$$

위의 식을 이용하여 보에 저장되는 변형에너지를 구하시오.

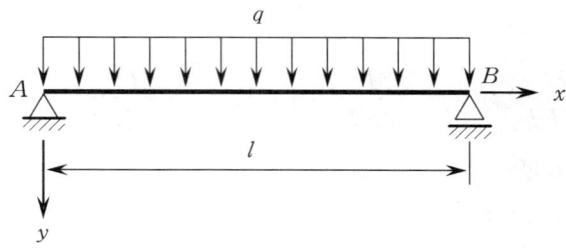

풀이과정 휨에 의한 변형에너지 $U = \int \frac{M^2}{2EI} dx$ 이다.

미분방정식에 의한 모멘트는 $EIy'' = -M$ 이므로, 처짐식을 두 번 미분하면 M 이 된다.

$$\frac{dy}{dx} = \frac{q}{24EI}(l^3 - 6lx^2 + 4x^3)$$

$$\frac{d^2y}{dx^2} = \frac{q}{24EI}(-12lx + 12x^2) = \frac{q \cdot x}{2EI}(-l+x)$$

$$\therefore U = \int \frac{M^2}{2EI} dx = \int \frac{1}{2EI}\left(EI \frac{d^2y}{dx^2}\right)^2 dx$$

$$= \int_0^l \frac{1}{2EI}\left\{EI \cdot \frac{q \cdot x}{2EI}(-l+x)\right\}^2 dx$$

$$= \frac{q^2}{8EI} \int_0^l (l^2x^2 - 2lx^3 + x^4) dx$$

$$= \frac{q^2}{8EI}\left[\frac{l^2x^3}{3} - \frac{lx^4}{2} + \frac{x^5}{5}\right]_0^l$$

$$= \frac{q^2}{8EI} \times \frac{l^5}{30} = \frac{q^2 l^5}{240EI}$$

10.3 전단력이 가해진 경우

10.3.1 전단 변형에너지, U_s

전단력 V에 의하여 보에 저장되는 변형에너지를 전단변형에너지라고 하며, 이는 전단력이 한 일과 같고 다음 식으로 표현된다.

$$U_s = \int \frac{f_s \cdot V^2}{2GA} dx$$

여기서, f_s : 전단형상 계수
G : 전단탄성 계수

10.3.2 전단 계수와 전단형상 계수의 비교

(1) 전단 계수 α_s

① 정의

$$\alpha_s = \frac{\tau_{\max}}{\tau_{av}}$$

여기서, $\tau_{av} = \dfrac{V}{A}$: 평균 전단응력

$\tau_{\max}$: 최대 전단응력

※ 자세한 내용은 4.2절을 참조할 것

② 특징
전단 계수는 순수 굽힘이론으로 유도되며 처짐이 보의 높이에 따라 변하는 것을 고려치 않았으므로 근사치이다.

(2) 전단형상 계수 f_s

① 정의

　보통 보는 휨(굽힘) 변형에너지에 비해 전단 변형에너지가 훨씬 적다. 보의 전단 처짐을 고려하거나, 정확한 전단 변형에너지를 구할 때는 전단계수 α_s 대신 전단 형상계수 f_s 를 사용한다. 이때, 가상일의 방법으로 유도한 f_s 는 다음과 같다.

$$f_s = \frac{A}{I^2} \int_A \frac{Q^2}{b^2} dA$$

② 전단형상 계수의 유도

　전단변형률에 의한 변형에너지 U_s

$$U_s = \int_v \frac{\tau \cdot r}{2} dV$$

$$= \int \frac{\tau^2}{2G} dV$$

　　여기서, $\tau = \dfrac{VQ}{bI}$

　　　　　$dV = dA \cdot dx$ (체적)

　　　　　V : 전단력

$$U_s = \int_0^l \left[\int_A \frac{1}{2G} \left(\frac{VQ}{bI} \right)^2 \cdot dA \right] \cdot dx$$

$$= \int_0^l \left[\int_A \left(\frac{Q}{bI} \right)^2 \cdot A \cdot dA \right] \frac{V^2}{2GA} dx$$

$$= \int_0^l f_s \cdot \frac{V^2}{2GA} dx$$

따라서, f_s 는 다음과 같다.

$$\therefore f_s = \int_A \left(\frac{Q}{bI} \right)^2 \cdot A \cdot dA = \frac{A}{I^2} \int_A \frac{Q^2}{b^2} dA$$

③ 계산 예

직사각형 단면의 전단형상 계수 f_s를 구해보자.

$$Q = \frac{b}{2}\left(\frac{h^2}{4} - y^2\right)$$

$$\frac{A}{I^2} = \frac{bh}{\left(\frac{bh^3}{12}\right)^2} = \frac{144}{bh^5}$$

$$dA = b \cdot dy$$

$$\therefore f_s = \frac{A}{I^2} \int_A \frac{Q^2}{b^2} dA$$

$$= \frac{144}{bh^5} \int_{-\frac{h}{2}}^{\frac{h}{2}} \frac{1}{4}\left(\frac{h^2}{4} - y^2\right)^2 b \cdot dy$$

$$= \frac{36}{h^5}\left[\frac{h^4}{16}y - \frac{h^2}{6}y^3 + \frac{y^5}{5}\right]_{-\frac{h}{2}}^{\frac{h}{2}}$$

$$= \frac{6}{5}$$

(3) α_s와 f_s값의 비교 표

단면형상	α_s	f_s
직사각형 (b, h)	$\dfrac{3}{2}$	$\dfrac{6}{5}$
원형 (d)	$\dfrac{4}{3}$	$\dfrac{10}{9}$
얇은 원형관	2	2

> **참고 보의 전단처짐**
>
> (1) 높이가 큰 보는 큰 전단력이 작용하게 되므로 전단변형을 고려해야 한다. 이때 전단변형에 의한 보의 처짐을 전단처짐이라 한다.
> (2) 전단계수를 사용한 전단처짐은 다음과 같은 이유 때문에 근사치이다.
> ① 처짐이 보의 높이에 따라 변하는 것을 고려치 않았다.
> ② 처짐은 순수굽힘에 의해 유도된 굽힘이론에 근거를 두고 있다.

필수예제 5

다음 그림과 같은 직사각형 단면을 가진 캔틸레버 보에서 휨모멘트와 전단력을 모두 고려한 변형에너지를 구하시오. (단, 보는 선형탄성으로 가정한다.)

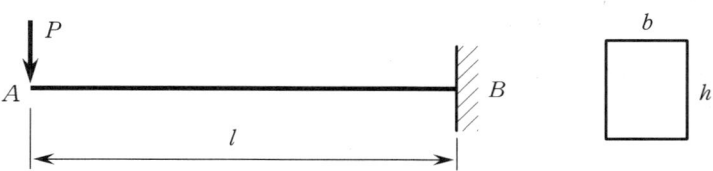

풀이과정 휨모멘트의 전단력을 고려한 변형에너지 U는 다음과 같다.

$$U = \int \frac{M^2}{2EI} dx + \int \frac{f_s \cdot V^2}{2GA} dx$$

1. 휨모멘트에 의한 변형에너지, U_b

$$U_b = \int \frac{M^2}{2EI} dx = \int_0^l \frac{1}{2EI} (-Px)^2 dx = \frac{P^2 l^3}{6EI}$$

$$\therefore U_b = \frac{P^2 l^3}{6E \left(\dfrac{bh^3}{12} \right)} = \frac{2P^2 \cdot l^3}{Ebh^3}$$

2. 전단력에 의한 변형에너지, U_s

   ① 전단력 V의 일반식 : $V = -P \ (0 \leq x \leq l)$

   ② 전단 형상계수 : $f_s = \dfrac{A}{I^2} \int_A \dfrac{Q^2}{b^2} dA = \dfrac{6}{5}$

   ③ $U_s = \int \dfrac{f_s \cdot V^2}{2GA} dx = \int_0^l \dfrac{\left(\dfrac{6}{5} \right)(P)^2}{2GA} dx$

   $= \dfrac{3}{5} \dfrac{P^2 \cdot l}{GA} = \dfrac{3P^2 \cdot l}{5Gbh}$

3. 전체 변형에너지, U

$$U = U_b + U_s = \frac{2P^2 l^3}{Ebh^3} + \frac{3P^2 l}{5Gbh}$$

$$= \frac{P^2 l}{bh} \left(\frac{2l^2}{Eh^2} + \frac{3}{5G} \right)$$

10.4 비틀림 우력이 가해진 경우

재료의 탄성한도 내에서 비틀림 우력 T 와 비틀림 각 ϕ 는 선형관계이며, T 가 가해졌을 때 저장되는 변형에너지는 다음과 같다.

$$U = \int \frac{T^2}{2GJ} dx$$

여기서, J : 비틀림 상수

필수예제 6

다음 캔틸레버 보에 저장되는 변형에너지를 구하시오. (단, 보는 선형 탄성 재료이며 비틀림만 작용한다. 그리고 $G = 6 \times 10^5 \, \text{kg}/\text{cm}^2$ 이다.)

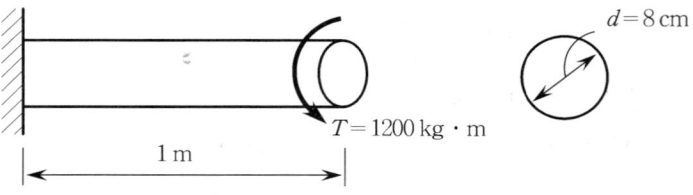

풀이과정

$$U = \int_0^l \frac{T^2}{2GJ} dx = \frac{T^2 \cdot l}{2GJ}$$

여기서, $J = \dfrac{\pi d^4}{32} = \dfrac{\pi (8)^4}{32} = 402 \, \text{cm}^4$

$$\therefore U = \frac{(1200 \times 100)^2 \times (100)}{2 \times (6 \times 10^5) \times (402)} = 2985 \, \text{kg} \cdot \text{cm}$$

10.5 Castigliano의 정리

10.5.1 제1정리

$$P_i = \frac{\partial U}{\partial \delta_i}$$

10.5.2 제2정리 – 처짐산정

$$\delta_i = \frac{\partial U}{\partial P_i}$$

선형구조물에서 변형에너지를 하중의 함수로 표현할 수 있다면, 임의의 하중 P_i에 관한 변형에너지의 편도함수는 대응변위 δ_i와 같다.

(1) 변형에너지 U

$$U = \int \frac{F^2}{2AE} dx + \int \frac{f_s \cdot V^2}{2GA} dx + \int \frac{M^2}{2EI} dx + \int \frac{T^2}{2GJ} dx$$

(2) 처짐 δ_i

$$\delta_i = \int \frac{F}{AE}\left(\frac{\partial F}{\partial P_i}\right)dx + \int \frac{f_s \cdot V}{GA}\left(\frac{\partial V}{\partial P_i}\right)dx + \int \frac{M}{EI}\left(\frac{\partial M}{\partial P_i}\right)dx + \int \frac{T}{GJ}\left(\frac{\partial T}{\partial P_i}\right)dx$$

필수예제 7

다음 그림과 같은 직사각형 단면을 가진 캔틸레버 보에서 A단의 처짐을 휨모멘트와 전단력 모두를 고려하여 구하시오.

풀이과정

1. 선형탄성으로 가정하고 휨 모멘트와 전단력을 고려하여 변형에너지를 구한다.

$$U = \int \frac{f_s \cdot V^2}{2GA} dx + \int \frac{M^2}{2EI} dx$$

여기서, GA : 부재의 전단강도, EI : 부재의 휨강도

f_s : 전단형상계수 $\left(\text{직사각형 단면은 } \frac{6}{5}\right)$

2. Castigliano의 제2정리를 이용하여 처짐을 구한다.

$$\delta_i = \frac{\partial U}{\partial P_i} = \int \frac{f_s \cdot V}{GA} \left(\frac{\partial V}{\partial P_i}\right) dx + \int \frac{M}{EI} \left(\frac{\partial M}{\partial P_i}\right) dx$$

A점에서 x 되는 임의의 위치에서 단면력 V 와 M 의 일반식은 다음과 같다.

$$\begin{cases} V_x = -P \rightarrow \dfrac{\partial V_x}{\partial P} = -1 \\ M_x = -Px \rightarrow \dfrac{\partial M_x}{\partial P} = -x \end{cases}$$

$$\therefore \delta_A = \int_0^l \frac{f_s}{GA}(-P)(-1)dx + \int_0^l \frac{1}{EI}(-Px)(-x)dx$$

$$= \frac{f_s \cdot P \cdot l}{GA} + \frac{Pl^3}{3EI}$$

여기서, $A = b \cdot h$, $I = \dfrac{bh^3}{12}$, $f_s = \dfrac{6}{5}$

$$\therefore \delta_A = \frac{6Pl}{5Gbh} + \frac{4Pl^3}{Ebh^3} \; (\downarrow)$$

필수예제 8

다음 구조물에서 C점의 수직처짐을 구하여라. 부재의 단면은 원형이며 EI는 일정하다. (단, 전단탄성계수 $G = 0.4E$이며, 전단력에 의한 처짐은 무시)

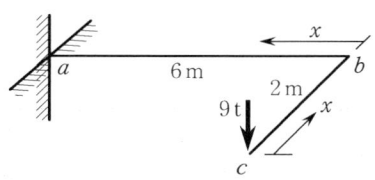

(a) 실제 역계

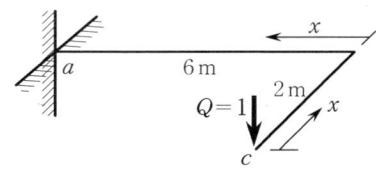

(b) 가상 역계

풀이과정

1. 가상일의 방법 (단위하중법)

   휨과 비틀림을 받는 역계이며 $a \sim b$와 $b \sim c$ 부재에 대하여 적분구간을 나누어 산정한다.

   (1) 공식

   $$\Delta_c = \int_c^b \frac{M \cdot m}{EI} dx + \int_b^a \frac{M \cdot m}{EI} dx$$
   $$+ \int_c^b \frac{T \cdot t}{GJ} dx + \int_b^a \frac{T \cdot t}{GJ} dx$$

   여기서, 단면이 원형이므로 $J = I_x + I_y = 2I$ 이다.

   (2) 표로 정리

기준점	구간	거리	M	m	T	t
c	$c \sim b$	$0 \leq x \leq 2$	$-9x$	$-x$	0	0
b	$b \sim a$	$0 \leq x \leq 6$	$-9x$	$-x$	18	2

   (3) C점의 수직처짐 Δ_c의 산정

   $$\therefore \Delta_c = \int_0^2 \frac{(-9x)(-x)}{EI} dx + \int_0^6 \frac{(-9x)(-x)}{EI} dx$$
   $$+ \int_0^6 \frac{(18)(2)}{GJ} dx$$
   $$= \frac{24}{EI} + \frac{648}{EI} + \frac{216}{(0.4E)(2I)}$$
   $$= \frac{942}{EI} \; t \cdot m^3 \; (\downarrow)$$

2. Castigliano의 제2정리를 이용
   (1) 공식
   $$\Delta_c = \int_c^b \frac{M}{EI}\left(\frac{\partial M}{\partial P}\right)dx + \int_b^a \frac{M}{EI}\left(\frac{\partial M}{\partial P}\right)dx$$
   $$+ \int_c^b \frac{T}{GJ}\left(\frac{\partial T}{\partial P}\right)dx + \int_b^a \frac{T}{GJ}\left(\frac{\partial T}{\partial P}\right)dx$$

   (2) 표로 정리

기준점	구간	거리	M	$\dfrac{\partial M}{\partial P}$	T	$\dfrac{\partial T}{\partial P}$
c	$c \sim b$	$0 \leq x \leq 2$	$-9x$	$-x$	0	0
b	$b \sim a$	$0 \leq x \leq 6$	$-9x$	$-x$	18	2

   여기서, $P = 9$
   $T = P \times 2 = 9 \times 2 = 18$

   (3) C점의 수직처짐 Δ_c의 산정
   $$\therefore \Delta_c = \int_0^2 \frac{(-9x)(-x)}{EI}dx + \int_0^6 \frac{(-9x)(-x)}{EI}dx$$
   $$+ \int_0^6 \frac{(18)(2)}{GJ}dx$$
   $$= \frac{24}{EI} + \frac{648}{EI} + \frac{216}{(0.4E)(2I)}$$
   $$= \frac{942}{EI} \text{ t}\cdot\text{m}^3 (\downarrow)$$

실전문제

1. 다음 트러스에서 AB 부재에 저장되는 변형에너지와 변형에너지밀도 및 레질리언스 계수를 구하시오. (단, 모든 부재의 직경 $d = 4\,\text{cm}$, $E = 10^5\,\text{kg/cm}$이며, AB 부재의 비례 한도 응력 $\sigma_{Pl} = 1800\,\text{kg/cm}^2$이다.)

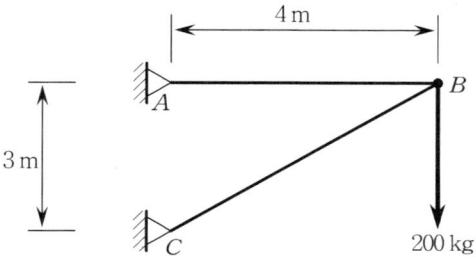

2. 그림과 같은 합성구조물에서 BD의 부재력 T를 구하시오. (단, 모든 부재의 E, A, I는 동일하다. B점은 힌지이며 변위는 없다.)

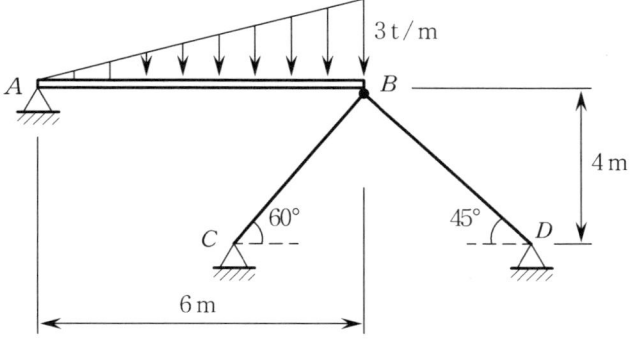

정답

1. $U_{AB} = 11.32\,\text{kg}\cdot\text{cm}$, $u = 2.25 \times 10^{-3}\,\text{kg/cm}^2$, $u_r = 16.2\,\text{kg/cm}^2$
2. $T = -3.044\,\text{t}$

Chapter 11

변형일치법

Chapter 11 변형일치법 (공액보법)

11.1 개 요

부정정 차수에 해당하는 임의의 지점의 반력을 과잉력(Redundant force, 여력)으로 선정한 후, 처짐과 처짐각을 이용한 적합조건으로 과잉력을 구하는 부정적 구조 해석법이다. 주로 2경간 이하인 간단한 차수의 부정정 보나, 스프링 또는 케이블이 부착된 구조물을 해석하는데 이용한다.

11.2 2경간 연속보의 변형일치법 계산 예

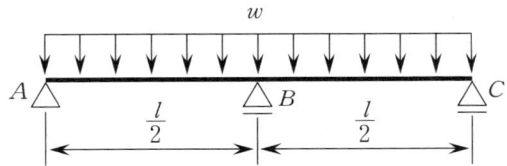

11.2.1 과잉력 선정

1차 부정정 보이며 단순보를 이용하기 위하여 B점의 반력 R_B를 과잉력으로 한다. 과잉력 선정 후 원래 구조물에서 분리시켜 B.M.D를 그리면 다음과 같다.

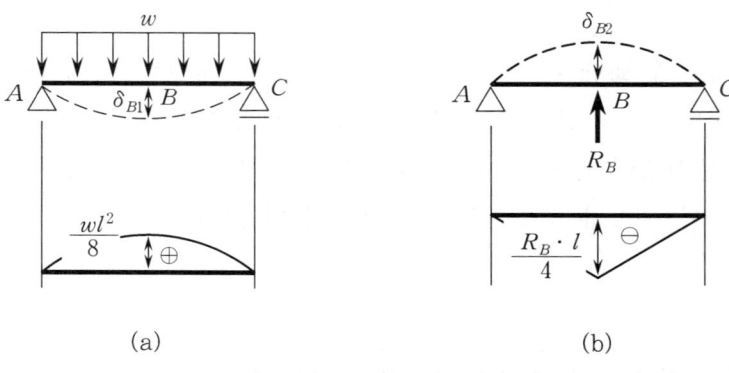

(a)   (b)

11.2.2 적합조건식

(1) 각 보의 처짐산정

$$\delta_{B1} = \frac{5wl^4}{384EI} \ (\downarrow), \quad \delta_{B2} = -\frac{R_B \cdot l^3}{48EI} \ (\uparrow)$$

(2) 적합조건

B지점은 실제로 처짐이 발생하지 않는다.

$\delta_{B1} + \delta_{B2} = 0$; 적합조건식

11.2.3 과잉력과 반력산정

$$\delta_{B1} + \delta_{B2} = 0 \; ; \; \frac{5wl^4}{384EI} - \frac{R_B \cdot l^3}{48EI} = 0$$

$$\therefore R_B = \frac{5}{8}wl \; (\uparrow)$$

대칭이므로, $R_A = R_C$ 이다.

$\Sigma F_y = 0 \; ; \; 2R_A + R_B = wl$

$$\therefore R_A = R_C = \frac{3}{16}wl \; (\uparrow)$$

11.2.4 S.F.D와 B.M.D의 작성

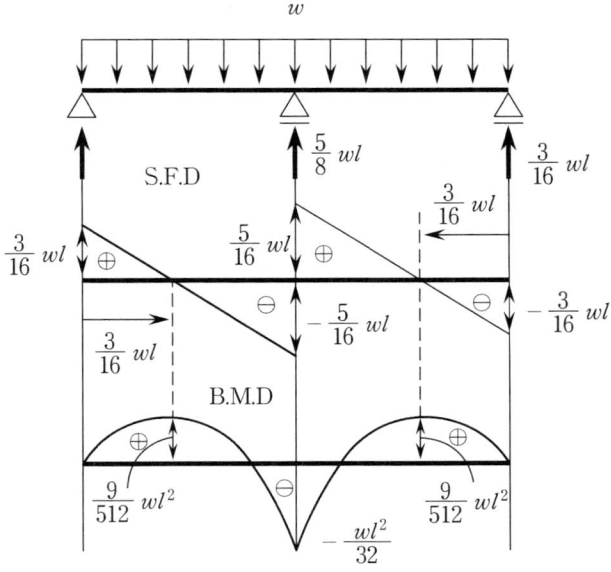

$$V = \frac{3}{16}wl - wx$$

$$\begin{cases} V = 0 \; ; \; x = \dfrac{3}{16}l \\ x = \dfrac{1}{2} \; ; \; V = -\dfrac{5}{16}wl \end{cases}$$

$$M = \frac{3}{16}wlx - \frac{w}{2}x^2$$

$$\begin{cases} x = \dfrac{3}{16}l, \; M = \dfrac{9}{512}wl^2 \\ x = \dfrac{l}{2} \; ; \; M = \dfrac{wl^2}{32} \end{cases}$$

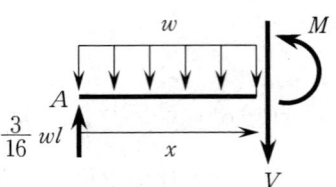

필수예제 1

다음 부정정 보에서 B지점의 수직 반력은 얼마인가?

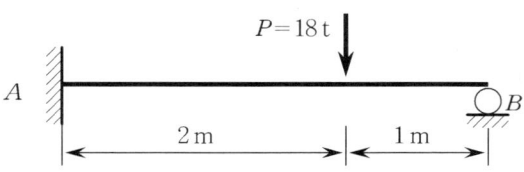

풀이과정 B점의 반력 R_B를 과잉력으로 선정하여 변형일치법을 적용한다.

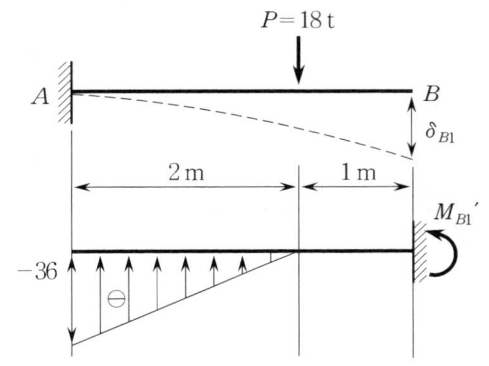
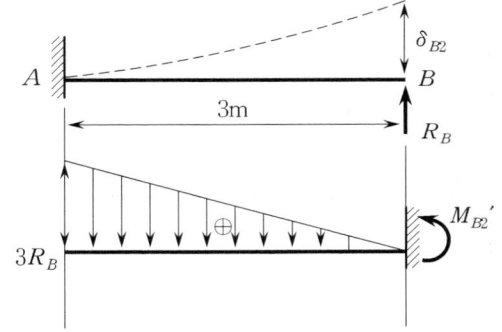

$$\delta_{B1} = \frac{M_{B1}'}{EI} \qquad\qquad \delta_{B2} = \frac{M_{B2}'}{EI}$$

$$= \frac{1}{EI}\left\{36 \times 2 \times \frac{1}{2} \times \left(2 \times \frac{2}{3} + 1\right)\right\} \qquad = -\frac{1}{EI}\left\{3R_B \times 3 \times \frac{1}{2} \times \left(3 \times \frac{2}{3}\right)\right\}$$

$$= \frac{84}{EI}\ (\downarrow) \qquad\qquad = -\frac{9R_B}{EI}\ (\uparrow)$$

B지점에 대한 적합방정식 ; $\delta_{B1} + \delta_{B2} = 0$

$$\frac{84}{EI} - \frac{9R_B}{EI} = 0\ ;\ \therefore R_B = 9.33\ (t)$$

필수예제 2

다음 보에서 고정단 모멘트 M_A 의 값은 얼마인가?

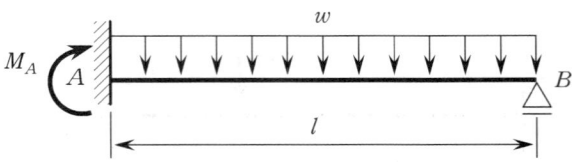

풀이과정 고정단 A점의 모멘트를 바로 구하기 위해서는 M_A를 과잉력으로 잡고 변형일치법을 적용하는게 빠르다.

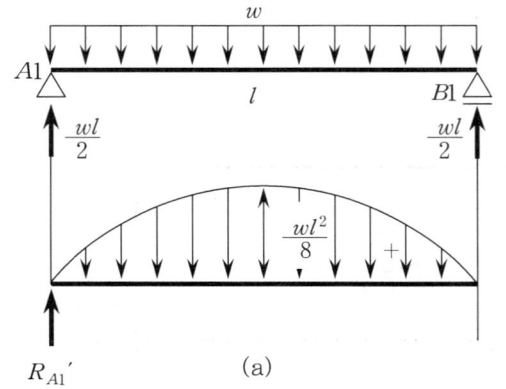
(a)

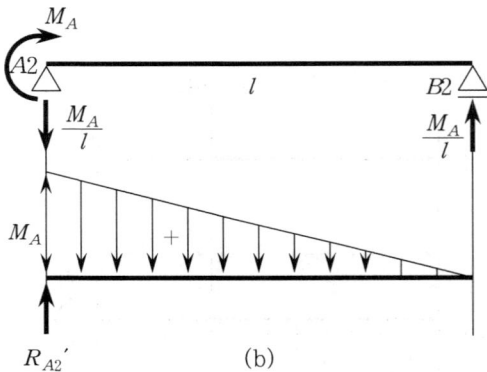
(b)

A점은 고정단이므로 처짐각이 0이다. 따라서 적합방정식을 A점의 처짐각으로 하는게 편하다. 그림 (a)에서 처짐각 θ_{A1}은 다음과 같이 구할 수 있다.

$$\theta_{A1} = \frac{R_{A1}'}{EI} = \frac{1}{EI}\left\{\frac{wl^2}{8} \times \frac{l}{2} \times \frac{2}{3}\right\} = \frac{wl^3}{24EI} \ (\curvearrowright)$$

그림(b)에서 처짐각 θ_{A2}를 구하기 위해 공액보에서 R'_{A2}를 구하면 다음과 같다.

$$\Sigma M_{B2} = 0 \ ; \ R_{A2}' \times l - \left(M_A \times l \times \frac{1}{2}\right) \times \frac{2}{3} l = 0$$

$$\therefore R_{A2}' = \frac{M_A l}{3} \ (\uparrow), \quad \theta_{A2} = \frac{R_{A2}'}{EI} = \frac{M_A l}{3EI} \ (\curvearrowright)$$

따라서 적합방정식은 다음과 같다.

$$\theta_{A1} + \theta_{A2} = 0, \ \frac{wl^3}{24EI} + \frac{M_A l}{3EI} = 0 \ ; \quad \therefore M_A = -\frac{wl^2}{8}$$

필수예제 3

그림과 같이 지점 B가 Δ 만큼 떨어진 연속보가 있다. 하중 q에 의하여 A, B, C 3개 지점에서 반력이 발생하며 그 반력이 모두 같게 되려면 간격 Δ는 얼마로 하면 되는가?

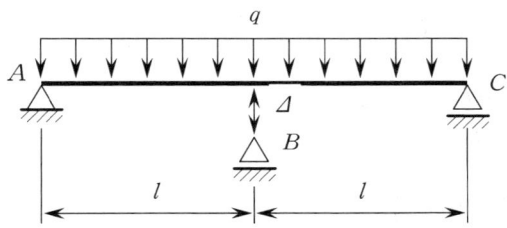

풀이과정 변형일치법으로 푼다.

1. B점반력 R_B를 과잉력으로 선정

   (1) AC보의 하향처짐 δ_{B1}

   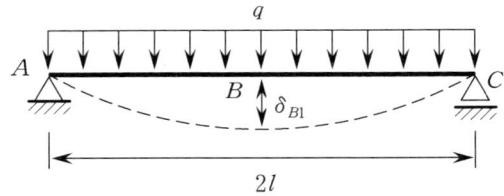

   $$\delta_{B1} = \frac{5q(2l)^4}{384EI} = \frac{5ql^4}{24EI} \ (\downarrow)$$

   (2) 반력 R_B에 의한 상향처짐 δ_{B2}

   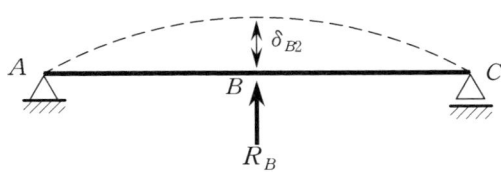

   $$\delta_{B2} = \frac{R_B \cdot (2l)^3}{48EI} = \frac{R_B \cdot l^3}{6EI} \ (\uparrow)$$

2. 변형일치 (적합조건식)

$$\delta_{B1} - \delta_{B2} = \varDelta$$

$$\frac{5ql^4}{24EI} - \frac{R_B \cdot l^3}{6EI} = \varDelta$$

여기서, $R_A = R_B = R_C = \dfrac{2ql}{3}$

$$\frac{5ql^4}{24EI} - \frac{ql^4}{9EI} = \varDelta$$

$$\therefore \varDelta = 0.097 \frac{ql^4}{EI}$$

필수예제 4

다음 그림과 같이 C점에 내부힌지가 있는 양단 고정 변단면 부정정보에 대하여 물음에 답하시오.

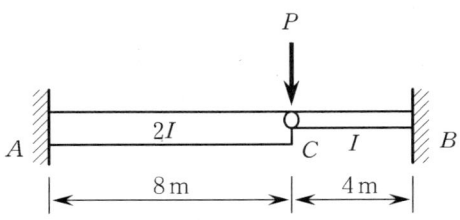

(1) 분담하중
(2) 고정단 모멘트 M_A, M_B
(3) S.F.D & B.M.D

풀이과정 (key point) 내부힌지(C점)의 처짐은 일정하며, 분담하중의 합은 P가 되어야 한다.

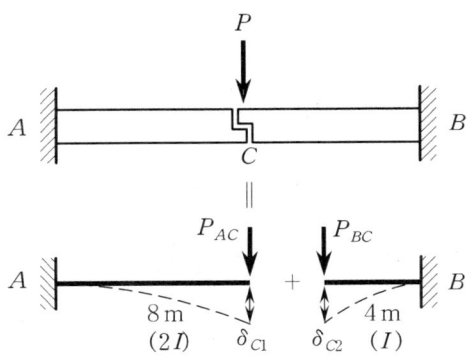

(원리) $P = P_{AC} + P_{BC}$
$\delta_{C1} = \delta_{C2}$ $\Big\}$ 연립방정식

(1) 분담하중의 산정

① 치환된 두 캔틸레버보의 자유단 처짐

$$\delta_{C1} = \frac{P_{AC} \cdot l_{AC}^3}{3EI_{Ac}} = \frac{P_{AC} \cdot (8)^3}{3E(2I)} = \frac{256 \cdot P_{AC}}{3EI}$$

$$\delta_{C2} = \frac{P_{BC} \cdot l_{BC}^3}{3EI_{BC}} = \frac{P_{BC} \cdot (4)^3}{3EI} = \frac{64 \cdot P_{BC}}{3EI}$$

② 처짐에 대한 적합조건식

$$\delta_{C1} = \delta_{C2} \ ; \ \frac{256 P_{AC}}{3EI} = \frac{64 P_{BC}}{3EI}$$

$$\therefore P_{BC} = 4 P_{AC}$$

③ 하중에 대한 평형조건식

$$P = P_{AC} + P_{BC} \ ; \ P = P_{AC} + 4 P_{AC}$$

$$\therefore P_{AC} = \frac{1}{5} P$$

$$\therefore P_{BC} = \frac{4}{5} P$$

(2) 고정단 모멘트 M_A 와 M_B 의 산정

$$\therefore M_A = P_{AC} \times 8 = \frac{8}{5} P \ (\curvearrowleft)$$

$$\therefore M_B = P_{BC} \times 4 = \frac{16}{5} P \ (\curvearrowright)$$

(3) S.F.D와 B.M.D의 작성

A-C와 B-C 캔틸레버보의 S.F.D와 B.M.D를 각각 그린 후 연결하면 다음과 같다.

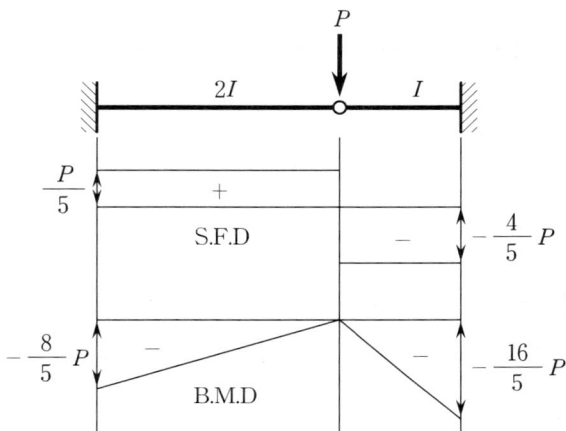

필수예제 5

Spring에 작용하는 힘 T를 구하고 보의 휨모멘트를 그리시오. (EI 는 일정)

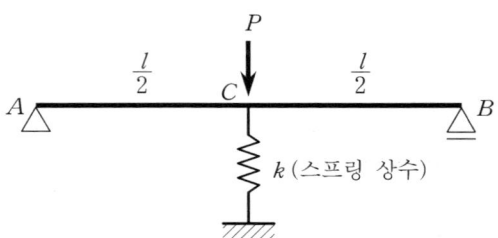

풀이과정 [key point] C점은 처짐이 발생하며, 그 양은 스프링이 줄어든 길이와 같다. 이때 스프링이 받는 압축력 (T)은 $T = k \cdot \delta_C$ 이다.

1. 변형일치법에 의한 C점의 처짐 δ_C 의 산정

적합조건식 : $\delta_1 - \delta_2 = \delta_C$

$$\frac{Pl^3}{48EI} - \frac{Tl^3}{48EI} = \delta_C$$

여기서, $T = k \cdot \delta_C$

$$\frac{Pl^3}{48EI} - \frac{k \cdot \delta_C \cdot l^3}{48EI} = \delta_C$$

$$\delta_C \left(1 + \frac{k \cdot l^3}{48EI}\right) = \frac{Pl^3}{48EI}$$

$$\therefore \delta_C = \frac{Pl^3}{48EI + k \cdot l^3} \quad (\downarrow)$$

2. Spring의 상향력 T의 산정

$$T = k \cdot \delta_C = \frac{k \cdot Pl^3}{48EI + k \cdot l^3} \quad (\uparrow)$$

3. B.M.D의 작성

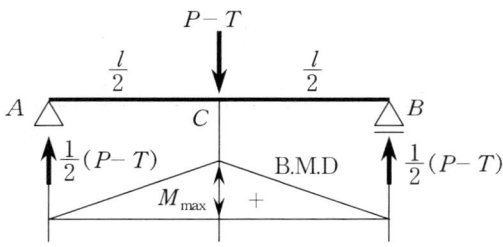

여기서, M_{max}을 구하면 다음과 같다.

$$\begin{aligned} M_{max} &= \frac{1}{4}(P - T) \cdot l \\ &= \frac{1}{4}\left(P - \frac{k \cdot Pl^3}{48EI + kl^3}\right) \cdot l \\ &= \frac{Pl}{4}\left(\frac{48EI + kl^3 - kl^3}{48EI + kl^3}\right) \\ &= \frac{Pl}{4}\left(\frac{48EI}{48EI + kl^3}\right) \end{aligned}$$

필수예제 6

Beam과 Cable의 상대강도에 따른 모멘트의 영향을 도시하시오. (단, Cable은 E_c, A_c, 보는 E_b, I_b)

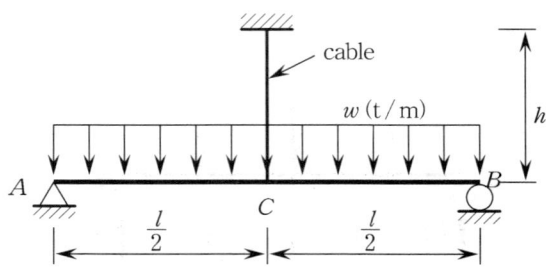

풀이과정 [key point] 하중 w에 의해 C점에 처짐이 발생하며 그 양은 Cable이 늘어난 길이와 같다. 즉, w에 의한 하향처짐을 δ_1, T에 의한 상향처짐을 δ_2라 하면, C점의 최종처짐 δ_c는 다음과 같다.

$$\therefore \delta_c = \delta_1 - \delta_2 = \frac{Th}{E_c A_c}$$

1. Cable의 상향력 T의 산정

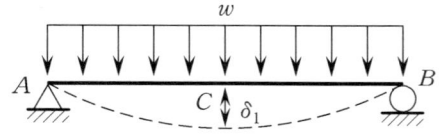 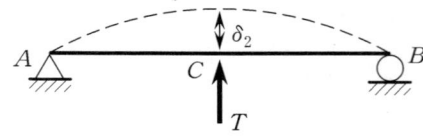

$$\delta_1 = \frac{5wl^4}{384 E_b I_b} \qquad \delta_2 = \frac{Tl^3}{48 E_b I_b}$$

C점의 최종처짐은 Cable의 축방향 늘음량과 동일하므로, 적합조건식은 다음과 같다.

$$\delta_c = \delta_1 - \delta_2 = \frac{Th}{E_c A_c}$$

$$;\ \frac{5wl^4}{384 E_b I_b} - \frac{Tl^3}{48 E_b I_b} = \frac{Th}{E_c A_c}$$

$$T\left(\frac{h}{E_c A_c} + \frac{l^3}{48 E_b I_b}\right) = \frac{5wl^4}{384 E_b I_b}$$

$$T = \frac{5wl^4}{384 E_b I_b} \times \frac{48 E_c A_c E_b I_b}{h(48 E_b I_b) + l^3(E_c A_c)}$$

$$= \frac{5}{8} wl^4 \times \frac{E_c A_c}{48h E_b I_b + E_c A_c l^3}$$

2. 중앙점 모멘트 M_c

$$M_c = \frac{wl^2}{8} - \frac{Tl}{4}$$

$$= \frac{wl^2}{8} - \frac{l}{4} \times \frac{5}{8} wl^4 \times \frac{E_c A_c}{48h E_b I_b + e_c A_c l^3}$$

$$= \frac{wl^2}{8} \left(1 - \frac{5}{4} l^3 \times \frac{1}{48hk + l^3}\right)$$

여기서, $k = \dfrac{E_b I_b}{E_c A_c}$; 상대강도

3. 상대강도에 따른 모멘트의 영향

   (1) 상대강도 $k = 0$일 때 모멘트 M_c

   $$M_c = \frac{wl^2}{8}\left(1 - \frac{5}{4}\right) = -\frac{wl^2}{32}$$

   (2) 상대강도 $k = \infty$일 때 모멘트 M_c

   $$M_c = \frac{wl^2}{8}\left(1 - \frac{5}{4}l^3 \times 0\right) = -\frac{wl^2}{8}$$

   (3) 위 (1)과 (2)에 의한 그래프 도시

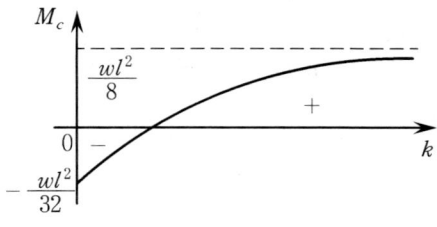

실 전 문 제

1. Spring 구조물에서 C점의 반력 (T)과 처짐 (δ_c)을 구하시오.

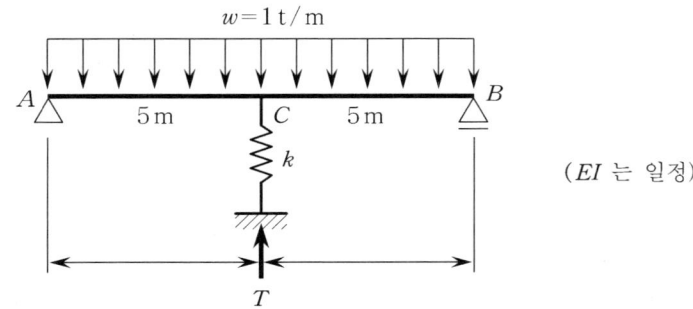

(EI는 일정)

2. Spring 계수가 k일 때 A점의 수직처짐과 처짐각을 구하시오.

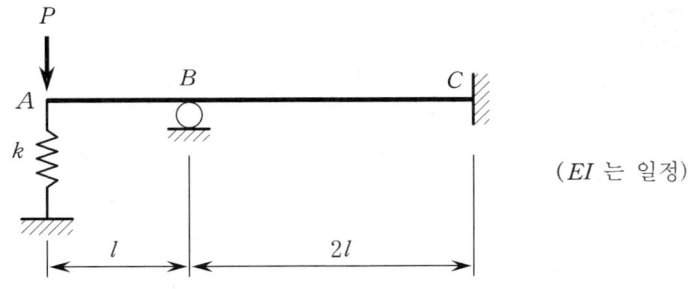

(EI는 일정)

3. 그림과 같은 부정정보에서 보의 상단은 T_1, 하단은 T_2의 온도를 가질 때 이 보의 반력을 구하시오.

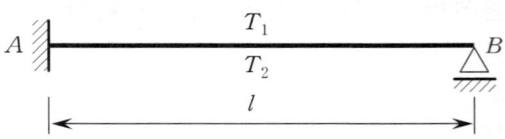

> **정답**
>
> 1. $T = \dfrac{6250k}{48EI + 1000k}$, $\delta_c = \dfrac{6250}{48EI + 1000k}$
>
> 2. $\delta_A = \dfrac{5Pl^3}{6EI + 5kl^3}$, $\theta_A = -\dfrac{6Pl^2}{6EI + 5kl^3}$
>
> 3. $R_A = -R_B = -\dfrac{3EI\alpha(T_1 - T_2)}{2lh}$
>
> $M_A = \dfrac{3EI\alpha(T_1 - T_2)}{2h}$
>
>   여기서, h : 단면의 높이

Chapter 12

3연 모멘트법

Chapter 12 3연 모멘트법
(The Three Moment Equation Method)

12.1 개 요

연속보에서 임의의 연속 지점 3개에 대한 휨모멘트 상호간 방정식으로서, 복잡한 연속보에 적합한 부정정 보 해석법이다.
고정단부는 가상의 힌지단을 내부로 연하여 만든 후 3연 모멘트법을 적용하는 것에 주의한다.

12.2 해법순서와 3연모멘트 공식

지점 침하가 있는 변단면 연속보의 가장 일반적인 경우를 생각한다.

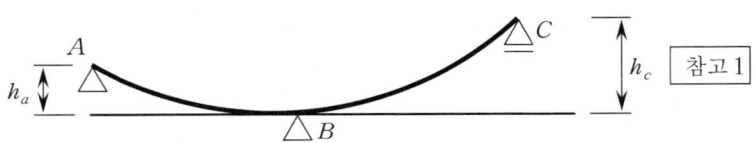

참고 1

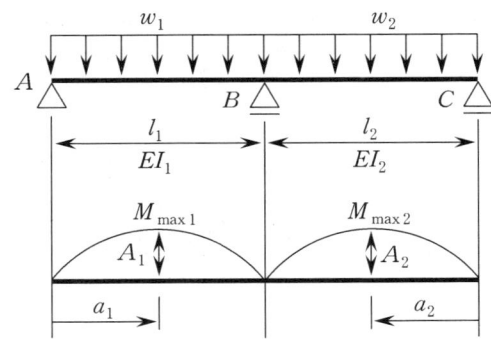

〈해법순서〉

(1) 각 보(AB보와 BC보)를 정정보로 가정한 후 B.M.D를 작성한다.
(2) B.M.D에서 M_{max}를 구한다. 참고2

　(그림에서) AB보의 $M_{max1} = \dfrac{w_1 \cdot l_1^2}{8}$

　　　　　　 BC보의 $M_{max2} = \dfrac{w_2 \cdot l_2^2}{8}$

(3) B.M.D의 면적 (A_1, A_2)을 구한다.

　(그림에서) AB보의 B.M.D에서 $A_1 = \dfrac{2}{3} \times \dfrac{w_1 l_1^2}{8} \times l_1$

　　　　　　 BC보의 B.M.D에서 $A_2 = \dfrac{2}{3} \times \dfrac{w_2 \cdot l_2^2}{8} \times l_2$

(4) B.M.D의 도심(a_1, a_2)을 구한다.

　이때, a_1은 왼쪽지점에서 도심까지의 거리이며, a_2는 오른쪽 지점에서 도심까지의 거리이다.

　　　　　　　　 참고3　　　참고4

(5) 다음의 3연모멘트 공식을 적용한다.

$$\boxed{\begin{aligned}&M_A\left(\dfrac{l_1}{I_1}\right) + 2M_B\left(\dfrac{l_1}{I_1} + \dfrac{l_2}{I_2}\right) + M_C\left(\dfrac{l_2}{I_2}\right) \\ &= -\dfrac{6A_1 \cdot a_1}{I_1 \cdot l_1} - \dfrac{6A_2 \cdot a_2}{I_2 \cdot l_2} + \dfrac{6E \cdot h_a}{l_1} + \dfrac{6E \cdot h_c}{l_2}\end{aligned}}$$

이 때, h_a와 h_c의 부호는 참고1 에 주어진 부호규약을 따른다. 또한, 모멘트의 부호규약은 ⌣⊕, ⌢⊖ 이다.

참고 1 h_a 와 h_c 의 부호규약 (즉, 지점침하가 생겼을 때 침하량의 부호규약)

보의 내부에 있는 지점을 기준으로 양쪽 지점이 상방향이면 (+), 하방향이면 (−)가 된다.

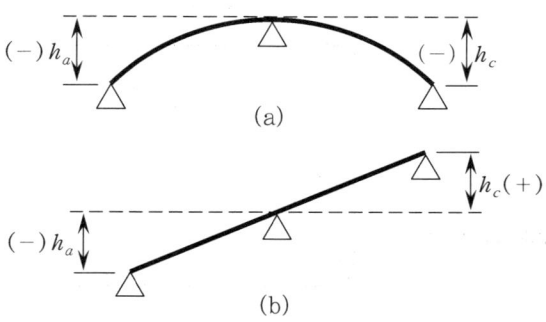

예를 들어, 그림(a)는 중앙지점을 중심으로 양쪽 모두 하방향이므로 h_a 와 h_c 는 모두 (−)가 된다. 그리고, 그림 (b)에서 h_a 는 (−), h_c 는 (+)가 된다.

참고 2

3연 모멘트법은 반드시 지점이 3개여야 하며, 만약 고정단을 포함하는 경우는 고정단 측에 가상의 지점을 만들어 3연 모멘트식을 적용시킨다. 이때 고정단이더라도 B.M.D를 작성할 때는 Hinge로 가정한다.

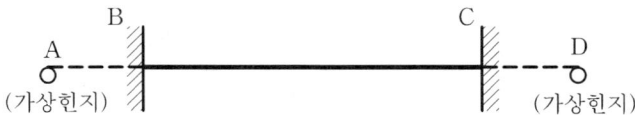

미지의 모멘트는 B와 C단이므로 미지수는 둘이다. 따라서 3연 모멘트식도 2개가 되어야 한다. 그러므로 A와 D에 가상의 힌지를 만들어 A−B−C보와 B−C−D보에 각각 3연 모멘트식을 적용하여 2개의 방정식을 만든다.

참고 3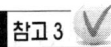

보통 포물선에 대한 면적과 도심이 문제가 되므로 단순보와 Cantilever에서 등분포 하중이 가해진 경우를 예로 들어 도심을 산정하면 다음과 같다.

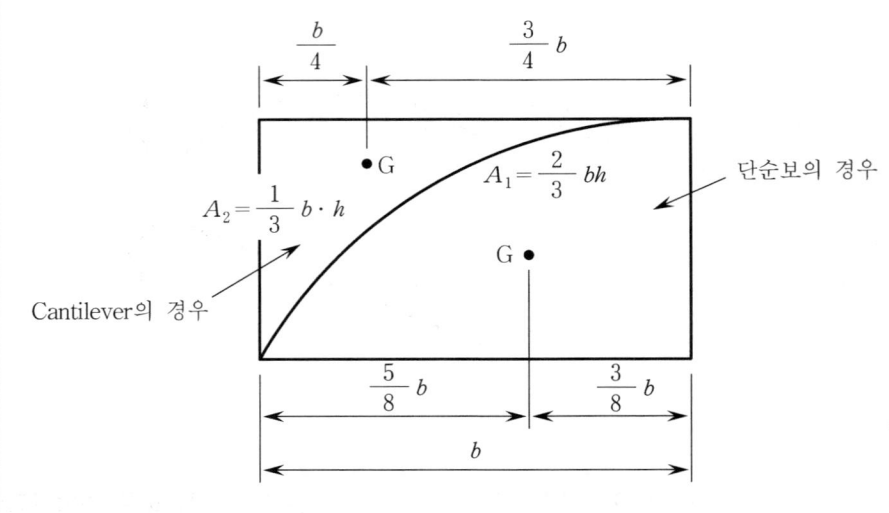

참고 4

집중하중이 임의의 위치에 가해진 경우, B.M.D의 도심 위치는 다음과 같다.

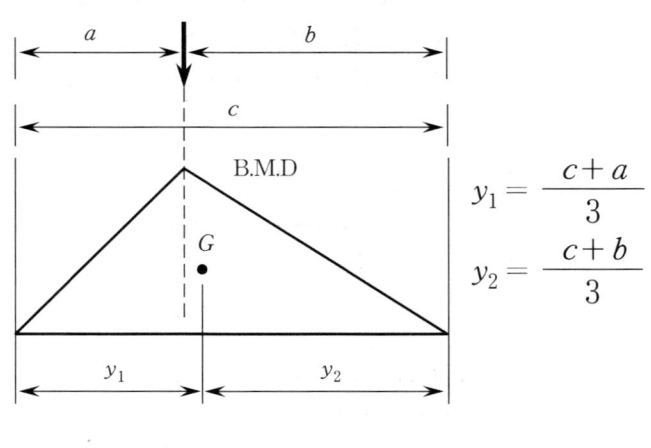

$$y_1 = \frac{c+a}{3}$$

$$y_2 = \frac{c+b}{3}$$

12.3 2경간 연속보의 3연 모멘트법 적용 예

3연 모멘트법의 적용방법을 알기 위해 다음과 같은 2경간 연속보에 등분포하중이 가해진 간단한 경우를 보도록 한다. 이때, 하중 w와 EI는 일정하다고 가정한다.

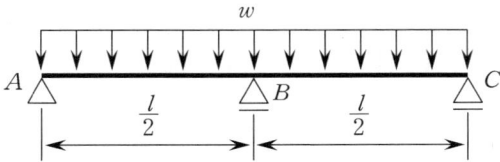

(1) 정정보로 가정한 후 B.M.D를 작성

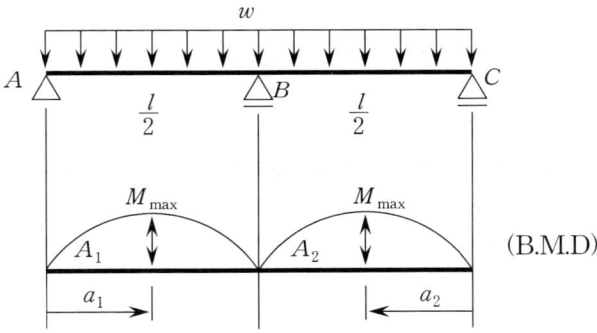

(2) B.M.D의 M_{max}, 면적 A_1, A_2, 도심 a_1, a_2의 산정

① $M_{max} = \dfrac{w\left(\dfrac{l}{2}\right)^2}{8} = \dfrac{wl^2}{32}$ ($A-B$와 $B-C$ 동일)

② $A_1 = A_2 = \dfrac{2}{3} \times \dfrac{wl^2}{32} \times \dfrac{l}{2} = \dfrac{wl^3}{96}$

③ $a_1 = a_2 = \dfrac{l}{4}$

(3) 3연 모멘트식

$$M_A\left(\frac{l}{2I}\right) + 2M_B\left(\frac{l}{2I} + \frac{l}{2I}\right) + M_C\left(\frac{l}{2I}\right)$$

$$= -\frac{6 \times \dfrac{wl^3}{96} \times \dfrac{l}{4}}{I \cdot \left(\dfrac{l}{2}\right)} \times 2$$

여기서, $M_A = M_C = 0$

(∵ 최외각단 Hinge, Roller는 $M = 0$)

$$2M_B\left(\frac{l}{I}\right) = -\frac{wl^3}{16I}$$

$$\therefore M_B = -\frac{wl^2}{32}$$

(4) **자유물체도 (Free Body Diagram, FBD)**

자유물체도로부터 반력을 산정한다.

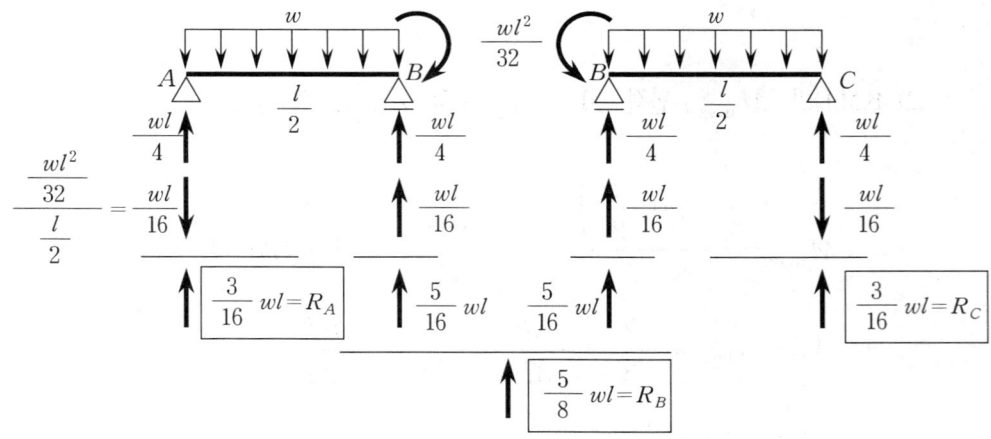

(5) S.F.D & B.M.D 의 작성

A-B와 B-C보가 대칭인 점을 감안하여 A-B보에서 전단력과 휨모멘트의 일반식을 구한다.

$$\Sigma F_y = 0 \ ; \ V = \frac{3}{16}wl - wx$$

$$(V = 0) \ x = \frac{3}{16}l$$

$$\Sigma M_0 = 0 \ ; \ M = \frac{3}{16}wlx - \frac{w}{2}x^2$$

$$\left(x = \frac{3}{16}l\right)$$

$$M = \frac{9wl^2}{256} - \frac{9wl^2}{512} = \frac{9wl^2}{512}$$

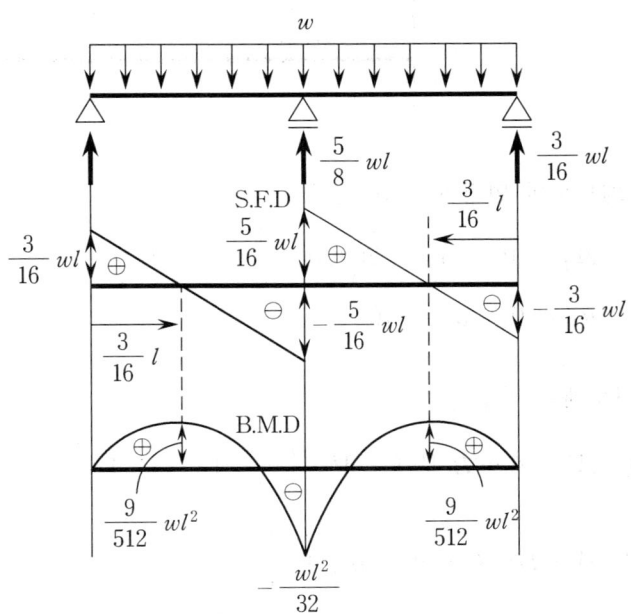

필수예제 1

다음 부정정보를 해석하시오. (단, EI는 일정)

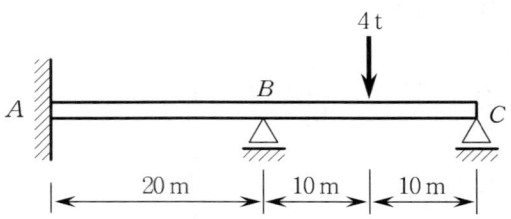

풀이과정 3연모멘트법을 이용하여 풀어보자.

1. $A-B$와 $B-C$를 정정보로 가정하고 B.M.D를 작성

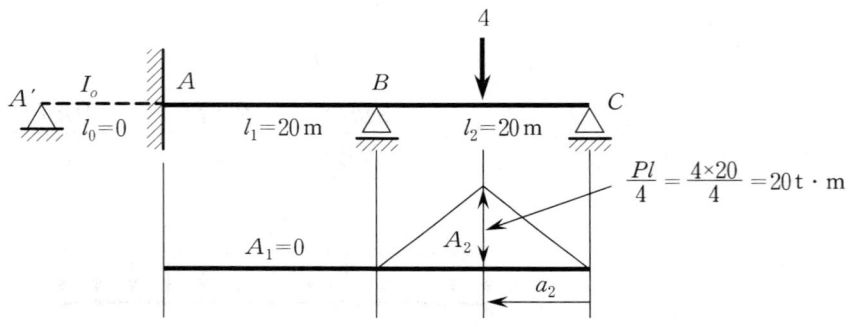

2. 모멘트도의 면적과 도심 산정

$$A_1 = 0, \quad A_2 = 20 \times 20 \times \frac{1}{2} = 200$$
$$a_1 = 0, \quad a_2 = 10$$

3. 3연모멘트 방정식

① $A'-A-B$ 부재 : $M_{A'}\left(\dfrac{l_0}{I_0}\right) + 2M_A\left(\dfrac{l_0}{I_0} + \dfrac{l_1}{I}\right) + M_B\left(\dfrac{l_1}{I}\right) = 0$

② $A-B-C$ 부재 : $M_A\left(\dfrac{l_1}{I}\right) + 2M_B\left(\dfrac{l_1}{I} + \dfrac{l_2}{I}\right) + M_C\left(\dfrac{l_2}{I}\right)$

$$= -\frac{6A_1 \cdot a_1}{I \cdot l_1} - \frac{6A_2 \cdot a_2}{I \cdot l_2}$$

여기서, $l_0 = 0$, $M_C = 0$ (최외각단 Hinge)

$A_1 = 0$, $a_1 = 0$, $l_1 = l_2 = 20\,\text{m}$

정리하면

① ; $2M_A(20) + M_B(20) = 0$

② ; $M_A(20) + 2M_B(40) = -\dfrac{6 \times 200 \times 10}{20}$

4. 고정단(재단) 모멘트

   위 ①, ②를 연립하면 $M_A = 4.286\ \text{t} \cdot \text{m}$, $M_B = -8.57\ \text{t} \cdot \text{m}$, $M_C = 0$

5. 자유 물체도

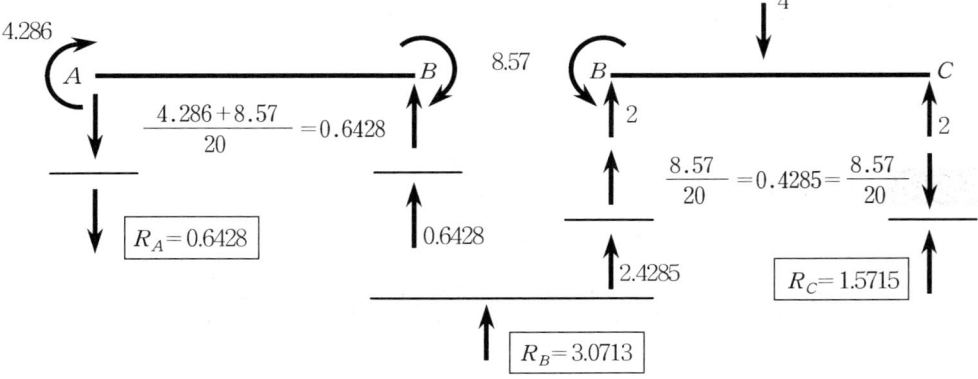

6. S.F.D와 B.M.D의 작성

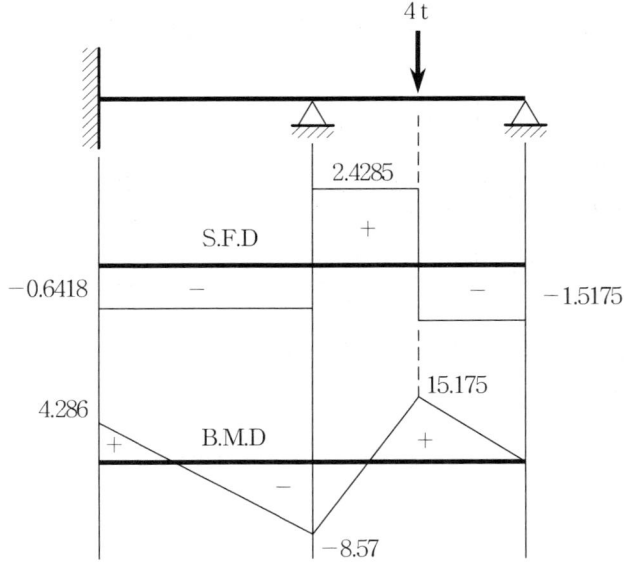

필수예제 2

지점 B가 15mm의 침하가 발생하였을 때 보를 해석하시오. (여기서, $E = 200 \times 10^6 \text{ kN/m}^2$, $I_c = 400 \times 10^{-6} \text{ m}^4$ 이다.)

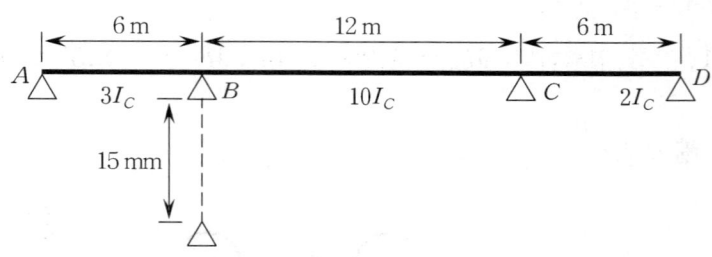

풀이과정 3연 모멘트법에 의해 해석해 본다.

1. 보 $A-B-C$의 3연 모멘트 식

$$M_A \left(\frac{6}{3I_c}\right) + 2M_B \left(\frac{6}{3I_c} + \frac{12}{10I_c}\right) + M_C \left(\frac{12}{10I_c}\right)$$

$$= \frac{6E \times 0.015}{6} + \frac{6E \times 0.015}{12} \quad \cdots\cdots\cdots \text{ⓐ}$$

(여기서, B점을 기준으로 A, C지점이 상향이므로 h_a와 h_c의 부호는 +)

2. 보 $B-C-D$의 3연 모멘트식

$$M_B \left(\frac{12}{10I_c}\right) + 2M_C \left(\frac{12}{10I_c} + \frac{6}{2I_c}\right) + M_D \left(\frac{6}{2I_c}\right)$$

$$= \frac{6E \times (-0.015)}{12} + \frac{6E \times 0}{6} \quad \cdots\cdots\cdots \text{ⓑ}$$

(여기서, C지점을 기준으로 B지점은 하향이므로 h_a의 부호는 -이며, D는 침하가 없으므로 0)

3. 절점조건을 적용하여 위 식을 연립한다.

$M_A = M_D = 0$ (최외각단 hinge, roller)

(정리하면)

ⓐ ; $6.4M_B \left(\dfrac{1}{I_c}\right) + 1.2M_C \left(\dfrac{1}{I_c}\right) = 0.0225E$

ⓑ ; $1.2M_B \left(\dfrac{1}{I_c}\right) + 8.4M_C \left(\dfrac{1}{I_c}\right) = -0.0075E$

두 식을 연립하여 풀면

∴ $M_B = 302.75$ (kN·m), $M_C = -114.68$ (kN·m)

4. 자유물체도

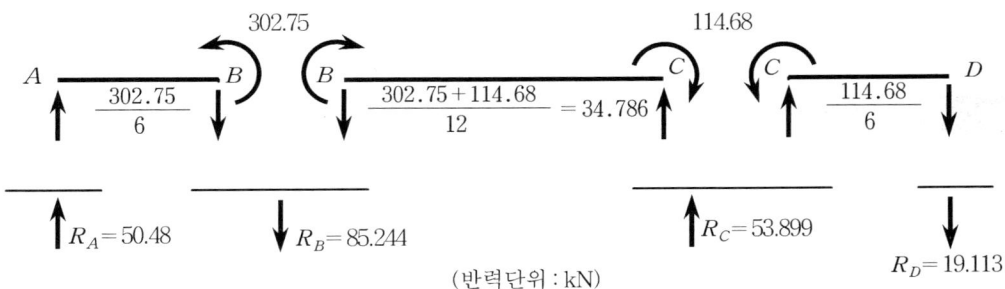

(반력단위 : kN)

5. S.F.D와 B.M.D의 작성

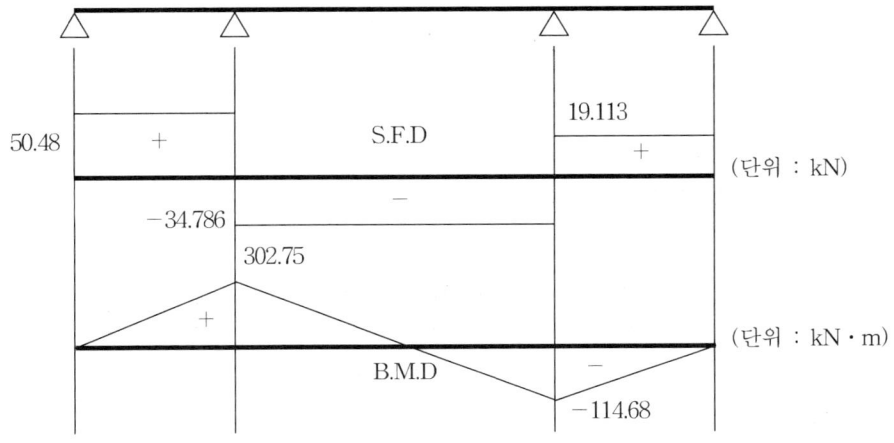

필수예제 3

3경간 연속보를 3연모멘트법으로 해석하시오.

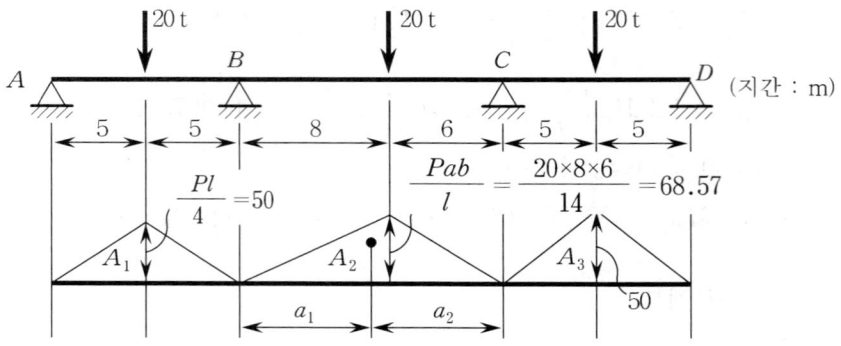

풀이과정

1. 단순보로 가정하고 B.M.D를 그린다. (문제그림 참조)

2. B.M.D의 면적과 도심위치를 산정한다.

$$A_1 = 50 \times 10 \times \frac{1}{2} = 250$$

$$A_2 = 68.57 \times 14 \times \frac{1}{2} = 480$$

$$\begin{cases} a_1 = \dfrac{1}{3}(14+8) = \dfrac{22}{3} \\ a_2 = \dfrac{1}{3}(14+6) = \dfrac{20}{3} \end{cases}$$

$$A_3 = A_1 = 250$$

3. 3연모멘트식을 세운다.

(1) $A-B-C$ 보

$$M_A\left(\frac{10}{I}\right) + 2M_B\left(\frac{10}{I} + \frac{14}{I}\right) + M_C\left(\frac{14}{I}\right)$$

$$= -\frac{6 \times 250 \times 5}{I \times 10} - \frac{6 \times 480 \times \frac{20}{3}}{I \times 14} \quad \cdots\cdots ①$$

(2) $B-C-D$ 보

$$M_B\left(\frac{14}{I}\right) + 2M_C\left(\frac{14}{I} + \frac{10}{I}\right) + M_D\left(\frac{10}{I}\right)$$

$$= -\frac{6\times 480\times \frac{22}{3}}{I\times 14} - \frac{6\times 250\times 5}{I\times 10} \quad\cdots\cdots\cdots\cdots\cdots\cdots\cdots\cdots ②$$

4. 연립방정식을 푼다. (최외각단 힌지, 롤러이므로 $M_A = M_D = 0$)

① ; $48M_B + 14M_C = -2121.43$

② ; $14M_B + 48M_C = -2258.47$

①, ②식을 연립하면

$\quad$ ① × 7 ; $\quad 36M_B + 98M_C = -14850$

$-)\ $② ×24 ; $336M_B + 1152M_C = -54205.68$

$\qquad\qquad\qquad\qquad -1054M_C = 39355.68$

$\qquad \therefore M_C = -37.34\ (\text{t}\cdot\text{m})$

$\qquad \therefore M_B = -33.28\ (\text{t}\cdot\text{m})$

5. 자유물체도로부터 반력을 산정한다.

6. S.F.D와 B.M.D를 작성한다.

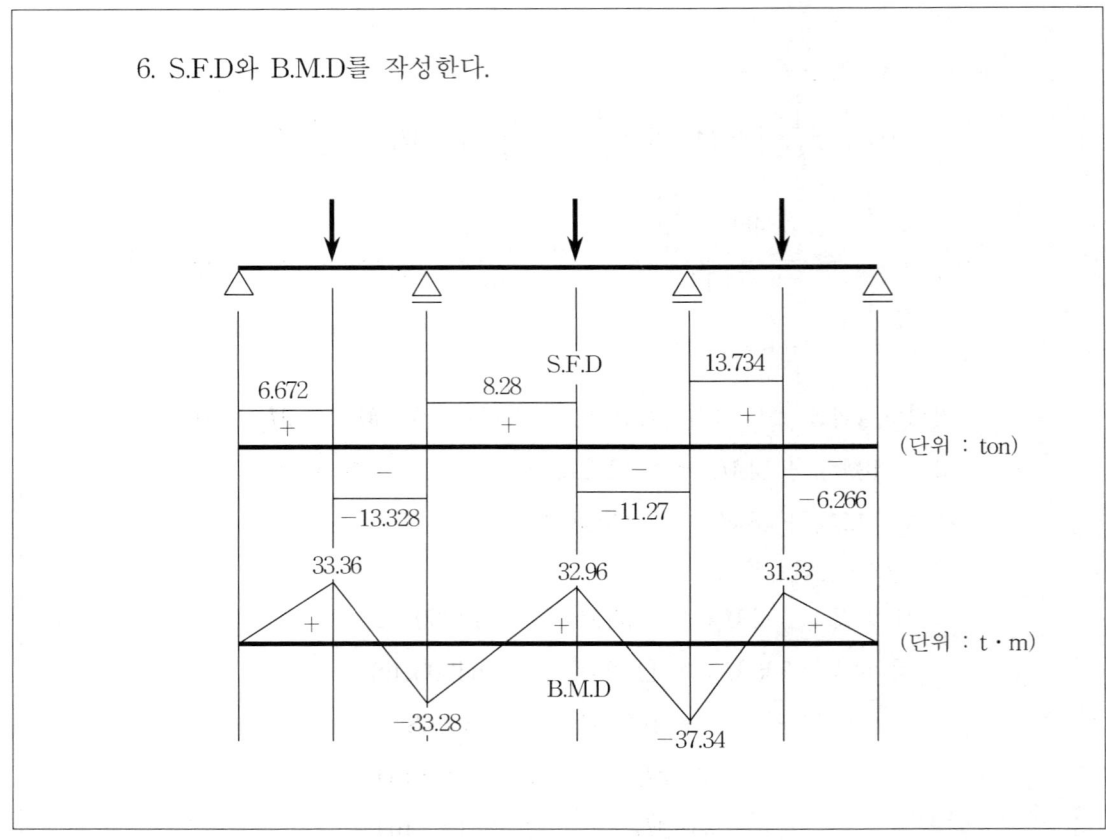

필수예제 4

다음 그림과 같은 2경간 연속보에서 중립축에서 20 cm 편심되어 10 t 의 긴장력 P가 도입되어 있다. 이 긴장력에 의한 지점 B의 반력을 구하고 휨모멘트도를 그리시오. (단, EI는 일정하다.)

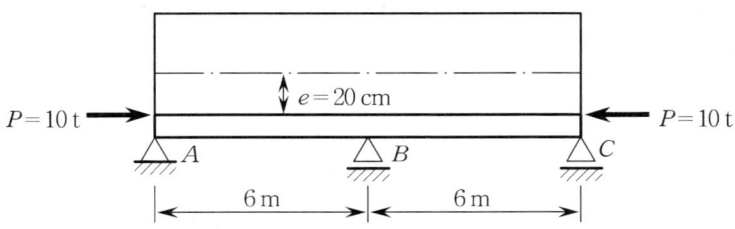

풀이과정 편심이 있는 PSC 연속보의 휨해석 문제이다. 이 문제는 3연 모멘트법으로 해석하는 것이 편리하다.

1. 정정보로 가정한 후 B.M.D를 작성하고, B.M.D의 면적 A와 도심위치 a를 산정

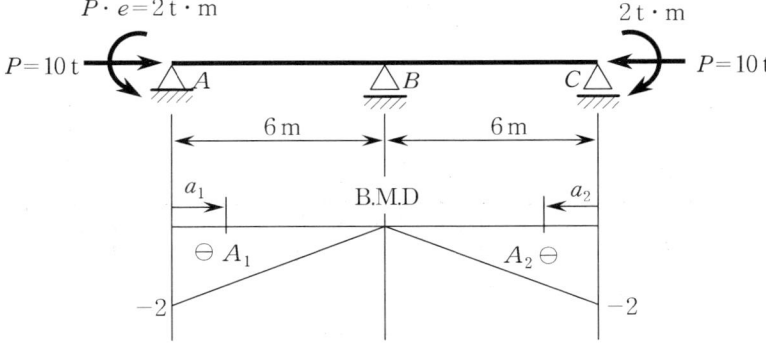

(1) $A-B$ 보와 $B-C$ 보를 정정보로 가정하고 B.M.D를 작성를 작성한다.
$P = 10\,t$ 은 축력이므로 B.M.D와는 상관없고 $P \cdot e = 2\,t\cdot m$에 의하여 B.M.D를 그리면 윗 그림과 같다.

(2) B.M.D의 면적 각각 A_1, A_2 의 산정
$$A_1 = A_2 = -\left(6\times 2\times \frac{1}{2}\right) = -6$$

(3) B.M.D의 도심 a_1, a_2 산정
$$a_1 = a_2 = 6\times \frac{1}{3} = 2$$

2. 3연모멘트 식

$$M_A\left(\frac{l_{AB}}{I}\right) + 2M_B\left(\frac{l_{AB}}{I} + \frac{l_{BC}}{I}\right) + M_C\left(\frac{l_{BC}}{I}\right)$$

$$= -\frac{6A_1 \cdot a_1}{I \cdot l_{AB}} - \frac{6A_2 \cdot a_2}{I \cdot l_{BC}}$$

여기서, $M_A = M_C = 0$ (∵ 최외각 힌지, 롤러)

$$2M_B\left(\frac{6}{I} + \frac{6}{I}\right) = -\left\{\frac{6\times(-6)\times 2}{I \cdot 6}\right\}\times 2$$

$$24M_B = 24$$

$$\therefore M_B = 1\,(t \cdot m)$$

3. 자유물체도

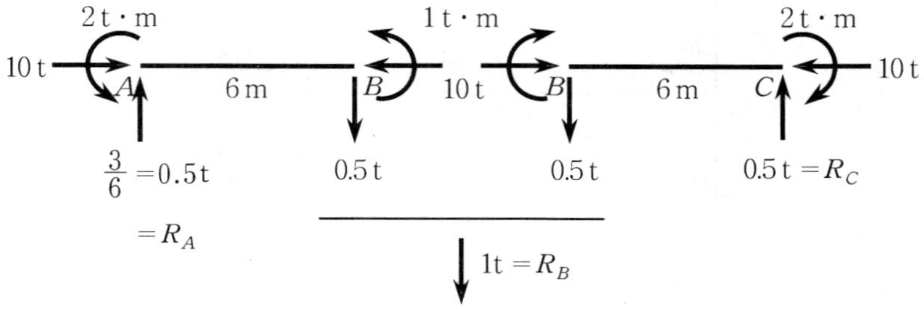

$$\therefore R_A = R_C = 0.5\,t\;(\uparrow)$$
$$\therefore R_B = 1\,t\;(\downarrow)$$

4. 단면력도

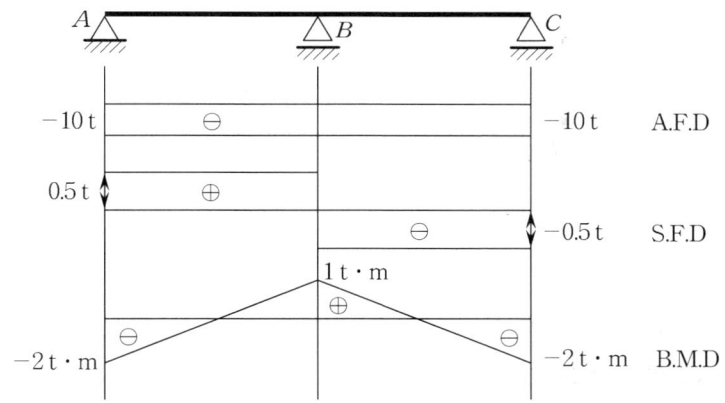

[일반식]

$\begin{cases} \text{축력 ; } F_x = -10 \text{ t } \text{ (일정)(압축)} \\ \text{전단력 ; (A-B구간) } V_x = 0.5 \text{ t} \\ \qquad\qquad \text{(B-C구간) } V_x = -0.5 \text{ t} \\ \text{휨모멘트 ; (A-B구간) } M_x = R_A \cdot x - 2 = 0.5x - 2 \\ \qquad\qquad\quad \text{(C-B구간) } M_x = R_c \cdot x - 2 = 0.5x - 2 \end{cases}$

필수예제 5

다음 L형 부정정보의 반력을 구하고 C점의 수평처짐을 구하시오.

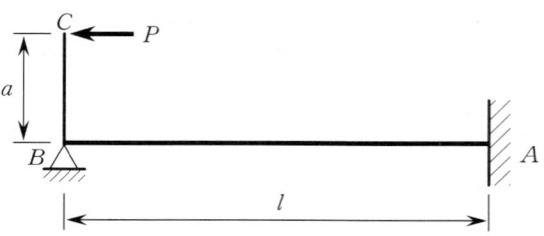

풀이과정 3연모멘트법으로 해석한다.

1. A점의 모멘트 산정

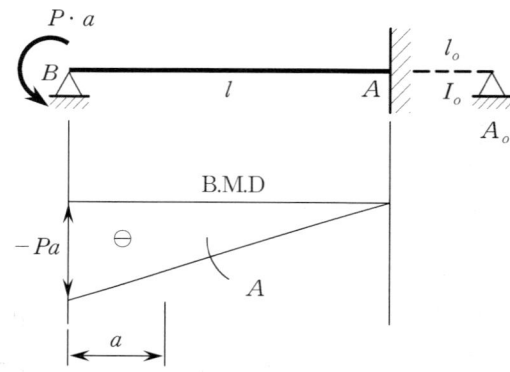

(1) 단순보 (A-B)로 가정한 후 B.M.D 작성 (그림 참조)
(2) B.M.D의 면적과 도심 산정

$$A = -Pa \times \frac{l}{2}, \quad a = \frac{l}{3}$$

(3) 3연 모멘트식

$$M_B\left(\frac{l}{I}\right) + 2M_A\left(\frac{l}{I} + \frac{l_0}{I_0}\right) + M_{A0}\left(\frac{l_0}{I_0}\right)$$

$$= -\frac{6\left(-\dfrac{Pal}{2}\right)\left(\dfrac{l}{3}\right)}{I \cdot l}$$

$$\therefore M_A = \frac{P \cdot a}{2} \quad (\because M_B = M_{A0} = 0)$$

2. 반력 산정

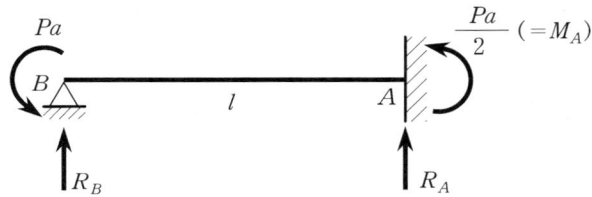

$$\Sigma M_A = 0 \;;\; R_B \times l - Pa - \frac{Pa}{2} = 0 \quad \therefore R_B = \frac{3Pa}{2l} \;(\uparrow)$$

$$\Sigma F_y = 0 \;;\; R_B + R_A = 0 \quad \therefore R_A = -\frac{3Pa}{2l} \;(\downarrow)$$

3. C점의 수평처짐 (δ_C) : 가상일의 원리를 이용한 단위하중법으로 구한다.

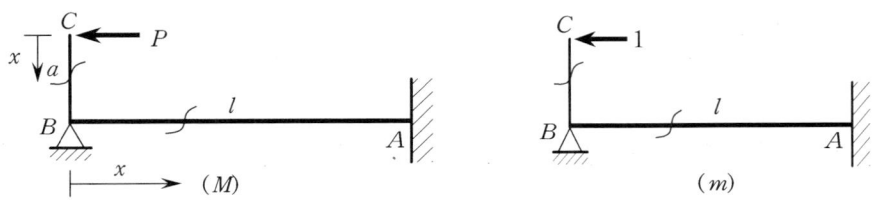

	M	m
$0 \leq x \leq a$	$-Px$	$-x$
$0 \leq x \leq l$	$\dfrac{3Pa}{2l}x - Pa$	$\dfrac{3a}{2l}x - a$

$$\therefore \delta_C = \frac{1}{EI}\left[\int_0^a (-Px)(-x)dx + \int_0^l \left(\frac{3Pa}{2l}x - Pa\right)\left(\frac{3ax}{2l} - a\right)dx\right]$$

$$= \frac{1}{EI}\left[\frac{Pa^3}{3} + P \cdot \int_0^l \left(\frac{9a^2}{4l^2}x^2 - \frac{3a^2}{l}x + a^2\right)dx\right]$$

$$= \frac{1}{EI}\left[\frac{Pa^3}{3} + P\left(\frac{3a^2 l}{4} - \frac{3a^2 l}{2} + a^2 l\right)\right]$$

$$= \frac{Pa^2}{EI}\left(\frac{a}{3} + \frac{l}{4}\right) \;(\leftarrow)$$

실 전 문 제

1. 그림과 같은 PSC보에서 각 지점의 반력과 모멘트를 구하시오.
   (단, $e_P = 30\,cm$, $E = 3 \times 10^5\,kg/cm^2$, $F = 300\,t$)

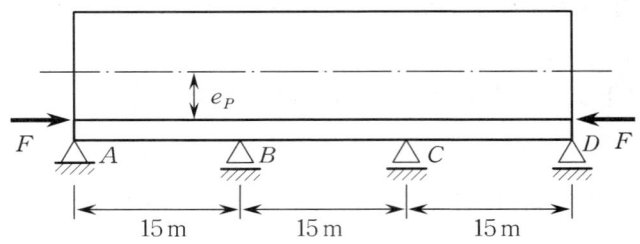 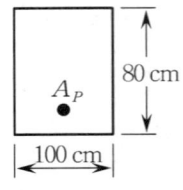

2. 집중하중 P를 받고 있는 양단 고정인 불균일단면보의 고정단 모멘트와 최대처짐을 구하시오.

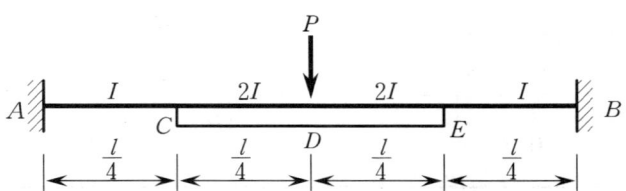

정답

1. $M_B = M_C = 18\,t\cdot m$, $R_A = -R_B = -R_C = R_D = 7.2\,t$

2. $M_A = M_B = \dfrac{5}{48}Pl$, $\delta_{max} = 0.00358\,\dfrac{Pl^3}{EI}$

Chapter 13
처짐각법

Chapter 13 처짐각법 (Slope-deflection method)

13.1 개 요

처짐각법은 연속보나 라아멘과 같은 모멘트 저항 부재의 해석에 처짐각 방정식을 적용하여 해석하는 방법이다. 처짐각 방정식은 한 부재의 재단 모멘트를 그 부재의 양단의 회전각, 양단을 잇는 현의 회전각, 그 부재에 작용하는 하중에 의한 고정단 모멘트(하중항) 등 4개의 항으로 표시한 것이다.

처짐각법은 고차 부정정 구조에 적용하며, 특히 고차의 라아멘이나 가로 흔들이(side sway)가 있는 라아멘 구조의 해석에 유효한 방법이다.

13.2 처짐각법의 해석 순서와 공식

두 절점이 있는 부재단위로 처짐각 식을 적용한다.

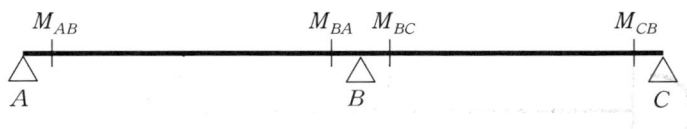

A-B 부재를 예로 들어 처짐각법을 소개한다.

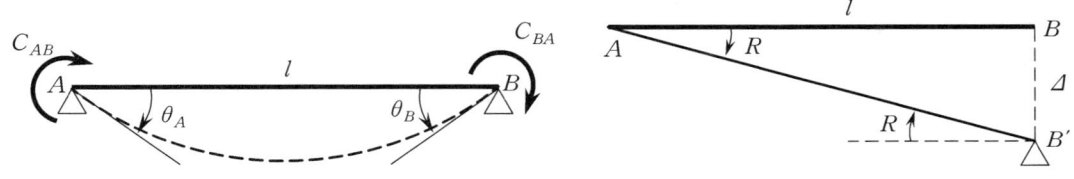

- 지점침하 Δ가 있다고 가정하면, 상대변위(또는 회전각) R은 다음과 같다.

$$R = \frac{\Delta}{l}$$

여기서, $l \gg \Delta$이므로, $\tan R \fallingdotseq R$이다.

- 부호규약 : 모든 모멘트, 처짐각, 상대변위(R)의 부호는 시계방향이 +, 반시계방향이 −이다.

13.2.1 하중항 (고정단 모멘트, Fixed End Moment)

양단고정보로 가정하고 양쪽 지점의 모멘트를 구하면 다음과 같다.

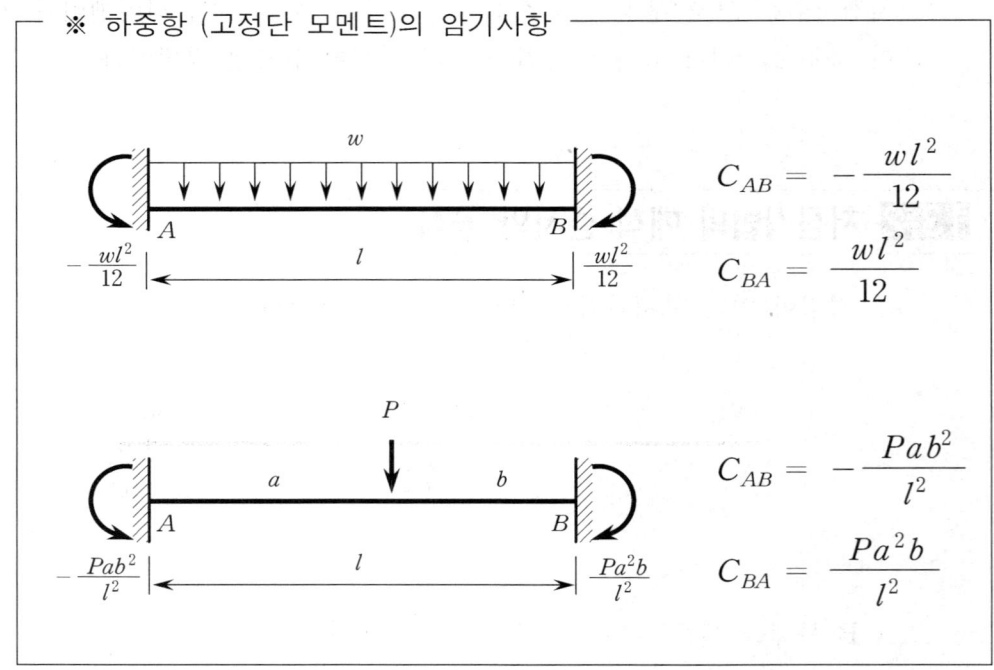

13.2.2 처짐각 식

$$M_{AB} = C_{AB} + \frac{2EI}{l}(2\theta_A + \theta_B - 3R)$$

$$M_{BA} = C_{BA} + \frac{2EI}{l}(2\theta_B + \theta_A - 3R)$$

여기서, $\dfrac{EI}{l} = k$ (강비)

> **참고**
>
> $\dfrac{EI}{l}$ 는 부재강도, 또는 강비(k)라고 한다.
>
> 실제로 강비 k의 정의는 $k = \dfrac{K \,(\text{부재강도})}{K_0 \,(\text{기준강도})}$ 인데, 보통 기준강도 K_0를 1로 두기 때문에 $k = K$로 사용한다.

13.2.3 절점조건 (Joint condition)

임의의 절점에서 모멘트 합은 0이 되어야 하며, 이것이 절점조건이다. 예를 들어 앞의 연속보에서 B절점의 절점조건은 다음과 같다.

$\Sigma M_B = 0\ ;\ M_{BA} + M_{BC} = 0 \rightarrow$ 절점조건식

라아멘 부재를 예로 들어 절점조건식을 보면 다음과 같다.

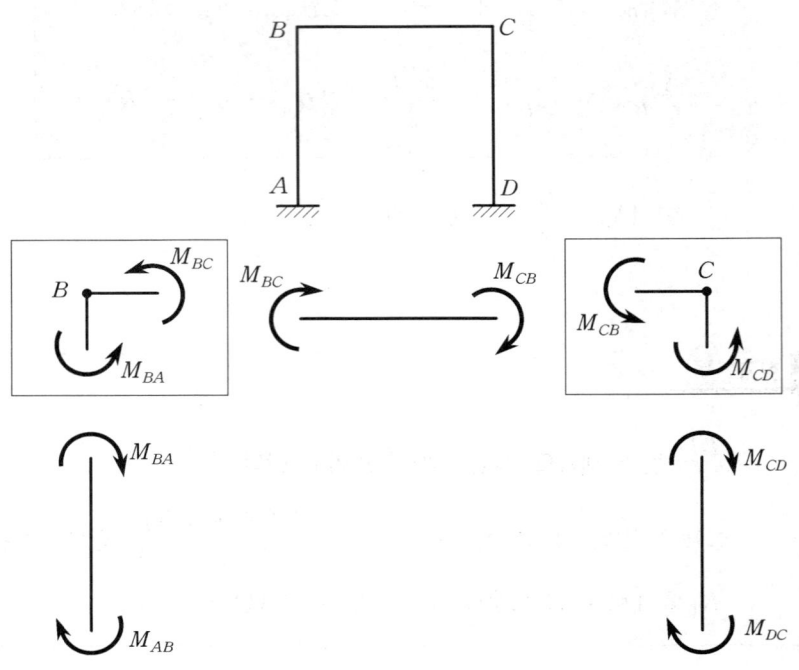

B절점에서 $\Sigma M_B = 0$; $M_{BA} + M_{BC} = 0$
C절점에서 $\Sigma M_C = 0$; $M_{CB} + M_{CD} = 0$ ⎤ 절점조건식

13.2.4 층방정식 (shear condition)

부재가 비대칭이거나 비대칭 하중이 작용할 때, 또는 수평하중이 작용하는 경우는 가로흔들이(side sway)가 발생한다. 이때는 가로흔들이 양 Δ, 혹은 상대변위 R이 미지수가 되며 위의 절점조건만으로는 모든 미지수를 찾아낼 수 없다. 따라서 이러한 경우는 층방정식을 적용해야 한다.

층방정식은 보 부재를 잘랐을 때 자른면에 나오는 전단력의 합력은 0이 되어야 한다는 식이며 이를 전단조건식이라고도 한다.

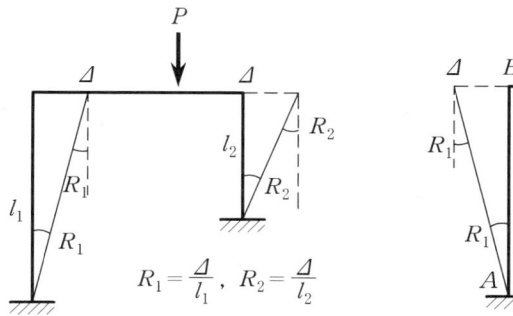
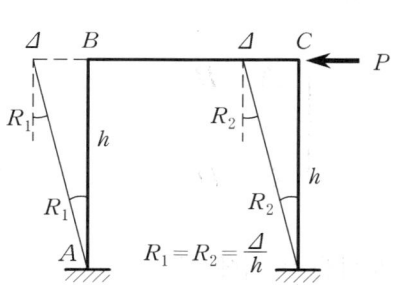

(a) 비대칭구조 또는 비대칭하중   (b) 수평하중

위 그림(a), (b)는 가로 흔들이가 발생한 라아멘을 예로 든 것이다. 여기서, 그림(a)는 시계방향의 회전변위 R_1과 R_2가 생기므로 부호는 (+)가 되며, 그 값은 $R_1 = \dfrac{\varDelta}{l_1}$, $R_2 = \dfrac{\varDelta}{l_2}$가 된다. 그림 (b)는 반시계방향의 회전변위가 생기므로 부호는 (-)가 되며, 그 값은 $R_1 = R = -\dfrac{\varDelta}{h}$가 된다. 수평하중이 작용하는 그림 (b)의 라아멘에서 층방정식을 유도해 보자.

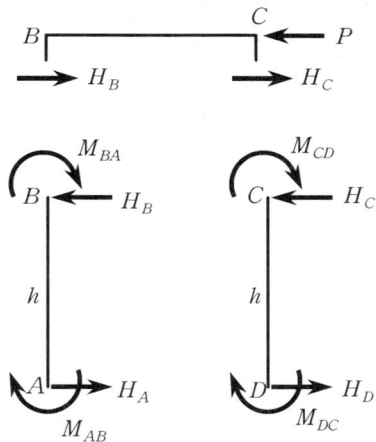

$H_B + H_C = P$; 층방정식 ·· ⓐ

H_B와 H_C는 밑의 부재에서 찾아내어야 한다.

$$\begin{cases} A-B \text{ 부재에서 } \Sigma M_A = 0 \,;\, H_B = \dfrac{M_{AB} + M_{BA}}{h} \\ \\ C-D \text{ 부재에서 } \Sigma M_D = 0 \,;\, H_C = \dfrac{M_{CD} + M_{DC}}{h} \end{cases} \quad \cdots\cdots \text{ⓑ}$$

ⓑ식을 ⓐ식에 대입하면 다음과 같다.

$$\boxed{\dfrac{M_{AB} + M_{BA}}{h} + \dfrac{M_{CD} + M_{DC}}{h} = P \,:\, \text{층방정식}}$$

참고 ✓ 처짐각법으로 구조해석하는 순서

1. 하중항 산정
2. 처짐각 식
3. 절점조건과 전단조건의 설정
4. 연립방정식 풀이
5. 재단 (단부) 모멘트 산정
6. 자유물체도에 의한 반력 산정
7. S.F.D와 B.M.D의 작성

필수예제 1

다음 부정정 라아멘을 처짐각법으로 해석하시오.

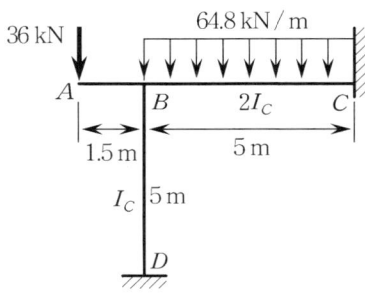

풀이과정 처짐각법에 의해 라아멘을 해석한다.

1. 하중항

$$C_{BD} = C_{DB} = 0$$

$$C_{BC} = -C_{CB} = -\frac{wl^2}{12} = -\frac{64.8 \times 5^2}{12} = -135 \text{ (kN·m)}$$

2. 처짐각 식

$$M_{DB} = 0 + \frac{2EI_C}{5}(2\theta_D + \theta_B), \quad M_{BD} = \frac{2EI_C}{5}(2\theta_B + \theta_D)$$

$$M_{BC} = -135 + \frac{4EI_C}{5}(2\theta_B + \theta_C), \quad M_{CB} = 135 + \frac{4EI_C}{5}(2\theta_C + \theta_B)$$

3. 절점조건

$\theta_D = \theta_C = 0$ (∵ 고정단)

B절점에서 $\Sigma M_B = 0$;

$$\therefore M_{BD} + M_{BC} + 54 = 0$$

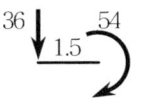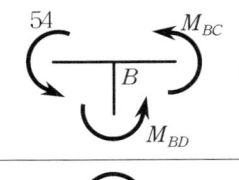

위 절점조건식에 처짐각 식을 대입하면 다음과 같다.

$$\frac{4}{5}EI_C \cdot \theta_B - 135 + \frac{8}{5}EI_C \cdot \theta_B + 54 = 0$$

$$\therefore EI_C \cdot \theta_B = 33.75$$

4. 재단모멘트

$$M_{DB} = \frac{2}{5} \times 33.75 = 13.5 \text{ kN} \cdot \text{m}$$

$$M_{BD} = \frac{4}{5} \times 33.75 = 27 \text{ kN} \cdot \text{m}$$

$$M_{BC} = -135 + \frac{8}{5} \times 33.75 = -81 \text{ kN} \cdot \text{m}$$

$$M_{CB} = 135 + \frac{4}{5} \times 33.75 = 162 \text{ kN} \cdot \text{m}$$

5. 자유물체도

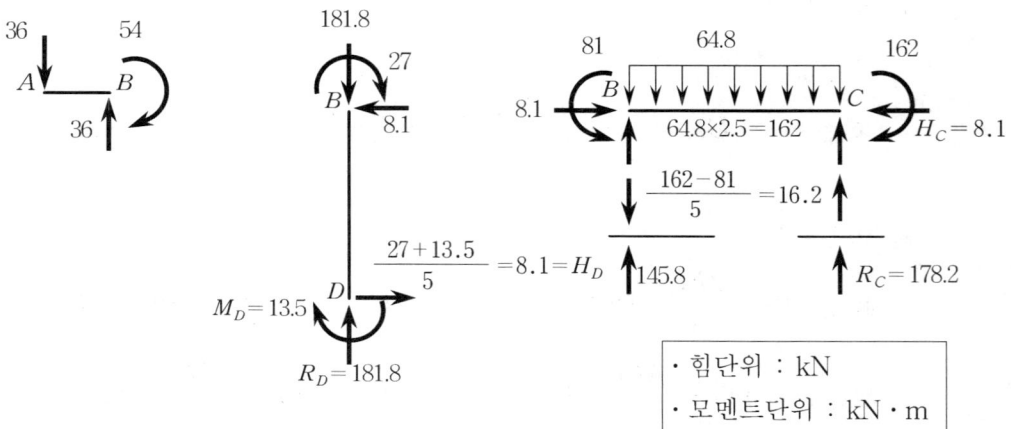

- 힘단위 : kN
- 모멘트단위 : kN · m

6. S.F.D와 B.M.D의 작성

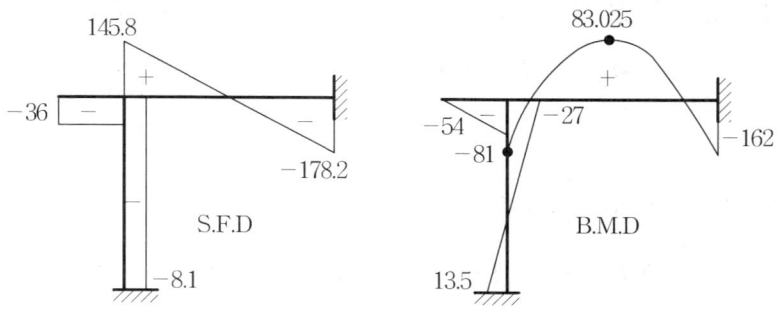

필수예제 2

다음과 같은 Box 구조물의 휨모멘트도를 도시하시오. 이때, 부재의 축력은 무시하라.

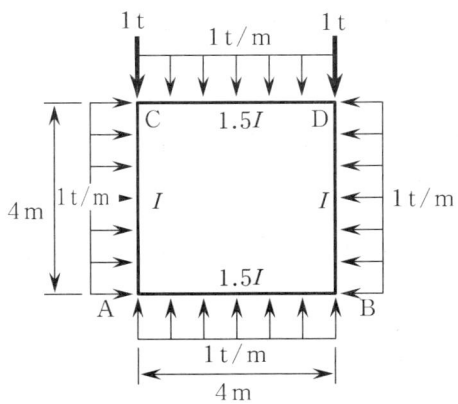

[key point] 대칭구조물이므로 처짐각 1개만 구하면 모든 재단모멘트가 산정된다. 따라서, 절점조건도 1개만 이용하면 된다.

풀이과정 가로 흔들이가 없는 대칭구조이며 처짐각법으로 해석한다.

1. 대칭조건

$$\theta_A = -\theta_B = -\theta_C = \theta_D$$

2. 하중항

$$C_{AC} = -C_{CA} = C_{CD} = -C_{DC} = C_{DB} = -C_{BD} = C_{BA} = -C_{AB}$$

$$= -\frac{wl^2}{12} = -\frac{1 \times 4^2}{12} = -1.333 \text{ t} \cdot \text{m}$$

3. 처짐각 식

$$M_{AC} = C_{AC} + \frac{2EI}{l}(2\theta_A + \theta_C)$$

$$= -1.333 + \frac{2EI}{4}(2\theta_A - \theta_A) = -1.333 + \frac{EI}{2} \cdot \theta_A$$

$$M_{CA} = 1.333 + \frac{2EI}{4}(-2\theta_A + \theta_A) = 1.333 - \frac{EI}{2} \cdot \theta_A$$

$$M_{CD} = -1.333 + \frac{3EI}{4}(-2\theta_A + \theta_A) = -1.333 - \frac{3EI}{4}\cdot\theta_A$$

$$M_{DC} = 1.333 + \frac{3EI}{4}(2\theta_A - \theta_A) = 1.333 + \frac{3EI}{4}\cdot\theta_A$$

$$M_{DB} = M_{AC}, \quad M_{BD} = M_{CA}, \quad M_{BA} = M_{CD}, \quad M_{AB} = M_{DC}$$

4. 절점조건

   미지수는 θ_A이므로 절점조건도 1개만 있으면 된다.

   $\Sigma M_A = 0 \;;\; M_{AC} + M_{AB} = 0$

   $\Rightarrow -1.333 + \frac{1}{2}EI\cdot\theta_A + 1.333 + \frac{3}{4}\cdot EI\cdot\theta_A = 0$

   $\therefore \theta_A = 0$

   $\therefore \theta_A = \theta_B = \theta_C = \theta_D = 0$

5. 재단 모멘트

   $M_{AC} = M_{CD} = M_{DB} = M_{BA} = -1.333 \text{ t}\cdot\text{m}$

   $M_{CA} = M_{DC} = M_{BD} = M_{AB} = 1.333 \text{ t}\cdot\text{m}$

6. 자유물체도

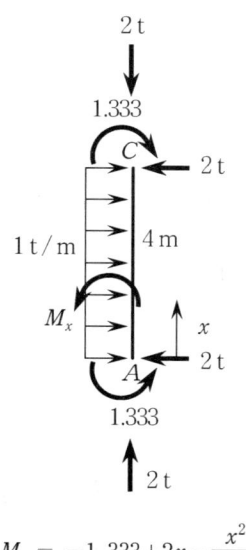

$M_x = -1.333 + 2x - \frac{x^2}{2}$

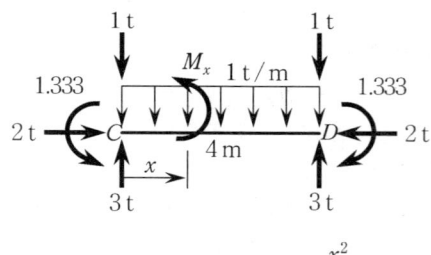

$M_x = -1.333 + 2x - \frac{x^2}{2}$

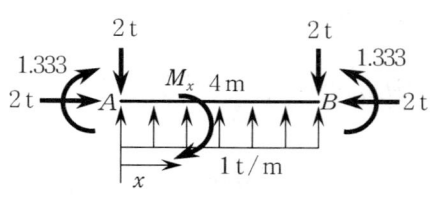

$M_x = -1.333 + 2x - \frac{x^2}{2}$

7. B.M.D 작성

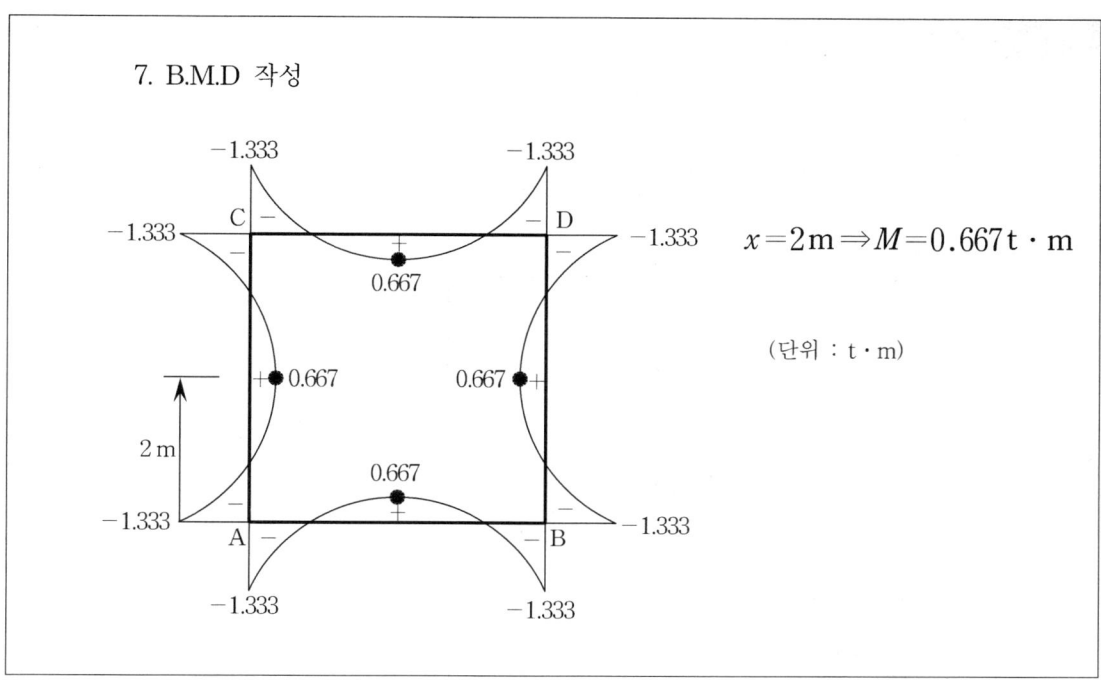

$x = 2\text{m} \Rightarrow M = 0.667\,\text{t}\cdot\text{m}$

(단위 : t·m)

필수예제 3

Side Sway가 있는 부정정 라아멘에서 다음에 답하시오.
(단, EI 는 일정하다.)

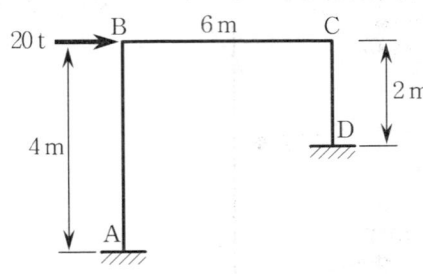

(1) 수평변위 Δ
(2) 단모멘트
(3) S.F.D & B.M.D

풀이과정

1. 하중항 및 단부조건
   (1) 하중항
       하중 20 t 이 B점에 가해지므로 모든 하중항은 0이다.
   (2) 회전각

   $$R_1 = \frac{\Delta}{L} = \frac{\Delta}{4}$$

   $$R_2 = \frac{\Delta}{2}$$

   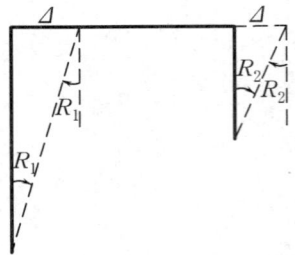

   (3) 단부조건
       A와 D는 고정단이므로, $\theta_A = \theta_D = 0$ 이다.

2. 처짐각식

$$M_{AB} = C_{AB} + \frac{2EI}{L}(2\theta_A + \theta_B - 3R_1)$$

$$= \frac{2EI}{4}\left(2\theta_A + \theta_B - \frac{3}{4}\Delta\right) = \frac{1}{2}EI\theta_B - \frac{3}{8}EI\Delta$$

$$M_{BA} = \frac{2EI}{4}\left(2\theta_B + \theta_A - \frac{3}{4}\Delta\right) = EI\theta_B - \frac{3}{8}EI\Delta$$

$$M_{BC} = \frac{2EI}{6}(2\theta_B + \theta_C) = \frac{4}{6}EI\theta_B + \frac{2}{6}EI\theta_C$$

$$M_{CB} = \frac{2EI}{6}(2\theta_C + \theta_B) = \frac{4}{6}EI\theta_C + \frac{2}{6}EI\theta_B$$

$$M_{CD} = \frac{2EI}{2}(2\theta_C + \theta_D - 3R_2) = 2EI\theta_C - \frac{3}{2}EI\Delta$$

$$M_{DC} = \frac{2EI}{2}(2\theta_D + \theta_C - 3R_2) = EI\theta_C - \frac{3}{2}EI\Delta$$

3. 절점조건

B절점 ; $M_{BA} + M_{BC} = 0$ ··· Ⓐ

C절점 ; $M_{CB} + M_{CD} = 0$ ··· Ⓑ

4. 층방정식

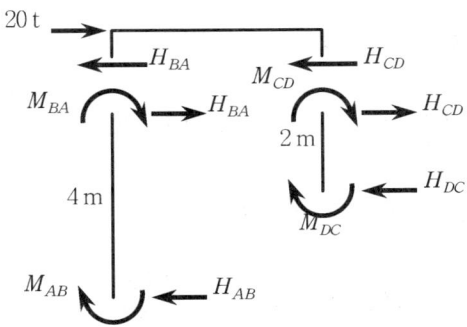

$$H_{BA} + H_{CD} - 20 = 0$$

여기서, $H_{AB} = -\left(\dfrac{M_{AB} + M_{BA}}{4}\right)$

$H_{CD} = -\left(\dfrac{M_{CD} + M_{DC}}{2}\right)$

$$\therefore \frac{1}{4}(M_{AB}+M_{BA})+\frac{1}{2}(M_{CD}+M_{DC})+20=0$$

$$\Rightarrow M_{AB}+M_{BA}+2M_{CD}+2M_{DC}=-80 \quad\cdots\cdots\cdots\cdots\cdots\cdots\cdots Ⓒ$$

5. 연립방정식

   Ⓐ, Ⓑ, Ⓒ 식에 처짐각식을 대입하면 다음과 같다.

   Ⓐ ; $EI\theta_B - \dfrac{3}{8}EI\varDelta + \dfrac{4}{6}EI\theta_B + \dfrac{4}{6}EI\theta_C = 0$

   $24\theta_B - 9\varDelta + 16\theta_B + 8\theta_C = 0$

   $\therefore 40\theta_B + 8\theta_C - 9\varDelta = 0 \quad\cdots\cdots\cdots\cdots\cdots\cdots\cdots Ⓓ$

   Ⓑ ; $\dfrac{4}{6}EI\theta_C + \dfrac{2}{6}EI\theta_B + 2EI\theta_C - \dfrac{3}{2}EI\varDelta = 0$

   $4\theta_C + 2\theta_B + 12\theta_C - 9\varDelta = 0$

   $\therefore 2\theta_B + 16\theta_C - 9\varDelta = 0 \quad\cdots\cdots\cdots\cdots\cdots\cdots\cdots Ⓔ$

   Ⓒ ; $\dfrac{1}{2}EI\theta_B - \dfrac{3}{8}EI\varDelta E + EI\theta_B$

   $\quad - \dfrac{3}{8}EI\varDelta + 4EI\theta_C - 3EI\varDelta + 2EI\theta_C - 3EI\varDelta = -80$

   $\dfrac{3}{2}\theta_B + 6\theta_C - \dfrac{27}{4}\varDelta = -\dfrac{80}{EI}$

   $\therefore 6\theta_B + 24\theta_C - 27\varDelta = -\dfrac{320}{EI} \quad\cdots\cdots\cdots\cdots\cdots\cdots\cdots Ⓕ$

   위 Ⓓ, Ⓔ, Ⓕ식을 연립하여 풀면 다음을 구할 수 있다.

   $$\therefore \begin{cases} \varDelta = \dfrac{24.3264}{EI} \ (\rightarrow) \ ; \ \text{수평변위} \\ \theta_B = \dfrac{2.8068}{EI} \ (\curvearrowleft) \\ \theta_C = \dfrac{13.3332}{EI} \ (\curvearrowleft) \end{cases}$$

6. 재단모멘트

연립방정식으로 구한 Δ, θ_B 및 θ_C를 처짐각식에 대입하여 풀면 다음의 재단모멘트가 산정된다.

$$M_{AB} = -7.72 \text{ t·m}$$
$$M_{BA} = -6.32 \text{ t·m}$$
$$M_{BC} = 6.32 \text{ t·m}$$
$$M_{CB} = 9.82 \text{ t·m}$$
$$M_{CD} = -9.82 \text{ t·m}$$
$$M_{DC} = -23.16 \text{ t·m}$$

7. 자유물체도

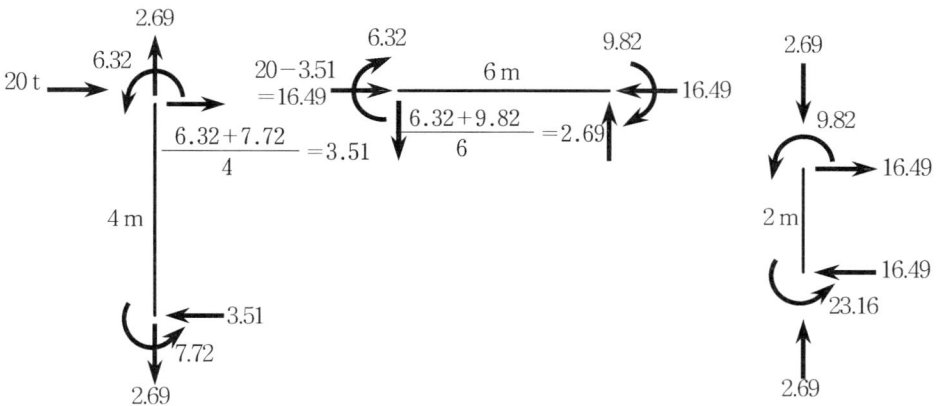

8. S.F.D & B.M.D

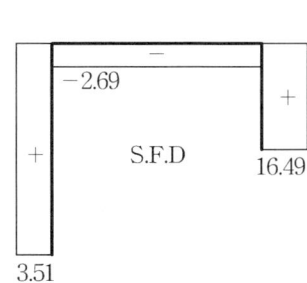
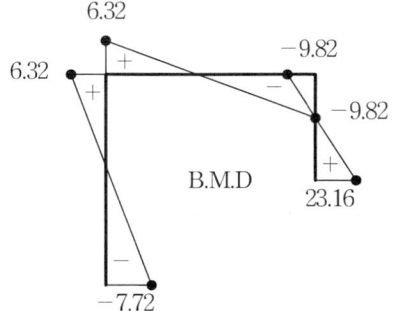

13.3 Sidesway가 있는 라아멘의 해석 (응용)

다음과 같이 복잡한 Sidesway가 적용되는 라아멘은 절점조건식과 전단조건식의 수에 비해 sidesway양인 Δ_1, Δ_2 및 Δ_3 등의 수가 많은 것이 일반적이다. 따라서 변위량을 하나의 미지수로 통일시킬 필요가 있다.

그림(a), (b)는 전단조건식이 하나인데 반해 변위량이 Δ_1, Δ_2 및 Δ_3로 3개이다. 따라서 이 장은 Δ_2와 Δ_3를 Δ_1의 함수로 만드는 과정을 보이며, 그 외의 구조해석은 앞장과 동일하게 한다.

13.3.1 그림 (a)

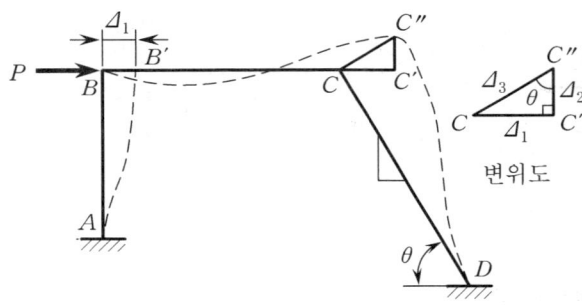

변위도

$$\Delta_2 = \frac{\Delta_1}{\tan\theta}, \quad \Delta_3 = \frac{\Delta_1}{\sin\theta}$$

회전변위는 다음과 같다.

$$R_{AB} = \frac{\Delta_1}{L_{AB}}$$

$$R_{BC} = \frac{\Delta_2}{L_{BC}} = -\frac{\Delta_1}{L_{BC} \cdot \tan\theta}$$

$$R_{CD} = \frac{\Delta_3}{L_{CD}} = \frac{\Delta_1}{L_{CD} \cdot \sin\theta}$$

13.3.2 그림 (b)

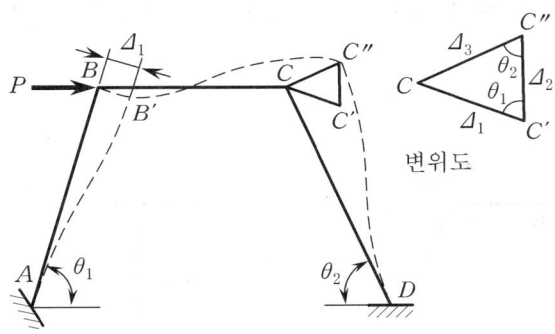

sine 법칙에 의해,

$$\frac{\Delta_1}{\sin\theta_2} = \frac{\Delta_2}{\sin(180-\theta_1-\theta_2)} = \frac{\Delta_3}{\sin\theta_1}$$

Δ_2와 Δ_3를 Δ_1의 항으로 나타내면 다음과 같다.

$$\Delta_2 = \frac{\sin(180-\theta_1-\theta_2)}{\sin\theta_2} \cdot \Delta_1$$

$$\Delta_3 = \frac{\sin\theta_1}{\sin\theta_2} \cdot \Delta_1$$

회전변위는 다음과 같다.

$$R_{AB} = \frac{\Delta_1}{L_{AB}}$$

$$R_{BC} = -\frac{\Delta_2}{L_{BC}} = -\frac{\sin(180-\theta_1-\theta_2)}{L_{BC}\cdot\sin\theta_2} \cdot \Delta_1$$

$$R_{CD} = \frac{\Delta_3}{L_{CD}} = \frac{\sin\theta_1}{L_{CD}\cdot\sin\theta_3} \cdot \Delta_1$$

필수예제 1

그림 (a)와 같은 라아멘의 재단모멘트를 구하시오. $\left(\text{단, } K = \dfrac{I}{l} \text{ 이다.}\right)$

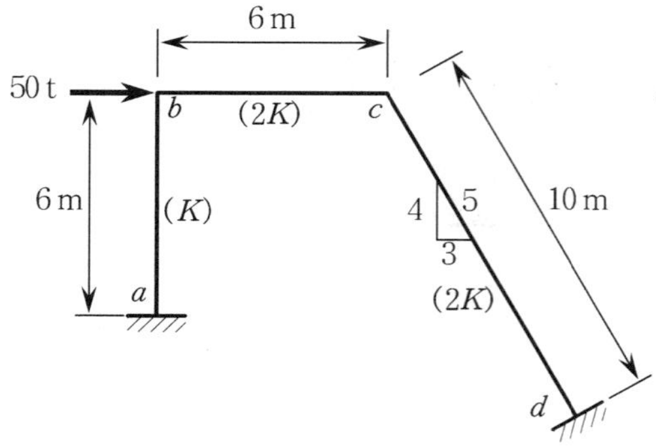

(a)

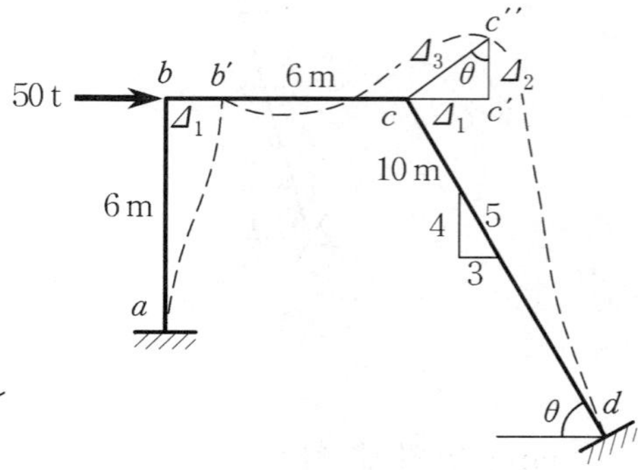

(b)

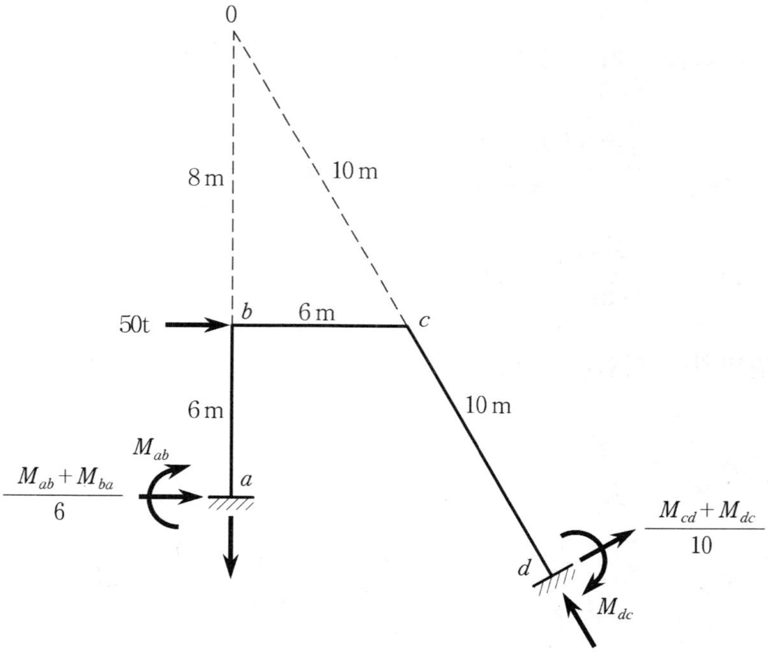

(c)

풀이과정 그림 (a)의 변위도는 그림 (b)와 같다.

$$\left.\begin{array}{l} \text{cd 부재에서, } \tan\theta = \dfrac{4}{3} \\ \text{변위도에서, } \tan\theta = \dfrac{\Delta_1}{\Delta_2} \end{array}\right\} \Rightarrow \Delta_2 = \dfrac{3}{4}\Delta_1$$

또한, $\sin\theta = \dfrac{4}{5} = \dfrac{\Delta_1}{\Delta_3} \Rightarrow \Delta_3 = \dfrac{5}{4}\Delta_1$

1. 하중항과 회전변위 (R)

   모든 하중항은 0이다.

   $$R_{ab} = \left(\dfrac{\Delta}{L}\right)_{ab} = \dfrac{\Delta_1}{6} \;(\curvearrowleft)$$

   $$R_{bc} = -\left(\dfrac{\Delta}{L}\right)_{bc} = -\dfrac{\Delta_2}{6} = -\dfrac{1}{6}\left(\dfrac{3}{4}\Delta_1\right) = -\dfrac{\Delta_1}{8} \;(\curvearrowright)$$

   $$R_{cd} = \left(\dfrac{\Delta}{L}\right)_{cd} = \dfrac{\Delta_3}{10} = \dfrac{1}{10}\left(\dfrac{5}{4}\Delta_1\right) = \dfrac{\Delta_1}{8} \;(\curvearrowleft)$$

2. 처짐각 식

   $$M_{ab} = C_{ab} + \dfrac{2EI}{L}(2\theta_a + \theta_b - 3R_{ab}) = 2EK\left(2\theta_a + \theta_b - \dfrac{\Delta_1}{2}\right)$$

   $$M_{ba} = 2EK\left(2\theta_b + \theta_a - \dfrac{\Delta_1}{2}\right)$$

   $$M_{bc} = 4EK\left(2\theta_b + \theta_c + \dfrac{3}{8}\Delta_1\right)$$

   $$M_{cb} = 4EK\left(2\theta_c + \theta_b + \dfrac{3}{8}\Delta_1\right)$$

   $$M_{cd} = 4EK\left(2\theta_c + \theta_d - \dfrac{3}{8}\Delta_1\right)$$

   $$M_{dc} = 4EK\left(2\theta_d + \theta_c - \dfrac{3}{8}\Delta_1\right)$$

3. 절점조건 (Joint Condition)

   (1) $\theta_a = \theta_d = 0$ ($\because$ 고정단)

   (2) $\Sigma M_b = 0$; $M_{ba} + M_{bc} = 0$

$$EK\left(2\theta_b - \frac{\Delta_1}{2}\right) + 2EK\left(2\theta_b + \theta_c + \frac{3}{8}\Delta_1\right) = 0$$

$$\therefore 6EK\theta_b + 2EK\theta_c + \frac{1}{4}EK\cdot\Delta_1 = 0 \quad\cdots\cdots\cdots\cdots\text{Ⓐ}$$

(3) $\Sigma M_c = 0$; $M_{cb} + M_{cd} = 0$

$$2EK\left(2\theta_c + \theta_b + \frac{3}{8}\Delta_1\right) + 2EK\left(2\theta_c - \frac{3}{8}\Delta_1\right) = 0$$

$$\therefore 2EK\theta_b + 8EK\theta_c = 0 \quad\cdots\cdots\cdots\cdots\text{Ⓑ}$$

4. 전단조건 (shear condition) 또는 층방정식

계산의 편의를 위하여 그림 (c)처럼 $\Sigma M_o = 0$를 이용한다.

$$\Sigma M_o = 0 \; ; \; M_{ab} + M_{dc} - (50)(8) - \frac{1}{6}(M_{ab} + M_{ba})(14)$$

$$-\frac{1}{10}(M_{cd} + M_{dc})(20) = 0$$

$$\therefore -12EK\theta_b - 20EK\theta_c + \frac{49}{6}EK\cdot\Delta_1 - 400 = 0 \quad\cdots\cdots\text{Ⓒ}$$

5. 연립방정식

Ⓐ, Ⓑ, Ⓒ를 연립하여 Matrix 형태로 풀 수 있다.

$$\begin{bmatrix} 6 & 2 & \frac{1}{4} \\ 2 & 8 & 0 \\ -12 & -20 & \frac{49}{6} \end{bmatrix} \times \begin{bmatrix} EK\theta_b \\ EK\theta_c \\ EK\Delta_1 \end{bmatrix} = \begin{bmatrix} 0 \\ 0 \\ 400 \end{bmatrix}$$

$$\therefore EK\theta_b = -2.143, \; EK\theta_c = 0.536, \; EK\Delta_1 = 47.136$$

6. 재단모멘트

위 값을 처짐각식에 대입하여 정리하면 다음과 같다.

$M_{ab} = -51.42 \text{ t}\cdot\text{m}$ $M_{ba} = -55.71 \text{ t}\cdot\text{m}$

$M_{bc} = 55.71 \text{ t}\cdot\text{m}$ $M_{cb} = 66.42 \text{ t}\cdot\text{m}$

$M_{cd} = -66.42 \text{ t}\cdot\text{m}$ $M_{dc} = -68.56 \text{ t}\cdot\text{m}$

필수예제 2

그림과 같은 라아멘의 재단모멘트를 처짐각법으로 구하시오.

$$\left(\text{단, } K = \frac{I}{l} \text{ 이다.}\right)$$

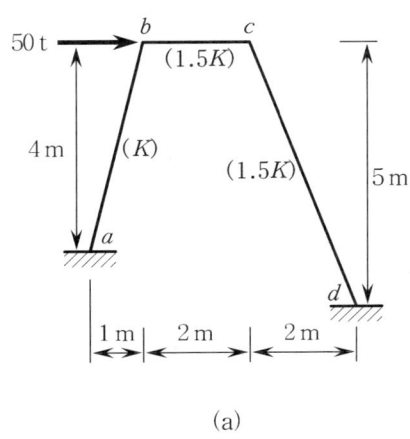

(a)

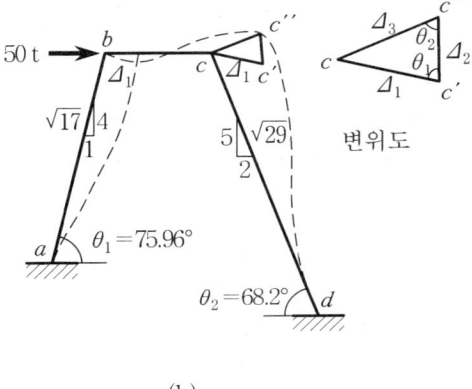

(b) 변위도

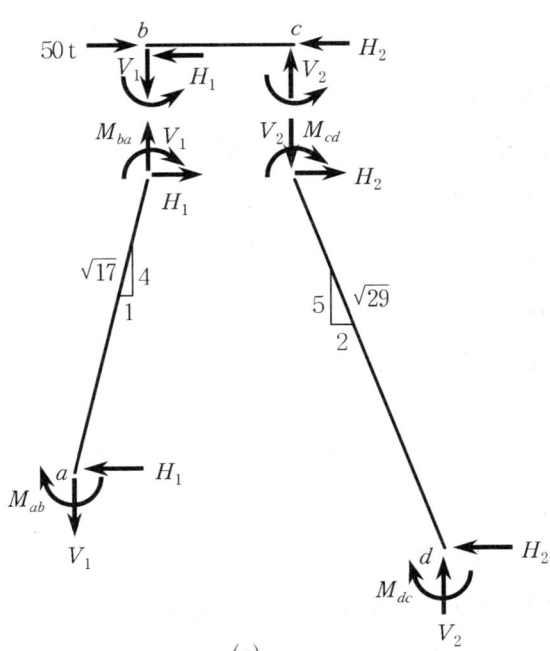

(c)

풀이과정 그림 (b)의 변위도에서 Sine 법칙을 적용하면 다음과 같다.

$$\frac{\Delta_1}{\sin\theta_2} = \frac{\Delta_3}{\sin\theta_1} = \frac{\Delta_2}{\sin[180-(\theta_1+\theta_2)]}$$

$$\therefore \Delta_3 = \frac{\sin\theta_1}{\sin\theta_2}\Delta_1 = \frac{\sin 75.96°}{\sin 68.2°}\Delta_1 = 1.045\Delta_1$$

$$\Delta_2 = \frac{\sin(180-75.96-68.2)}{\sin\theta_2}\Delta_1 = 0.63\Delta_1$$

1. 하중항 및 회전변위(R)
   모든 부재의 하중항은 0이다.

$$R_{ab} = \left(\frac{\Delta_1}{L_{ab}}\right) = \frac{\Delta_1}{\sqrt{17}} = 0.2425\Delta_1 \; (\curvearrowright)$$

$$R_{bc} = -\left(\frac{\Delta_2}{L_{bc}}\right) = -\frac{0.63\Delta_1}{2} = -0.315\Delta_1 \; (\curvearrowleft)$$

$$R_{cd} = \left(\frac{\Delta_3}{L_{cd}}\right) = \frac{1.045\Delta_1}{\sqrt{29}} = 0.194\Delta_1 \; (\curvearrowright)$$

2. 처짐각 식

$$M_{ab} = 2EK(2\theta_a + \theta_b - 3\times 0.2425\Delta_1)$$
$$M_{ba} = 2EK(2\theta_b + \theta_a - 3\times 0.2425\Delta_1)$$
$$M_{bc} = 3EK(2\theta_b + \theta_c + 3\times 0.315\Delta_1)$$
$$M_{cb} = 3EK(2\theta_c + \theta_b + 3\times 0.315\Delta_1)$$
$$M_{cd} = 3EK(2\theta_c + \theta_d - 3\times 0.194\Delta_1)$$
$$M_{dc} = 3EK(2\theta_d + \theta_c - 3\times 0.194\Delta_1)$$

3. 절점조건

$$\theta_a = \theta_d = 0 \quad (\because 고정단)$$

(1) $\Sigma M_b = 0$; $M_{ba} + M_{bc} = 0$

$$EK(2\theta_b - 0.7275\Delta_1) + 1.5EK(2\theta_b + \theta_c + 0.945\Delta_1) = 0$$

$$\therefore 5EK\theta_b + 1.5EK\theta_c + 0.69EK\Delta_1 = 0 \quad \cdots\cdots\cdots\cdots Ⓐ$$

(2) $\Sigma M_c = 0$; $M_{cb} + M_{cd} = 0$

$$1.5EK(2\theta_c + \theta_b + 0.945\Delta_1) + 1.5EK(2\theta_c - 0.582\Delta_1) = 0$$

$$\therefore 1.5EK\theta_b + 6EK\theta_c + 0.5445EK\Delta_1 = 0 \quad \cdots\cdots\cdots\cdots \text{ⓑ}$$

4. 전단조건 (층방정식)

그림 (c)에서, $H_1 + H_2 = 50$

부재 ab에서, $\Sigma M_a = 0$; $M_{ab} + M_{ba} - V_1 \times (1) + 4H_1 = 0$

부재 cd에서, $\Sigma M_d = 0$; $M_{cd} + M_{dc} - V_2 \times (2) + 5H_2 = 0$

(여기서, V_1과 V_2의 방향은 하중에 의해 가정한 것이다.)

> **주의** 부재가 연직이 아니므로, 모멘트를 취할 때는 수평반력 뿐만 아니라 수직반력(V)에 의한 모멘트가 발생한다.

수직반력 V가 미지수이므로 V의 값도 찾아야 한다.
이는 그림 (c)의 bc 부재에서 찾을 수 있다.

$$\Sigma F_y = 0 \; ; \quad V_1 = V_2$$
$$\Sigma M_c = 0 \; ; \quad -M_{ba} - M_{cd} - V_1 \times 2 = 0$$
$$\therefore V_1 = -\frac{1}{2}(M_{ba} + M_{cd})$$

따라서, 전단조건인 $H_1 + H_2 = 50$ 식에 대입하면 다음과 같다.

부재 ab ; $M_{ab} + M_{ba} + \dfrac{1}{2}(M_{ba} + M_{cd}) + 4H_1 = 0$

$$\therefore H_1 = -\frac{1}{4}\left(\frac{3}{2}M_{ba} + M_{ab} + \frac{1}{2}M_{cd}\right)$$
$$= -\frac{1}{8}(2M_{ab} + 3M_{ba} + M_{cd})$$

부재 cd ; $M_{cd} + M_{dc} + (M_{ba} + M_{cd}) + 5H_2 = 0$

$$\therefore H_2 = -\frac{1}{5}(M_{ba} + 2M_{cd} + M_{dc})$$

$$H_1 + H_2 = 50 \ : \ -\frac{1}{8}(2M_{ab} + 3M_{ba} + M_{cd}) - \frac{1}{5}(M_{ba} + 2M_{cd} + M_{dc})$$
$$= 50$$

$$10M_{ab} + 23M_{ba} + 21M_{cd} + 8M_{dc} = -2000$$

처짐각식을 대입하여 정리하면 다음과 같다.

$$\therefore 56EK\theta_b + 75EK\theta_c - 49.3245EK\Delta_1 = -1000 \quad \cdots\cdots\cdots\cdots\cdots Ⓒ$$

5. 연립방정식

 Ⓐ, Ⓑ, Ⓒ를 연립하여 Matrix 형태로 풀 수 있다.

$$\begin{bmatrix} 5 & 1.5 & 0.69 \\ 1.5 & 6 & 0.5445 \\ 56 & 75 & -49.3245 \end{bmatrix} \times \begin{bmatrix} K\theta_b \\ K\theta_c \\ K\Delta_1 \end{bmatrix} = \begin{bmatrix} 0 \\ 0 \\ -1000 \end{bmatrix}$$

$$\therefore EK\theta_b = -1.98, \quad EK\theta_c = -1.005, \quad EK\Delta_1 = 16.495$$

6. 재단모멘트

 위 값을 처짐각식에 대입하여 정리하면 다음과 같다.

$M_{ab} = -27.96 \ \text{t} \cdot \text{m} \qquad M_{ba} = -31.92 \ \text{t} \cdot \text{m}$

$M_{bc} = 31.91 \ \text{t} \cdot \text{m} \qquad M_{cb} = 34.83 \ \text{t} \cdot \text{m}$

$M_{cd} = -34.83 \ \text{t} \cdot \text{m} \qquad M_{dc} = -31.82 \ \text{t} \cdot \text{m}$

실전문제

1. 교문뼈대 (Portal Frame)의 가로보 부분에 PS 강선을 20 t 으로 긴장하였을 때 각 절점 (A, B, C, D E점)의 모멘트를 구하고, PS 강선의 파상 마찰 계수 k = 0.0061일 때 E점 상·하연의 응력을 구하시오.
   (단, 구조물 자중은 무시하고, $E_c = 2.6 \times 10^5$ kg/cm² 이다.)

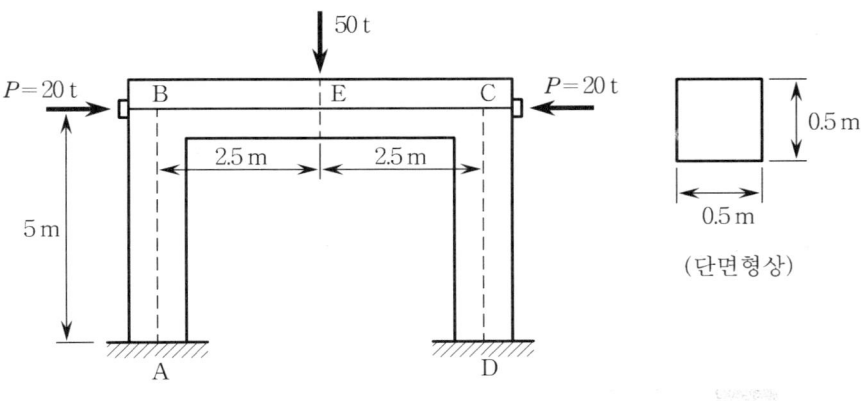

2. 다음 그림과 같은 구조물에서 지점 A, B, C의 수평반력을 구하시오.
   (단, 보의 휨 및 축방향 강성도는 무한대이며 기둥의 단면은 모두 동일하다.)

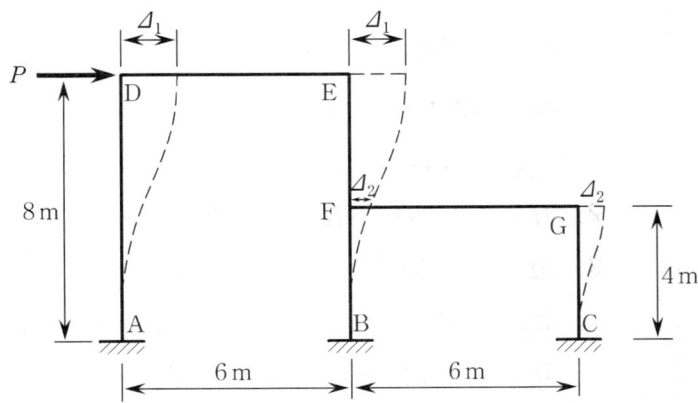

3. 다음 라아멘의 재단 (단부) 모멘트를 구하시오.

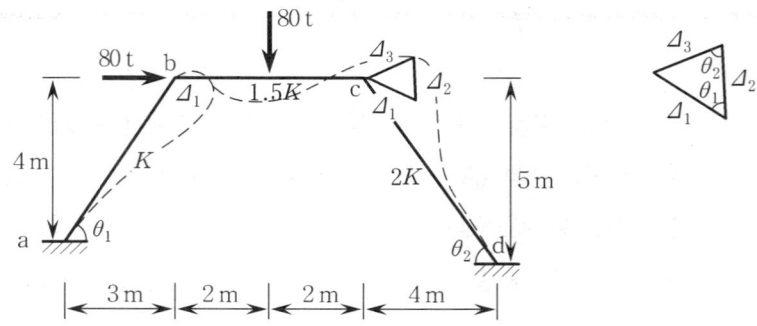

정답

1. $M_{AB} = 10.42$ t·m $M_{BA} = 20.84$ t·m

   $M_{BC} = -20.84$ t·m $M_{CB} = 20.84$ t·m

   $M_{CD} = -20.84$ t·m $M_{DC} = 10.42$ t·m

   $M_E = 41.66$ t·m

   $\sigma_t = -2024.7$ t/m² (압축)

   $\sigma_b = 1974.68$ t/m² (인장)

   $\tau_{max} = 150$ t/m²

2. $H_A = 0.158P$, $H_B = 0.421P$, $H_C = 0.421P$

3. $M_{ab} = -53.3$ t·m $M_{ba} = -56.87$ t·m

   $M_{bc} = 56.87$ t·m $M_{cb} = 124.92$ t·m

   $M_{cd} = -124.92$ t·m $M_{dc} = -103.87$ t·m

Chapter 14
모멘트 분배법

Chapter 14 모멘트 분배법 (The Moment Distribution Method)

14.1 개 요

처짐각법으로 부정정 구조물을 해석하기 위해서는 절점회전각에 현회전각 (상대변위)을 더한 수만큼 연립방정식을 풀어야 한다.

이에 반해, 모멘트 분배법은 순차적인 반복계산에 의해 정확한 해석치로 수렴해 가는 근사해법이다.

14.2 모멘트 분배법의 해석순서와 공식

14.2.1 분배율 (Distribution Factor, DF)

$$DF = \frac{k}{\Sigma k} = \frac{구하려는\ 부재의\ 강비}{임의의\ 절점에서\ 모든\ 부재\ 강비의\ 합}$$

여기서, 강비 $k = \dfrac{I}{L}$

(단, 상대지점이 힌지 또는 롤러이면 그 부재의 강비는 $\dfrac{3}{4}k$ 가 된다.)

분배율은 임의의 절점에 가해진 모멘트를, 연결된 모든 부재로 분배시키는 비율을 뜻하며 임의의 절점에 대한 분배율의 합은 1이다. 예를 들어 다음과 같은 보에서 B절점의 분배율은 다음과 같다.

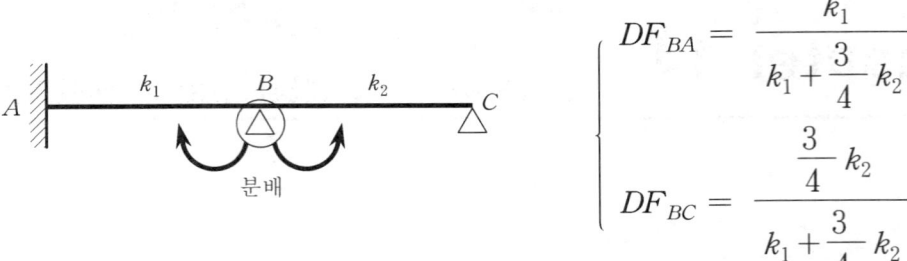

$$DF_{BA} = \frac{k_1}{k_1 + \frac{3}{4}k_2}$$

$$DF_{BC} = \frac{\frac{3}{4}k_2}{k_1 + \frac{3}{4}k_2}$$

14.2.2 분배모멘트 (Distribution Moment), M_{Oi}

분배율에 의해 분할된 모멘트를 분배모멘트라 한다.

∴ $M_{Oi} = DF \times M_{FEM}$

여기서, M_{FEM} : 고정단 모멘트 (또는 하중항)

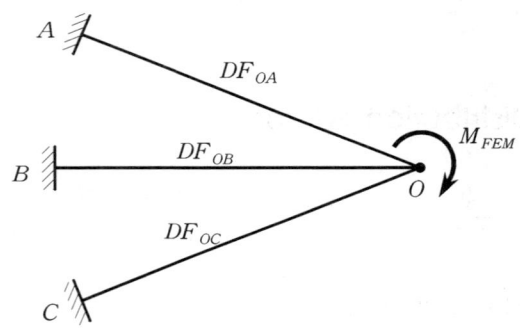

절점 O에 주어진 고정단 모멘트 M_{FEM}이 분배율(DF)에 의해 각 부재로 분할되는데 이를 분배 모멘트라 하며, 다음과 같다.

$$\begin{cases} M_{OA} = DF_{OA} \times M_{FEM} \\ M_{OB} = DF_{OB} \times M_{FEM} \\ M_{OC} = DF_{OC} \times M_{FEM} \end{cases}$$

14.2.3 전달모멘트 (Carry-Over Moment), M_i

앞 절의 분배모멘트가 부재 단부로 전달될 수 있는 모멘트, 즉 최종적인 단부 (재단)모멘트를 전달모멘트라고 한다. 분배모멘트는 고정단으로만 전달되며 최외각 힌지나 롤러는 전달모멘트가 0이다.

$$\text{전달모멘트}\,(M_i) = \text{전달률} \times \text{분배모멘트}\,(M_{Oi})$$

전달률은 단면이 일정한 경우는 $\dfrac{1}{2}$ 이지만, 단면이 일정치 않은 변단면인 경우는 제15장에서 언급하듯이 전달률을 따로 구해야 한다.

> **참고** ✓
>
> (1) 모멘트나 처짐각, 또는 회전변위의 부호규약
>
> $\begin{cases} \text{시계방향 모멘트 ; +} \\ \text{반시계방향 모멘트 ; -} \end{cases}$
>
> (2) 고정단 모멘트 (M_{FEM})
>
> 처짐각법의 하중항과 동일하다.
>
> (3) 분배율
>
> 단부에서 분배되는 분배율은 단부형태에 따라 결정된다.
>
> $\begin{cases} \text{고정단} : DF = 0 \\ \text{힌지, 롤러단} : DF = 1 \end{cases}$

필수예제 1

B점의 휨모멘트를 구하시오. (즉, 전달모멘트를 구하시오.)

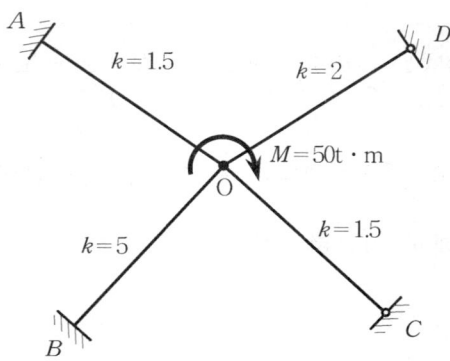

풀이과정

1. OB 부재의 분배율

$$DF_{OB} = \frac{5}{1.5 + 5 + \left(\frac{3}{4} \times 1.5\right) + \left(\frac{3}{4} \times 2\right)} = 0.548$$

2. OB 부재의 분배모멘트

$$M_{OB} = DF \times M = 0.548 \times 50 = 27.4 \text{ t} \cdot \text{m}$$

3. B점의 전달모멘트

$$M_B = \frac{1}{2} \times M_{OB} = \frac{1}{2} \times 27.4 = 13.7 \text{ t} \cdot \text{m}$$

필수예제 2

다음 라아멘에서 M_C 및 M_D를 모멘트 분배법으로 구하시오.

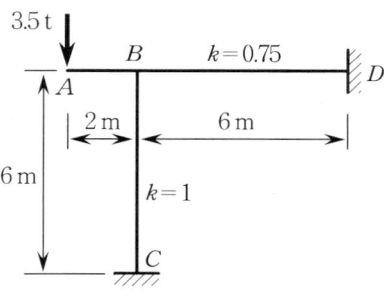

풀이과정

1. 분배율 ($D.F$)

$$DF_{BC} = \frac{1}{1+0.75} = \frac{1}{1.75}$$

$$DF_{BD} = \frac{0.75}{1+0.75} = \frac{0.75}{1.75}$$

2. 분배모멘트

$$M_{BC} = -7 \times \frac{1}{1.75} = -4 \text{ t}\cdot\text{m}$$

$$M_{BD} = -7 \times \frac{0.75}{1.75} = -3 \text{ t}\cdot\text{m}$$

$M = 7\,\text{t}\cdot\text{m}$
(반시계 방향이므로 -7이 된다.)

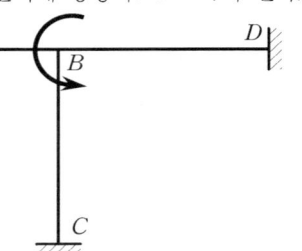

3. 전달모멘트

$$M_C = -4 \times \frac{1}{2} = -2 \text{ t}\cdot\text{m}$$

$$M_D = -3 \times \frac{1}{2} = -1.5 \text{ t}\cdot\text{m}$$

필수예제 3

다음 부정정 구조물을 모멘트 분배법으로 해석하시오. (단, EI 는 일정)

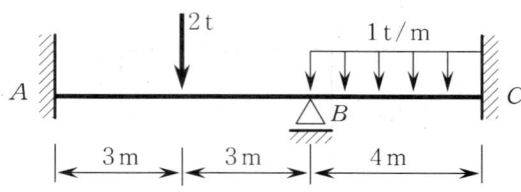

풀이과정 1. 분배율 (DF)

$$\begin{cases} k_{AB} = \dfrac{I}{L} = \dfrac{I}{6} \\ k_{BC} = \dfrac{I}{L} = \dfrac{I}{4} \end{cases}$$

$\therefore DF_{AB} = 0, \quad DF_{CB} = 0 \quad (\because \text{고정단})$

$$DF_{BC} = \dfrac{k_{BC}}{\Sigma k} = \dfrac{\dfrac{I}{4}}{\dfrac{I}{6}+\dfrac{I}{4}} = 0.6$$

$$DF_{BA} = \dfrac{k_{AB}}{\Sigma k} = \dfrac{\dfrac{I}{6}}{\dfrac{I}{6}+\dfrac{I}{4}} = 0.4$$

2. 고정단 모멘트 (Fixed End Moment, F.E.M) (또는 하중항)

$$M_{AB} = -\dfrac{Pab^2}{l^2} = -\dfrac{2\times 3\times 3^2}{6^2} = -1.5 \text{ t}\cdot\text{m}$$

$M_{BA} = 1.5 \text{ t}\cdot\text{m}$

$$M_{BC} = -\dfrac{wl^2}{12} = -\dfrac{1\times 4^2}{12} = -1.33 \text{ t}\cdot\text{m}$$

$M_{CB} = 1.33 \text{ t}\cdot\text{m}$

3. 표로 작성

지점	A	B		C
부재	AB	BA	BC	CB
k	$\dfrac{I}{6}$	$\dfrac{I}{6}$	$\dfrac{I}{4}$	$\dfrac{I}{4}$
분배율	0	0.4	0.6	0
F.E.M	-1.5	1.5	-1.33	1.33
Cycle 분배 M	0	-0.17×0.4=-0.068	-0.17×0.6=-0.102	0
Cycle 전달 M	-0.034	0	0	-0.051
Total M	-1.534	1.432	-1.432	1.279

4. 재단 (단부)모멘트

　위 표의 고정단 모멘트 (F.E.M)에서 마지막 전달모멘트까지를 모두 더한 것이 Total M이며 이 값이 재단모멘트이다.

$$\therefore M_{AB} = -1.5 - 0.034 = -1.534 \text{ t·m}$$

$$M_{BA} = 1.5 - 0.068 = 1.432 \text{ t·m}$$

$$M_{BC} = -1.33 - 0.102 = -1.432 \text{ t·m}$$

$$M_{CB} = 1.33 - 0.051 = 1.279 \text{ t·m}$$

필수예제 4

다음 부정정 보를 모멘트 분배법으로 해석하시오.

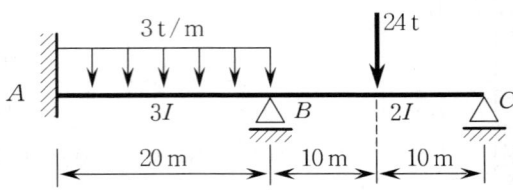

풀이과정 1. 분배율 (DF)

$$\begin{cases} k_{AB} = \dfrac{E(3I)}{L} = \dfrac{3}{20}EI = 0.15EI \\ k_{BC} = \dfrac{3}{4}\dfrac{E(2I)}{L} = \dfrac{3}{4} \times \dfrac{2}{20}EI = 0.075EI \end{cases}$$
($\because$ C가 최외각 Hinge)

$$\therefore \begin{cases} DF_{AB} = 0 \text{ (고정단)}, \ DF_{BA} = \dfrac{0.15EI}{0.15EI + 0.075EI} = 0.667 \\ DF_{CB} = 1 \text{ (힌지단)}, \ DF_{BC} = \dfrac{0.075EI}{0.15EI + 0.075EI} = 0.333 \end{cases}$$

2. F.E.M (고정단 모멘트)

$$M_{AB} = -M_{BA} = -\dfrac{3 \times 20^2}{12} = -100$$

$$M_{BC} = -M_{CB} = -\dfrac{24 \times 10^3}{20^2} = -60$$

3. 표로 작성

지점	A	B		C
부재	AB	BA	BC	CB
k	0.15EI	0.15EI	0.075EI	0.075EI
분배율	0	0.667	0.333	1
F.E.M	−100	100	−60	60
분배 M	0	−40×0.667=−26.7	−40×0.333=−13.3	−60
전달 M	−13.35	0	−30	0(hinge)
분배 M	0	30×0.667=20	30×0.333=10	0
전달 M	10	0	0	0
Total M	−103.35	93.3	−93.3	0

같으면 끝

(합은 0)   최외각단 Hinge

4. 재단 (단부)모멘트

앞 예제와 같이 계산한 것이 Total M이며 이 값이 재단모멘트이다.

$$\therefore M_{AB} = -103.35 \text{ t} \cdot \text{m}$$

$$M_{BA} = 93.3 \text{ t} \cdot \text{m}$$

$$M_{BC} = -93.3 \text{ t} \cdot \text{m}$$

$$M_{CB} = 0$$

필수예제 5

다음 라아멘 구조물을 (a) 처짐각법, (b) 모멘트 분배법으로 각각 해석하시오. (단, EI는 일정하다.)

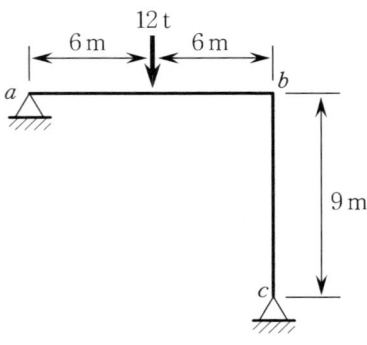

풀이과정 (a) 처짐각법에 의한 해석

① 고정단 모멘트 (하중항)

$$C_{ab} = -\frac{Pab^2}{l^2} = -\frac{12(6)^3}{12^2} = -18 \text{ t·m}$$

$$C_{ba} = 18 \text{ t·m}$$

② 처짐각 방정식

$$M_{ab} = C_{ab} + \frac{2EI}{L}(2\theta_A + \theta_B - 3R) = -18 + \frac{2EI}{12}(2\theta_A + \theta_B)$$

$$M_{ba} = 18 + \frac{2EI}{12}(2\theta_B + \theta_A)$$

$$M_{bc} = 0 + \frac{2EI}{9}(2\theta_B + \theta_C)$$

$$M_{cb} = 0 + \frac{2EI}{9}(2\theta_C + \theta_B)$$

③ 절점조건식

$$\Sigma M_b = 0 \ ; \ M_{ba} + M_{bc} = 0$$

$$18 + \frac{7EI}{9}\theta_B + \frac{EI}{6}\theta_A + \frac{2EI}{9}\theta_C = 0 \quad \cdots\cdots\cdots\cdots Ⓐ$$

힌지단이므로 a 와 c 의 모멘트는 0 ; $M_{ab} = M_{cb} = 0$

$$-18 + \frac{EI}{3}\theta_A + \frac{EI}{6}\theta_B = 0 \quad \cdots\cdots\cdots\cdots\cdots\cdots Ⓑ$$

$$\frac{4EI}{9}\theta_C + \frac{2EI}{9}\theta_B = 0 \quad \cdots\cdots\cdots\cdots\cdots\cdots\cdots\cdots Ⓒ$$

Ⓐ, Ⓑ, Ⓒ를 연립하여 풀면 다음과 같다.

$EI\theta_A = 77.14$

$EI\theta_B = -46.29$

$EI\theta_C = 23.14$

4. 재단 모멘트

위 θ 값을 처짐각 방정식에 대입하여 정리하면 다음과 같다.

$$M_{ab} = -18 + \frac{1}{6}(2\times77.14 - 46.29) = 0$$

$$M_{ba} = 18 + \frac{1}{6}(-2\times46.29 + 77.14) = 15.4 \text{ t}\cdot\text{m}$$

$$M_{bc} = \frac{2}{9}(-2\times46.29 + 23.14) = -15.4 \text{ t}\cdot\text{m}$$

$$M_{cb} = \frac{2}{9}(2\times23.14 - 46.29) = 0$$

5. 자유물체도

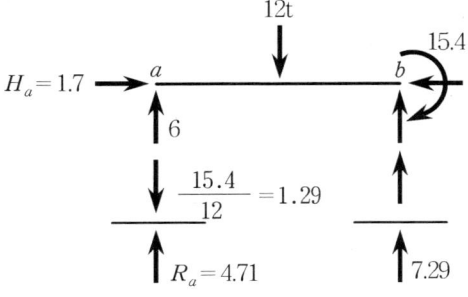
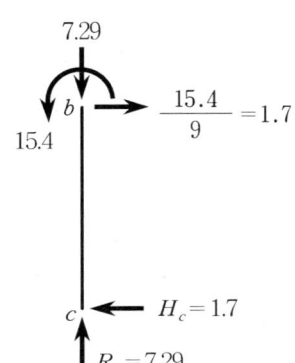

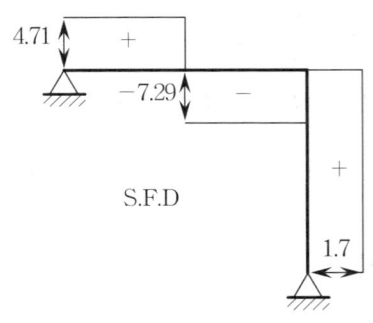

S.F.D

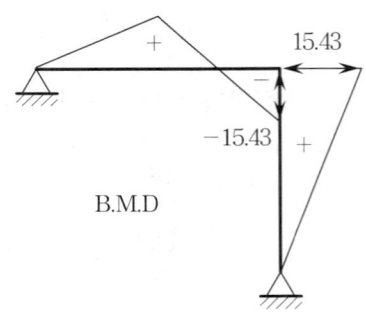

B.M.D

(b) 모멘트 분배법에 의한 해석
① 분배율 DF

$$DF_{ba} = \frac{\dfrac{EI}{12}}{\dfrac{EI}{12} + \dfrac{EI}{9}} = 0.43, \quad DF_{bc} = \frac{\dfrac{EI}{9}}{\dfrac{EI}{12} + \dfrac{EI}{9}} = 0.57$$

$DF_{bc} = DF_{bc} = 1$ (∵ Hinge 절점)

② 고정단 모멘트 (F.E.M)

$$F_{ab} = -\frac{Pab^2}{l^2} = -18, \quad F_{ba} = 18, \quad F_{bc} = F_{cb} = 0$$

③ 표를 이용한 재단모멘트 산정

절점	a	b		c
부재	ab	ba	bc	cb
DF	1	0.43	0.57	1
F.E.M	-18	18	0	0
분배 M	18	-7.74	-10.26	0
전달 M	0	9	0	0
분배 M	0	-3.87	-5.13	0
전달 M	0	0	0	0
재단 M	0	15.4	-15.4	0

④ 자유물체도 및 S.F.D & B.M.D는 앞과 동일하다.

실전문제

1. 다음 라아멘을 모멘트 분배법으로 해석하시오.

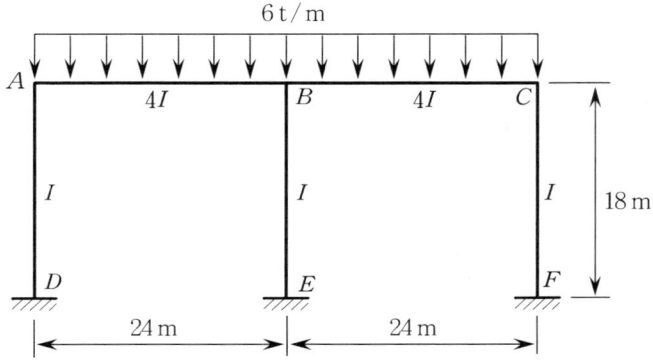

2. 다음 그림과 같은 +자형 뼈대 구조물의 반력을 구하시오.
   (단, A와 B 지점은 힌지이다.)

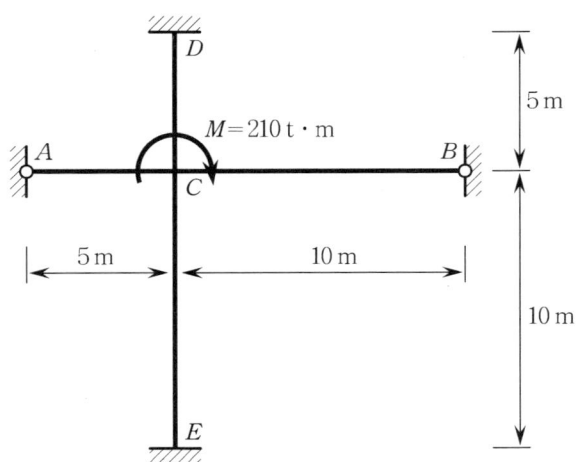

정답

1.

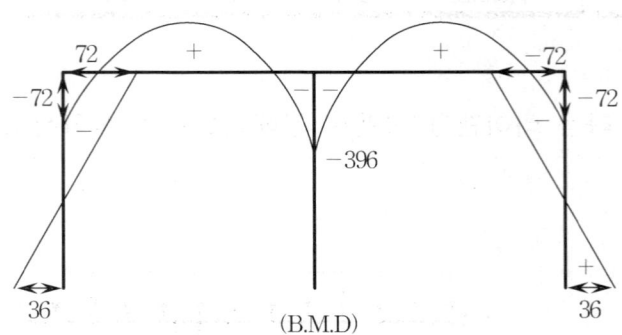

(B.M.D)

2. $H_A = 12\,\text{t}\,(\rightarrow)$, $H_B = 6\,\text{t}\,(\rightarrow)$
   $H_D = 24\,\text{t}\,(\leftarrow)$, $H_E = 6\,\text{t}\,(\rightarrow)$
   $V_A = 12\,\text{t}\,(\downarrow)$, $V_B = 3\,\text{t}\,(\uparrow)$
   $V_D = 6\,\text{t}\,(\uparrow)$, $V_E = 3\,\text{t}\,(\uparrow)$
   $M_D = 40\,\text{t}\cdot\text{m}\,(\curvearrowright)$, $M_E = 20\,\text{t}\cdot\text{m}\,(\curvearrowright)$

Chapter 15

부정정 구조에서
고정단 모멘트,
전달률, 강도
등의 계산법

Chapter 15 부정정 구조에서 고정단 모멘트, 전달률, 강도 등의 계산법

15.1 기둥 유사법

15.1.1 개 요

(1) 부등단면의 연속보와 부정정 라아멘 등을 모멘트 분배법으로 풀 때 고정단 모멘트, 전달률 및 강도를 산정할 수 있는 부정정 구조 해석법이다.
(2) 부정정 구조물에서 일어나는 모멘트가 편심하중을 받는 단주에 발생하는 응력과 유사하다고 해서 기둥 유사법이라 부른다.

15.1.2 용어정리

(1) **고정단 모멘트**

양단 고정보에서 하중조건에 따른 양쪽 지점의 모멘트

(2) **전달률 (C_{ab})**

ab보에서 지점 a에 작용하는 모멘트 (M_{ab})에 대한 지점 b에 작용하는 모멘트 (M_{ba})의 비

(3) **강성도 계수 또는 강도 (S_{ab})**

단위회전각 $\theta_a = 1$을 일으키는 데 필요한 단부 모멘트 M_{ab} 이다.

예) $S_{ab} = \dfrac{M_{ab}}{\theta_a}$, $S_{ba} = \dfrac{M_{ba}}{\theta_b}$

15.1.3 기둥유사법 적용순서 및 공식

그림 (a)와 같은 양단 고정보에 Q라는 하중이 작용할 때 양단에 발생하는 고정단 모멘트 M_A와 M_B를 구하여 보자.

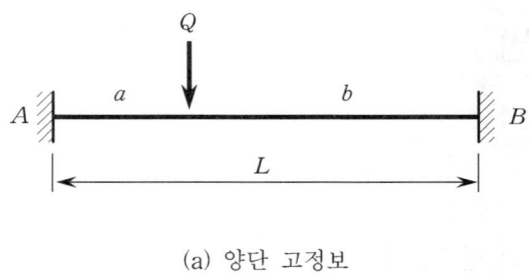

(a) 양단 고정보

(1) 단순보로 가정한 후 B.M.D 작도

(※ 주의 : $\dfrac{M}{EI}$도 임에 주의한다.)

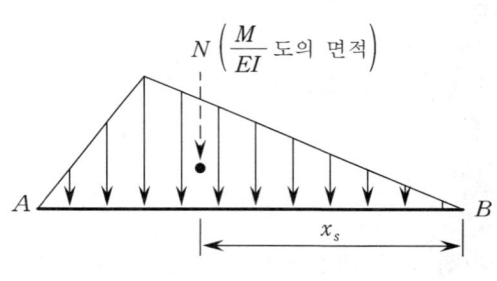

여기서, $\dfrac{M}{EI}$도의 도심 $x_s = \dfrac{L+b}{3}$

(b) 단순보 모멘트의 M/EI도

(2) B.M.D의 면적을 하중으로 간주한 유사기둥 단면작도

(※ 주의 : 기둥 높이는 $\dfrac{1}{EI}$ 로 한다.)

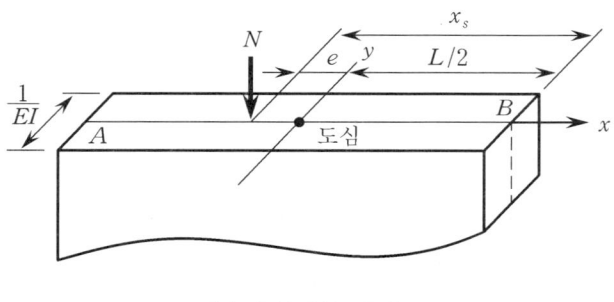

(c) 유사기둥 단면

(3) 편심하중 N 에 의한 응력 분포도

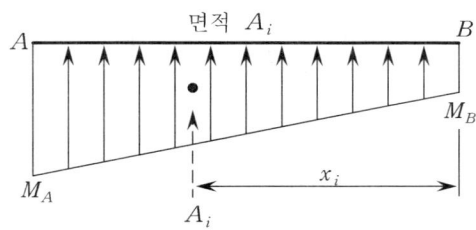

(d) 양단 모멘트의 M 도

(4) 고정단 모멘트 산정공식

$$M_A = \dfrac{N}{A} + \dfrac{N \cdot e}{I_y} \cdot x$$

$$M_B = \dfrac{N}{A} - \dfrac{N \cdot e}{I_y} \cdot x$$

여기서, $x = \dfrac{L}{2}$

A : 유사 기둥의 단면적 $\left(= L \times \dfrac{1}{EI} \right)$

e : N의 편심거리 $\left(= x_s - \dfrac{L}{2} \right)$

필수예제 1

그림과 같은 양단 고정보에서 기둥 유사법으로 고정단 모멘트 M_A와 M_B를 구하시오. (단, EI는 일정하다.)

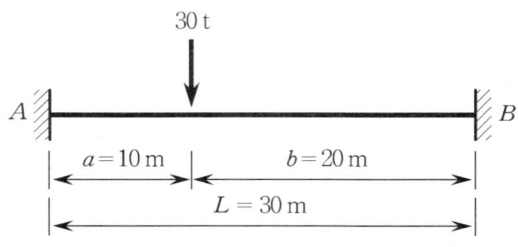

풀이과정 1. 단순보로 가정한 후 B.M.D $\left(\dfrac{M}{EI}\text{도}\right)$ 작성

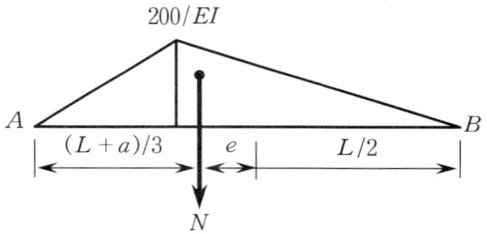

여기서, $\dfrac{Pab}{l}\left(\dfrac{1}{EI}\right) = \dfrac{30 \times 10 \times 20}{30}\left(\dfrac{1}{EI}\right) = \dfrac{200}{EI}$

$N = \dfrac{1}{2}\left(\dfrac{200}{EI}\right) \times 30 = \dfrac{3000}{EI}$

$\dfrac{(L+a)}{3} = \dfrac{30+10}{3} = \dfrac{40}{3}\text{ m}$

$e = \dfrac{L}{2} - \dfrac{(L+a)}{3} = 15 - \dfrac{40}{3} = 1.67\text{ m}$

2. 유사 기둥단면 작도

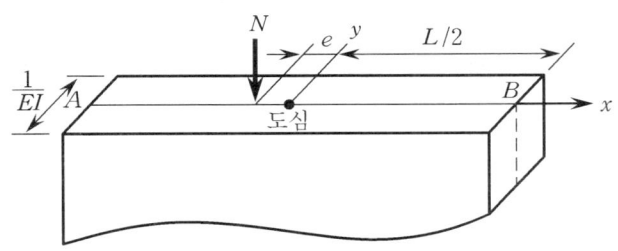

$$\therefore M_A = \frac{N}{A} + \frac{N \cdot e}{I_y} \cdot x = \frac{\dfrac{3000}{EI}}{30 \times \dfrac{1}{EI}} + \frac{\left(\dfrac{3000}{EI}\right) \times 1.67}{\dfrac{(1/EI) \times 30^3}{12}} \times \left(\dfrac{30}{2}\right)$$

$$= 100 + 33.3 = 133.3 \; \text{t} \cdot \text{m} \; (\circlearrowleft)$$

$$\therefore M_B = \frac{N}{A} - \frac{N \cdot e}{I_y} \cdot x = 100 - 33.3 = 66.7 \; \text{t} \cdot \text{m} \; (\circlearrowright)$$

3. 부정정 보의 B.M.D 작성

단순보로 가정하여 구한 B.M.D $\left(\text{단}, \dfrac{1}{EI} \text{은 제외}\right)$와 기둥유사법으로 구한 고정단 모멘트도를 더하면 최종적인 부정정보의 B.M.D를 구할 수 있다.

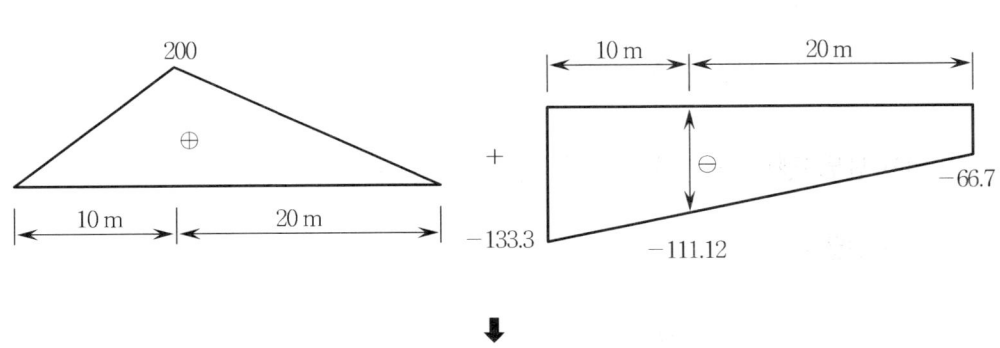

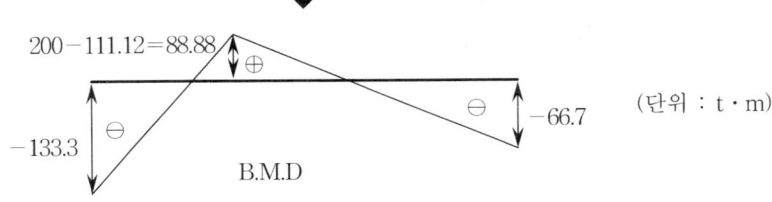

(단위 : t·m)

15.1.4 부등단면의 전달률 산정법

전달률 (C_{ab})은 단부에 작용하는 모멘트 M_{ab}가 타단에 전달되는 비율이며, 타단의 전달모멘트가 M_{ba}이면 M_{ab}와 M_{ba}의 비가 된다.

$$C_{ab} = \frac{M_{ba}}{M_{ab}} \quad \text{또는} \quad C_{ba} = \frac{M_{ab}}{M_{ba}}$$

이때, 단부에 작용하는 모멘트 M_{ab}는 단위회전각 $\theta_a = 1$을 일으키는 모멘트로 계산되며 강도 또는 강성도 계수 (S_{ab})와 같다. 즉, $\theta_a = 1$이므로 $S_{ab} = M_{ab}$가 된다.

(1) $\theta = N = 1$

힌지단에서 고정단으로의 전달률 산정시, 힌지단의 회전각 θ를 1로 둔다. 이는 곧 $\dfrac{M}{EI}$도의 면적인 N값이 1이라는 것이다.

(2) **기둥 유사단면의 설정**

높이가 $\dfrac{1}{EI}$이며 부등단면일 때 I값에 반비례하여 높이를 조절한 기둥 단면을 만들고 N값을 가한다.

(3) **단부모멘트 M_{ab}와 M_{ba}를 기둥 유사법 공식으로 산정**

(4) **전달률**

$$C_{ab} = \frac{M_{ba}}{M_{ab}}$$

필수예제 2

그림과 같은 변단면 부정정보에서 기둥유사법으로 전달률 C_{ab} 를 구하시오.

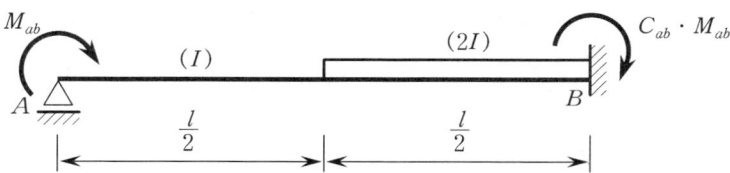

[key point] A에서 B로의 전달률 C_{ab}를 구하기 위해서는 $\theta_A = 1$, $\theta_B = 0$가 된다. 이때, $\theta_A = 1$의 의미는 $\dfrac{M}{EI}$ 도의 면적인 N 값이 $N = 1$이라는 것이다.

풀이과정 전달률 $C_{ab} = \dfrac{M_{ba}}{M_{ab}}$ 는, 각 지점의 강도 비 또는 재단 모멘트의 비이다. 이때, A단의 강도 M_{ab}는 B단이 고정되어 있을 때 $\theta_A = 1$을 유발시키는 데 필요한 A단의 재단모멘트이다.

1. 실제보

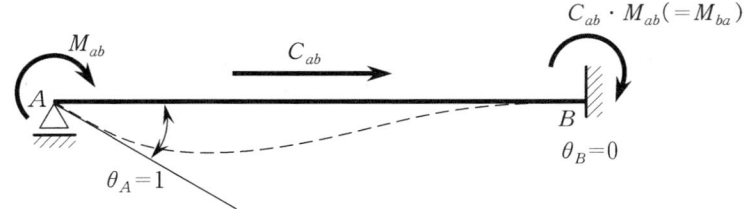

2. 기둥유사 단면

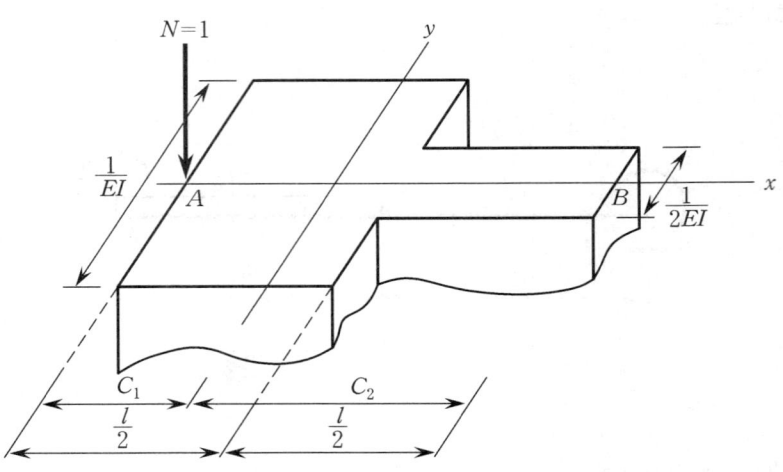

$$A = \frac{l}{2}\left(\frac{1}{EI}\right) + \frac{l}{2}\left(\frac{1}{2EI}\right) = \frac{3l}{4EI}$$

$$C_1 = \frac{\left(\frac{l}{2EI}\right)\left(\frac{l}{4}\right) + \left(\frac{l}{4EI}\right)\left(\frac{3}{4}l\right)}{\frac{3l}{4EI}} = \frac{5l}{12}$$

$$C_2 = l - \frac{5l}{12} = \frac{7l}{12}$$

$$I_y = \frac{1}{12}\left(\frac{1}{EI}\right)\left(\frac{l}{2}\right)^3 + \frac{l}{2EI}\left(\frac{5l}{12} - \frac{l}{4}\right)^2$$
$$+ \frac{1}{12}\left(\frac{1}{2EI}\right)\left(\frac{l}{2}\right)^3 + \frac{l}{4EI}\left(\frac{7l}{12} - \frac{l}{4}\right)^2 = 0.0573\frac{l^3}{EI}$$

$$\therefore M_{ab} = \frac{N}{A} + \frac{N \cdot e}{I_y} \cdot C_1$$

$$= \frac{1}{\frac{3l}{4EI}} + \frac{1 \times \left(\frac{5l}{12}\right)^2}{\left(0.0573\frac{l^3}{EI}\right)} = 4.3632\frac{EI}{l}$$

$$\therefore M_{ba} = \frac{N}{A} - \frac{N \cdot e}{I_y} \cdot C_2$$

$$= \frac{1}{\dfrac{3l}{4EI}} - \frac{1 \times \left(\dfrac{5l}{12}\right)}{\left(0.0573\dfrac{l^3}{EI}\right)} \times \left(\dfrac{7l}{12}\right) = -2.9085\frac{EI}{l}$$

3. 전달률 C_{ab}

$$\therefore C_{ab} = \frac{M_{ba}}{M_{ab}} = -\frac{2.9085\dfrac{EI}{l}}{4.3632\dfrac{EI}{l}} = -0.67$$

따라서, 전달률 C_{ab} 는 0.67이다.

15.2 모멘트 면적법 (공액보 법)

외력이나 부정정 반력에 대한 B.M.D를 작성하여 공액보를 만든 후 처짐이나 처짐각의 적합조건을 이용하여 전달률을 산정한다.

예를 들어 고정단은 처짐각이 0이므로 공액보에서 전단력을 구한 후 0으로 두는 적합조건을 이용하여 전달률을 구한다. 이는 앞 필수예제 2를 예로 들어 설명하기로 한다.

필수예제 3

앞 필수예제 2를 공액보법으로 구하시오.

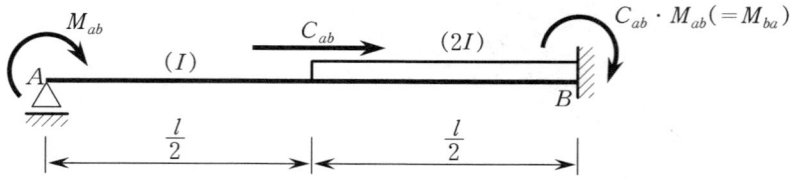

[key point] 실제보의 B점에서 처짐각 $\theta_B = 0$이다. 이는 공액보에서 R_B'(반력 = 전단력) $= 0$인 것과 같다. $R_B' = 0$으로 놓고 C_{ab}를 산정한다.

풀이과정 1. M_{ab}와 $M_{ba}(=C_{ab} \cdot M_{ab})$를 외력으로 간주하여 B.M.D를 작도한다. (단, 중첩법으로 M_{ab}와 M_{ba}의 B.M.D를 나누어 그린다.)

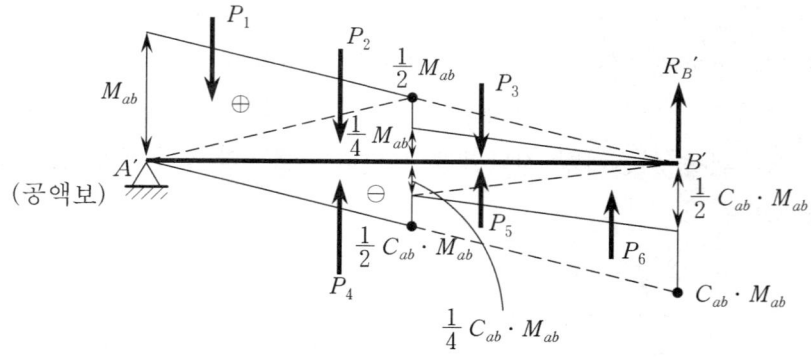

2. 공액보상의 P_i 산정

$$P_1 = M_{ab} \times \frac{l}{2} \times \frac{1}{2} = \frac{1}{4} M_{ab} \cdot l$$

$$P_2 = \frac{1}{2} M_{ab} \times \frac{l}{2} \times \frac{1}{2} = \frac{1}{8} M_{ab} \cdot l$$

$$P_3 = \frac{1}{4} M_{ab} \times \frac{l}{2} \times \frac{1}{2} = \frac{1}{16} M_{ab} \cdot l$$

$$P_4 = \frac{1}{2} C_{ab} \cdot M_{ab} \times \frac{l}{2} \times \frac{1}{2} = \frac{1}{8} C_{ab} \cdot M_{ab} \cdot l$$

$$P_5 = \frac{1}{4} C_{ab} \cdot M_{ab} \times \frac{l}{2} \times \frac{1}{2} = \frac{1}{16} C_{ab} \cdot M_{ab} \cdot l$$

$$P_6 = \frac{1}{2} C_{ab} \cdot M_{ab} \times \frac{l}{2} \times \frac{1}{2} = \frac{1}{8} C_{ab} \cdot M_{ab} \cdot l$$

3. R_B'의 산정

$\Sigma M_A' = 0 \; ; \; ((+\curvearrowright))$

$$R_B' = \frac{1}{l} \left\{ P_1 \times \left(\frac{l}{2} \times \frac{1}{3} \right) + P_2 \times \left(\frac{l}{2} \times \frac{2}{3} \right) + P_3 \times \left(\frac{l}{2} + \frac{l}{6} \right) - P_4 \right.$$
$$\left. \times \left(\frac{l}{2} \times \frac{2}{3} \right) - P_5 \times \left(\frac{l}{2} + \frac{l}{6} \right) - P_6 \left(l - \frac{l}{6} \right) \right\}$$

$$= \frac{1}{l} \left\{ \left(\frac{1}{24} + \frac{1}{24} + \frac{1}{24} \right) M_{ab} \cdot l^2 - \left(\frac{1}{24} + \frac{1}{24} + \frac{5}{48} \right) C_{ab} \cdot M_{ab} \right\}$$

$$= \frac{1}{8} M_{ab} \cdot l - \frac{3}{16} C_{ab} \cdot M_{ab} \cdot l$$

$$= \frac{1}{8} M_{ab} \cdot l \left(1 - \frac{3}{2} C_{ab} \right)$$

4. 전달률 C_{ab}의 산정

적합조건 : 실제보에서 B점의 처짐각 $\theta_B = 0$ 이므로, 공액보에서 $R_B' = -V_B'$
= 0가 된다.

$$R_B' = \frac{1}{8} M_{ab} \cdot l \left(1 - \frac{3}{2} C_{ab} \right) = 0$$

$$\therefore C_{ab} = \frac{2}{3} \; ; \; 전달률$$

5. 강성도 계수 또는 강도 (S_{ab})

참고로, 강성도 계수를 구해본다.

$S_{ab} = \dfrac{M_{ab}}{\theta_A}$ 이며 여기서 $\theta_A = 1$이므로, $S_{ab} = M_{ab}$ 이다.

실제보에서 $\theta_B = 0$이므로 공액보의 B점 반력 $R_B{'} = 0$이 된다. 따라서 공액보 상의 모든 하중은 A점에서 부담한다. $\theta_A = 1$이므로, 공액보에서 $R_A{'} = V_A{'}$ (공액보의 전단력) $= \Sigma P_i = EI\theta_A = EI$ 가 된다.

$$R_A{'} = \Sigma P_i = \left\{\left(\dfrac{1}{4} + \dfrac{1}{8} + \dfrac{1}{16}\right) - \left(\dfrac{1}{8} + \dfrac{1}{16} + \dfrac{1}{8}\right)C_{ab}\right\}M_{ab} \cdot l$$

$$= \left(\dfrac{7}{16} - \dfrac{5}{16}C_{ab}\right)M_{ab} \cdot l = EI$$

여기서, $C_{ab} = \dfrac{2}{3}$

$$\therefore M_{ab} = \dfrac{EI}{\left(\dfrac{7}{16} - \dfrac{5}{16} \times \dfrac{2}{3}\right)l} = 4.364\dfrac{EI}{l}$$

실전문제

1. 보 AB에서 기둥유사법을 이용하여 A단에서의 강도 S_{AB}와 A로부터 B까지의 전달률 C_{AB}를 계산하여라.

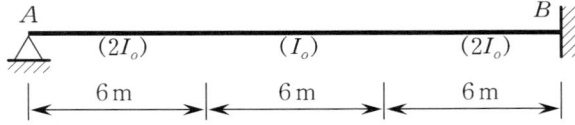

2. 다음과 같은 양단 고정보가 등분포하중 w를 받을 때, 고정단 모멘트 M_a와 M_b를 구하시오. (단, 공액보법으로 할 것)

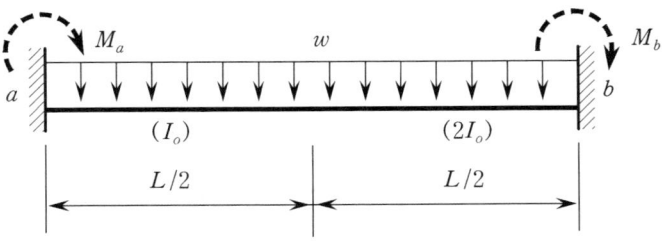

정답

1. $S_{AB} = 0.4048EI_o$, $C_{AB} = 0.5882$
2. $M_a = -\dfrac{13}{176}wL^2$ (↶), $M_b = \dfrac{17}{176}wL^2$ (↷)

Chapter 16 소 성 해 석

Chapter 16 소성해석 (Plastic Analysis)

16.1 소성해석의 정의

$\sigma - \varepsilon$ 그래프에서 Hooke의 법칙을 만족하는 비례 한도 내에서는 직선구간이 되며 이 범위에서 구조물을 해석하는 것이 탄성해석이고 지금까지 역학적 이론이 거의 이러한 탄성 구간에서 행하여진 것이다. 반면, 비례한도를 초과하는 범위에서는 Hooke의 법칙과 중첩의 원리를 적용할 수 없으며 이 범위에서 구조물을 해석하는 것이 소성 해석이다.

16.2 소성 휨(plastic bending)

16.2.1 소성 휨의 해법상 가정

(1) 변형률은 중립축으로 부터의 거리에 비례한다.
(2) 응력-변형률($\sigma - \varepsilon$)의 관계는 정적 항복점(σ_y)에 도달할 때까지는 탄성이며, σ_y에 도달한 후부터 일정응력 σ_y에 무제한의 변형이 생긴다.
(3) 압축측의 응력-변형률의 관계는 인장측과 동일하다.

16.2.2 항복모멘트 (M_y)와 소성 모멘트 (M_P)

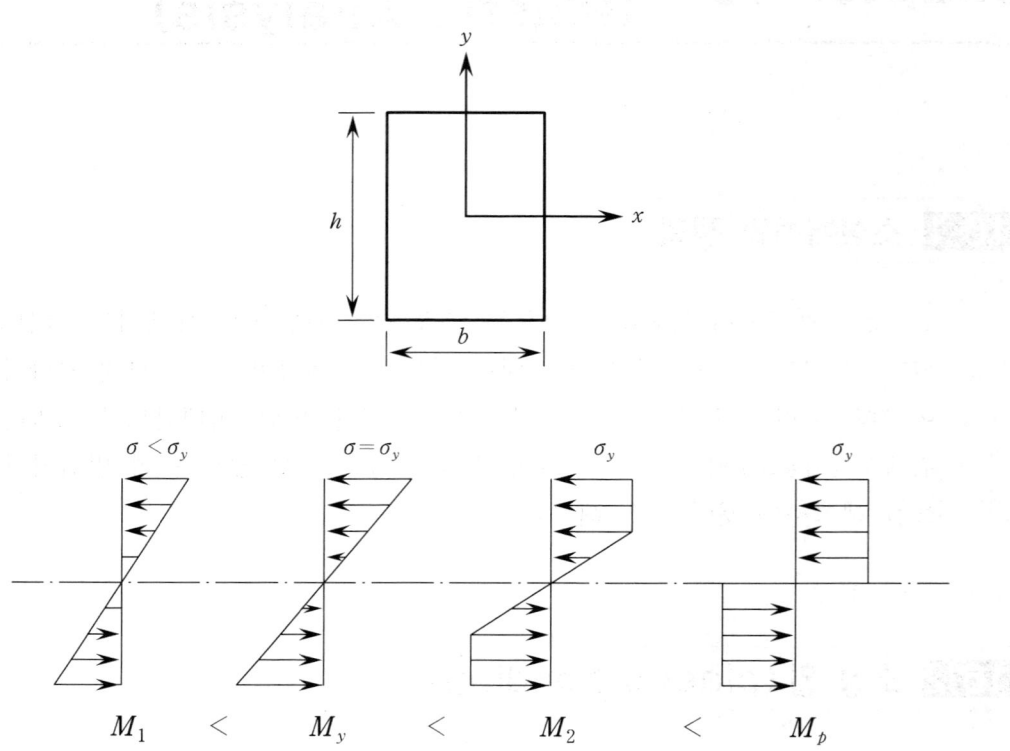

(1) **항복모멘트** (yield moment), M_y

보의 최연단응력이 항복응력 σ_y에 이르게 될 때 이 보에 작용한 휨모멘트를 항복 모멘트라 한다.

(2) **소성모멘트** (plastic moment), M_P

보 단면 내부의 응력이 모두 항복응력 σ_y에 이르는 완전 소성상태의 보에 작용한 휨 모멘트를 소성 모멘트라고 한다.

16.2.3 소성단면계수, Z_P

직사각형 단면에서 소성단면 계수를 구하면 다음과 같다.

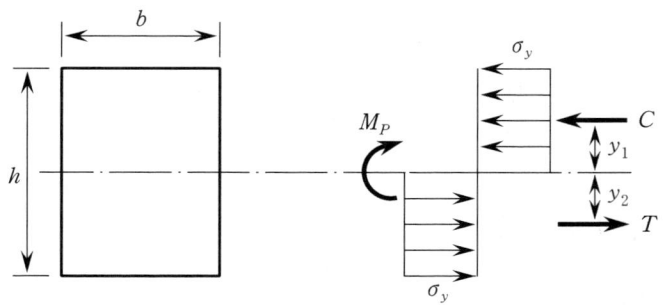

응력의 합력 C와 T가 우력을 이루며 반대 방향으로 소성 모멘트 M_P가 작용한다.

$$C = T = \sigma_y \cdot b \cdot \frac{h}{2}$$

$$y_1 = y_2 = \frac{h}{4}, \quad y_1 + y_2 = \frac{h}{2}$$

$$M_P = C \cdot (y_1 + y_2) = T \cdot (y_1 + y_2)$$

$$= \sigma_y \cdot b \cdot \frac{h}{2} \cdot \frac{h}{2} = \sigma_y \cdot \frac{bh^2}{4} = \sigma_y \cdot Z_P$$

$$\therefore Z_P = \frac{bh^2}{4} \quad : \text{소성단면계수}$$

> **참고**
>
> - 소성단면계수(Z_P)의 정의: 소성상태의 단면에서 중립축 상하 부분에 대한 단면1차 모멘트(절대값)의 합이다.

16.2.4 형상계수 (shape factor), f

(1) 정 의

소성모멘트(M_P)와 항복모멘트(M_y)와의 비, 즉 소성단면계수(Z_P)와 단면계수(Z)와의 비이다.

$$\therefore f = \frac{M_P}{M_y} = \frac{\sigma_y \cdot Z_P}{\sigma_y \cdot Z} = \frac{Z_P}{Z}$$

(2) 각 단면의 형상계수

① 직사각형 단면

단면계수 $Z = \dfrac{I}{y} = \dfrac{\dfrac{bh^3}{12}}{\dfrac{h}{2}} = \dfrac{bh^2}{6}$

소성단면계수

$$Z_P = \left\{ b \times \frac{h}{2} \times \frac{h}{4} \right\} \times 2 = \frac{bh^2}{4}$$

$$\therefore f = \frac{Z_P}{Z} = \frac{\dfrac{bh^2}{4}}{\dfrac{bh^2}{6}} = \frac{3}{2}$$

② 원형

단면계수 $Z = \dfrac{I}{y} = \dfrac{\dfrac{\pi d^4}{64}}{\dfrac{d}{2}} = \dfrac{\pi d^3}{32}$

소성단면계수

$$Z_P = \left\{ \frac{1}{2} \times \frac{\pi d^2}{4} \times \frac{2d}{3\pi} \right\} \times 2 = \frac{d^3}{6}$$

$$\therefore f = \frac{Z_P}{Z} = \frac{\dfrac{d^3}{6}}{\dfrac{\pi d^3}{32}} = \frac{32}{6\pi} \fallingdotseq 1.7$$

필수예제 1

그림과 같은 I형 단면의 형상계수는?

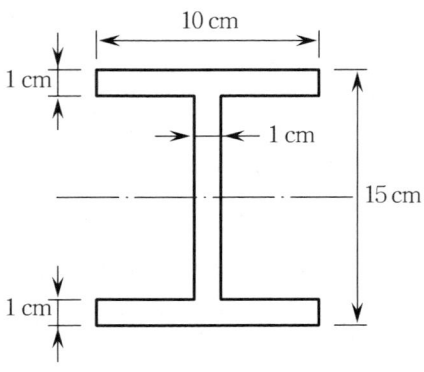

풀이과정

1. 단면계수, Z

$$I = \frac{10 \times 15^3}{12} - \frac{9 \times 13^3}{12} = 1164.75 \text{ cm}^4$$

$$y = \frac{h}{2} = 7.5 \text{ cm}$$

$$\therefore Z = \frac{I}{y} = \frac{1164.75}{7.5} = 155.3 \text{ cm}^3$$

2. 소성단면계수, Z_P

중립축에 대한 단면1차 모멘트 Q

$$Q = 10 \times 1 \times 7 + 1 \times 6.5 \times \frac{6.5}{2} = 91.125 \text{ cm}^3$$

$$\therefore Z_P = 91.125 \times 2 = 182.25 \text{ cm}^3$$

3. 형상계수, f

$$\therefore f = \frac{Z_P}{Z} = \frac{182.25}{155.3} = 1.17$$

16.3 단순보의 소성해석

16.3.1 소성 힌지 (plastic hinge)

보에 작용하는 하중이 항복하중을 넘어가면 최대 휨모멘트 발생단면에서 보는 과대 회전에 의해 파괴되며, 보의 양쪽부분은 강체로 남는다. 이때 보는 좌우 두 강체의 봉이 마치 힌지로 연결되어 있는 상태와 같이 나타나는데 이를 소성힌지라고 한다. (그림 a)

소성힌지가 발생하는 부분에서는 곡률이 매우 커지고 변형에 제약을 받지 않는 비제약성 소성흐름이 발생한다. 그리고 소성힌지는 일정한 모멘트 M_P 의 작용하에서 서로 상대적인 회전이 가능하게 된다.

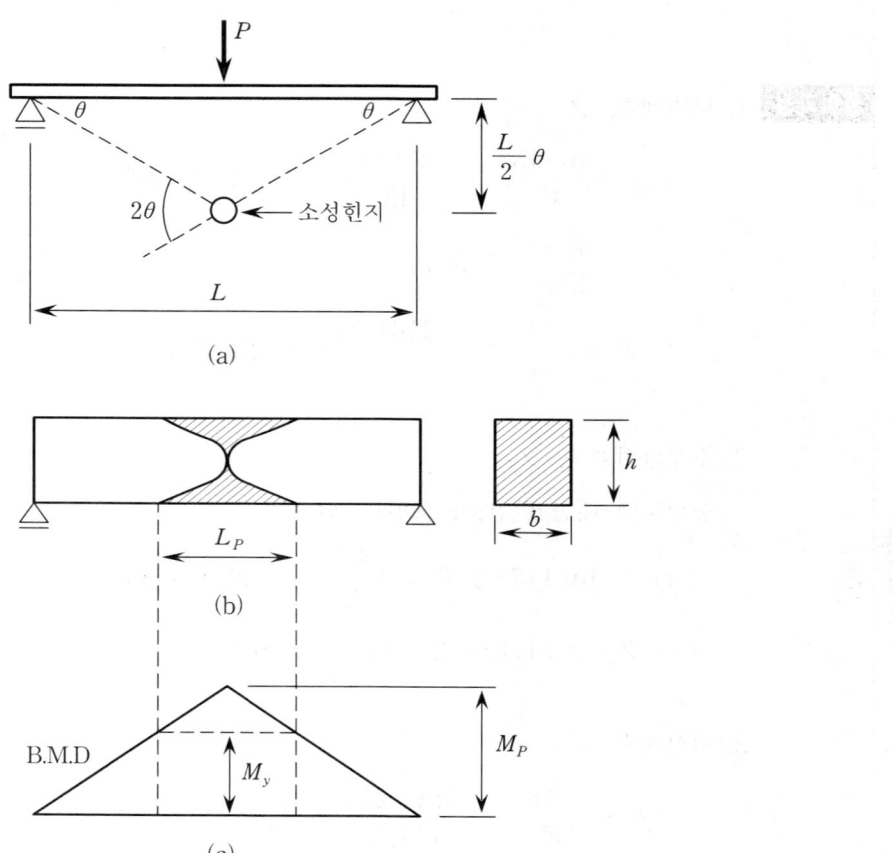

16.3.2 소성영역 (L_P)

(1) 소성영역의 정의

하중이 항복하중을 넘어가면서 단면의 상·하단의 응력이 항복응력에 도달하고 점점 그 영역이 커지면서 중립축쪽으로 도달하게 된다.
그림 (b)에서처럼 항복응력이 중립축에 도달하면 보는 소성힌지가 발생하게 되는데 이때 항복응력에 도달한 영역을 소성영역이라 한다.

(2) 소성영역 산정법

그림 (c)의 삼각형에서 절반을 보면 다음의 비례식이 성립한다.

$$\frac{L}{2} : M_P = \frac{L_P}{2} : (M_P - M_y)$$

$$\therefore L_P = L\left(1 - \frac{M_y}{M_P}\right) = L\left(1 - \frac{1}{f}\right)$$

> **주의** 그림 (c)의 소성영역에서 최대의 모멘트는 소성모멘트 M_P가 되며, 소성영역과 탄성영역의 경계점은 항복모멘트 M_y가 됨에 주의 할 것
>
> (예) 직사각형 단면의 소성영역 L_P
>
> $f = 1.5$이므로 $L_P = L\left(1 - \dfrac{1}{f}\right)$
>
> $L_P = L\left(1 - \dfrac{1}{1.5}\right) = \dfrac{L}{3}$

필수예제 2

다음 단순보에서 소성영역 L_P를 구하시오.

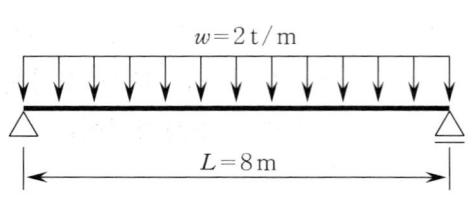
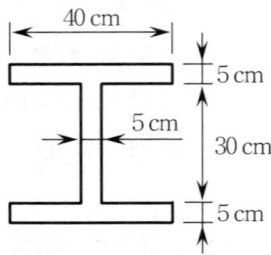

풀이과정 $L_P = L \cdot \sqrt{\left(1 - \dfrac{1}{f}\right)}$ 이므로

1. 단면계수 Z

    $y = 20 \text{ cm}$

    $I = \dfrac{40 \times 40^3}{12} - \dfrac{35 \times 30^3}{12} = 134583.3 \text{ cm}^4$

    $Z = \dfrac{I}{y} = \dfrac{134583.3}{20} = 6729.2 \text{ cm}^4$

2. 소성단면계수 Z_P

    $Z_P = 2\left\{40 \times 5 \times (20 - 2.5) + 5 \times 15 \times \dfrac{15}{2}\right\} = 8125 \text{ cm}^3$

3. 형상계수 f

    $f = \dfrac{Z_P}{Z} = \dfrac{8125}{6729.2} = 1.2$

4. 소성영역 L_P

    $\therefore L_P = L \cdot \sqrt{\left(1 - \dfrac{1}{f}\right)} = 8 \cdot \sqrt{\left(1 - \dfrac{1}{1.2}\right)} = 1.33 \text{ m}$

16.3.3 극한하중 (P_u)

소성해석에서 극한 하중을 구하는 방법으로 본 장에서는 가상변위의 원리를 이용하고자 한다.

(1) 극한하중 산정시 기본가정

모든 하중이 동시에 가해지고, 하중을 가하고 있는 동안에는 각 하중들 간의 크기의 비는 원래의 비율을 일정하게 유지한다고 가정한다.

(2) 가상 변위의 원리

구조물이 외력 (P_u, M_P)에 의하여 가상의 변위 (δ, θ)를 일으키는 동안 그 외력이 행한 일의 합은 0이어야 한다.

$$\therefore \ U = \Sigma P_u \cdot \delta = \Sigma M_P \cdot \theta$$

> **참고 | 가상변위의 원리**
>
> 한 강체의 구조가 외력을 받아서 평형상태에 있다면 이 구조가 가상의 적은 변위를 일으키고 있는 동안에 외력에 의해서 행해진 일은 영이어야 한다.

(3) 가상 변위 원리의 적용순서

① 붕괴 메커니즘을 분류한다.

> **주의** 최외각 힌지나 롤러는 소성힌지가 발생하지 않으며, 고정단이나 하중 작용점에 소성힌지가 생긴다. 즉, 외각 힌지나 롤러는 모멘트가 0이므로 한 일도 0이 된다.

② 각 메커니즘에 대해 가상변위 원리를 적용하여 P_u를 계산한다.
③ 계산된 P_u 값 중 최소값이 구조물의 극한 하중이다.

필수예제 3

다음과 같은 부정정 보의 극한하중 P_u를 구하시오.

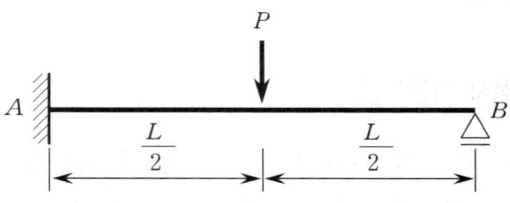

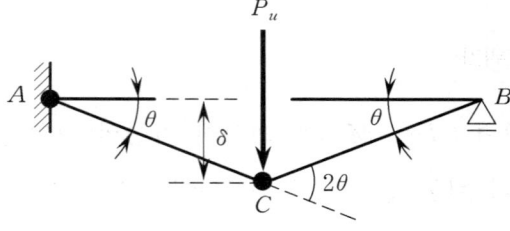

풀이과정

1. 붕괴 메커니즘의 작성과 소성힌지 발생위치

   붕괴 메커니즘은 위 그림과 같이 한가지만 있으며 소성힌지는 A와 C에서 발생한다. (여기서, ● : 소성힌지)

2. 가상변위 원리의 적용

   소성힌지가 발생된 곳에서만 모멘트 (M_P)가 일을 하며, 하중 (P_u)은 δ 만큼의 처짐을 일으켰다.

   여기서, $\tan\theta = \dfrac{\delta}{L/2}$ 이지만, θ가 미소각이므로 $\tan\theta \fallingdotseq \theta$가 된다.

   따라서, $\delta = \dfrac{L}{2} \cdot \theta$ 이다.

   $$\Sigma P_u \cdot \delta = \Sigma M_P \cdot \theta$$

   $$P_u \cdot \left(\dfrac{L}{2} \cdot \theta\right) = M_P \cdot \theta + M_P \cdot (2\theta)$$

   $$\therefore P_u = \dfrac{6 \cdot M_P}{L}$$

필수예제 4

다음과 같은 부정정 보의 극한하중 P_u를 구하시오.

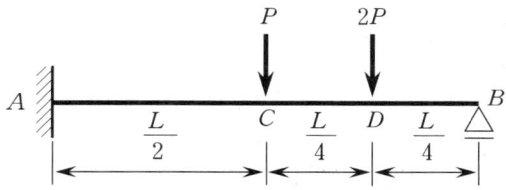

풀이과정 1. 붕괴 메커니즘의 작성과 소성힌지 발생위치 파악

붕괴 메커니즘은 아래 그림과 같고 소성힌지의 발생은 "●"으로 표시하였다.

(1)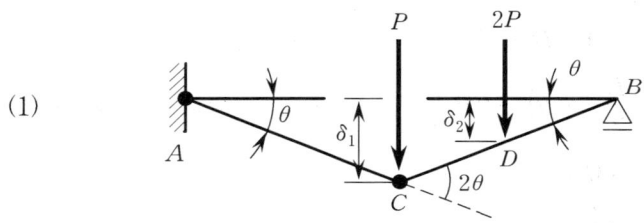

(2)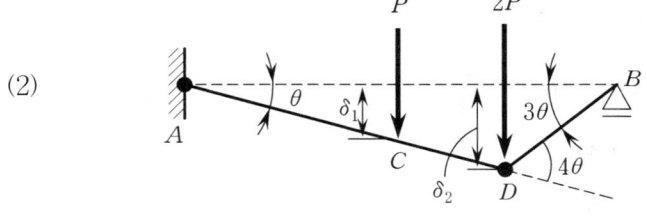

(3)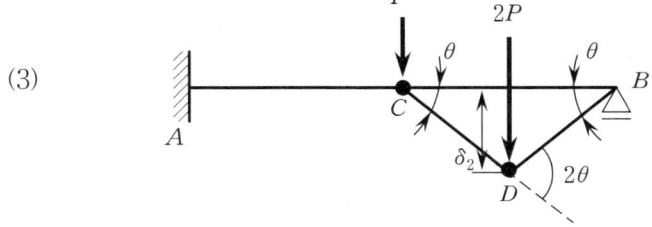

2. 가상변위 원리 적용

위 그림 순서대로 적용한다.

(1) $\delta_1 = \dfrac{L}{2} \cdot \theta, \quad \delta_2 = \dfrac{L}{4} \cdot \theta$

소성힌지는 A, C에서 발생 (모멘트가 한일)

$\Rightarrow P \cdot \left(\dfrac{L}{2} \cdot \theta\right) + 2P\left(\dfrac{L}{4} \cdot \theta\right) = M_P \cdot \theta + M_P \cdot (2\theta)$

$\therefore P = \dfrac{3M_P}{L}$

(2) $\delta_1 = \dfrac{L}{2} \cdot \theta, \quad \delta_2 = \dfrac{L}{4} \cdot (3\theta) = \dfrac{3}{4}L \cdot \theta$

소성힌지는 A, D에서 발생 (모멘트가 한일)

$\Rightarrow P \cdot \left(\dfrac{L}{2} \cdot \theta\right) + 2P\left(\dfrac{3}{4}L \cdot \theta\right) = M_P \cdot \theta + M_P \cdot (4\theta)$

$\therefore P = \dfrac{5M_P}{2L}$

(3) $\delta_1 = 0, \quad \delta_2 = \dfrac{L}{4} \cdot \theta$

소성 힌지는 C, D에서 발생

$\Rightarrow P \cdot (0) + 2P \cdot \left(\dfrac{L}{4} \cdot \theta\right) = M_P \cdot (\theta) + M_P \cdot (2\theta)$

$\therefore P = \dfrac{6M_P}{L}$

3. 극한 하중, P_u

위에서 구한 P 값 중 최소값은 (2)의 $P = \dfrac{5M_P}{2L}$ 이다.

$\therefore P_u = \dfrac{5M_P}{2L}$

필수예제 5

다음 부정정보의 극한하중 P_u를 구하시오.

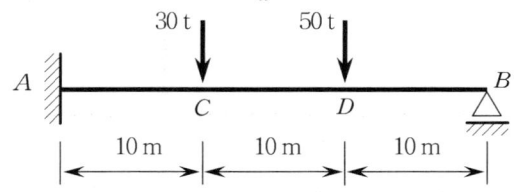

풀이과정 위 하중에서 50 t 이 보에 미치는 영향이 크므로, $P_u = 50$ t 이라 가정한다. 따라서, 30 t $= 0.6 P_u$ 가 된다.

1. 붕괴 메커니즘의 작성 (옆 그림 참조)
   ① ~ ④의 경우를 예상할 수 있으며 소성힌지를 "●"로 표시하였다.

2. 각 메커니즘에 대하여 가상변위의 원리 적용

   $\Sigma P_u \cdot \delta = \Sigma M_P \cdot \theta$

   ① ; $0.6 P_u (10 \times 2\theta) + P_u (10 \times \theta)$
   $= M_P (2\theta) + M_P (3\theta)$
   $\therefore P_u = 0.227 M_P$

   ② ; $0.6 P_u (10 \times \theta) + P_u (10 \times 2\theta)$
   $= M_P (\theta) + M_P (3\theta)$
   $\therefore P_u = 0.154 M_P$

   ③ ; $0.6 P_u (10 \times \theta) + P_u (10 \times \theta)$
   $= M_P (\theta) + M_P (\theta) + M_P (\theta)$
   $\therefore P_u = 0.1875 M_P$

   ④ ; $P_u (10 \times \theta) = M_P (\theta) + M_P (2\theta)$
   $\therefore P_u = 0.3 M_P$

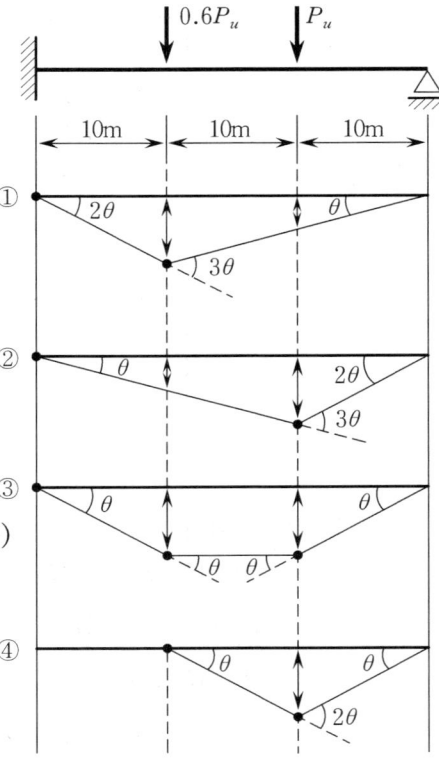

3. 극한하중 P_u
   붕괴메커니즘의 P_u 중 가장 작은 값
   $\therefore P_u = 0.154 M_P$

필수예제 6

연속보의 극한하중 P_u를 구하시오.

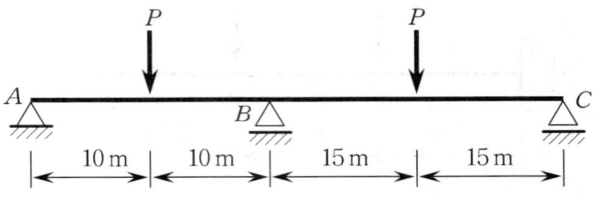

풀이과정 1. 붕괴 메커니즘의 작성

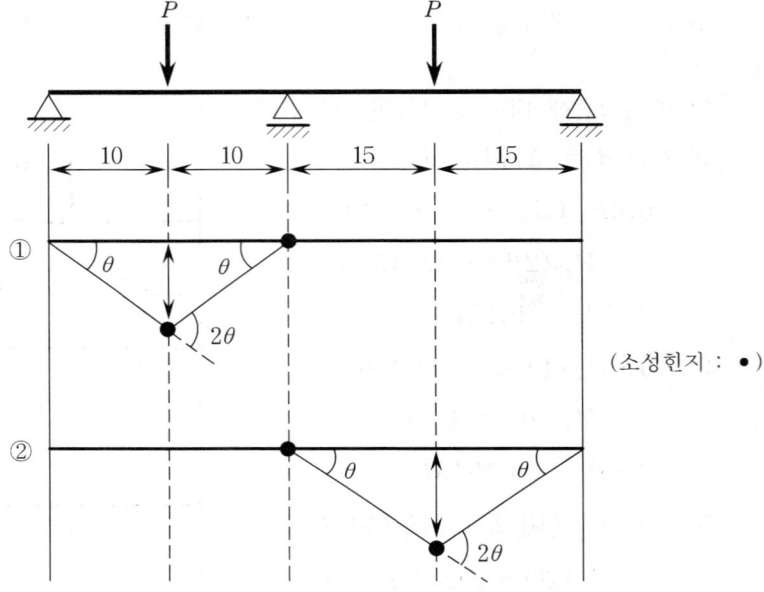

(소성힌지 : ●)

2. 가상변위의 원리에 의한 극한하중 산정

① $P(10 \times \theta) = M_P(\theta) + M_P(2\theta)$

  $\therefore P = 0.3 M_P$

② $P(15 \times \theta) = M_P(\theta) + M_P(2\theta)$

  $\therefore P = 0.2 M_P$

$\therefore$ 극한하중 $P_u = 0.2 M_P$

필수예제 7

등분포 하중이 가해진 양단 고정보에서 극한하중 W_u와 최대 탄성하중 W_e의 비를 구하시오.

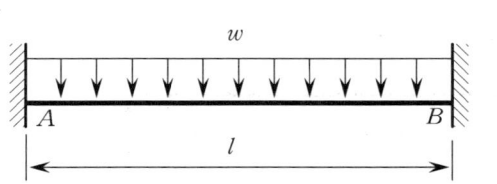 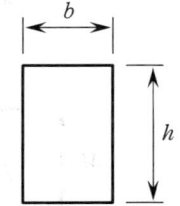

풀이과정 1. 극한 하중 W_u

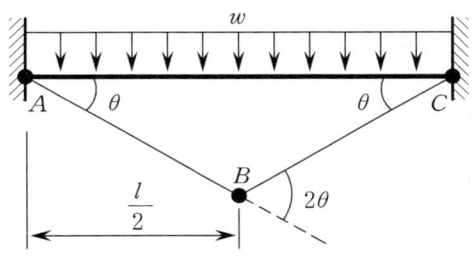

등분포 하중의 가상일은 붕괴메커니즘의 전체 면적에 해당한다. 또한, A, B, C가 소성힌지 발생위치이다.

$$W_u \times \left(\frac{l}{2} \theta \times l \times \frac{1}{2} \right) = M_P \cdot \theta + M_P \cdot \theta + M_P \cdot (2\theta)$$

$$\therefore W_u = \frac{16 M_P}{l^2}$$

2. 최대 탄성 하중 W_e

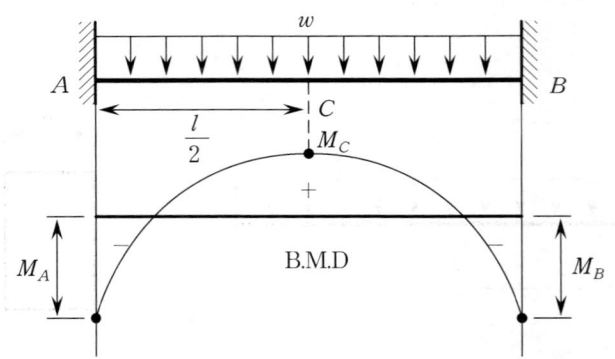

부정정 보 해석 (처짐각법)의 하중항을 참고한다.

$$M_A = M_B = -\frac{wl^2}{12}$$

$$M_C = \frac{wl}{2} \times \frac{l}{2} - \frac{wl}{2} \times \frac{l}{4} - \frac{wl^2}{12} = \frac{wl^2}{24}$$

따라서, 부호를 무시하고 최대 탄성 모멘트는 $M_e = \dfrac{W_e \cdot l^2}{12}$ 이다.

$$\therefore W_e = \frac{12 \cdot M_e}{l^2}$$

3. 극한하중 (W_u)과 최대 탄성하중 (W_e)의 비

$$\frac{W_u}{W_e} = \frac{\dfrac{16 M_P}{l^2}}{\dfrac{12 M_e}{l^2}} = \frac{4}{3} \frac{M_P}{M_e} = \frac{4}{3} \frac{\sigma_y \cdot Z_P}{\sigma_y \cdot Z}$$

$$= \frac{4}{3} \cdot \frac{\dfrac{bh^2}{4}}{\dfrac{bh^2}{6}} = \frac{4}{3} \times \frac{3}{2} = 2$$

$$\therefore \frac{W_u}{W_e} = 2$$

필수예제 8

등분포하중을 받고 있는 일단고정, 타단 단순지지된 보에서, 극한하중 W_u를 구하시오.

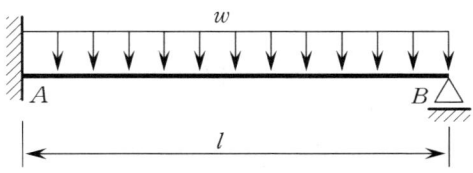

풀이과정

1. 붕괴 메커니즘

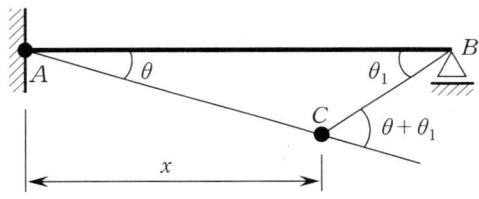

소성힌지 위치 ; A, C

AC 부분의 각을 θ라 하면, $\theta_1 = \dfrac{x}{l-x}\theta$

붕괴 메커니즘이 이루는 삼각형의 면적 $= l \times \theta \cdot x \times \dfrac{1}{2}$

가상일의 원리 ; $W_u \times \left(\dfrac{l \cdot \theta \cdot x}{2}\right) = M_P \cdot \theta + M_P \cdot (\theta + \theta_1)$

$$= M_P \cdot \left(2\theta + \dfrac{x}{l-x}\theta\right)$$

$\therefore W_u = \dfrac{2(2l-x)}{l \cdot x(l-x)} M_P$

2. 소성힌지 위치 x 산정

W_u가 최대값이므로 x에 대한 도함수는 0이다.

$$\frac{\partial W_u}{\partial x} = \frac{\partial}{\partial x}\left\{\frac{2(2l-x)}{l \cdot x(l-x)}\right\}$$

$$= \frac{-2lx(l-x)-(4l-2x)(l^2-2lx)}{l^2 \cdot x^2 \cdot (l-x)^2}$$

$$= \frac{-2lx^2+8l^2x-4l^3}{l^2 x^2 (l-x)^2} = 0$$

$x^2 - 4lx + 2l^2 = 0$

$\therefore x = (2-\sqrt{2})l$

3. 극한하중 W_u

$$\therefore W_u = \frac{2\{2l-(2-\sqrt{2})l\}}{l^2(2-\sqrt{2})\{l-(2-\sqrt{2})l\}} \cdot M_P$$

$$= 11.66 \frac{M_P}{l^2}$$

16.4 뼈대 구조물의 극한하중 (붕괴하중)

16.4.1 붕괴(파괴) 메커니즘

(1) 보 파괴 메커니즘

　　보 부재가 먼저 파괴되는 경우

(2) 뼈대 파괴 메커니즘

　　기둥부재가 횡하중으로 인하여 먼저 파괴되는 경우

(3) 합성 파괴 메커니즘

　　보와 기둥이 동시에 파괴되는 경우

16.4.2 뼈대 구조물의 극한하중 산정시 기본 가정

(1) 복잡한 붕괴 메커니즘으로 인하여 근사해를 이용한다.
(2) 합성 메커니즘에서 횡하중이 작용하는 곳은 소성힌지가 발생하지 않고 원래의 부재각을 그대로 유지한다.

예를 들어 다음 라아멘의 합성 메커니즘을 살펴보자.

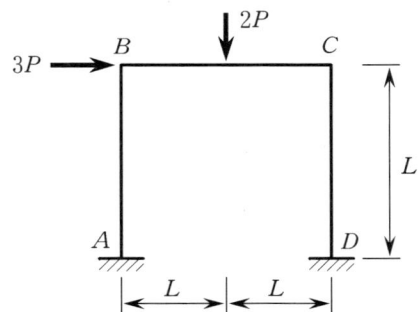

횡하중이 작용하는 B점의 소성힌지를 제외한 합성 메커니즘은 다음과 같다.

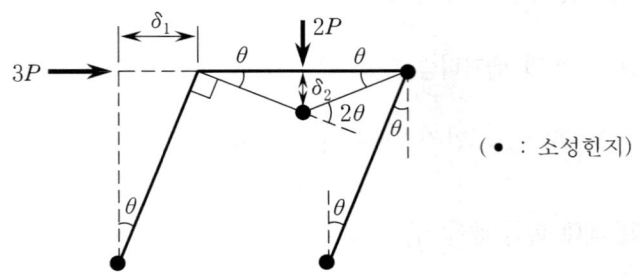

(● : 소성힌지)

위 합성메커니즘에 대해 극한하중을 구하면 다음과 같다.
$$3P(L \cdot \theta) + 2P(L \cdot \theta) = M_P(\theta) + M_P(\theta)$$
$$+ M_P(2\theta) + M_P(\theta) + M_P(\theta)$$

$$\therefore P_u = \frac{6M_P}{5L}$$

필수예제 9

다음과 같은 라아멘 구조물들에서 소성붕괴를 일으킬 극한하중의 크기를 구하시오.

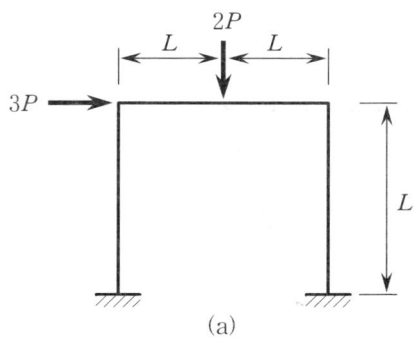

(a)

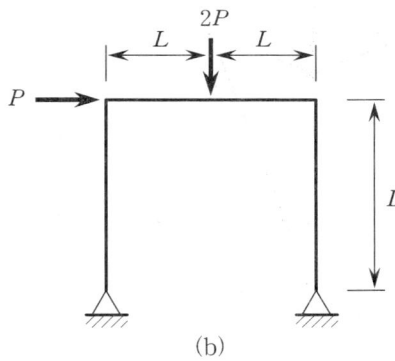

(b)

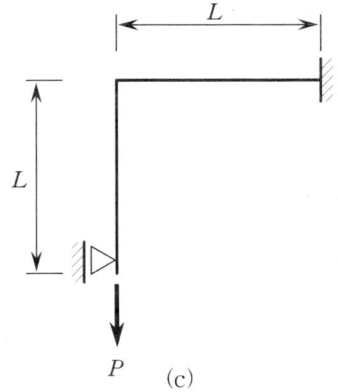

(c)

풀이과정 (a) ①

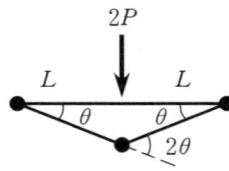

$2P \cdot L \cdot \theta = 2M_P \cdot \theta + M_p \cdot 2\theta$

$\therefore P = \dfrac{2M_P}{L}$

②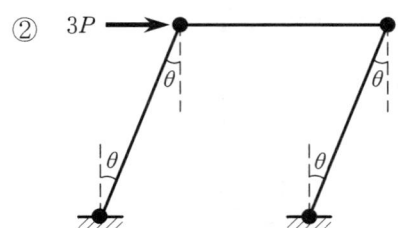

$3P \cdot L \cdot \theta = 4M_P \cdot \theta$

$\therefore P = \dfrac{4M_P}{3L}$

③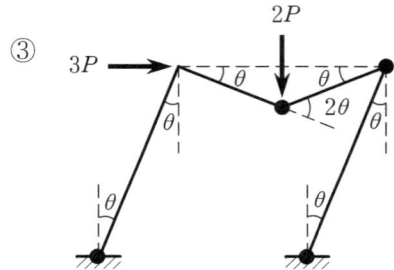

$3P \cdot L \cdot \theta + 2P \cdot L \cdot \theta = 6M_P \cdot \theta$

$\therefore P = \dfrac{6M_P}{5L}$

$\therefore$ 극한하중 $P_u = \dfrac{6M_P}{5L}$

(가장 작은 값)

(b) ① $2P \cdot L \cdot \theta = 2M_P \cdot \theta + M_P \cdot 2\theta$

$\therefore P = \dfrac{2M_P}{L}$

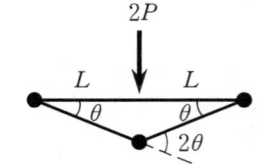

② $P \cdot L \cdot \theta = 2M_P \cdot \theta$

$\therefore P = \dfrac{2M_P}{L}$

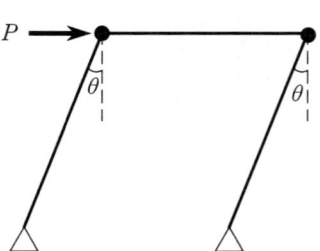

③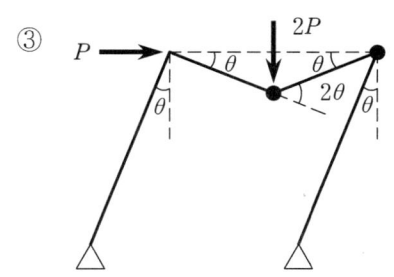

$$P \cdot L \cdot \theta + 2P \cdot L \cdot \theta$$
$$= 2M_P \cdot \theta + M_P \cdot 2\theta$$
$$\therefore P = \frac{4M_P}{3L}$$

∴ 극한하중 $P_u = \dfrac{4M_P}{3L}$ (가장 작은 값)

(c)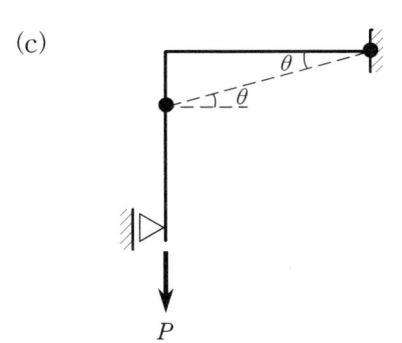

$$P \cdot L \cdot \theta = 2M_P \cdot \theta$$
∴ 극한하중 $P_u = \dfrac{2M_P}{L}$

필수예제 10

다음 보에 하중이 가해질 때 β가 얼마이면 전체 극한 하중이 최대가 되는가? 또한 극한하중 P_u를 구하시오.

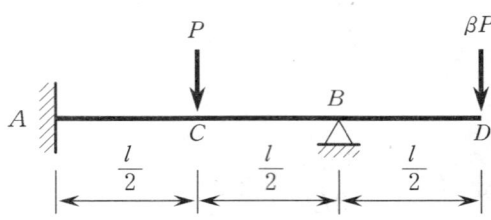

풀이과정 1. 붕괴 메커니즘

(1)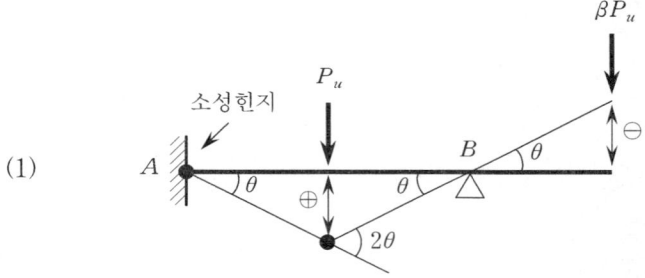

* B점은 최외각 힌지에 속하므로 소성힌지가 안됨

$$M_P(\theta+2\theta) = P_u\left(\frac{l}{2}\cdot\theta\right) - \beta P_u\left(\frac{l}{2}\theta\right)$$

$$3M_P = P_u \cdot \frac{l}{2}(1-\beta)$$

$$\therefore P_u = \frac{6\cdot M_P}{l(1-\beta)}$$

(2)

* B점은 캔틸레버 고정단 역할을 하므로 소성힌지가 발생한다.

$$M_P(\theta) = \beta \cdot P_u \left(\frac{l}{2} \cdot \theta \right)$$

$$\therefore P_u = \frac{2M_P}{l\beta}$$

2. 극한 하중이 최대가 될 수 있는 β 값

$$\frac{6 \cdot M_P}{l(1-\beta)} = \frac{2 \cdot M_P}{l \cdot \beta}$$

$$\therefore \beta = \frac{1}{4}$$

즉, $\beta = \frac{1}{4}$ 일 때 앞의 (1), (2) 경우의 극한하중이 동일하므로 최대가 되며, $\beta \neq \frac{1}{4}$ 인 모든 경우는 (1), (2) 둘 중 작은값이 극한하중이 되므로 무조건 그 값은 작아진다.

3. 극한 하중 P_u

$\beta = \frac{1}{4}$ 일 때 $\therefore P_u = \frac{8M_P}{l}$

필수예제 11

그림과 같은 보에서 span 1을 커버 플레이트로 보강하여 가장 경제적인 시스템으로 만들려고 한다. 그림에서 보강된 구간의 나머지 폭을 나타내는 a와 b값을 구하시오.

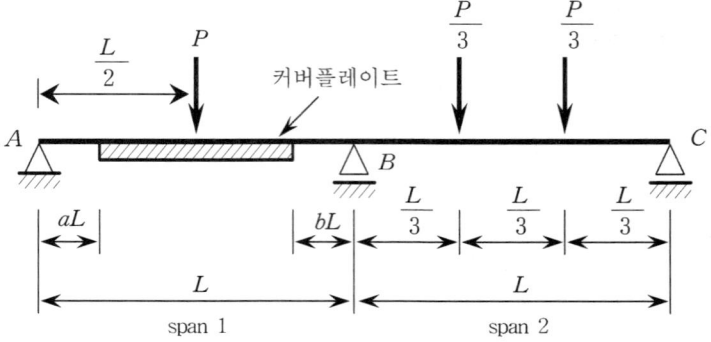

풀이과정 span1을 커버플레이트로 보강하였으므로, span2의 하중상태가 연속보의 극한하중을 결정하게 된다.

1. 붕괴 메커니즘

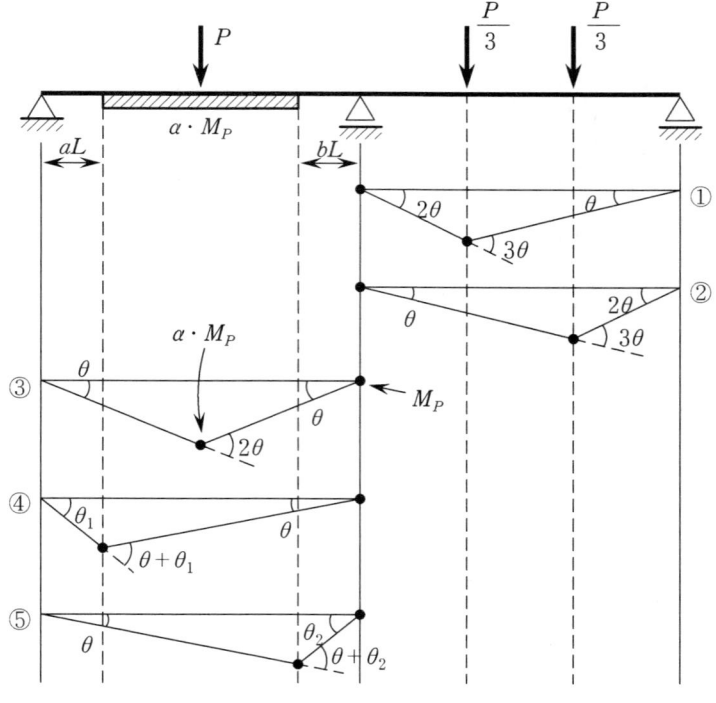

span1 중에서 커버 플레이트로 보강된 부분은 소성모멘트도 증가할 것이므로 $\alpha \cdot M_P$로 하였다.

2. 극한강도 P_u의 산정

span2에서 P_u가 발생할 것이며, 붕괴 메커니즘 ①과 ②에서 구하면 다음과 같다.

① ; $\dfrac{P}{3}\left(\dfrac{L}{3}\times 2\theta\right) + \dfrac{P}{3}\left(\dfrac{L}{3}\times\theta\right) = M_P(2\theta) + M_P(3\theta)$

$\therefore P = \dfrac{15M_P}{L}$

② ; $\dfrac{P}{3}\left(\dfrac{L}{3}\times\theta\right) + \dfrac{P}{3}\left(\dfrac{L}{3}\times 2\theta\right) = M_P(\theta) + M_P(3\theta)$

$\therefore P = \dfrac{12M_P}{L}$

그러므로, 극한 하중 $P_u = \dfrac{12M_P}{L}$이다.

3. span1에서 α의 산정

커버 플레이트로 보강된 부분의 소성모멘트는 얼마나 증가하였는지 살펴본다. 커버플레이트로 보강된 단면의 모멘트 내력을 $\alpha \cdot M_P$라 하면 커버 플레이트가 보강된 단면의 필요강도는 붕괴 메커니즘 ③으로부터 결정할 수 있다.

③ ; $P\left(\dfrac{L}{2}\times\theta\right) = M_P(\theta) + \alpha \cdot M_P(2\theta)$

$\dfrac{PL}{2} = (1+2\alpha)\cdot M_P$

앞의 극한강도 $P_u = \dfrac{12M_P}{L}$에서 $M_P = \dfrac{P_u \cdot L}{12}$로 결정되었다. 가장 경제적인 시스템이 되려면 위의 P와 P_u가 같을 때이므로,

$\dfrac{PL}{2} = (1+2\alpha)\left(\dfrac{P\cdot L}{12}\right)$

$\therefore \alpha = 2.5$

그러므로 커버플레이트가 첨부된 단면은 원래 보 보다 250% 더 강해야 한다.

4. a 와 b 의 결정

붕괴 메커니즘 ④와 ⑤로부터 결정할 수 있다.

④ ; $P\left(\dfrac{L}{2} \times \theta\right) = M_P(\theta) + M_P(\theta + \theta_1)$

여기서, $aL \times \theta_1 = (L - aL)\theta$

$$\therefore \theta_1 = \left(\dfrac{1-a}{a}\right)\theta$$

$$\dfrac{PL}{2} = M_P\left(2 + \dfrac{1-a}{a}\right)$$

$$\dfrac{PL}{2} = \dfrac{P \cdot L}{12}\left(2 + \dfrac{1-a}{a}\right)$$

$$\dfrac{1-a}{a} = 4$$

$$\therefore a = 0.2$$

⑤ ; $P\left(\dfrac{L}{2} \times \theta\right) = M_P(\theta_2) + M_P(\theta + \theta_2)$

여기서, $(L - bL)\theta = bL \cdot \theta_2$

$$\therefore \theta_2 = \left(\dfrac{1-b}{b}\right)\theta$$

$$\dfrac{PL}{2} = M_P\left(1 + \dfrac{2-2b}{b}\right)$$

$$\dfrac{PL}{2} = \dfrac{P \cdot L}{12}\left(1 + \dfrac{2-2b}{b}\right)$$

$$\dfrac{2-2b}{b} = 5$$

$$\therefore b = \dfrac{2}{7} = 0.285$$

실전문제

1. 그림과 같은 단면의 보가 탄소성 상태에 있다. $M_y < M < M_P$ 인 모멘트를 받을 때 중립축으로부터 소성영역까지의 거리 e 를 구하시오. (단, M_y 는 항복모멘트, M_P 는 소성 모멘트이다.)

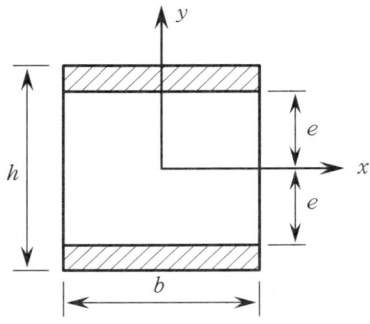

2. 탄성한도 내에서 휨모멘트를 작성하고 A, C점이 소성힌지가 될 때의 하중은 탄성하중의 몇 배인가?

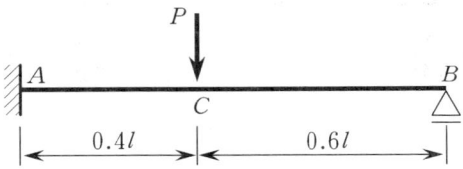

3. 연속보에 등분포하중이 가해질 때 극한하중 W_u 를 구하시오.

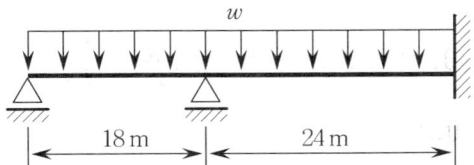

4. 아래 그림과 같은 단면을 갖는 보가 집중하중 P를 받고 있는 경우에 대한 극한하중 P_u와 탄성한계 하중 P_e와의 비를 구하시오. (단, $\sigma_y = 250$ MPa, $l = 2$ m 이다.)

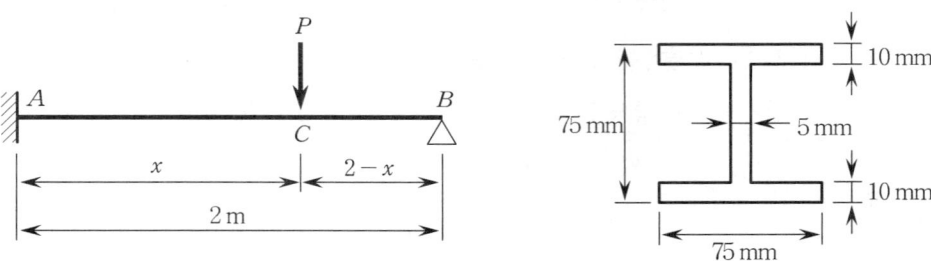

5. 그림의 보는 지점에서 2 m 떨어진 곳에 접합부를 포함하고 있다. AB보에 비해 BC보의 소성모멘트는 1.5배이다. 극한하중 P_u를 구하시오.

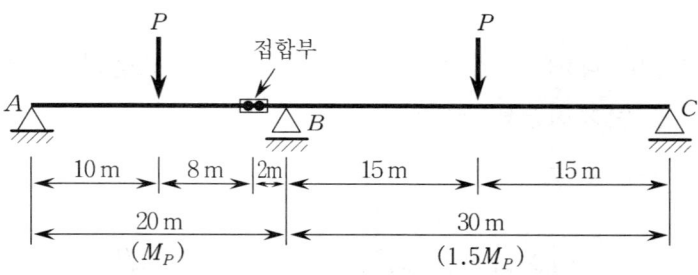

정답

1. $e = h \cdot \sqrt{\left(\dfrac{3}{4} - \dfrac{M}{2M_y}\right)}$ 2. $\dfrac{P_u}{P_y} = 1.28 \dfrac{M_P}{M_y}$

3. $W_u = 0.028 \cdot M_P$ 4. $\dfrac{P_u}{P_e} = 1.326$

5. $P_u = 0.296 \cdot M_P$

Chapter 17
케이블

Chapter 17 케이블 (Cable)

17.1 케이블의 일반정리

"수직하중을 받는 케이블의 임의의 점 m 에서 케이블 내력의 수평성분 H 와 그림 m 에서 케이블 현까지의 수직거리 y_m 을 곱한 값 $H \times y_m$ 은, 동일한 지간과 동일한 하중조건을 지지하는 단순보의 m 점의 휨 모멘트와 같다."

$$H \times y_m = (\text{단순보에서}) \ M_m$$

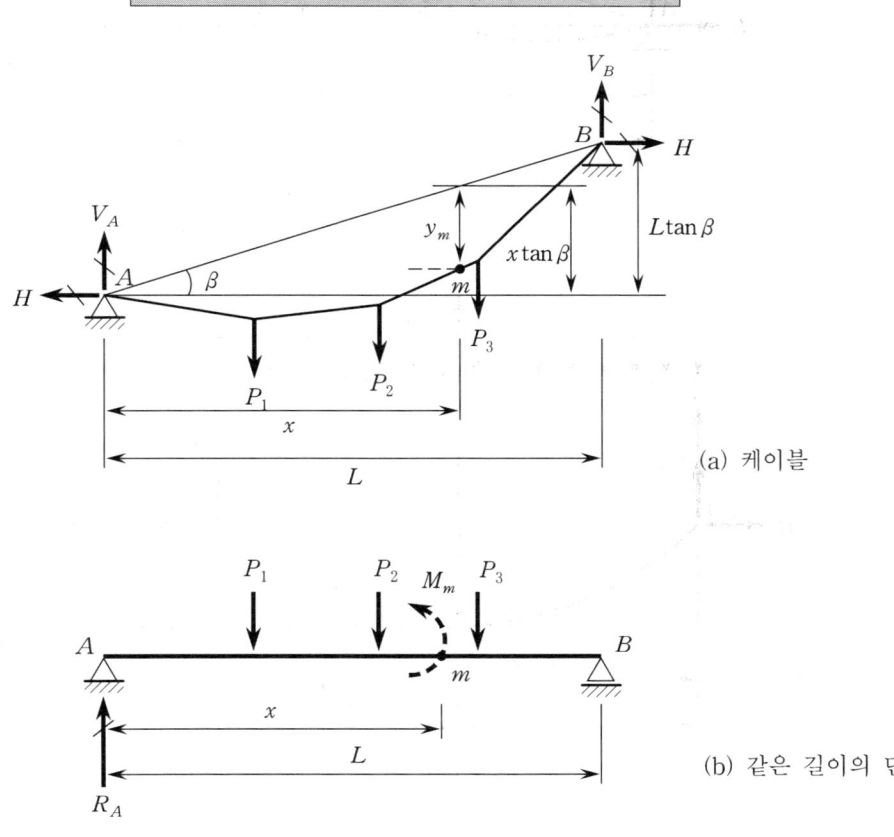

(a) 케이블

(b) 같은 길이의 단순보

〔케이블의 일반 정리〕

17.2 케이블의 역학적 공식

케이블의 일반적인 경우는 그림 (a)와 같이 케이블현이 각 β 만큼 경사진 경우와 그림 (b)처럼 수평한 경우로 나눌 수 있다. 각 경우에서 해석방법은 동일하지만 케이블 곡선길이(S)나 케이블 신장량(ΔS) 산정에서 조금씩 차이가 나며, 다음과 같이 구한다.

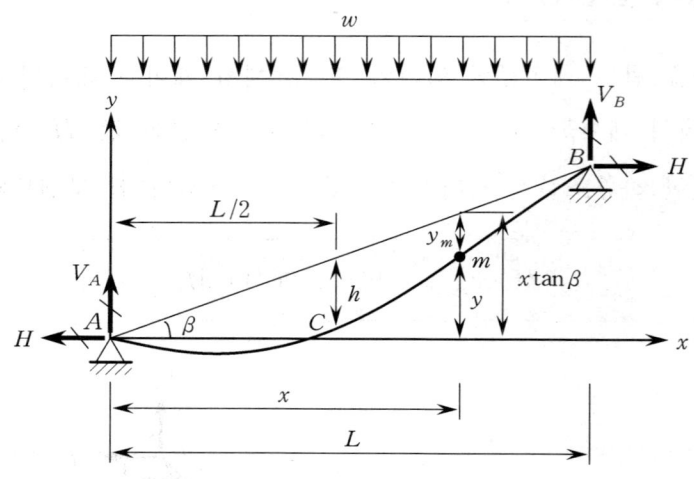

(a) 케이블 현이 경사진 경우

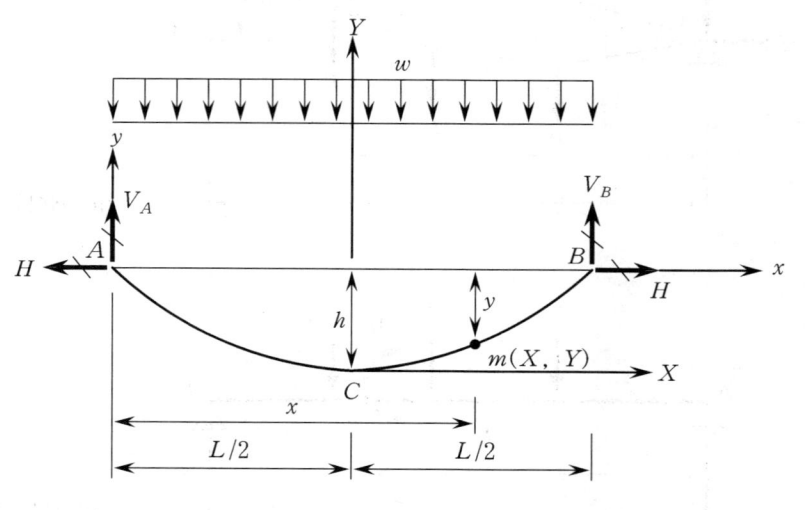

(b) 케이블 현이 수평인 경우

[케이블의 일반적 형상]

17.2.1 케이블의 장력 (T)

그림 (a)의 경우 최대장력은 지점 B에서 발생할 것이며 그림 (b)는 양단에서 발생할 것이다.

$$T_{(\max)} = \sqrt{H^2 + V^2}$$

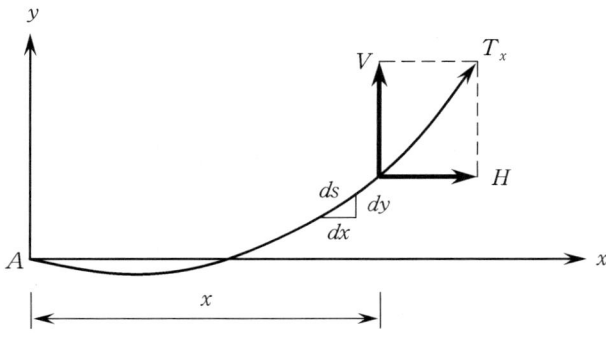

여기서, 수평력 H는 케이블의 일반정리로부터 구한다.

17.2.2 케이블의 곡선길이 (S)

(1) 케이블 현이 수평인 경우 (그림(b))

$$S = L\left(1 + \frac{8}{3}n^2\right)$$

여기서, $n = \dfrac{h}{L}$: 처짐비 (sag ratio)

(2) 케이블 현이 각 β 만큼 경사진 경우 (그림(a))

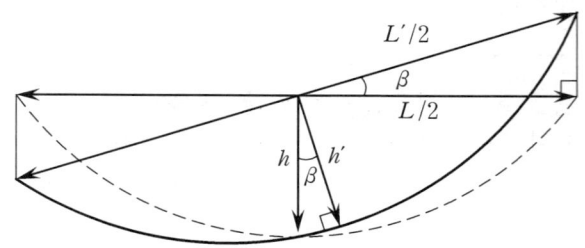

$$\left. \begin{array}{l} L' = \dfrac{L}{\cos\beta} \\ h' = h \cdot \cos\beta \end{array} \right] \Rightarrow n' = \dfrac{h'}{L'} = \dfrac{h}{L}\cos^2\beta = n \cdot \cos^2\beta$$

$$S' = L'\left(1 + \dfrac{8}{3}n'^2\right)$$

여기서, L' : 경사진 현의 길이
L : 수평지간

17.2.3 케이블의 탄성신장량 (ΔS)

$$\Delta S = \dfrac{H \cdot L}{AE}\left(1 + \dfrac{16}{3}n^2 + \tan^2\beta\right)$$

필수예제 1

그림의 Cable에서 A의 반력을 구하고 거리 y_D와 최대장력(T_{max})을 구하시오.

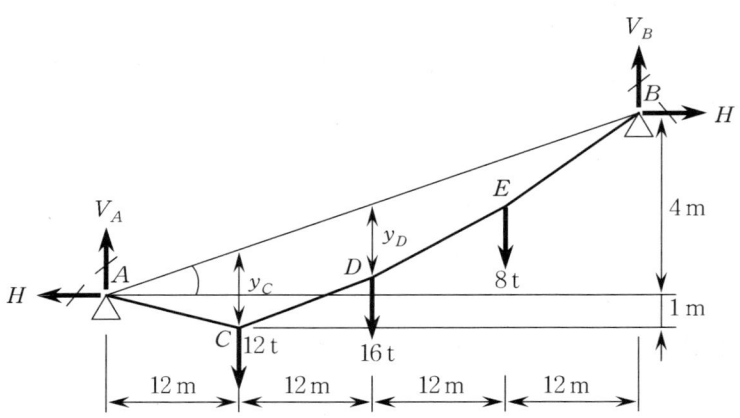

풀이과정 1. 수평력 H의 산정

(1) 단순보로 가정한 후 반력 R_A의 산정

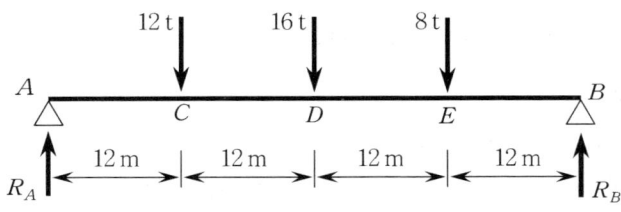

① 반력 R_A

$$\Sigma M_B = 0 \;;\; R_A = \frac{1}{48}(12 \times 36 + 16 \times 24 + 8 \times 12) = 19 \text{ t } (\uparrow)$$

② C점의 모멘트 M_C

$$M_C = R_A \times 12 = 19 \times 12 = 228 \text{ t} \cdot \text{m}$$

(2) Cable의 일반정리
① y는 삼각형 비례식으로 구한다.
$$48 : 4 = 12 : y$$
$$y = 1\,\text{m}$$
② C점의 케이블에서 현까지의 수직거리 y_C
$$y_C = y + 1 = 1 + 1 = 2\,\text{m}$$
③ Cable의 일반정리
$$H \cdot y_C = M_C$$
$$\therefore H = \frac{M_C}{y_C} = \frac{228}{2} = 114\,\text{t}$$

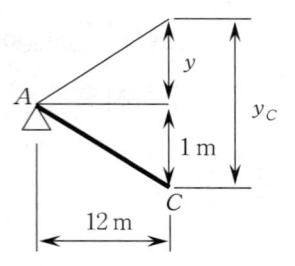

2. Cable의 반력산정
실제 케이블에 작용하는 반력(V_A, V_B)를 구하기 위해서는 케이블에서 모멘트를 취하고 수직력의 합을 구해야 한다.
$$\Sigma M_B = 0\ ;\ V_A \times 48 + H \times 4 - 12 \times 36 - 16 \times 24 - 8 \times 12 = 0$$
(여기서, $H = 114\,\text{t}$)
$$\therefore V_A = 9.5\,\text{t}\ (\uparrow)$$
$$\Sigma F_y = 0\ ;\ V_A + V_B = 12 + 16 + 8$$
$$\therefore V_B = 26.5\,\text{t}\ (\uparrow)$$

그러므로 반력은,
$$V_A = 9.5\,\text{t}\ (\uparrow),\quad V_B = 26.5\,\text{t}\ (\uparrow)$$
$$H_A = 114\,\text{t}\ (\leftarrow),\quad H_B = 114\,\text{t}\ (\rightarrow)\text{이 된다.}$$

3. y_D 계산
(1) 단순보에서 M_D의 산정
앞의 단순보 그림에서 D점의 모멘트를 구한다.
$$M_D = R_A \times 24 - 12 \times 12 = 19 \times 24 - 144 = 312\,\text{t}\cdot\text{m}$$
(2) Cable의 일반정리
$$\therefore y_D = \frac{M_D}{H} = \frac{312}{114} = 2.74\,\text{m}$$

4. 최대 장력($T_{\max}$) 산정
케이블의 최대장력은 수평력(H)이 일정하므로 수직성분이 가장 큰 B지점에서 발생한다.
$$\therefore T_{\max} = \sqrt{H^2 \times V_B^2} = \sqrt{114^2 + 26.5^2} = 117.04\,\text{t}$$

필수예제 2

그림과 같은 케이블이 수평길이에 연해서 분포된 등분포하중 $w = 2\,t/m$를 받고 있다. 양단의 장력은 $T_A = T_B = 16\,t$ 이다. 케이블의 자중을 무시하고 케이블의 처짐과 全長을 구하여라.

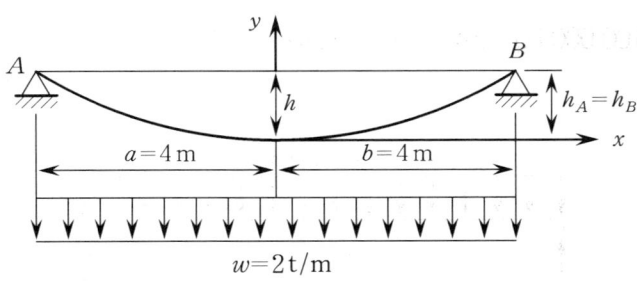

풀이과정

1. 케이블 처짐 h 의 산정

    Cable의 일반정리 : $H \cdot h = M$

    (1) 단순보로 가정한 후 중앙점 모멘트 M 의 산정
    $$M = \frac{wl^2}{8} = \frac{2 \times 8^2}{8} = 16\,t \cdot m$$

    (2) 케이블의 연직반력 V_A, V_B

    수평케이블이므로 $V_A = V_B = \dfrac{w \cdot l}{2} = 8\,t$

    (3) $T_A = 16\,t$ 에서 H 산정
    $$T_A = \sqrt{H^2 + V_A^2}$$
    $$16 = \sqrt{H^2 + 8^2}$$
    $$\therefore H = 13.856\,t$$

    (4) 처짐 h 의 산정
    $$\therefore h = \frac{M}{H} = \frac{16}{13.856} = 1.155\,m$$

2. 처짐비 (sag ratio) n 의 산정

    수평케이블이므로, $\therefore n = \dfrac{h}{L} = \dfrac{1.155}{8} = 0.1444$

3. 케이블 전장 (곡선길이) S 의 산정
    $$\therefore S = L\left(1 + \frac{8}{3}n^2\right) = 8\left(1 + \frac{8}{3} \times 0.1444^2\right) = 8.44\,m$$

필수예제 3

그림에 있는 기울어진 케이블에서, 수평거리 $L=80\,\text{m}$, 등분포하중은 수평거리 1m당 $w=2\,\text{t/m}$, 지점 B는 지점 A보다 20m 높다. 그리고 케이블의 중앙점에서 케이블의 현까지의 수직거리 (처짐)는 5m 이다. 이 케이블의 최대장력, 전장, 그리고 탄성신장량은 얼마인가? (단, $E=2{,}100{,}000\,\text{kg/cm}^2$, $A=60\,\text{cm}^2$ 이다.)

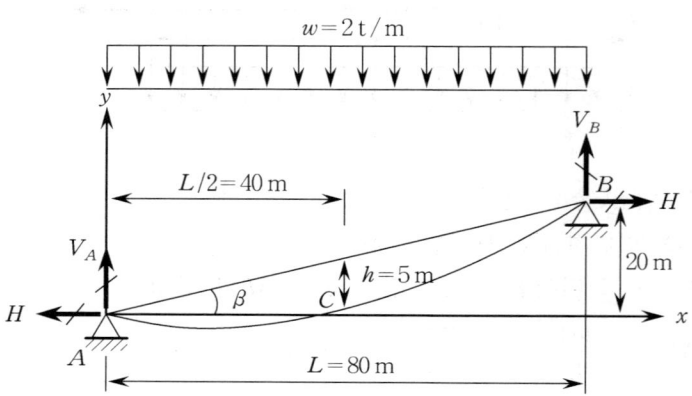

풀이과정 1. 수평력 H의 산정

(1) 단순보에서 C점의 모멘트, M_c

지간중앙의 모멘트이므로

$$M_c = \frac{wl^2}{8} = \frac{2 \times 80^2}{8} = 1600\,\text{t}\cdot\text{m}$$

(2) Cable의 일반정리

$$H \cdot h = M_c$$

$$\therefore H = \frac{M_c}{h} = \frac{1600}{5} = 320\,\text{t}$$

2. 최대장력 (T_{max}) 산정

T_{max}은 지점 B에서 발생하므로, 실제 Cable에서 지점 B의 수직반력을 구한다.

$\Sigma M_A = 0$; $H \times 20 - V_B \times 80 + 2 \times 80 \times 40 = 0$

(여기서, $H = 320$ t)

$\therefore V_B = 160$ t ($\uparrow$)

$\therefore T_{max} = \sqrt{H^2 + V_B^2} = \sqrt{320^2 + 160^2} = 357.77$ t

3. 케이블 전장 (S)

경사 Cable이므로 S'를 구한다.

$n = \dfrac{h}{L} = \dfrac{5}{80} = 0.0625$

$n' = n \cdot \cos^2\beta = 0.0625 \times \left(\dfrac{80}{82.462}\right)^2 = 0.0588$

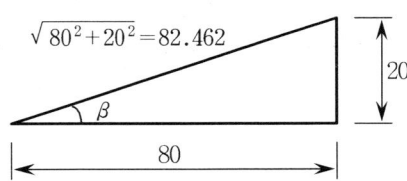

$\therefore S' = L'\left(1 + \dfrac{8}{3}n'^2\right) = 82.462 \times \left\{1 + \dfrac{8}{3} \times (0.0588)^2\right\}$

$= 83.22$ m

4. 케이블의 탄성신장량 (ΔS)

$n = 0.0625$, $\tan\beta = \dfrac{20}{80} = 0.25$

$\therefore \Delta S = \dfrac{H \cdot L}{AE}\left(1 + \dfrac{16}{3}n^2 + \tan^2\beta\right)$

$= \dfrac{(320)(80)}{(60)(2100)}\left\{1 + \dfrac{16}{3}(0.0625)^2 + (0.25)^2\right\} = 0.22$ m

즉, 케이블은 0.22 m 늘어난다.

실전문제

1. 그림의 케이블에서 다음을 구하시오.
   (a) 반력 성분을 구하시오.
   (b) AB, BC 부분의 길이와 장력을 구하시오.

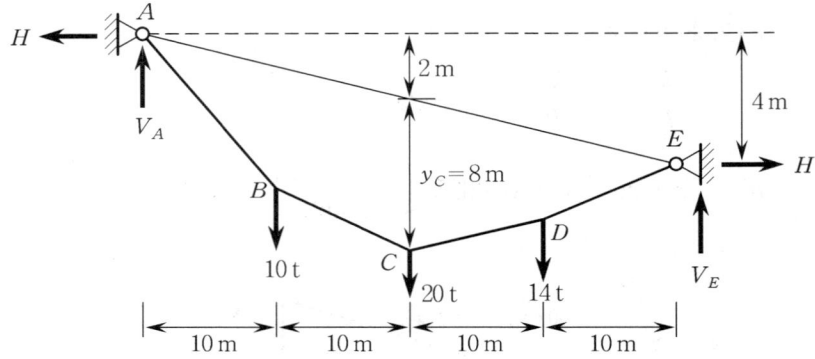

정답

1. $H = 40$ t
  $V_A = 25$ t, $V_E = 19$ t
  $L_{AB} = 11.79$ m, $T_{AB} = 41.23$ t
  $L_{BC} = 10.68$ m, $T_{BC} = 44.72$ t

Chapter 18

정정트러스의 해석

Chapter 18 정정트러스의 해석

18.1 개 요

18.1.1 정 의

트러스란 3개 이상의 직선부재가 마찰이 없는 활절 (hinge)로 단부를 연결하여 삼각형 형상으로 만든 구조물이다.

18.1.2 해법상의 가정

(1) 각 부재는 직선재이며, 부재의 중심축은 절점에서 만난다.
(2) 각 부재의 절점은 마찰이 없는 핀 또는 활절 (hinge)로 결합되어 있다.
(3) 하중과 반력은 트러스의 격점에서만 작용하며 트러스와 동일 평면상에 있다.
(4) 부재에는 축력 (부재력)만 발생하며 부호규약은 인장을 +, 압축을 −로 한다.
(5) 각 부재의 변형은 무시한다.

18.2 부재력 산정

18.2.1 절점법 (격점법)

지점반력을 구한 후 미지부재력이 2개 이하인 절점에서 힘의 평형조건 ($\Sigma F_x = 0$, $\Sigma F_y = 0$)을 적용하여 부재력을 구하는 방법이다. 힘의 평형조건 중 $\Sigma M = 0$을 사용할 수 없으므로 미지부재력이 2개인 절점에서만 사용 가능하다.

18.2.2 절단법 (단면법)

절단법은 임의의 부재를 절단하여 모든 외력이 절단된 부재의 내력과 평형이 된다는 평형조건식 ($\Sigma F_x = 0$, $\Sigma F_y = 0$, $\Sigma M = 0$)으로부터 부재력을 구하는 방법이다.

이 방법은 미지의 부재력을 빨리 찾을 수 있으나 반드시 미지부재력이 평형조건식 수인 3개 이내가 되도록 절단하여야 한다.

18.2.3 병용법

실제 트러스 부재의 부재력을 산정하는데 있어서 앞의 두 방법을 구분지어서 하지는 않는다. 경우에 따라서 적당히 두 방법을 병용하여 부재력을 산정하는 것이 바람직하다.

필수예제 1

그림과 같은 K-트러스에서 부재 1, 2, 3, 그리고 4의 부재력을 구하라.

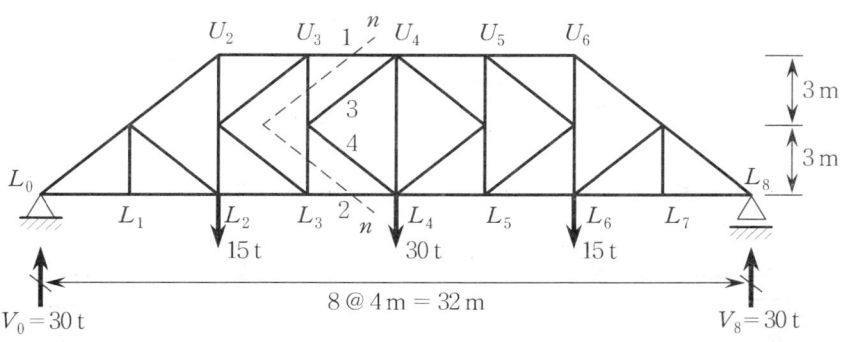

풀이과정 1. 반력산정

   $V_0 = V_8 = 30$ t (∵ 대칭이므로)

2. 부재력 산정

   (1) $n-n$으로 절단

   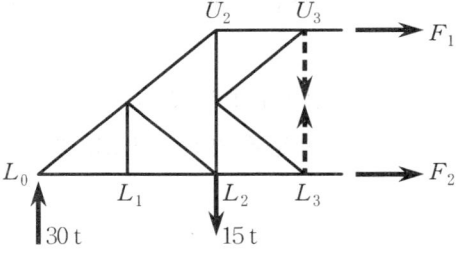

   ① $\Sigma M_{L3} = 0$; $(\curvearrowleft +)$

   $F_1 \times 6 + 30 \times 12 - 15 \times 4 = 0$

   ∴ $F_1 = -50$ t (압축)

   ② $\Sigma F_x = 0$;

   ∴ $F_2 = 50$ t (인장)

   (2) 부재 1, 2, 3, 4를 가로지르는 수직절단

   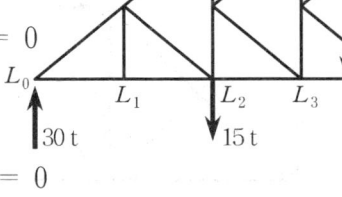

   ① $\Sigma F_x = 0$;

   $\dfrac{4}{5} F_3 + \dfrac{4}{5} F_4 + 50 - 50 = 0$

   ② $\Sigma F_y = 0$;

   $\dfrac{3}{5} F_3 - \dfrac{3}{5} F_4 + 30 - 15 = 0$

   ③ 연립방정식

   ∴ $F_3 = -12.5$ t (압축),   ∴ $F_4 = 12.5$ t (인장)

필수예제 2

그림과 같은 합성트러스에서 부재 DF의 부재력을 구하시오.

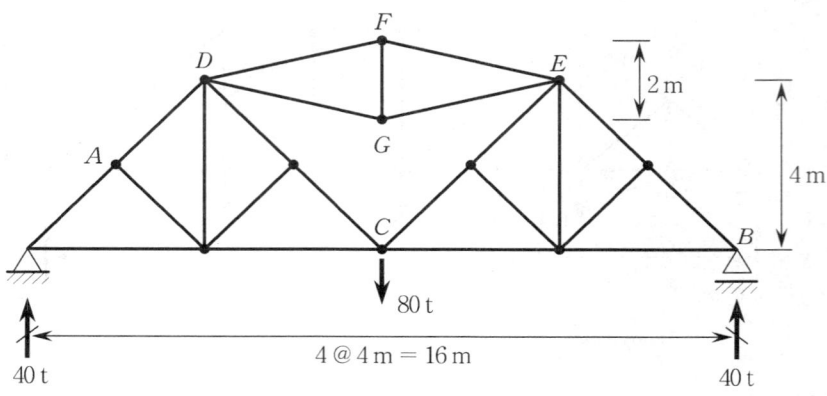

풀이과정

1. 반력산정

    $R_A = R_B = 40$ t (∵ 대칭이므로)

2. 합성부재의 F_{DE} 산정

    합성된 자유물체도는 다음과 같다.

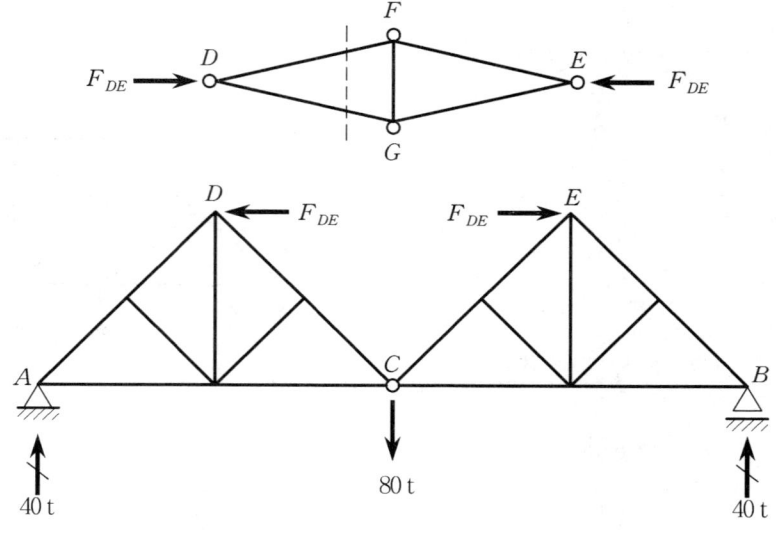

대칭성을 고려하여 절반 구조물인 A-D-C 트러스에 대하여 모멘트를 취하면 다음과 같다.

$\Sigma M_C = 0$; (↻+)

$40 \times 8 - F_{DE} \times 4 = 0$

$\therefore F_{DE} = 80$ t (가정방향 그대로임)

3. DF의 부재력 F_{DF} 산정

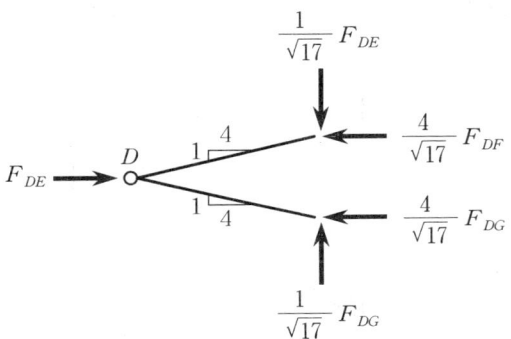

(1) $\Sigma F_y = 0$; $\dfrac{1}{\sqrt{17}} F_{DF} - \dfrac{1}{\sqrt{17}} F_{DG} = 0$

$\therefore F_{DF} = F_{DG}$

(2) $\Sigma F_x = 0$; $\dfrac{4}{\sqrt{17}} F_{DF} + \dfrac{4}{\sqrt{17}} F_{DG} = F_{DE}$

$\therefore F_{DF} = \dfrac{\sqrt{17}}{8} \times 80 = 41.2$ t

(F_{DE}가 압축력이므로, F_{DF}도 압축이다.)

18.3 처짐 산정

트러스 구조물에 하중이 가하여졌을 때 임의의 절점의 처짐을 구하는 방법을 설명한다. 처짐산정은 최종처짐 또는 수평과 수직처짐으로 나누어 생각할 수 있다.

18.3.1 Williot Diagram에 의한 방법

간단한 트러스 구조물의 처짐을 기하학적인 방법으로 산정한다.

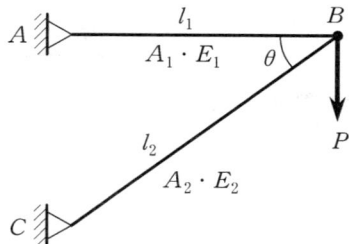

B점의 수평처짐과 연직처짐 및 최종처짐을 구하여 보자.

(1) 부재력 산정

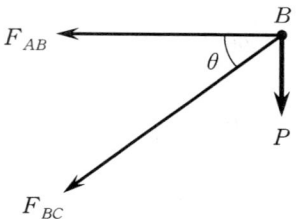

$\Sigma F_y = 0$; $F_{BC} \cdot \sin\theta + P = 0$

$$\therefore F_{BC} = -\frac{P}{\sin\theta} \quad (압축)$$

$\Sigma F_x = 0$; $F_{AB} + F_{BC} \cdot \cos\theta = 0$

$$\therefore F_{AB} = -F_{BC} \cdot \cos\theta = P \cdot \frac{\cos\theta}{\sin\theta} \quad (인장)$$

(2) 각 부재의 변위산정

$\delta = \dfrac{PL}{AE}$ 공식으로부터 구할 수 있다.

$\delta_{AB} = \dfrac{F_{AB} \cdot l_1}{A_1 \cdot E_1} = \dfrac{P \cdot l_1}{A_1 \cdot E_1} \cdot \dfrac{\cos\theta}{\sin\theta}$ (늘음)

$\delta_{BC} = \dfrac{F_{BC} \cdot l_2}{A_2 \cdot E_2} = \dfrac{-P \cdot l_2}{A_2 \cdot E_2 \cdot \sin\theta}$ (줄음)

(3) Williot Diagram

각 부재의 변위선도에서 수직선을 그어 만드는 점과 B점과의 거리가 B점의 최종 변위가 된다.

그림에서 절점 B의 수평처짐은 δ_{AB} 가 되며 연직처짐은 $(\delta_{V1} + \delta_{V2})$ 가 된다. 그리고, 최종처짐은 δ_B 가 되며 이들을 구하면 다음과 같다.

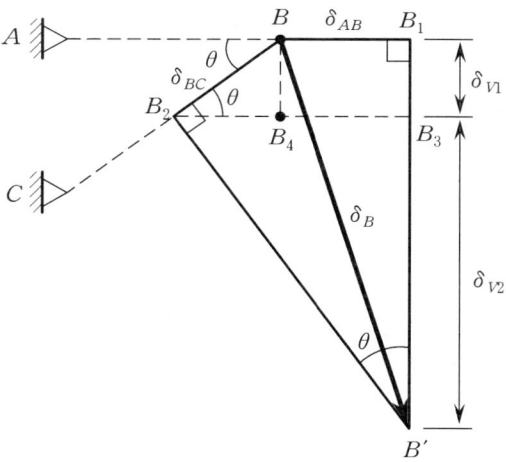

① 수평처짐 $\delta_h = \delta_{AB} = \dfrac{P \cdot l_1}{A_1 \cdot E_1} \cdot \dfrac{\cos\theta}{\sin\theta}$

② 연직처짐 $\delta_V = \delta_{V1} + \delta_{V2}$

$$\therefore \delta_{V1} = \delta_{BC} \cdot \sin\theta$$

$$\overline{B_2 \cdot B_4} = \delta_{BC} \cdot \cos\theta$$

$$\overline{B_4 \cdot B_3} = \delta_{AB}$$

$$\overline{B_2 \cdot B_3} = \delta_{BC} \cdot \cos\theta + \delta_{AB}$$

삼각형 $B_2 \cdot B_3 \cdot B'$ 에서

$$\tan\theta = \frac{\overline{B_2 \cdot B_3}}{\delta_{V2}} = \frac{\delta_{BC} \cdot \cos\theta + \delta_{AB}}{\delta_{V2}}$$

$$\therefore \delta_{V2} = (\delta_{BC} \cdot \cos\theta + \delta_{AB})\cot\theta$$

$$\therefore \delta_V = \delta_{BC} \cdot \sin\theta + (\delta_{BC}\cos\theta + \delta_{AB})\cot\theta$$

③ 최종처짐 δ_B

$$\therefore \delta_B = \sqrt{(\delta_{AB})^2 + (\delta_V)^2}$$

18.3.2 가상일의 원리를 이용한 단위하중법

구하고자 하는 임의의 절점에 수평과 연직방향으로 각각 단위하중을 가하여 최종처짐을 구한다.

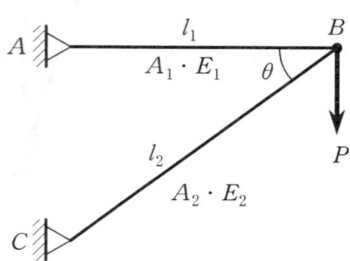

B점의 수평, 연직, 최종처짐을 구하여 보자.

(1) 부재력 산정 (앞과 동일)

$$\therefore F_{BC} = -\frac{P}{\sin\theta} \text{ (압축)}$$

$$\therefore F_{AB} = P \cdot \frac{\cos\theta}{\sin\theta} \text{ (인장)}$$

(2) 단위하중에 의한 부재력 산정

① 수평단위하중

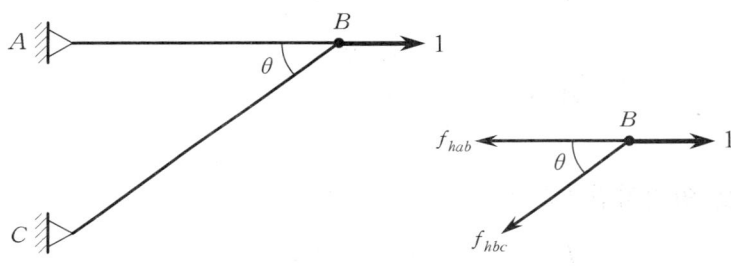

$$\therefore \begin{cases} f_{hab} = 1 \text{ (인장)} \\ f_{hbc} = 0 \end{cases}$$

② 연직 단위하중

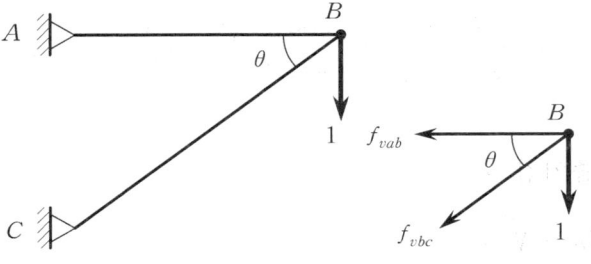

$$\therefore \begin{cases} f_{vbc} = -\dfrac{1}{\sin\theta} \text{ (압축)} \\ f_{vab} = \dfrac{\cos\theta}{\sin\theta} \text{ (인장)} \end{cases}$$

(3) 단위하중법의 공식

$$\delta = \frac{F_1 \cdot f_1 \cdot l_1}{A_1 \cdot E_1} + \frac{F_2 \cdot f_2 \cdot l_2}{A_2 \cdot E_2} + \cdots$$

① 수평처짐 (δ_h)

$$\delta_h = \frac{F_{AB} \cdot f_{hab} \cdot l_1}{A_1 \cdot E_1} + \frac{F_{BC} \cdot f_{hbc} \cdot l_2}{A_2 \cdot E_2}$$

$$= \frac{l_1}{A_1 \cdot E_1} \left(P \cdot \frac{\cos\theta}{\sin\theta} \right) \times (1) + \frac{l_2}{A_2 \cdot E_2} \left(-\frac{P}{\sin\theta} \right) \times (0)$$

$$= \frac{P \cdot l_1}{A_1 \cdot E_1} \cdot \frac{\cos\theta}{\sin\theta} \quad (\text{늘음})$$

② 연직처짐 (δ_v)

$$\delta_v = \frac{F_{AB} \cdot f_{vab} \cdot l_1}{A_1 \cdot E_1} + \frac{F_{BC} \cdot f_{vbc} \cdot l_2}{A_2 \cdot E_2}$$

$$= \frac{l_1}{A_1 \cdot E_1} \left(P \cdot \frac{\cos\theta}{\sin\theta} \right) \times \left(\frac{\cos\theta}{\sin\theta} \right)$$

$$+ \frac{l_2}{A_2 \cdot E_2} \left(-\frac{P}{\sin\theta} \right) \times \left(-\frac{1}{\sin\theta} \right)$$

$$= \frac{P \cdot l_1}{A_1 \cdot E_1} \left(\frac{\cos\theta}{\sin\theta} \right)^2 + \frac{P \cdot l_2}{A_2 \cdot E_2} \left(\frac{1}{\sin\theta} \right)^2$$

③ 최종처짐 δ_B

$$\delta_B = \sqrt{\delta_h^2 + \delta_v^2}$$

필수예제 3

다음과 같은 트러스의 C점의 처짐을 구하시오. (각 부재의 단면적과 탄성계수는 동일하며 $A = 5 \text{ cm}^2$, 탄성계수 $E = 2 \times 10^6 \text{ kg/cm}^2$ 이다.)

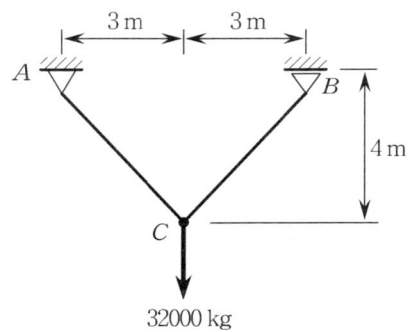

풀이과정

1. Williot Diagram에 의한 방법

   부재가 대칭이므로 수평처짐은 없고 연직처짐이 최종처짐이 될 것이다.

   (1) 부재력 산정

   대칭이므로 $F_{AC} = F_{BC}$ 이다.

   $\Sigma F_y = 0$;

   $2F_{AC} \cos\theta - 32000 = 0$

   $\therefore F_{AC} = F_{BC} = \dfrac{32000}{2\cos\theta}$

   $= \dfrac{32000}{2 \times \dfrac{4}{5}} = 20000 \text{ kg}$ (인장)

   (2) 각 부재의 변위 (처짐) 산정

   대칭이므로, $\delta_{AC} = \delta_{BC}$ 이다.

   $\delta_{AC} = \dfrac{F_{AC} \cdot l}{A \cdot E} = \dfrac{20000 \times 500}{5 \times (2 \times 10^6)} = 1.0 \text{ cm}$

(3) Williot Diagram

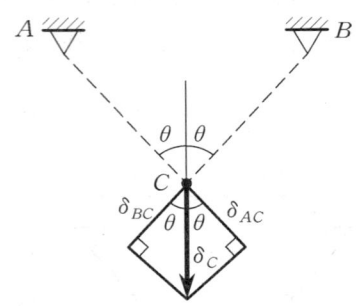

$$\cos\theta = \frac{\delta_{AC}}{\delta_C}$$

$$\therefore \delta_C = \frac{\delta_{AC}}{\cos\theta} = 1.0 \times \frac{5}{4} = 1.25 \text{ cm}$$

그러므로 최종 처짐은 1.25 cm (늘음)이다.

2. 가상일의 원리를 이용한 단위하중법
   (1) 부재력 산정 (앞과 동일)
   $$F_{AC} = F_{BC} = 20000 \text{ kg (인장)}$$

   (2) 단위하중에 의한 부재력 산정
   대칭이므로 $f_{ac} = f_{bc}$ 이다.

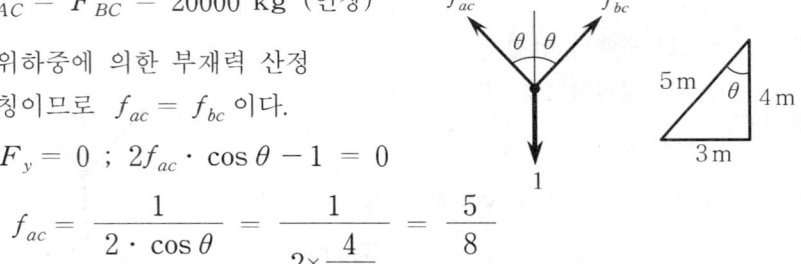

$$\Sigma F_y = 0 \ ; \ 2f_{ac} \cdot \cos\theta - 1 = 0$$

$$\therefore f_{ac} = \frac{1}{2 \cdot \cos\theta} = \frac{1}{2 \times \frac{4}{5}} = \frac{5}{8}$$

(별해) 연직하중 32000 kg 대신에 단위하중 1이므로

$$\therefore f_{ac} = \frac{F_{AC}}{32000} = \frac{20000}{32000} = \frac{5}{8}$$

(3) 단위하중법에 의한 최종처짐 (δ_C)

$$\therefore \delta_C = \frac{F_{AC} \cdot f_{ac} \cdot l_1}{A \cdot E} + \frac{F_{BC} \cdot f_{bc} \cdot l_2}{A \cdot E}$$

$$= \left\{ \frac{20000 \times \frac{5}{8} \times 500}{5 \times (2 \times 10)^6} \right\} \times 2 = 1.25 \text{ cm} \ \text{(늘음)}$$

실전문제

1. 그림의 트러스에서 부재 1, 2, 그리고 3의 부재력을 구하라.

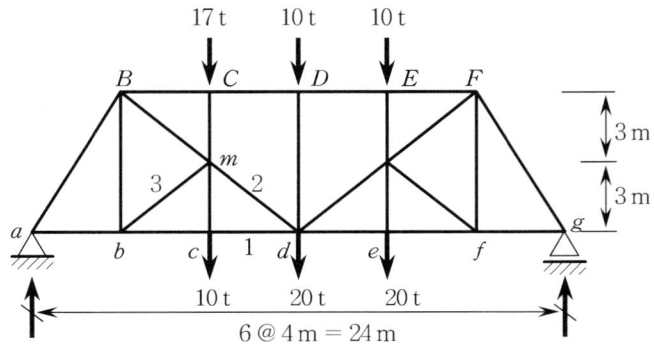

> **정답**
>
> **1.** $F_1 = 46.7$ t (인장)
>
> $F_2 = 26.7$ t (인장)
>
> $F_3 = -22.5$ t (압축)

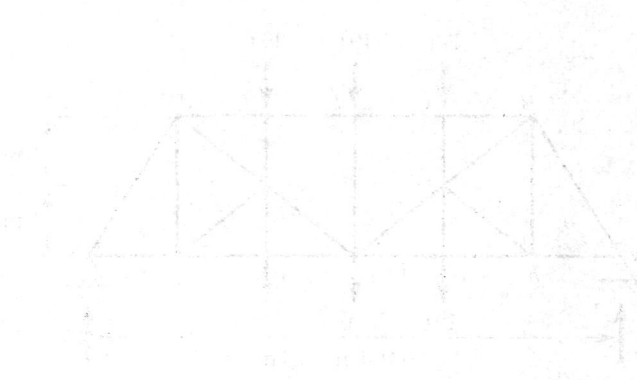

Chapter 19

부정정트러스의 해석 및 트러스의 응용

Chapter 19 부정정트러스의 해석 및 트러스의 응용

19.1 개 요

부정정 트러스의 부재력을 구하는 방법을 소개하며 트러스의 응용편으로 트러스 부재에 온도변화나 지점 침하가 발생하였을 때 임의의 절점의 처짐을 구해 보도록 한다.

19.1.1 부정정 트러스 판별법

$$n = (r + m_1 + 2m_2 + 3m_3) - (2P_2 + 3P_3)$$

여기서, n : 부정정 차수
r : 반력수
m : 부재상태
P : 절점상태

> 참고
> • 자세한 내용은 3.1.2절을 참고하기 바람

19.1.2 트러스 구조물 해석법

(1) 변위일치법
(2) 부재열법 (Bar-chained method)
(3) 부재치환법

19.2 변위일치법 (=변형일치법)

19.2.1 정 의

부정정 구조물에서 부정정력을 과잉력으로 선택하여 적합조건을 이용한 후 구조물을 해석하는 방법이다. 변위일치법은 특히 1차 부정정 구조물의 해석에 효과적인 방법이다.

19.2.2 일반화시킨 변위일치법

$$\Delta_i = \Delta_{iO} + \Delta_{iT} + \Delta_{iS} + \Delta_{iE} + X_a \delta_{ia} + X_b \delta_{ib}$$
$$+ \cdots + X_n \cdot \delta_{in} = 0$$

만약, n차 부정정 구조물인 경우,

$$\left. \begin{array}{l} \Delta_a = 0 \\ \Delta_b = 0 \\ \vdots \\ \Delta_n = 0 \end{array} \right\} \quad n \text{개의 연립방정식을 풀어 } n \text{개의 미지수 (부정정량)를 계산한다.}$$

여기서, Δ_i : 모든 원인에 의한 i점의 총 처짐

Δ_{iO} : 모든 부정정력 (과잉력)을 제외한 기본구조물에 작용하는 외적하중만에 의한 i점의 처짐

Δ_{iT} : 기본 구조물에서 온도 변화에 의한 i점의 처짐

Δ_{iS} : 기본 구조물에서 지점침하에 의한 i점의 처짐

Δ_{iE} : 기본 구조물에서 제작오차 또는 조립오차에 의한 i점의 처짐

δ_{ik} : 기본 구조물에서 k점에 단위하중을 작용시켰을 때 i점의 처짐

X_i : 점 i에 작용하는 부정정력 (과잉력)

만약, 외부하중만 있고 다른 조건에 의한 모든 처짐이 0이라면

$\Delta_i = \Delta_{iO} + X_a \cdot \delta_{ia}$ 가 된다.

19.2.3 부재력 구하는 법

$$F = F_o + \sum_{j=1}^{n} X_j \cdot f$$

여기서, F : 부정정 구조물의 축력
F_o : 기본구조물의 축력
f : i점에 단위하중을 가했을 때 기본구조물의 부재축력
X_j : 미지의 과잉력 (부정정력)으로 부정정차수 n개가 있음

19.2.4 하중 이외의 처짐량 계산법

(1) Δ_{iS} 의 계산

$$\Delta_{iS} + W_R = 0$$

여기서, Δ_{iS} : 기본구조물의 지점침하로 인한 i점의 처짐
W_R : i점에 단위하중이 작용한 기본 구조물에서 각 지점의 반력 성분에 지점침하량을 곱한 값들의 합

(2) Δ_{iT} 의 계산

$$\Delta_{iT} = \Sigma f \,(l \cdot \alpha \cdot \Delta T)$$

여기서, $l \cdot \alpha \cdot \Delta T \rightarrow \dfrac{Fl}{AE}$ 에 해당

(3) Δ_{iE} 의 계산

$$\Delta_{iE} = \Sigma f \,(\Delta l)$$

여기서, $\Delta l \rightarrow \dfrac{Fl}{AE}$ 에 해당

필수예제 1

그림과 같은 부정정 트러스에서 변위일치법을 적용하여 다음을 구하시오. (단, $E = 2.1 \times 10^6 \, \text{kg/cm}^2$ 이다.)

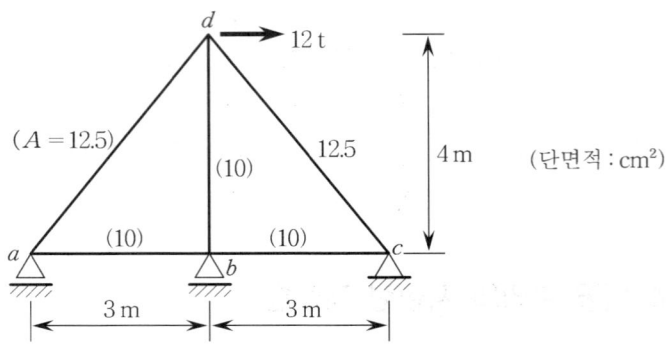

1. 그림과 같은 12 t 의 작용하중을 받을 때 지점 b 의 반력 R_b
2. 어떤 원인으로 지점 a 에서 0.6 cm 아래로, 지점 b 에서 2.5 cm 아래로, 그리고 지점 c 에서 1.8 cm 아래로 지점 침하가 일어났을 때의 R_b
3. 부재 ad 가 착오로 0.5 cm 짧게 제작되어 억지로 조립되었을 때의 R_b

풀이과정

1. 하중이 작용한 경우의 R_b

   이 트러스는 외적으로 1차 부정정이며, 반력 R_b 를 과잉력으로 선정하여 다음과 같이 부재력을 구할 수 있다.

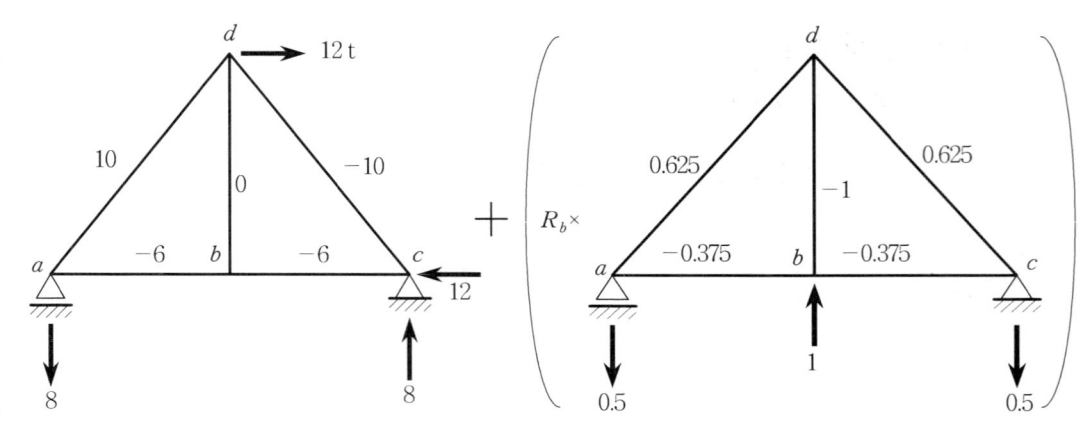

(1) 외력 12 t 에 의한 부재력 F_0

① 절점 a

$\Sigma F_y = 0$; $F_{ad} \times \dfrac{4}{5} = 8$

$\therefore F_{ad} = 10$ t (인장)

$\Sigma F_x = 0$; $F_{ad} \times \dfrac{3}{5} + F_{ab} = 0$

$\therefore F_{ab} = -6$ t (압축)

② 절점 b

$\Sigma F_x = 0$; $\therefore F_{bc} = -6$ t (압축)

$\Sigma F_y = 0$; $\therefore F_{bd} = 0$

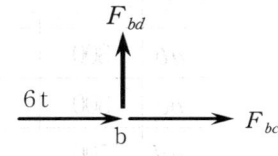

③ 절점 c

$\Sigma F_y = 0$; $F_{cd} \times \dfrac{4}{5} + 8 = 0$

$\therefore F_{cd} = -10$ t (압축)

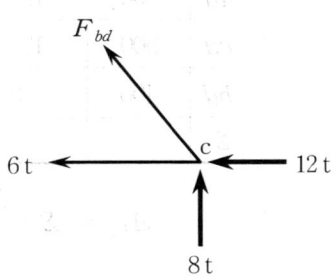

(2) 단위하중에 의한 부재력 f_b

대칭이므로 $f_{ab} = f_{cb}$, $f_{ad} = f_{cd}$ 이다.

① 절점 a

$\Sigma F_y = 0$; $f_{ad} \times \dfrac{4}{5} = 0.5$

$\therefore f_{ad} = 0.625$ (인장)

$\Sigma F_x = 0$; $f_{ad} \times \dfrac{3}{5} + f_{ab} = 0$

$\therefore f_{ab} = -0.375$ (압축)

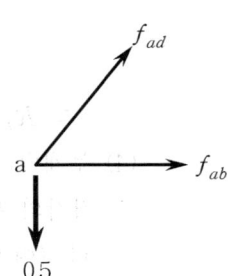

② 절점 b

$\therefore f_{bd} = -1$ (압축)

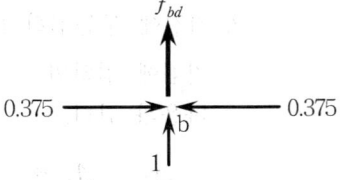

(3) 적합방정식

$$\Delta_{bo} + R_b \cdot \delta_{bb} = 0$$

여기서, $\begin{cases} \Delta_{bo} = \Sigma \dfrac{F_o \cdot f_b \cdot L}{AE} \\ \delta_{bb} = \Sigma \dfrac{f_b^2 \cdot L}{AE} \end{cases}$

표로 만들면 다음과 같다.

부재	L (cm)	A (cm²)	F_o (t)	f_b	$\dfrac{F_o \cdot f_b \cdot L}{A}$	$\dfrac{f_b^2 \cdot L}{A}$	$F = F_o + f_b \cdot R_b$
ab	300	10	-6	-0.375	67.5	4.22	-5.365
bc	300	10	-6	-0.375	67.5	4.22	-5.365
ad	500	12.5	10	0.625	250	15.63	8.94
cd	500	12.5	-10	0.625	-250	15.63	-11.06
bd	400	10	0	-1	0	40	1.694
Σ					135	79.7	

$$\Delta_{bo} = \Sigma \frac{F_o \cdot f_b \cdot L}{AE} = \frac{135}{E}$$

$$\delta_{bb} = \Sigma \frac{f_b^2 \cdot L}{AE} = \frac{79.7}{E}$$

따라서, $\Delta_{bo} + R_b \cdot \delta_{bb} = 0$

$$\frac{135}{E} + R_b \times \left(\frac{79.7}{E}\right) = 0$$

$$\therefore R_b = -1.693 \text{ t } (\downarrow)$$

(4) 부재력

각각의 부재력은 $F = F_o + f_b \cdot R_b$로 구한다. 그 값은 위 표에 나타내었다. (여기서, 단위는 ton이다.)

2. 지점에 부등침하가 발생한 경우의 R_b

지점에 침하만 일어난 경우이며, 지점 b에 대하여 변위일치 방정식을 세우면 다음과 같다.

$$\Delta_b = \Delta_{bs} + R_b \cdot \delta_{bb} = -2.5$$

(1) Δ_{bs}의 산정

Δ_{bs}는 R_b를 제거한 구조물에서 지점침하로 인한 b점의 상향처짐이다.

$\Delta_{bs} + W_R = 0$

여기서, W_R은 $R_b = 1\,(\uparrow)$에 대한 각 지점의 반력성분에 지점침하량을 곱한 값이다.

$W_R = (-0.5) \times (-0.6) + (-0.5) \times (-1.8) = 1.2\,\text{cm}$

$\Delta_{bs} + 1.2 = 0$

$\therefore \Delta_{bs} = -1.2\,\text{cm}$

(2) 반력 R_b의 산정

$\Delta_b = \Delta_{bs} + R_b \cdot \delta_{bb} = -2.5$

여기서, $\delta_{bb} = \dfrac{79.7}{E}$ (앞과 동일)

$-1.2 + R_b\left(\dfrac{79.77}{E}\right) = -2.5$

$\therefore R_b = -\left(\dfrac{2.1 \times 10^3 \times 1.3}{79.7}\right) = -34.25\,\text{t}\,(\downarrow)$

3. 제작 착오시의 R_b

지점 b의 변위일치 방정식은 다음과 같다.

$\Delta_{bE} + R_b \cdot \delta_{bb} = 0$

(1) Δ_{bE}의 산정

Δ_{bE}는 R_b를 제거한 구조물에서 조립오차 때문에 일어난 b점의 상향처짐이다.

$\Delta_{bE} = \Sigma\,f_b(\Delta l) = 0.625 \times (-0.5) = -0.3125\,\text{cm}$

(2) 반력 R_b의 산정

$\Delta_{bE} + R_b \cdot \delta_{bb} = 0$

$-0.3125 + R_b \times \left(\dfrac{79.7}{E}\right) = 0$

$\therefore R_b = \dfrac{2.1 \times 10^3 \times 0.3125}{79.7} = 8.24\,\text{t}\,(\uparrow)$

필수예제 2

그림과 같은 트러스에서 변위일치법으로 다음을 구하시오. (단, $E = 2.1 \times 10^6 \, kg/cm^2$, 각 부재의 단면적은 $A = 32.5 \, cm^2$, 그리고 온도팽창계수는 $\alpha = 12 \times 10^{-6}/℃$ 이다.)

1. 그림과 같은 하중이 작용할 때의 모든 부재력
2. 상현부재가 30 ℃ 만큼 온도가 증가하였을 때의 부재력

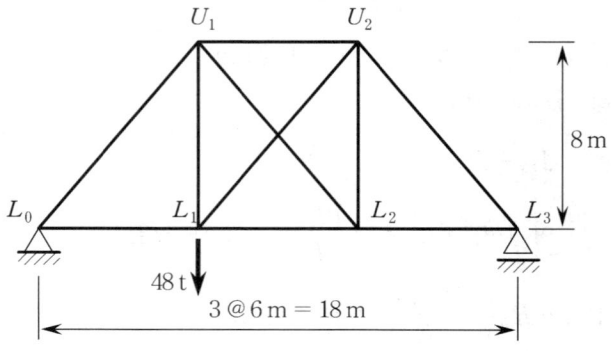

풀이과정

$r = 3, \quad m = 10, \quad P_2 = 6$

$\therefore \; n = (3+10) - (2 \times 6) = 1$차 부정정 구조

1. 하중만 작용하는 경우

    1차 부정정이므로, $L_1 U_2$ 부재의 부재력 X_a를 과잉력으로 선택한다. 따라서 다음과 같은 구조물로 나눌 수 있다.

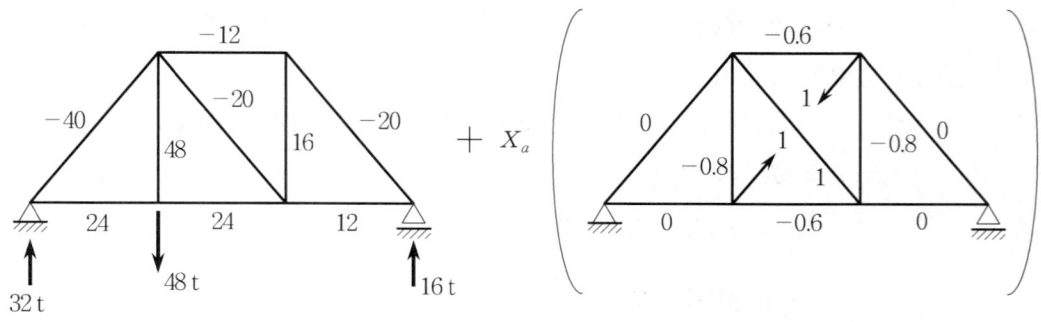

① (하중만 받는 기본구조물 F_0)　　② (과잉력 1을 작용시킨 기본구조물 f_a)

(1) 각 구조물 ①, ②에서 반력산정 후 평형조건을 이용하여 부재력 F_0 와 f_a 를 구하면 그림에 표시된 것과 같다.

(2) 적합조건에 의한 변위일치방정식 : $\Delta_{ao} + X_a \cdot \delta_{aa} = 0$

여기서, $\Delta_{ao} = \Sigma \dfrac{F_o \cdot f_a \cdot L}{AE}$, $\delta_{aa} = \Sigma \dfrac{f_a^2 \cdot L}{AE}$

표로 나타내면 다음과 같다.

표의 결과를 식에 대입하면, $-\dfrac{652.8}{AE} + X_a \cdot \left(\dfrac{34.56}{AE}\right) = 0$

$\therefore X_a = 18.89$ t (인장)

부재	길이 L (m)	F_o (t)	f_a	$F_o \cdot f_a \cdot L$	$f_a^2 \cdot L$	$F = F_o + X_a \cdot f_a$ (t) (하중 작용)	$F = X_a \cdot f_a$ (t) (온도변화)
$L_0 U_1$	10	-40	0	0	0	-40	0
$U_1 U_2$	6	-12	-0.6	43.2	2.16	-23.33	-1.54
$L_0 L_1$	6	24	0	0	0	24	0
$U_1 L_1$	8	48	-0.8	-307.2	5.12	32.89	-2.05
$L_1 L_2$	6	24	-0.6	-86.4	2.16	12.67	-1.54
$U_1 L_2$	10	-20	1	-200	10	-1.11	2.56
$U_2 L_2$	8	16	-0.8	-102.4	5.12	0.89	-2.05
$U_2 L_3$	10	-20	0	0	0	-20	0
$L_2 L_3$	6	12	0	0	0	12	0
$L_1 U_2$	10	0	1	0	10	18.89	2.56
Σ				-652.8	34.56		

(3) 부재력 F

$F = F_o + X_a \cdot f_a$

여기서, $X_a = 18.89$ t

값은 표 안에 나타내었다.

2. 온도변화의 경우
   작용하중은 없고 상현부재에만 30 ℃ 의 온도증가가 있다.
   (1) 변위 일치 방정식
   $$\Delta_{aT} + X_a \cdot \delta_{aa} = 0$$
   여기서, Δ_{aT} 는 기본구조물에서 온도변화로 인한 격점 L_1과 U_2 의 상대 변위이다.
   $$\Delta_{aT} = \Sigma f_a(\alpha \cdot \Delta T \cdot L) = (-0.6) \times (12 \times 10^{-6}) \times (30) \times (6)$$
   $$= -0.001296$$
   ($\because$ U_1U_2부재의 f_a값과 L이 해당된다.)
   $$\therefore \Delta_{aT} + X_a \cdot \delta_{aa} = 0$$
   $$-0.001296 + X_a\left(\frac{34.56}{AE}\right) = 0$$
   $$\left(\text{여기서, } \delta_{aa} = \Sigma \frac{f_a^2 \cdot L}{AE} = \frac{34.56}{AE}\right)$$
   $$\therefore X_a = \frac{0.001296 AE}{34.56} = \frac{0.001296 \times 32.5 \times 2.1 \times 10^3}{34.56}$$
   $$= 2.56 \text{ t (인장)}$$
   (2) 부재력 F
   $$F = F_o + X_a \cdot f_a$$
   여기서, 작용하중은 없으므로 $F_o = 0$이다.
   $$\therefore F = X_a \cdot f_a \text{ (값은 표에 나타낸다.)}$$

   > **주의**
   > 1. 과잉력으로 선정한 L_1U_2 부재는 작용하중만 작용할 때는 부재가 없으므로 0이며, 과잉력을 1로 한때는 부재가 있는 것으로 보며 부재력(f_a)은 1이 된다.
   > 2. AE 계산에서, E 값을 t / cm² 단위로 계산하였음

19.3 부재열법 (Bar-chain Method)

필수예제 3

다음 트러스를 부재열법 (Bar-chain method)을 사용하여 절점 B의 연직방향의 처짐을 계산하시오. 각 부재들의 괄호 안의 숫자들은 각 부재의 변형률에 1000을 곱한 값이다. 여기서, 삼각형 부재들의 변형률과 내각의 변화관계는 다음 식으로 표현된다.

$$\Delta\phi = (e_3 - e_1)\cot\beta_1 + (e_3 - e_2)\cot\beta_2$$

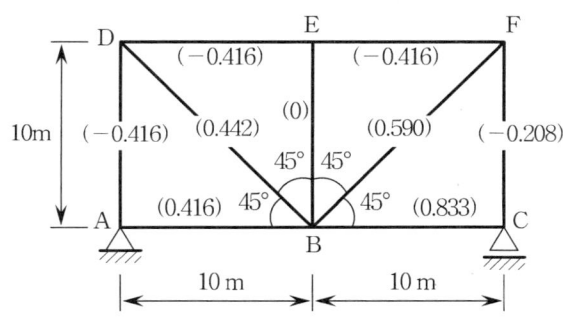

풀이과정 부재열법은 부재의 변형량과 내각과의 관계로 임의 절점의 처짐각을 산정하는 것이며 변형률은 아래와 같다.

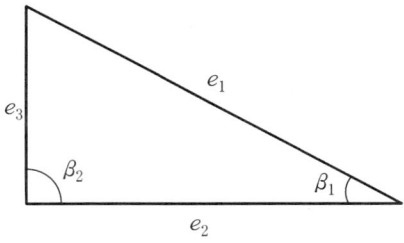

1. 부재열법으로 절점 B의 각 부재들의 내각변화를 산정

$\angle ABD = (-0.416 - 0.442)\cot 45 + (-0.416 - 0.416)\cot 90 = -0.858$

$\angle DBE = (-0.416 - 0.442)\cot 45 + (-0.416 - 0)\cot 90 = -0.858$

$\angle FBE = (-0.416 - 0.590)\cot 45 + (-0.416 - 0)\cot 90 = -0.1006$

$\angle FBC = (-0.208 - 0.590)\cot 45 + (-0.208 - 0.833)\cot 90 = -0.798$

2. 절점 B의 총 내각 변화량 산정

$\Delta \phi_B = -0.858 - 0.858 - 1.006 - 0.798 = -3.520$

따라서, 실제 B의 각 변화량은 변형률에 1000을 나눈다.

$\therefore \theta_B = -3.520 \times 10^{-3}$ (rad)

3. θ_B를 집중하중으로 가한 지간 20 m 의 탄성보

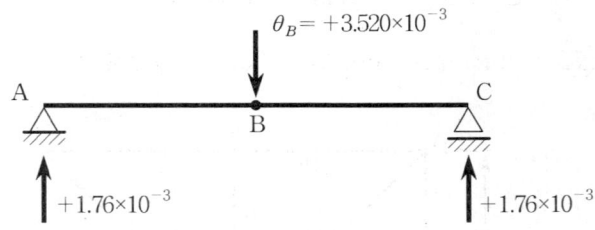

B점의 처짐 Δ_B는 M_B (공액보)와 같다.

반력이 처짐각이므로,

$\therefore \Delta_B = 1.76 \times 10^{-3} \times 10 \times 10^3$ (mm) $= 17.6$ mm ($\downarrow$)

19.4 부재 치환법

필수예제 4

다음과 같은 복합트러스에서 부재력 F_1, F_2, F_3를 구하시오. (단, a점은 부재들의 교차점이다.)

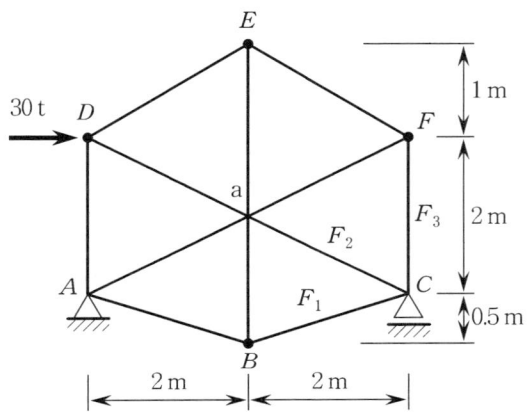

풀이과정 정정트러스이며 부재 치환법으로 구한다.

1. AF부재를 AE로 치환한 후 부재력 산정

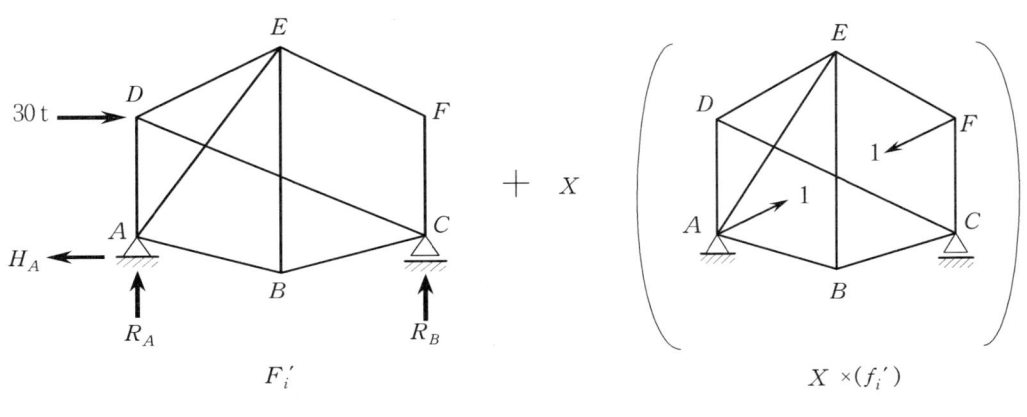

(1) 반력산정

$\Sigma M_c = 0$; $R_A \times 4 + 30 \times 2 = 0$

$\therefore R_A = -15\,t\,(\downarrow)$

$\Sigma F_y = 0$; $\therefore R_B = 15\,t\,(\uparrow)$

$\Sigma F_x = 0$; $\therefore H_A = 30\,t\,(\leftarrow)$

(2) F 절점

① F_i' ; $F_{EF}' = F_{CF}' = 0$ ($\because$ 외력 $= 0$)

② f_i' ;

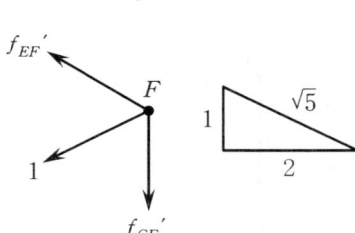

$\Sigma F_x = 0$; $f_{EF}' \cdot \dfrac{2}{\sqrt{5}} + 1 \cdot \dfrac{2}{\sqrt{5}} = 0$

$\therefore f_{EF}' = -1$

$\Sigma F_y = 0$; $f_{EF}' \cdot \dfrac{1}{\sqrt{5}} - 1 \cdot \dfrac{1}{\sqrt{5}} - f_{CF}' = 0$

$\therefore f_{CF}' = -\dfrac{2}{\sqrt{5}}$

(3) C절점

① F_i' ;

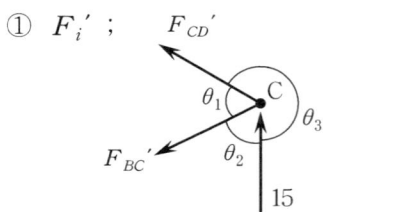 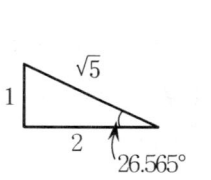

$\theta_1 = 26.565 + 14.036 = 40.6°$

$\theta_2 = 90 - 14.036 = 75.964°$

$\theta_3 = 360 - \theta_1 - \theta_2 = 243.436°$

라미의 정리 $\Rightarrow$ $\dfrac{-15}{\sin\theta_1} = \dfrac{F_{CD}'}{\sin\theta_2} = \dfrac{F_{BC}'}{\sin\theta_3}$

$\therefore F_{CD}' = -15 \times \dfrac{\sin 75.964}{\sin 40.6} = -22.36$

$\therefore F_{BC}' = -15 \times \dfrac{\sin 243.436}{\sin 40.6} = 20.62$

② $f_i{'}$;

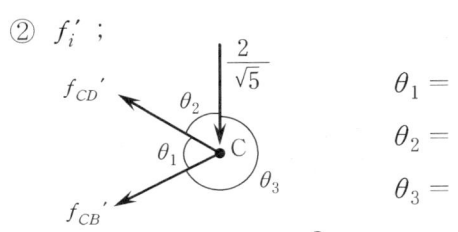

$\theta_1 = 40.6°$

$\theta_2 = 90 - 26.565 = 63.435°$

$\theta_3 = 360 - 40.6 - 63.435 = 255.865°$

라미의 정리 $\Rightarrow \dfrac{-\dfrac{2}{\sqrt{5}}}{\sin\theta_1} = \dfrac{f_{CB}{'}}{\sin\theta_2} = \dfrac{f_{CD}{'}}{\sin\theta_3}$

$\therefore f_{CB}{'} = \dfrac{2}{\sqrt{5}} \times \dfrac{\sin\theta_2}{\sin\theta_1} = -1.23$

$\therefore f_{CD}{'} = \dfrac{2}{\sqrt{5}} \times \dfrac{\sin 255.965}{\sin 40.6} = 1.33$

(4) B절점

① $F_i{'}$;

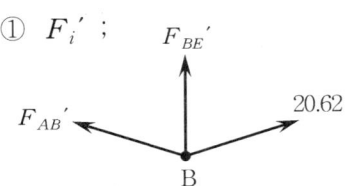

$\therefore F_{AB}{'} = 20.62$

$\Sigma F_y = 0$;

$2 \times 20.62 \times \dfrac{0.5}{2.06} + F_{BE}{'} = 0$

$\therefore F_{BE}{'} = -10$

② $f_i{'}$;

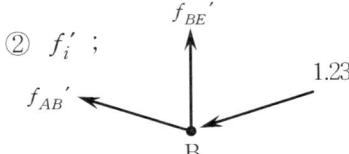

$\therefore f_{AB}{'} = -1.23$

$\therefore f_{BE}{'} = 0.6$

(5) E절점

① $F_i{'}$;

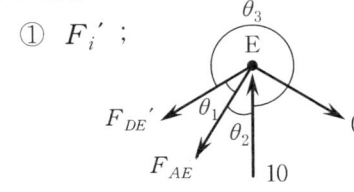 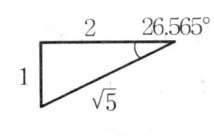 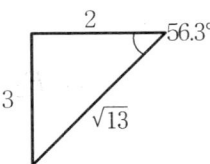

$\theta_1 = 56.3 - 26.565 = 29.745°$

$\theta_2 = 90 - 56.3 = 33.7°$

$\theta_3 = 360 - \theta_1 - \theta_2 = 296.56°$

라미의 정리 $\Rightarrow \dfrac{-10}{\sin\theta_1} = \dfrac{F_{DE}{'}}{\sin\theta_2} = \dfrac{F_{AE}{'}}{\sin\theta_3}$

$\therefore F_{DE}{'} = -10 \times \dfrac{\sin 33.7}{\sin 29.745} = -11.18$

$\therefore F_{AE}{'} = -10 \times \dfrac{\sin 296.56}{\sin 29.745} = 18.03$

② $f_i{'}$;

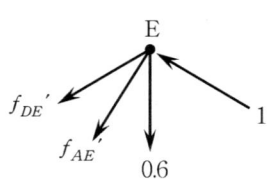

$\Sigma F_x = 0$;

$f_{DE}{'} \cdot \dfrac{2}{\sqrt{5}} + f_{AE}{'} \cdot \dfrac{2}{\sqrt{13}} + 1 \times \dfrac{2}{\sqrt{5}} = 0$

$\Sigma F_y = 0$;

$f_{DE}{'} \cdot \dfrac{1}{\sqrt{5}} + f_{AE}{'} \cdot \dfrac{3}{\sqrt{13}} - 1 \times \dfrac{1}{\sqrt{5}} + 0.6 = 0$

$\therefore f_{AE}{'} = 0.53, \quad f_{DE}{'} = -1.33$

2. 부재 치환시 X 값 산정

AE는 치환부재이므로 실제로 존재하지 않고 부재력도 0이다.

$F_{AE} = F_{AE}{'} + X(f_{AE}{'}) = 0$

$18.03 + X(0.53) = 0$

$\therefore X = -34.02 \text{ t}$ (압축)

3. 부재력 F_1, F_2, F_3의 산정

$\therefore F_1 = F_{BC} = F_{BC}{'} + X(f_{BC}{'})$

$= 20.62 - 34.02 \times (-1.23) = 62.5 \text{ t}$ (인장)

$\therefore F_2 = F_{CD} = F_{CD}{'} + X(f_{CD}{'})$

$= -22.36 - 34.02 \times (1.33) = -67.6 \text{ t}$ (압축)

$\therefore F_3 = F_{CF} = F_{CF}{'} + X(f_{CF}{'})$

$= 0 - 34.02 \times \left(-\dfrac{2}{\sqrt{5}}\right) = 30.43 \text{ t}$ (인장)

19.5 강성도법 (변위법)과 유연도법 (응력법)

19.5.1 개 요

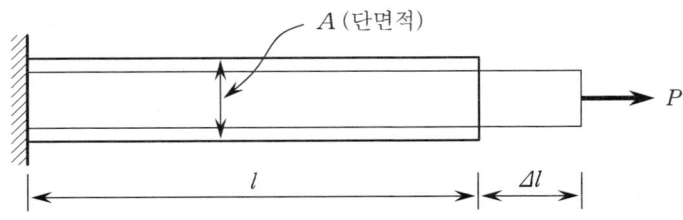

여기서, E : 탄성계수
l : 부재길이
Δl : 변위
P : 하중 (외력)

(1) 강성도법 (변위법)

$$P = \frac{EA}{l} \cdot \Delta l$$

① Δl (변위)이 미지수

② $\dfrac{EA}{l} = \dfrac{P}{\Delta l} = k$: 축방향 강성도 (Stiffness)

(2) 유연도법 (응력법)

$$\Delta l = \frac{l}{EA} \cdot P$$

① P (부재력)가 미지수

② $\dfrac{l}{EA} = \dfrac{\Delta l}{P} = f$: 축방향 유연도 (Flexibility)

19.5.2 변위법과 응력법의 비교

변 위 법	응 력 법
절점변위가 미지수	절점응력이 미지수
부재강성 Matrix이용	부재 유연성 Matrix 이용
하나의 절점변형량이 3개	미지단면력 수가 달라짐
기본식은 평형조건식	기본식은 적합조건식
컴퓨터이용으로 어떤 구조물도 응용	다각적인 골재해석이 어려움
多用	

필수예제 5

부재력과 D점의 처짐을 구하시오.

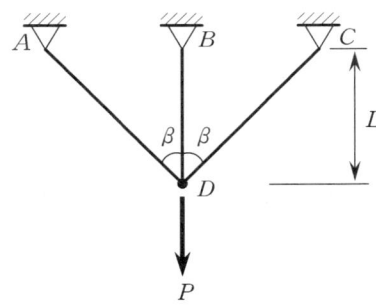

풀이과정 1. 유연도법

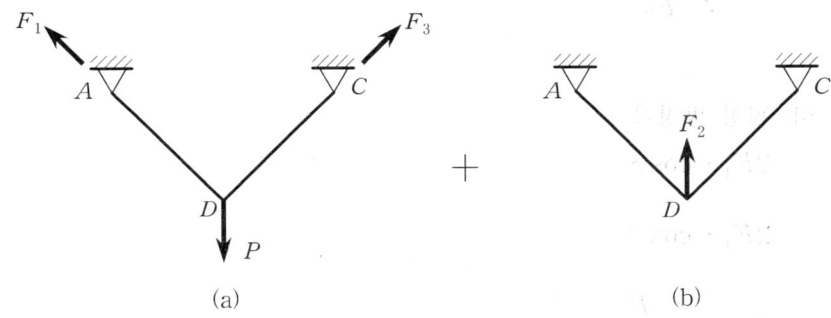

(1) 과잉력을 F_2로 선정하고 미지량으로 선택
(2) 절점변위 산정
  ① 그림 (a)의 D점 변위 $\delta_{D(a)}$

$$F_1 = F_3 = \frac{P}{2\cos\beta}$$

$$\delta = \frac{F_1}{AE}\frac{L}{\cos\beta} = \frac{P \cdot L}{2AE \cdot \cos^2\beta}$$

$$\therefore \delta_{D(a)} = \frac{\delta}{\cos\beta}$$

$$= \frac{P \cdot L}{2AE \cdot \cos^3\beta} \quad (\downarrow)$$

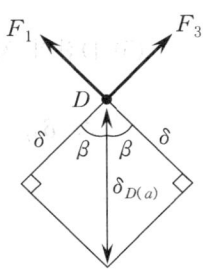

② 그림 (b)의 D점 변위 $\delta_{D(b)}$

모든 조건이 그림 (a)와 동일하다. 단, P가 F_2가 되며 처짐방향이 반대이다.

$$\therefore \delta_{D(b)} = -\frac{F_2 \cdot L}{2AE \cdot \cos^3\beta} \quad (\uparrow)$$

(3) 적합 방정식

D점의 최종처짐은 부재 BD의 늘음량과 같다.

$$\delta_{D(a)} + \delta_{D(b)} = \frac{F_2 \cdot L}{AE}$$

$$\frac{P \cdot L}{2AE \cdot \cos^3\beta} - \frac{F_2 \cdot L}{2AE \cdot \cos^3\beta} = \frac{F_2 \cdot L}{AE}$$

$$\therefore F_2 = \frac{P}{2 \cdot \cos^3\beta + 1}$$

(4) 평형 방정식

$$2F_1 \cdot \cos\beta + F_2 = P$$

$$2F_1 \cdot \cos\beta + \frac{P}{2 \cdot \cos^3\beta + 1} = P$$

$$F_1 = \frac{P}{2\cos\beta}\left(1 - \frac{1}{2 \cdot \cos^3\beta + 1}\right)$$

$$\therefore F_1 = \frac{P \cdot \cos^2\beta}{2 \cdot \cos^3\beta + 1} = F_3$$

(5) D점의 처짐 δ_D의 산정

$$\therefore \delta_D = \frac{F_2 \cdot L}{AE} = \frac{PL}{(2 \cdot \cos^3\beta + 1)AE} \quad (\downarrow)$$

2. 강성도법

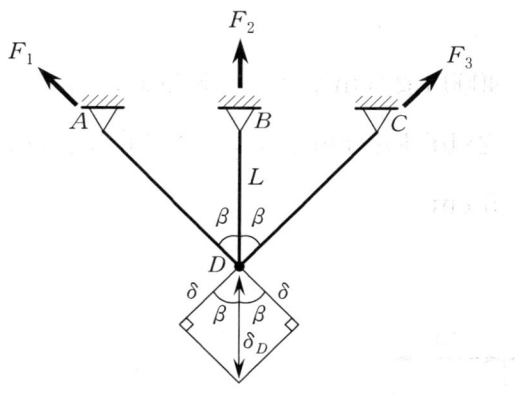

(1) 변위 δ_D를 미지량으로 선택
(2) 부재력을 변위의 항으로 표시

$$\left.\begin{array}{l} \delta = \delta_D \cdot \cos\beta \\ \delta = \dfrac{F_1 \cdot L}{AE} \dfrac{1}{\cos\beta} \\ F_1 = F_3 \\ \delta_D = \dfrac{F_2 \cdot L}{AE} \end{array}\right\} \Rightarrow \begin{array}{l} F_1 = \dfrac{AE}{L} \cdot \delta \cdot \cos\beta \\ \quad = \dfrac{AE}{L} \delta_D \cdot \cos^2\beta \\ F_2 = \dfrac{AE}{L} \cdot \delta_D \end{array}$$

(3) 평형방정식

$$2F_1 \cdot \cos\beta + F_2 = P$$

$$2 \cdot \dfrac{AE}{L} \cdot \delta_D \cdot \cos^3\beta + \dfrac{AE}{L} \cdot \delta_D = P$$

$$\therefore \delta_D = \dfrac{PL}{AE} \dfrac{1}{2 \cdot \cos^3\beta + 1} \quad (\downarrow)$$

(4) 부재력 산정

$$\therefore F_1 = F_3 = \dfrac{AE}{L} \delta_D \cdot \cos^2\beta = \dfrac{P \cdot \cos^2\beta}{2 \cdot \cos^3\beta + 1}$$

$$\therefore F_2 = \dfrac{AE}{L} \delta_D = \dfrac{P}{2 \cdot \cos^3\beta + 1}$$

필수예제 6

트러스의 응력-변형률도를 참조하여 극한 재하하중과 C점의 처짐을 구하시오.

$$\sigma_1 = 4000 \text{ kg/cm}^2, \quad \sigma_2 = 6000 \text{ kg/cm}^2$$
$$E_1 = 2\times 10^6 \text{ kg/cm}^2, \quad E_2 = 1\times 10^6 \text{ kg/cm}^2$$
$$A = 5 \text{ cm}^2$$

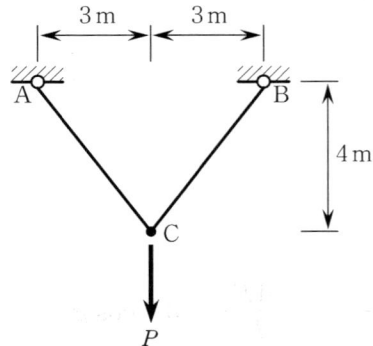
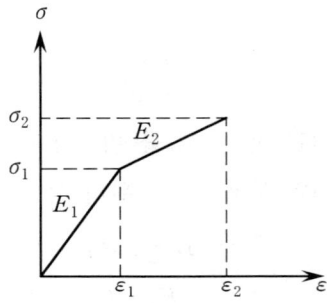

풀이과정 구간을 Ⅰ, Ⅱ 구간으로 나누어서 각 구간에 대한 재하하중과 처짐을 산정하여 더한다.

1. Ⅰ 구간 $\begin{cases} \sigma_1 = 4000 \text{ kg/cm}^2 \\ E_1 = 2\times 10^6 \text{ kg/cm}^2 \\ A = 5 \text{ cm}^2 \\ l = 500 \text{ cm} \end{cases} \Rightarrow P_1$ (재하하중)과 δ_{c1} (C점의 처짐)산정

(1) 부재력 F_1과 재하하중 P_1의 산정

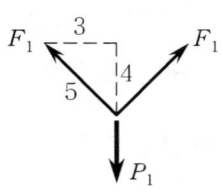

$$2F_1 \cdot \frac{4}{5} = P_1$$

$$\therefore F_1 = \frac{5}{8} P_1$$

여기서, 부재는 σ_1의 응력에 도달하므로 부재력 F_1은 다음과 같다.

$$\therefore F_1 = \sigma_1 \cdot A = 4000 \times 5 = 20000 \text{ kg}$$

$$\therefore P_1 = \frac{8}{5} \times 20000 = 32000 \text{ kg}$$

(2) P_1 하중에서 C점의 처짐 δ_{C1}의 산정

① Williot-Diagram에 의한 방법

$$\delta_1 = \frac{F_1 \cdot l}{A \cdot E_1}$$

$$= \frac{20000 \times 500}{5 \times 2 \times 10^6} = 1 \text{ cm}$$

(그림에서)

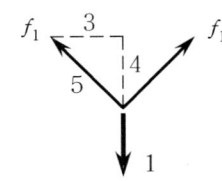

$$\cos\theta = \frac{4}{5} = \frac{\delta_1}{\delta_{C1}}$$

$$\therefore \delta_{C1} = \frac{5}{4}\delta_1 = \frac{5}{4} \times 1 = 1.25 \text{ cm}$$

② Truss 부재에서 가상일의 원리를 적용한 방법

$$\delta = \frac{F_1 \cdot f_1 \cdot l_1}{A_1 \cdot E_1} + \frac{F_2 \cdot f_2 \cdot l_2}{A_2 \cdot E_2} + \cdots\cdots$$

(여기서, f_i ; 가상의 단위하중에 대한 부재력)

연직처짐이므로 C점에 가상의
단위하중 1을 가한 후 부재력
f를 구하면 다음과 같다.

$$2f_1 \cdot \frac{4}{5} = 1$$

$$\therefore f_1 = 0.625$$

부재력 $F_1 = 20000$ kg이며 부재 AC와 BC는 대칭이므로 하나의 부재에 대해 2배를 하면 된다.

$$\therefore \delta_{C1} = \left\{\frac{F_1 \times f_1 \times l}{AE_1}\right\} \times 2$$

$$= \frac{20000 \times 0.625 \times 500}{5 \times 2 \times 10^6} \times 2 = 1.25 \text{ cm}$$

2. II 구간 $\begin{cases} \sigma_2 - \sigma_1 = 6000 - 4000 = 2000 \text{ kg/cm}^2 \\ E_2 = 1 \times 10^6 \text{ kg/cm}^2 \\ A = 5 \text{ cm}^2 \\ l = 500 \text{ cm} \end{cases} \Rightarrow \begin{array}{l} P_2 \text{ (재하하중)과} \\ \delta_{C2} \text{ (C점의 처짐)} \\ \text{산정} \end{array}$

(1) 부재력 F_2와 재하하중 P_2의 산정

$$F_2 = (\sigma_2 - \sigma_1) \cdot A = 2000 \times 5 = 10000 \text{ kg}$$

$$\therefore P_2 = \frac{8}{5} F_2 = \frac{8}{5} \times 10000 = 16000 \text{ kg}$$

주의 P_2는 σ_1의 응력 도달 이후 σ_2까지 응력이 도달할 수 있는 재하하중이다.

(2) P_2 하중에서 C점의 처짐 δ_{C2}의 산정

① Williot-Diagram에 의한 방법 (앞 그림 참조)

$$\delta_2 = \frac{F_2 \cdot l}{A \cdot E_2} = \frac{10000 \times 500}{5 \times 1 \times 10^6} = 1 \text{ cm}$$

$$\therefore \delta_{C2} = \frac{5}{4} \delta_2 = \frac{5}{4} \times 1 = 1.25 \text{ cm}$$

② Truss 부재에서 가상일의 원리를 적용한 방법

$$\therefore \delta_{C2} = \left(\frac{F_2 \cdot f_2 \cdot l}{A \cdot E_2} \right) \times 2$$

$$= \frac{10000 \times 0.625 \times 500}{5 \times 1 \times 10^6} \times 2 = 1.25 \text{ cm}$$

3. $P - \delta$ 그래프

부재가 σ_1의 응력에 도달할 수 있는 재하 하중은 32000 kg, 여기서부터 σ_2에 도달할 수 있는 재하하중이 16000 kg이다. 따라서 총 극한재하중 P는,

$$\therefore P = P_1 + P_2 = 32000 + 16000 = 48000 \text{ kg}$$

또한, P_1 하중에서 처짐 δ_{C1}이 1.25 cm이며, P_2 하중에서 처짐 δ_{C2}가 1.25 cm이다. 따라서, C 점의 총처짐 δ_C는,

$$\therefore \delta_C = \delta_{C1} + \delta_{C2} = 1.25 + 1.25 = 2.5 \text{ cm}$$

그림으로 나타내면 다음과 같다.

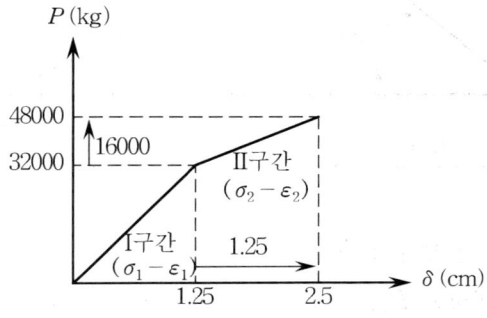

필수예제 7

다음 트러스에 작용하는 최대하중 P를 구하라. (단, 구조물평면 내에서 좌굴만 고려하며 안전율 (F.S) = 2.0, $E = 2.1 \times 10^6 \text{ kg/cm}^2$ 이다.)

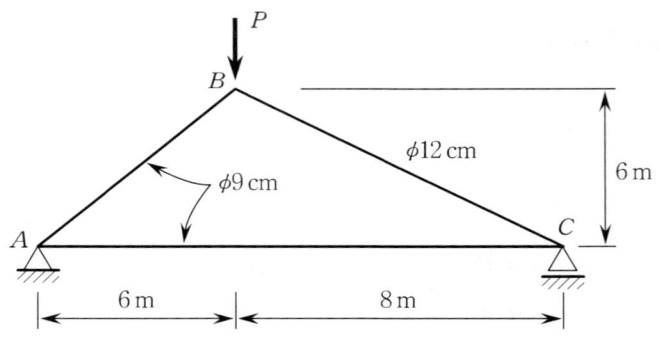

풀이과정 외력 P에 의해 각 부재의 부재력을 구할 수 있으며, 면내 좌굴만 고려한다면 AB와 BC 부재에서 좌굴하중 P_{cr}을 구할 수 있다. 따라서 부재력과 P_{cr}을 같이 두면 최대하중 P를 구할 수 있으며 이 값에 안전율을 나누면 상재될 수 있는 최대하중이 산정된다.

1. 단면성질 산정

$$I_{AB} = \frac{\pi(9)^4}{64} = 322 \text{ cm}^4, \qquad I_{BC} = \frac{\pi(12)^4}{64} = 1018 \text{ cm}^4$$

$$l_{AB} = 6\sqrt{2} = 8.485 \text{ m} = 848.5 \text{ cm},$$

$$l_{BC} = \sqrt{8^2 + 6^2} = 10 \text{ m} = 1000 \text{ cm}$$

2. 부재력 산정

   (1) 반력 : $R_A = \dfrac{8}{14}P = \dfrac{4}{7}P, \quad R_B = \dfrac{3}{7}P$

   (2) 부재력

   ① A절점

   $$\Sigma F_y = 0 \;;\; F_{AB} \cdot \frac{1}{\sqrt{2}} + \frac{4}{7}P = 0$$

   $$\therefore F_{AB} = -\frac{4}{7}\sqrt{2}P$$

   $$\Sigma F_x = 0 \;;\; F_{AB} \cdot \frac{1}{\sqrt{2}} + F_{AC} = 0$$

   $$\therefore F_{AC} = \frac{4}{7}P$$

② C절점

$$\Sigma F_y = 0 \;;\; F_{BC} \cdot \frac{3}{5} + \frac{3}{7} P = 0$$

$$\therefore F_{BC} = -\frac{5}{7} P$$

3. 좌굴하중 산정

양단 힌지이므로 기둥유효길이 = 기둥길이이다.

(1) AB 부재

$$P_{cr} = \frac{\pi^2 \cdot EI_{AB}}{l_{AB}^2} = \frac{\pi^2 \cdot (2.1 \times 10^6)(322)}{(848.5)^2} = 9269.2 \text{ kg}$$

$$P_{cr} = F_{AB} \Rightarrow 9269.2 = \frac{4}{7}\sqrt{2}\, P$$

$$\therefore P = 11470 \text{ kg}$$

(2) BC 부재

$$P_{cr} = \frac{\pi^2 \cdot EI_{BC}}{(l_{BC})^2} = \frac{\pi^2 \cdot (2.1 \times 10^6)(1018)}{(1000)^2} = 21099.2 \text{ kg}$$

$$P_{cr} = F_{BC} \Rightarrow 21099.2 = \frac{5}{7} P$$

$$\therefore P = 29539 \text{ kg}$$

4. 최대 재하 하중 선정

AB 부재의 $P = 11470$ kg
BC 부재의 $P = 29539$ kg

구조물강도는 최소좌굴하중으로 결정되므로 그때의 하중이 최대하중이다.

$$\therefore P_{max} = 11470 \text{ kg}$$

5. 최대 허용 재하 하중

$$P_a = \frac{P_{max}}{F.S} = \frac{11470}{2} = 5735 \text{ kg}$$

∴ 최대 허용 재하 하중은 5735 kg 이다.

실전문제

1. 다음 그림과 같은 트러스의 각 부재력을 구하시오. 부재 L_1U_2의 부재력을 부정정력으로 택하고 변위 일치법으로 푸시오. 이때 각 부재는 동일한 재료로 구성되어 있으며 단면적은 10 cm² 이다.

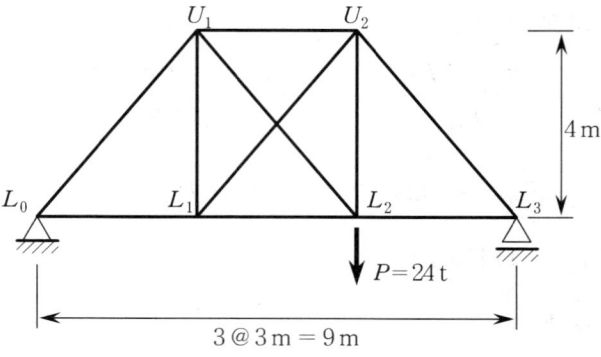

2. 부재 AD의 온도가 ΔT만큼 상승하였을 때 각 지점에서 발생하는 반력을 구하시오. (단, 모든 부재의 EA는 일정하며, 열팽창 계수는 α 이다.)

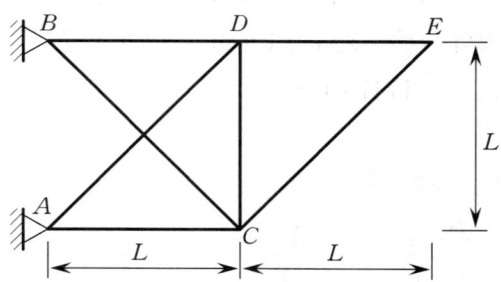

3. 다음 트러스에 대해서 답하시오. (단, $EA = 10000$ t 이다.)

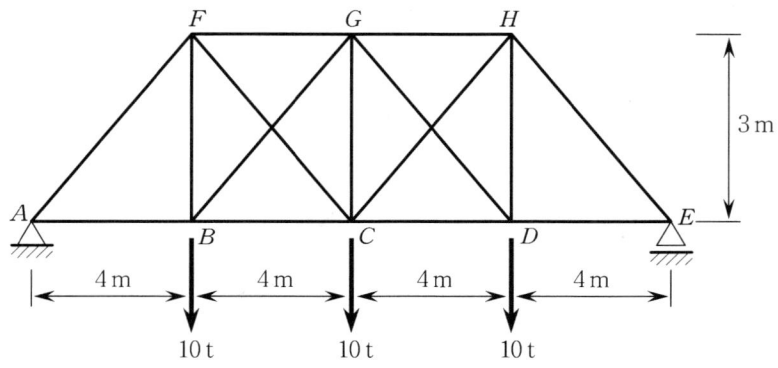

1. AF의 부재력?
2. BG의 부재력?

4. 다음 구조물에 대해 다음 각 물음에 답하시오. (단, E는 일정하고, $A = 10\,\text{cm}^2$ 이다.)

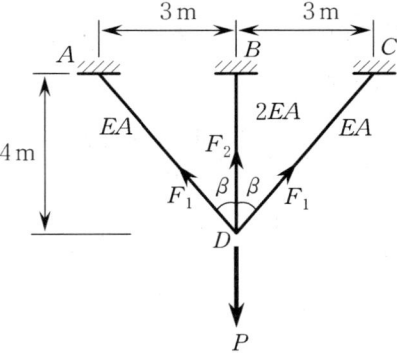

(a) $\sigma_a = 1500\,\text{kg}/\text{cm}^2$일 때 허용하중 ($P_a$)을 구하시오.
(b) $\sigma_y = 2500\,\text{kg}/\text{cm}^2$일 때 극한하중 ($P_u$)을 구하시오.

5. 재료의 인장 및 압축강도가 200 MPa 이고, 압축 및 인장에 대한 안전율이 각각 3.5와 2.0일 때 강봉의 단면적을 구하시오. 그리고, $E = 200$ GN/m^2 일 때 B점의 변위를 구하시오.

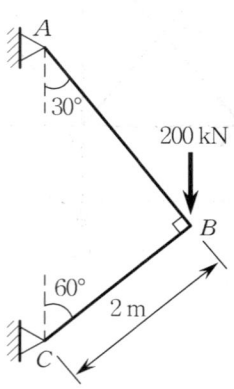

정답

1. $L_0U_1 = -10$ t, $L_0L_1 = 6$ t, $U_1L_1 = 0.445$ t
   $U_1U_2 = -11.666$ t, $U_1L_2 = 9.444$ t, $U_2L_3 = -20$ t
   $U_2L_2 = 16.445$ t, $L_2L_3 = 12$ t, $L_1L_2 = 6.334$ t
   $L_1U_2 = -0.556$ t

2. $H_B = 0$, $R_B = -\dfrac{E \cdot A \cdot \alpha \cdot \Delta T}{\sqrt{2}}$
   $H_A = 0$, $R_A = \dfrac{E \cdot A \cdot \alpha \cdot \Delta T}{\sqrt{2}}$

3. $AF = -25$ t (압축)
   $BG = -2.45$ t (압축)

4. (a) $P_a = 45.45$ t   (b) $P_u = 90$ t

5. $A_{(AB)} = 17.32$ cm^2, $A_{(BC)} = 17.5$ cm^2
   $\delta_{BH} = 0.0371$ cm, $\delta_{BV} = 0.1786$ cm

Chapter 20
영향선

Chapter 20 영향선 (Influence Line, I.L)

20.1 정정보의 영향선

20.1.1 정 의

구조물에 단위하중을 가했을 때 나오는 단면력 (축력, 전단력, 휨모멘트 등)에 대한 영향을 선으로 작도한 것

20.1.2 장 점

이동하중이 지나갈 때 최대 단면력이 어디에서 작용하는지 쉽게 알아볼 수 있다.

20.1.3 영향선으로 단면력을 구하는 방법

(1) 집중하중이 주어질 때 : 단면력 = 집중하중의 크기×영향선의 종거
(2) 분포하중이 주어질 때 : 단면력 = 분포하중의 크기×영향선의 면적
(3) 등분포 활하중이 주어질 때 : 등분포 하중을 구조물 전체, 즉 영향선이 있는 전부분에 상재시킨 후 위의 (2)와 동일하게 단면력을 구한다.

20.1.4 단순보의 영향선 작도

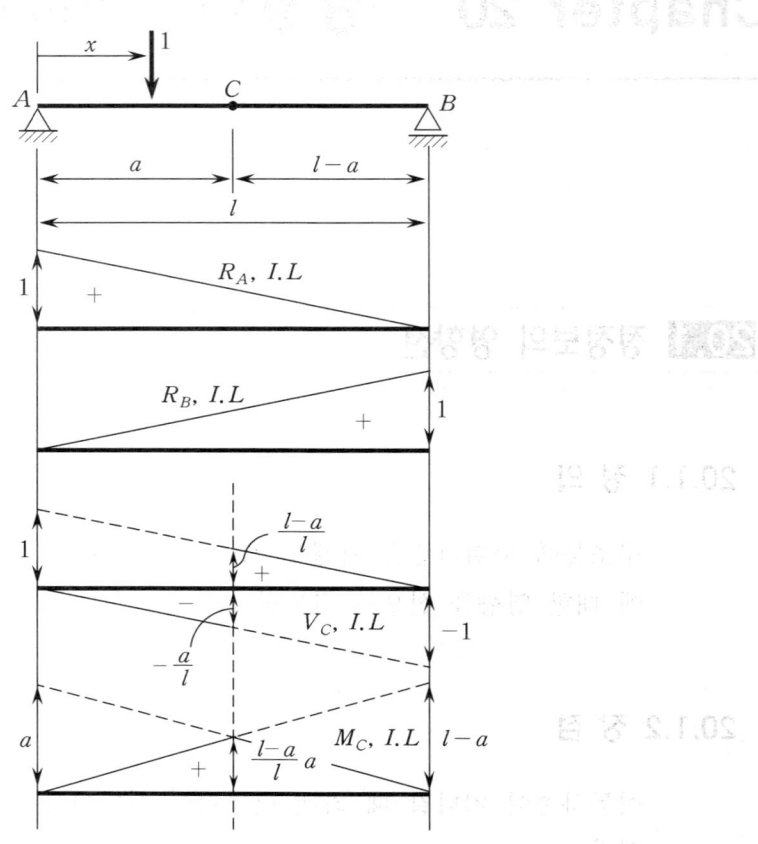

(1) 단위하중 1이 A~C 구간에 작용

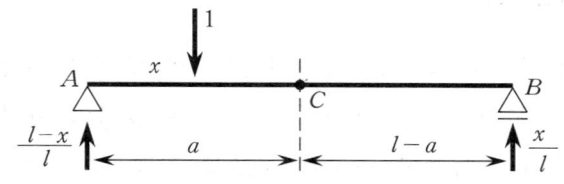 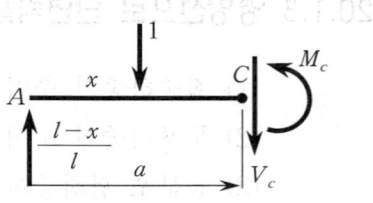

① 반력의 영향선

$$R_A = \frac{l-x}{l}$$

여기서, $\begin{cases} x = 0 \ ; \ R_A = 1 \\ x = l \ ; \ R_A = 0 \end{cases}$

$$R_B = \frac{x}{l}$$

여기서, $\begin{cases} x = 0 \;;\; R_B = 0 \\ x = l \;;\; R_B = 1 \end{cases}$

> **참고**
>
> 반력의 영향선은 B~C 구간에 단위하중이 작용하여도 동일하며, 위 영향선 그림에 나타내었다.

③ V_c 와 M_c 의 영향선

C점의 전단력과 모멘트의 일반식은 다음과 같다.

$$V_c = \frac{l-x}{l} - 1 = -\frac{x}{l}$$

$$M_c = \frac{l-x}{l} a - (a-x) = \frac{l-a}{l} x$$

여기서, $\begin{cases} x = 0 \;;\; V_c = 0, \quad M_c = 0 \\ x = a \;;\; V_c = -\dfrac{a}{l}, \; M_c = \dfrac{l-a}{l} \cdot a \\ x = l \;;\; V_c = -1, \quad M_c = l-a \end{cases}$

(2) 단위하중 1이 B~C 구간에 작용

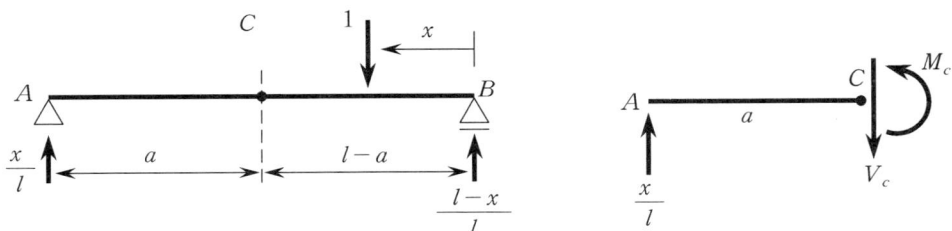

① V_c 와 M_c 의 영향선

C점의 전단력과 모멘트의 일반식은 다음과 같다.

$$V_c = \frac{x}{l}$$

$$M_c = \frac{a}{l} x$$

여기서,
$$\begin{cases} x = 0 \;;\; V_c = 0, \quad M_c = 0 \\ x = l-a \;;\; V_c = \dfrac{l-a}{l}, \; M_c = \dfrac{a}{l}(l-a) \\ x = l \;;\quad V_c = 1, \quad M_c = a \end{cases}$$

참고 ✓ 영향선 작성법의 요약

(1) 반력의 영향선은 구하고자 하는 지점의 종거가 1이되는 삼각형이다. (즉, 상대편 지점의 종거는 0)
(2) 전단력의 영향선은 구하고자 하는 점을 중심으로 양쪽지점의 종거가 −1과 1이 되도록 교차시킨다.
(3) 모멘트의 영향선은 구하는 점까지의 거리가 같은쪽 지점의 종거가 되도록 교차시킨다.
(4) 연속보에서는 영향선이 계속 연장된다.
(5) 겔버보에서는 겔버 위치에서 영향선의 기울기가 바뀐다.

필수예제 1

영향선에 의해 A, B 지점의 반력과 C점의 전단력, 모멘트를 구하시오.

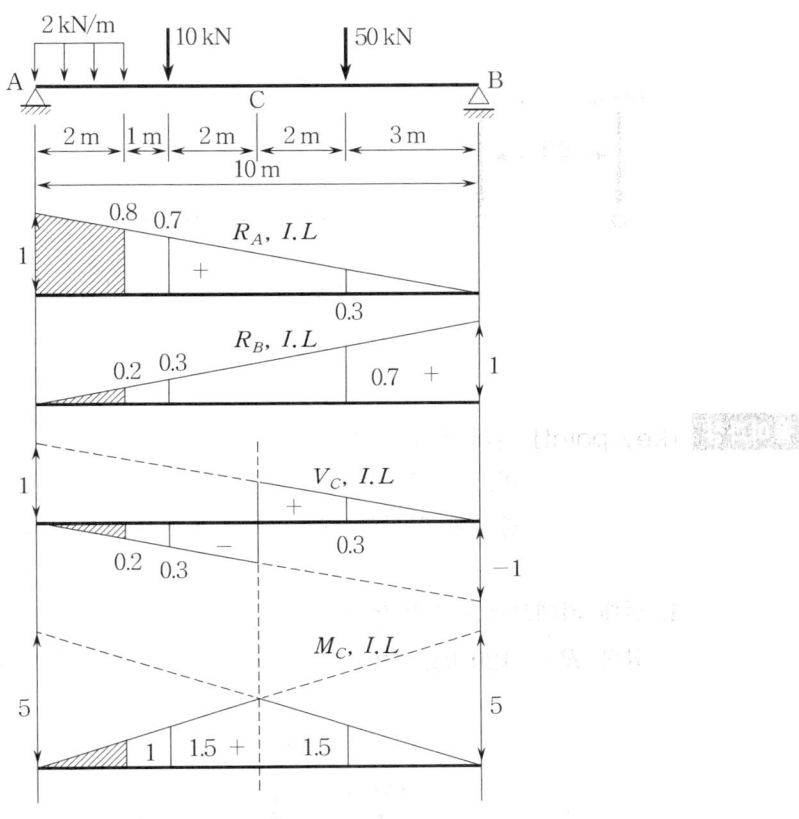

풀이과정 반력과 전단력, 모멘트에 대한 영향선은 문제그림에 나타내었으며, 영향선에 의해 단면력을 산정하는 방법은 다음과 같다.

$$\begin{cases} 등분포하중\ 작용시\ ;\ 영향선의\ 면적 \times 등분포하중\ 크기 \\ 집중하중\ 작용시\ ;\ 영향선의\ 종거 \times 집중하중\ 크기 \end{cases}$$

$$R_A = \left\{(1+0.8) \times 2 \times \frac{1}{2}\right\} \times 2 + 0.7 \times 10 + 0.3 \times 50 = 25.6\,\text{kN}$$

$$R_B = \left(0.2 \times 2 \times \frac{1}{2}\right) \times 2 + 0.3 \times 10 + 0.7 \times 50 = 38.4\,\text{kN}$$

$$V_C = -\left(0.2 \times 2 \times \frac{1}{2}\right) \times 2 - 0.3 \times 10 + 0.3 \times 50 = 11.6\,\text{kN}$$

$$M_C = \left(1 \times 2 \times \frac{1}{2}\right) \times 2 + 1.5 \times 10 + 1.5 \times 50 = 92\,\text{kN} \cdot \text{m}$$

필수예제 2

그림과 같은 이동하중이 지간 20 m 의 보 위를 지나갈 때 절대 최대 휨 모멘트를 구하시오.

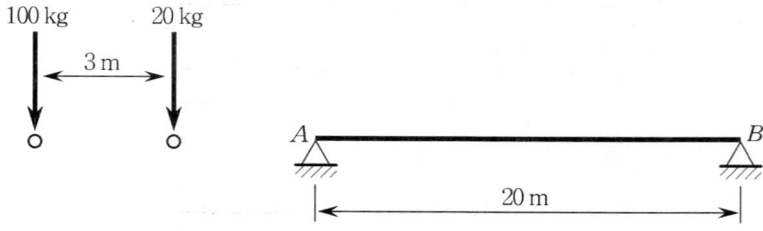

풀이과정 [key point] 절대 최대 모멘트 : 이동하중에 의해 생길 수 있는 최대의 모멘트이며, 그 위치는 이동하중의 합력과 가까운 쪽 하중과의 중점이 보의 중앙과 일치할 때 가까운 하중 밑에서 발생한다.

1. 절대 최대모멘트의 발생 위치

    합력 $R = 120$ kg 이며, 작용위치 x 는 점 O에서 모멘트를 취하면 구할 수 있다.

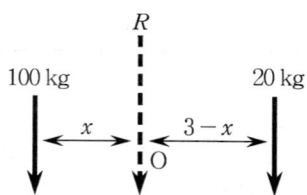

$$\Sigma M_O = 0 \ ; \ 100x = 20(3-x)$$

$$\therefore x = 0.5 \text{ m}$$

절대 최대모멘트는 합력과 가까운 하중과의 중점이 보의 중앙과 일치할 때 가까운 하중 밑에서 발생한다. 즉, 지점 A로부터 9.75 m 떨어진 곳이다.

2. 절대 최대모멘트 M_{max} 의 산정

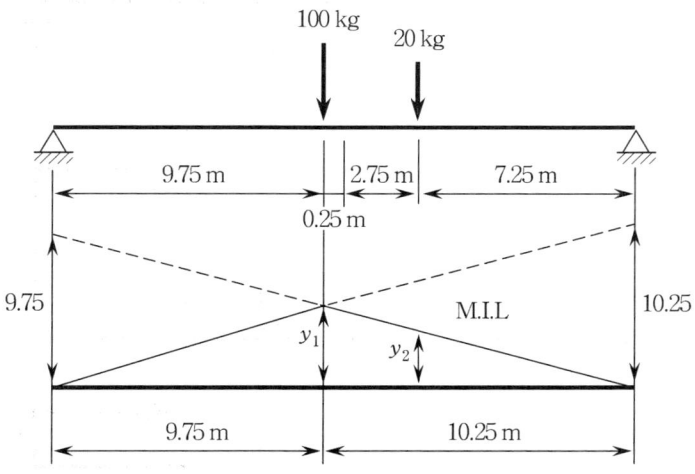

$$M_{max} = 100 \times 5 + 20 \times 3.534 = 571 \text{ kg} \cdot \text{m}$$

(1) 영향선의 종거

$$y_1 = \frac{10.25 \times 9.75}{20} = 5$$

$$y_2 = \frac{9.75 \times 7.25}{20} = 3.534$$

(2) 절대 최대모멘트

$$\begin{aligned} M_{max} &= 100 \times y_1 + 20 \times y_2 \\ &= 100 \times 5 + 20 \times 3.534 = 571 \text{ kg} \cdot \text{m} \end{aligned}$$

20.1.5 겔버보의 영향선 작도

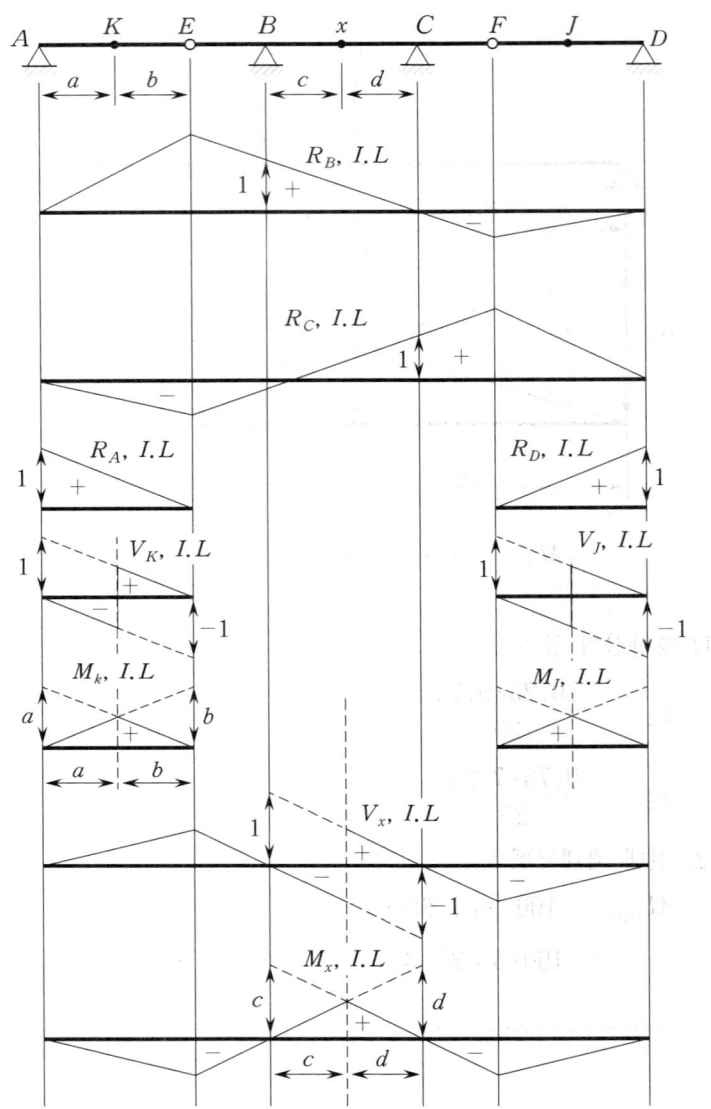

20.2 Truss의 영향선

20.2.1 Howe (하우) Truss

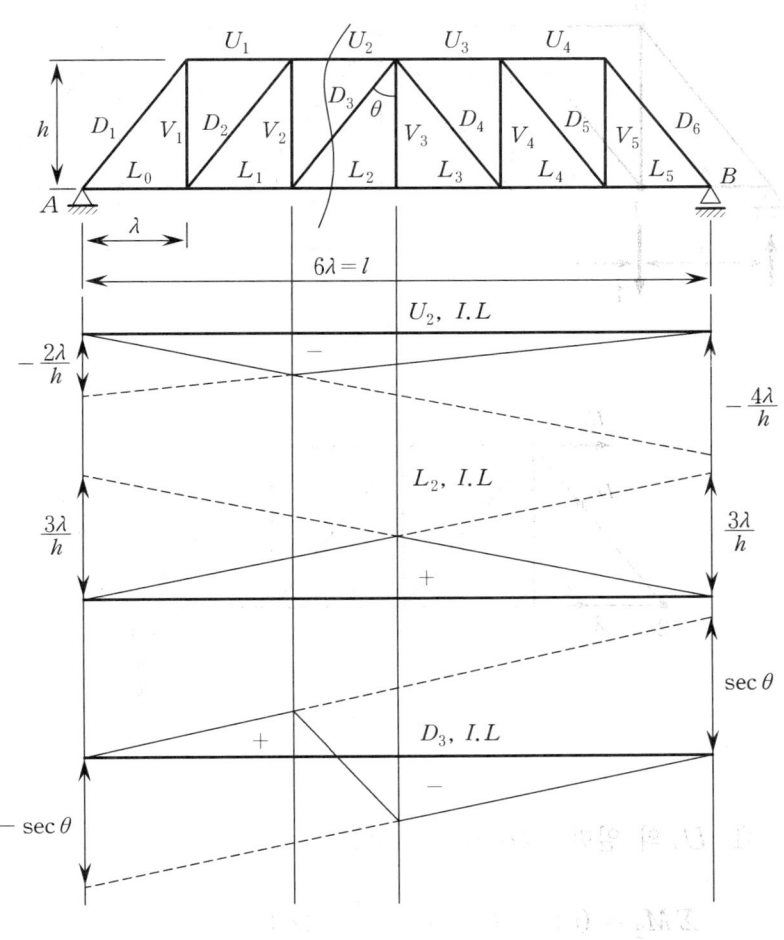

U_2, L_2, D_3 부재의 영향선을 유도해 보자.

(1) 단위하중의 범위 : A~2 또는 3절점

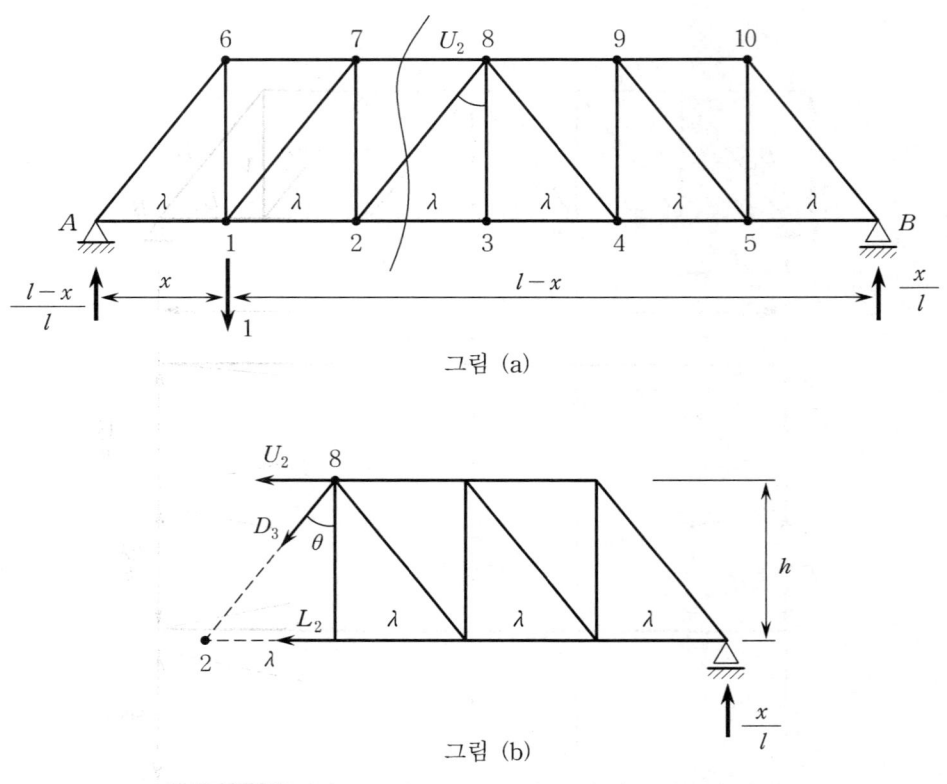

그림 (a)

그림 (b)

① U_2 의 일반식 ($0 \leq x \leq 2\lambda$)

$$\Sigma M_2 = 0 \ ; \ -U_2 \cdot h - \frac{x}{l}(4\lambda) = 0$$

$$\therefore U_2 = -\frac{4\lambda}{hl}x$$

$$x = l \ : \ \therefore U_2 = -\frac{4\lambda}{h}$$

② L_2의 일반식 ($0 \leq x \leq 3\lambda$)

$$\Sigma M_8 = 0 \; ; \; L_2 \cdot h - \frac{x}{l}(3\lambda) = 0$$

$$\therefore L_2 = \frac{3\lambda}{hl}x$$

$$x = l \; : \; \therefore L_2 = \frac{3\lambda}{h}$$

③ D_3의 일반식 ($0 \leq x \leq 2\lambda$)

$$\Sigma F_y = 0 \; ; \; D_3 \cdot \cos\theta = \frac{x}{l}$$

$$\therefore D_3 = \frac{x}{l \cdot \cos\theta}$$

$$x = l \; : \; \therefore D_3 = \frac{1}{\cos\theta} = \sec\theta$$

(2) 단위하중의 범위 : B~2 또는 3절점

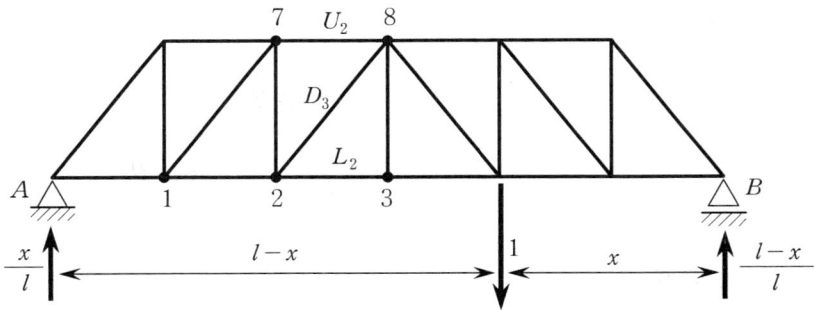

그림 (c)

그림 (d)

① U_2 의 일반식 ($0 \leq x \leq 4\lambda$)

$$\Sigma M_2 = 0 \; ; \; U_2 \cdot h + \frac{x}{l}(2\lambda) = 0$$

$$\therefore U_2 = -\frac{2\lambda}{hl}x$$

$$x = l \; : \; \therefore U_2 = -\frac{2\lambda}{h}$$

② L_2 의 일반식 ($0 \leq x \leq 3\lambda$)

$$\Sigma M_8 = 0 \; ; \; \frac{x}{l}(3\lambda) - L_2 \cdot h = 0$$

$$\therefore L_2 = \frac{3\lambda}{hl}x$$

$$x = l \; : \; \therefore L_2 = \frac{3\lambda}{h}$$

③ D_3 의 일반식 ($0 \leq x \leq 3\lambda$)

$$\Sigma F_y = 0 \; ; \; D_3 \cdot \cos\theta + \frac{x}{l} = 0$$

$$\therefore D_3 = -\frac{x}{l \cdot \cos\theta}$$

$$x = l \; : \; \therefore D_3 = -\frac{1}{\cos\theta} = -\sec\theta$$

(3) 영향선 작도

위 일반식을 이용하여 하우트러스에 보인 영향선을 작도한다.

20.2.2 플랫 트러스

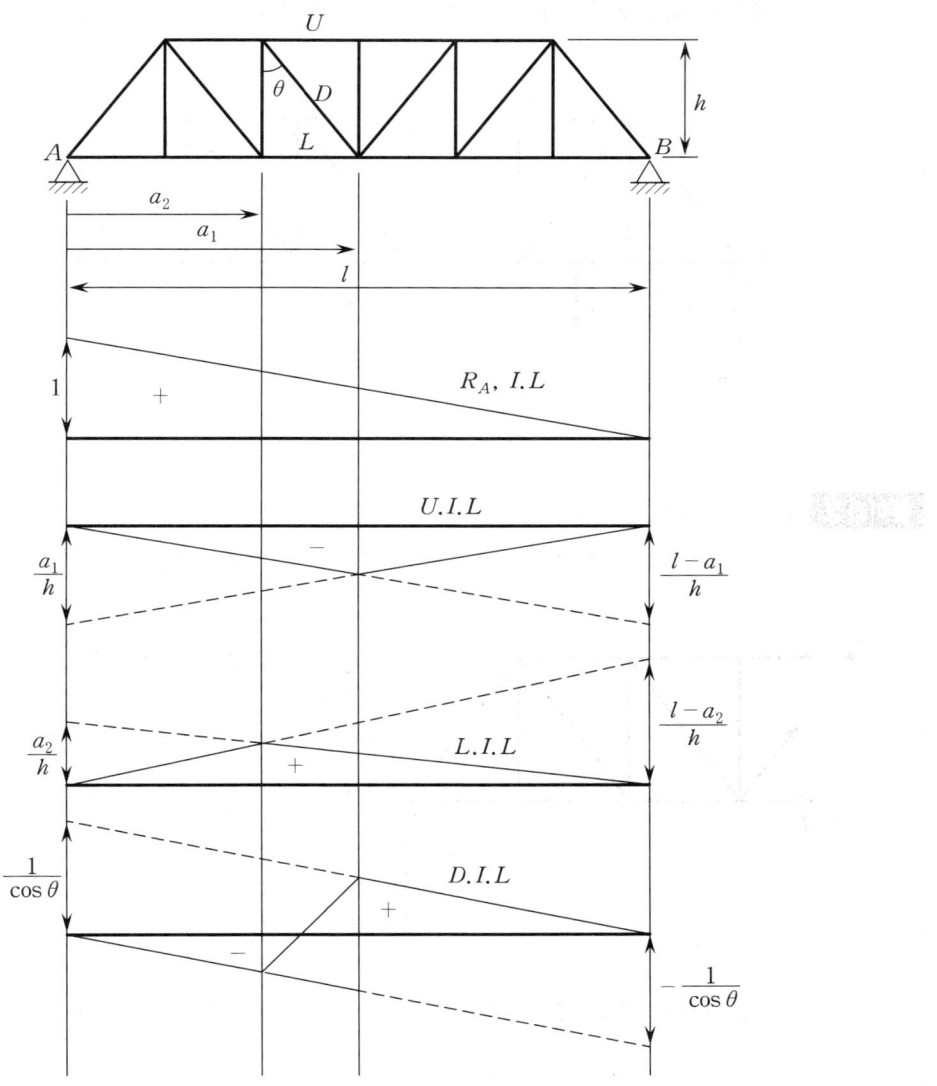

필수예제 3

다음 트러스에서 L_2L_3와 V_2L_2 부재의 영향선을 작도하시오.

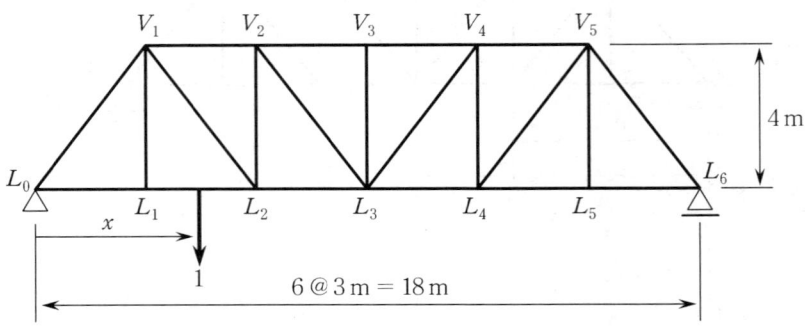

풀이과정

1. L_2L_3의 영향선

   (1) 단위하중이 $L_0 \sim L_2$ 사이 $(0 \leq x \leq 6)$ (L_0 기준)

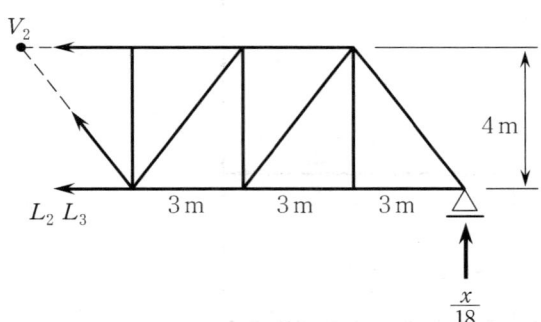

$\Sigma M_{V2} = 0 \; ; \; \circlearrowleft_+$

$L_2L_3 \times 4 - \dfrac{x}{18} \times 12 = 0$

$\therefore L_2L_3 = \dfrac{x}{6}$

   (2) 단위하중이 $L_6 \sim L_2$ 사이 $(0 \leq x \leq 12)$ (L_6 기준)

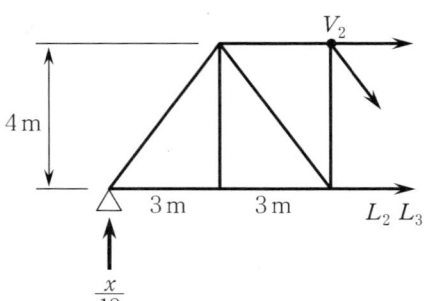

$\Sigma M_{V2} = 0 \; ; \; \circlearrowleft_+$

$\dfrac{x}{18} \times 6 - L_2L_3 \times 4 = 0$

$\therefore L_2L_3 = \dfrac{x}{12}$

2. V_2L_2의 영향선

   (1) 단위하중이 $L_0 \sim L_2$ 사이 $(0 \leq x \leq 6)$ (L_0 기준)

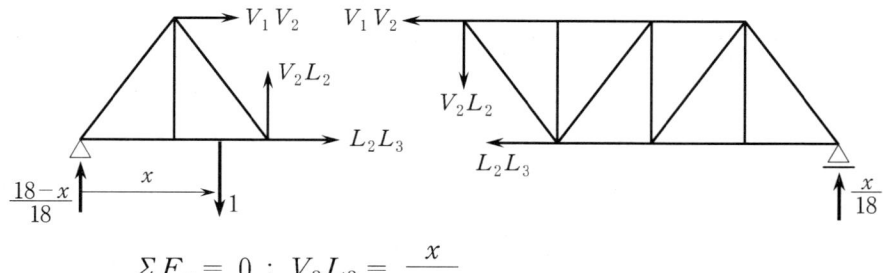

$$\Sigma F_y = 0 \; ; \; V_2L_2 = \frac{x}{18}$$

   (2) 단위하중이 $L_6 \sim L_3$ 사이 $(0 \leq x \leq 9)$ (L_6 기준)

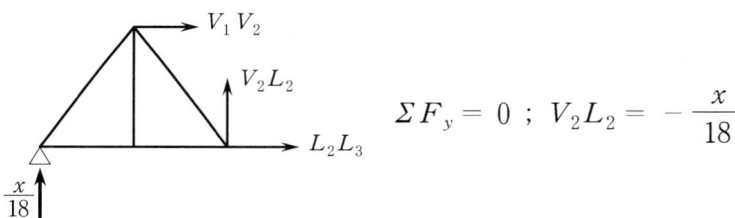

$$\Sigma F_y = 0 \; ; \; V_2L_2 = -\frac{x}{18}$$

3. 영향선 작도

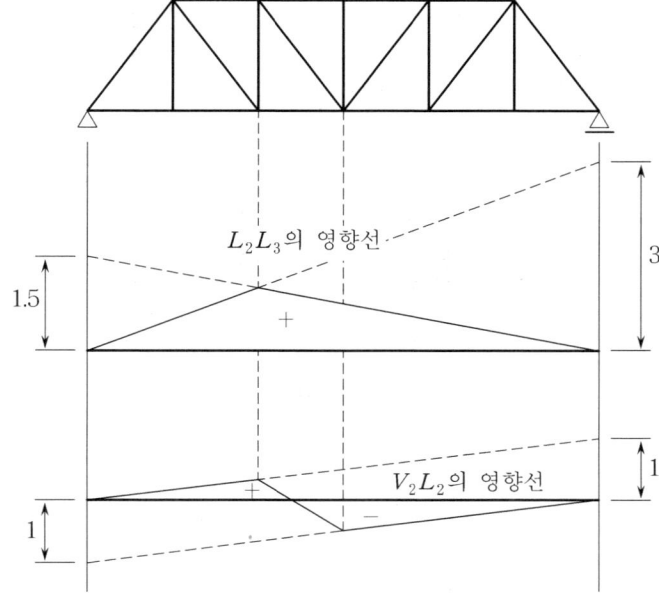

20.3 부정정보의 영향선 (기존 방법 이용)

영향선은 단위하중을 임의의 위치에 상재한 후 반력과 단면력을 구하여 도시한 것이다. 이 때, 부정정 구조물은 반력 자체가 평형방정식으로는 해결할 수 없기 때문에 단위하중을 가한 후 반력을 구하는 특별한 방법을 사용해야 한다. 즉, 탄성변형법이나 3연 모멘트법, 처짐각법 등을 이용하여 모멘트와 반력을 구해 낸다.

예를 들어, (그림 a)와 같이 정정보의 경우는 R_A와 R_B, 또는 단면력을 평형방정식으로 구한다. (그림 b)와 같은 부정정보는 단위하중이 $A-B$보에 있는 경우와 $B-C$보에 있는 경우가 반력이나 단면력에서 차이가 많으므로 이들 두 경우 모두에 대해서 구해야 하며 영향선의 도시는 이들 각 경우를 그려내면 된다. 즉, $A-B$에 단위하중이 있는 경우는 $A-B$보에 대한 영향선이며, $B-C$에 단위하중이 있는 경우는 $B-C$보에 대한 영향선이다.

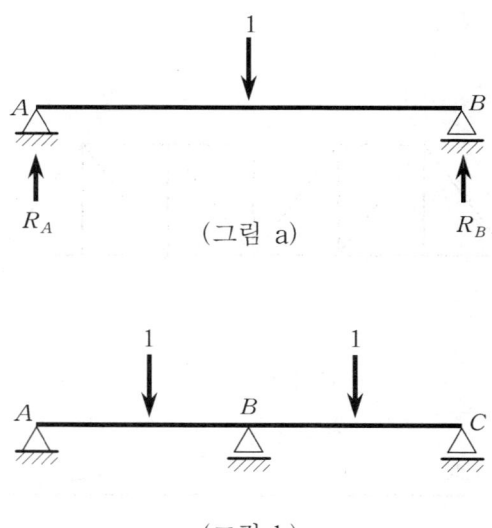

필수예제 4

다음과 같은 부정정보의 수직반력 (R_A)에 대한 영향선을 그리시오.
(단, EI는 일정)

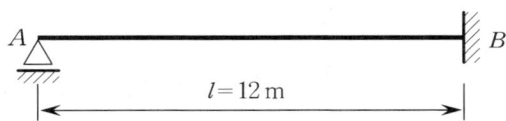

풀이과정 R_A를 변형일치법에 의해 구한다. 이때, R_A의 일반식을 유도하기 위해 임의의 위치에 단위하중 1을 가하여 R_A에 대한 영향선을 그린다.

1. 단위하중 1이 가해진 보에서 변형일치법으로 R_A를 구한다.

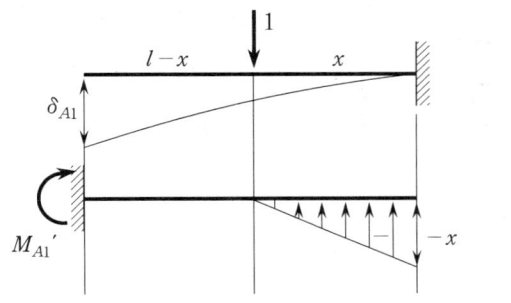 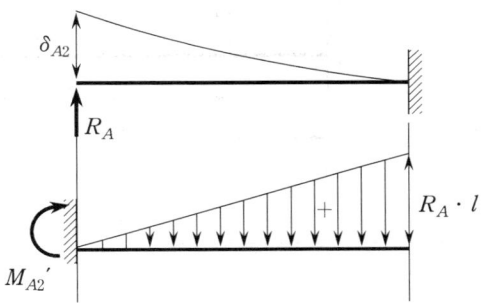

$$\delta_{A1} = \frac{M_{A1}'}{EI} = \frac{1}{EI}\left\{x \times x \times \frac{1}{2} \times \left(l - \frac{x}{3}\right)\right\}$$

$$= \frac{x^2}{2EI}\left(l - \frac{x}{3}\right) \; (\downarrow)$$

$$\delta_{A2} = \frac{M_{A2}'}{EI} = \frac{1}{EI}\left\{R_A \times l \times l \times \frac{1}{2} \times \frac{2}{3}l\right\}$$

$$= -\frac{R_A \cdot l^3}{3EI} \; (\downarrow)$$

지점 A에서 처짐은 0이므로

$$\delta_{A1} = \delta_{A2} \; ; \; \frac{x^2}{2EI}\left(l - \frac{x}{3}\right) = \frac{R_A \cdot l^3}{3EI}$$

$$\therefore R_A = \frac{3x^2}{2l^3}\left(l - \frac{x}{3}\right)$$

$$= \frac{x^2}{2l^3}(3l - x) \quad (l = 12\,\text{m이므로})$$

$$= \frac{x^2}{3456}(36 - x)$$

2. 영향선 작성

   위 R_A 식을 그림으로 표시하면 다음과 같다.

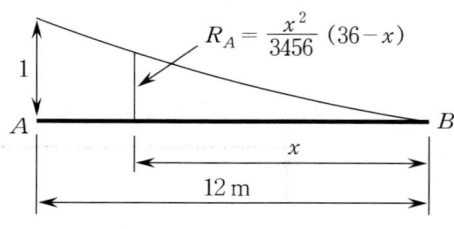

$R_A = \dfrac{x^2}{3456}(36 - x)$: 일반식

$\begin{cases} x = 0 \; ; \; R_A = 0 \\ x = 12 \; ; \; R_A = 1 \end{cases}$

필수예제 5

그림과 같은 2경간 연속보에서 R_B의 영향선과 M_B의 영향선을 그리시오. (단, EL는 일정)

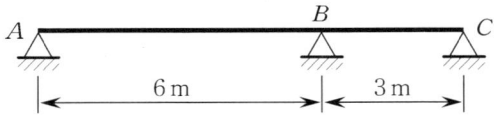

풀이과정 2경간 연속보이므로 3연 모멘트법이 간단하다.

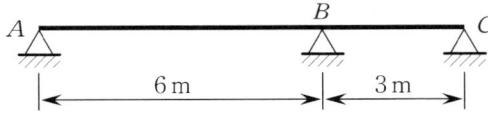

$A-B$와 $B-C$에 각각 단위 하중을 가해야 할 것이다. 또한 이들 각각의 경우에 대해 R_B와 M_B를 구해내어 도시하면 이것이 전체보의 영향선이 된다.

1. $A-B$ 보에 단위하중 1이 가해진 경우 ($A-B$ 보의 영향선)
   (1) 3연모멘트 식

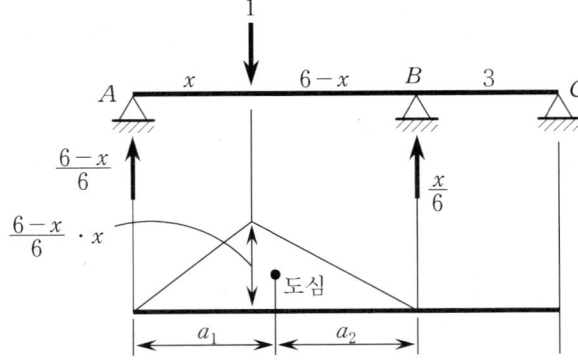

$$A = \frac{6-x}{6} x \times 6 \times \frac{1}{2} = \frac{x}{2}(6-x)$$

$$a_1 = \frac{6+x}{3}$$

$$M_A\left(\frac{6}{I}\right) + 2M_B\left(\frac{6}{I} + \frac{3}{I}\right) + M_C\left(\frac{3}{I}\right)$$

$$= -\frac{6\left\{\frac{x}{2}(6-x)\right\} \times \left(\frac{6+x}{3}\right)}{I \cdot 6}$$

여기서, $M_A = M_C = 0$ (∵ 최외각단)

$$18M_B = -\frac{x}{6}(36 - x^2)$$

$$\therefore M_B = -\frac{x}{108}(36 - x^2) \Rightarrow M_B\text{의 영향선의 일반식}$$

(단, $0 \leq x \leq 6$인 경우)

(2) 자유물체도

$$\therefore R_B = \frac{x}{648}\{108 + 36 - x^2 + 2(36 - x^2)\}$$

$$= \frac{x}{648}(216 - 3x^2)$$

$$= \frac{x}{216}(72 - x^2) \Rightarrow R_B\text{의 영향선의 일반식}$$

(단, $0 \leq x \leq 6$인 경우)

2. $B-C$ 보에 단위하중 1이 가해질 경우 ($B-C$ 보의 영향선)
   (1) 3연모멘트 식

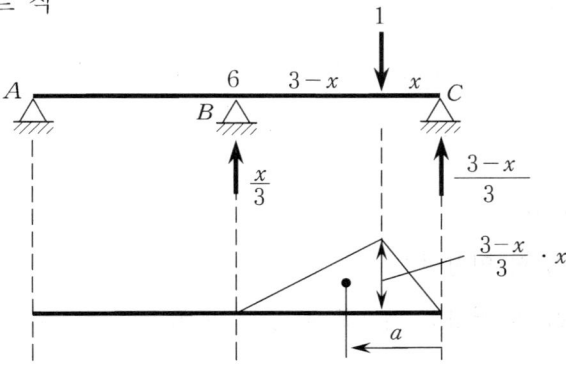

$$A = \frac{3-x}{3} x \times 3 \times \frac{1}{2} = \frac{x}{2}(3-x)$$

$$a = \frac{3+x}{3}$$

$$M_A\left(\frac{6}{I}\right) + 2M_B\left(\frac{6}{I} + \frac{3}{I}\right) + M_C\left(\frac{3}{I}\right)$$

$$= -\frac{6 \times \frac{x}{2}(3-x)\left(\frac{3+x}{3}\right)}{I \cdot 3}$$

$$18M_B = -\frac{x}{3}(9-x^2)$$

$$\therefore M_B = -\frac{x}{54}(9-x^2) \Rightarrow M_B \text{의 영향선의 일반식}$$

(단, $0 \leq x \leq 3$인 경우)

(2) 자유물체도

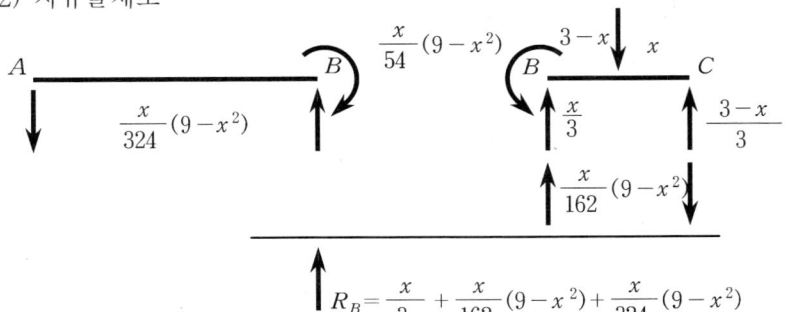

$$\therefore R_B = \frac{x}{324}\{(108+2(9-x^2))+(9-x^2)\} = \frac{x}{324}(135-3x^2)$$

$$= \frac{x}{108}(45-x^2) \Rightarrow R_B 의 영향선의 일반식$$

(단, $0 \leq x \leq 3$인 경우)

3. 영향선 작도
   (1) R_B의 영향선

   R_B의 영향선 식으로 $0 \leq x \leq 6$과 $0 \leq x \leq 3$인 경우를 그린다.

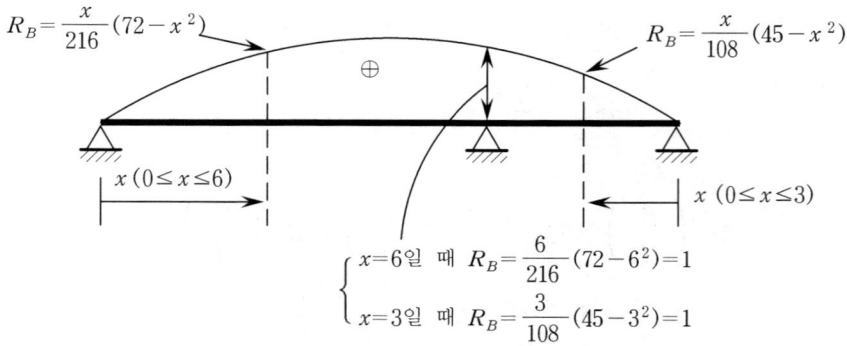

   (2) M_B의 영향선

   M_B의 영향선 식으로 각 구간에 대해 그린다.

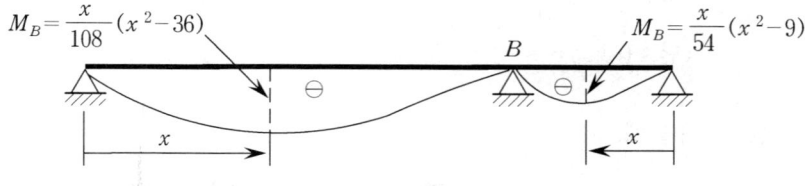

$$\begin{cases} x=6일 \text{ 때 } M_B = \frac{6}{108}(6^2-36)=0 \\ x=3일 \text{ 때 } M_B = \frac{3}{54}(3^2-9)=0 \end{cases}$$

필수예제 6

다음의 EI가 일정한 연속보에서 (a) M_b의 영향선 (b) 주어진 이동하중이 bc 구간에 재하된 경우의 최대 M_b를 구하시오.

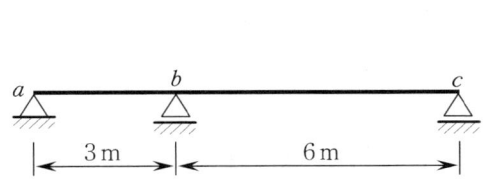
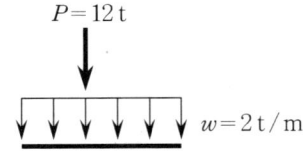

풀이과정 보의 자중은 무시하고 1차 부정정보의 영향선을 작도한 후 그 영향선을 이용하여 최대 M_b를 구한다.

1. M_b의 영향선

   가상하중 1을 ab보와 bc보에 각각 재하시킨 후 3연 모멘트법을 이용하여 b점 모멘트의 일반식을 구한다.

   (1) 가상하중이 ab보에 있는 경우

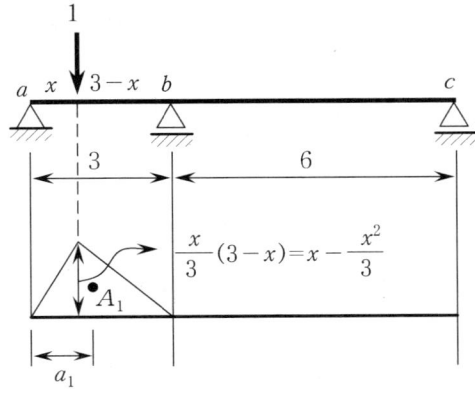

   B.M.D의 면적 $A_1 = \dfrac{1}{2} \times 3 \times \left(x - \dfrac{x^2}{3} \right) = 1.5x - \dfrac{x^2}{2}$

   B.M.D의 도심 $a_1 = \dfrac{3+x}{3}$

$$M_a\left(\frac{3}{I}\right)+2M_b\left(\frac{3}{I}+\frac{6}{I}\right)+M_c\left(\frac{6}{I}\right)$$

$$=-\frac{6\left(1.5x-\frac{x^2}{2}\right)\left(\frac{3+x}{3}\right)}{I\cdot 3}$$

여기서, $M_a = M_c = 0$ (∵ 최외각단)

$$18M_b = -\frac{2}{3}\left(4.5x-\frac{x^3}{2}\right)$$

∴ $M_b = -0.1667\,x + 0.0185x^3$ (ab보의 모멘트 영향선의 일반식)

(2) 가상하중이 bc보에 있는 경우

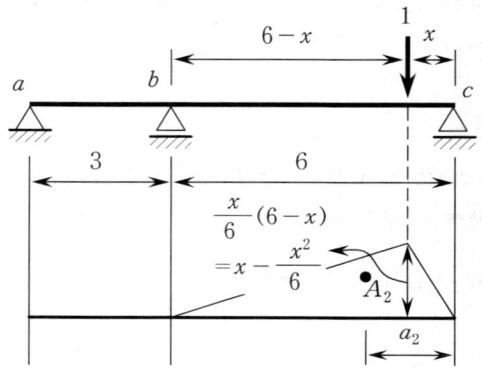

B.M.D의 면적 $A_2 = \frac{1}{2}\times 6\times\left(x-\frac{x^2}{6}\right) = 3x-\frac{x^2}{2}$

B.M.D의 도심 $a_2 = \frac{6+x}{3}$

$$M_a\left(\frac{3}{I}\right)+2M_b\left(\frac{3}{I}+\frac{6}{I}\right)+M_c\left(\frac{6}{I}\right)$$

$$=-\frac{6\left(3x-\frac{x^2}{2}\right)\left(\frac{6+x}{3}\right)}{I\cdot 6}$$

여기서, $M_a = M_c = 0$ (∵ 최외각단)

$$18M_b = -\frac{1}{3}\left(18x-\frac{x^3}{2}\right)$$

∴ $M_b = 0.333\,x + 0.00926x^3$ (bc보의 모멘트 영향선의 일반식)

(3) M_b의 영향선 작도

위 두 식을 그래프로 작도한다.

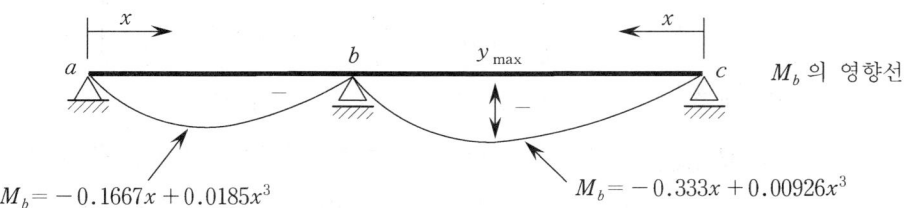

bc보에서 y_{max}이 발생하는 위치 x는 M_b식을 미분하여 0이 되는 곳이다.

$$\frac{\partial M_b}{\partial x} = -0.333 + 3 \times 0.00926 \cdot x^2 = 0$$

$$x^2 = 12$$

$$\therefore x = 3.464 \, \text{m}$$

$$\therefore y_{max} (x = 3.464)$$

$$= -0.333 \times (3.464) + 0.00926 \times (3.464)^3 = -0.77$$

2. 이동하중이 bc보에 재하된 경우 최대 M_b

등분포하중은 bc보 전체에 걸치고, 집중하중 P는 y_{max}이 생기는 위치에 가해질 때 최대 모멘트가 발생한다.

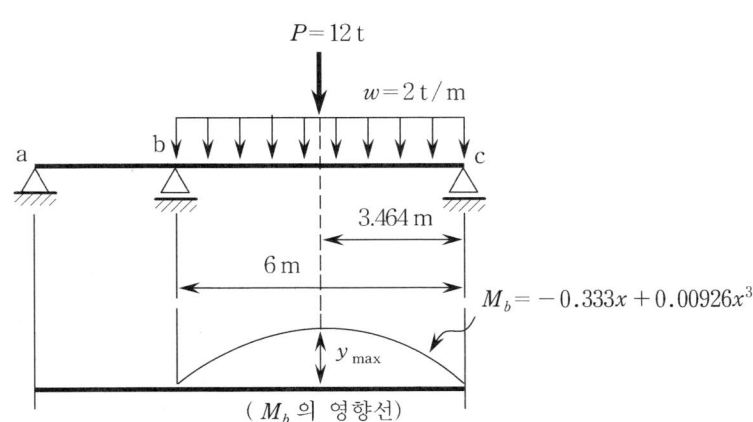

M_b의 영향선에서 bc 구간의 영향선 면적은 M_b식을 적분하여 구할 수 있다.

영향선 면적 $A = \int_0^6 (-0.333x + 0.00926x^3)\,dx$

$$= \left[-0.333 \cdot \frac{x^2}{2} + 0.00926 \cdot \frac{x^4}{4} \right]_0^6 = -3$$

집중하중 작용점의 영향선 종거 $y_{max} = -0.77$

$\therefore M_{b(max)}$ = 영향선 면적 $\times w$ (등분포하중) + 영향선 종거 $\times P$ (집중하중)
$= (-3 \times 2) + (-0.77 \times 12) = -15.22$ t·m

20.4 부정정 보의 영향선 (Müller-Breslau의 원리)

20.4.1 정 의

어느 특정기능 (임의 점의 반력, 전단력, 휨 모멘트, 또는 부재력)의 영향선은 그 기능이 단위변위 만큼 움직였을 때 구조물이 처진 모양과 같다.

20.4.2 Müller-Breslau의 원리

다음의 1차 부정정보에서 R_a에 대한 영향선을 그려보자.

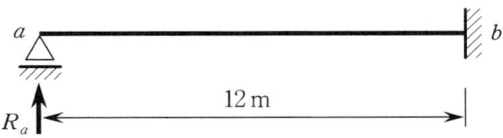

(1) 변형일치 개념

R_a의 과잉력으로 선정한 후 기본구조물에 단위하중 1을 가하면 다음과 같다.

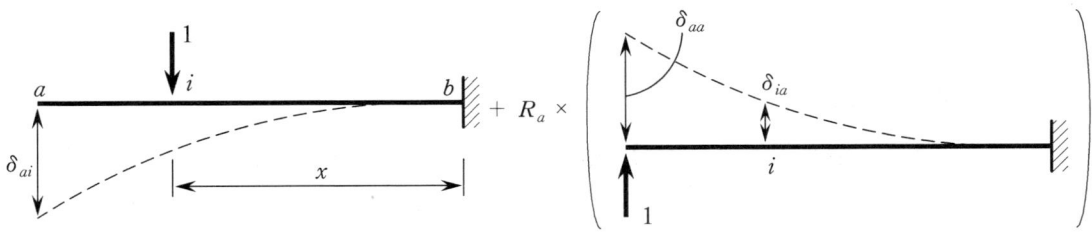

① 적합조건

　　a점의 처짐은 0이다.

$$\delta_{ai} = R_a \times \delta_{aa}$$

$$\therefore R_a = \frac{\delta_{ai}}{\delta_{aa}}$$

Maxwell의 상반작용원리를 적용하면 다음과 같이 쓸 수 있다.

$$\delta_{ai} = \delta_{ia}$$

$$\therefore R_a = \frac{\delta_{ia}}{\delta_{aa}}$$

(2) Müller-Breslau의 원리

반력 R_a의 영향선은 다음 그림처럼 지점 a를 제거하고 $\delta_{aa} = 1$을 R_a방향으로 발생시켰을 때 구조물의 처짐형상과 같다.

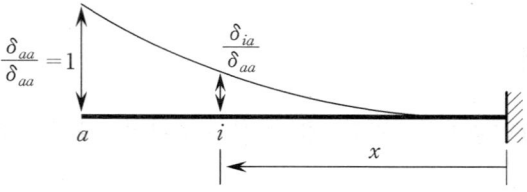

〔R_a의 영향선 개략도〕

참고　**Müller-Breslau의 원리**

구조물의 어느 특정 기능 (반력, 전단력, 휨모멘트, 부재력)에 대한 영향선의 종거는 구조물에 그 특정기능에 대응하는 구속을 제거하고 제거된 구속 위치에 단위변위를 발생시켰을 때 그 처짐형상의 종거와 같다.

(3) R_a의 일반식 산정

공액보법을 이용하기도 한다.

① δ_{aa}의 산정

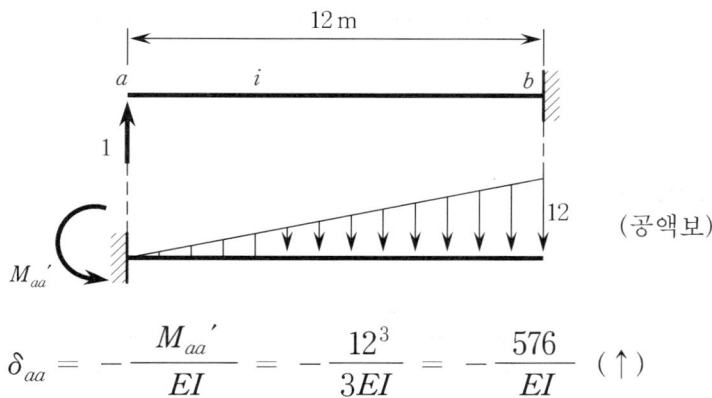

$$\delta_{aa} = -\frac{M_{aa}'}{EI} = -\frac{12^3}{3EI} = -\frac{576}{EI} \; (\uparrow)$$

② δ_{ia}의 산정

이 문제는 δ_{ai}가 더 간단히 구해지므로 δ_{ai}를 구하기로 한다.

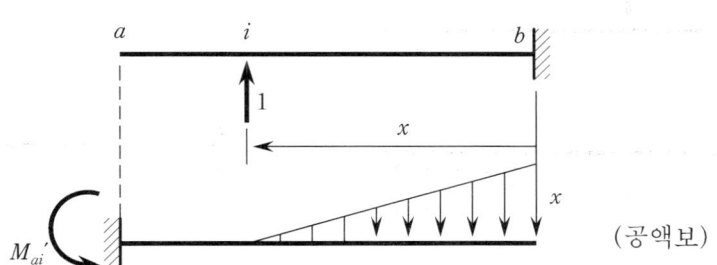

$$\delta_{ai} = -\frac{M_{ai}'}{EI} = -\frac{1}{EI}\left\{\frac{x^2}{2} \times \left(12 - \frac{x}{3}\right)\right\}$$

$$= -\frac{x^2(36-x)}{6EI}$$

③ R_a의 일반식

$$\therefore R_a = \frac{\delta_{ai}}{\delta_{aa}} = \frac{\dfrac{x^2(36-x)}{6EI}}{\dfrac{576}{EI}} = \frac{x^2(36-x)}{3456}$$

(4) R_a의 영향선 작도

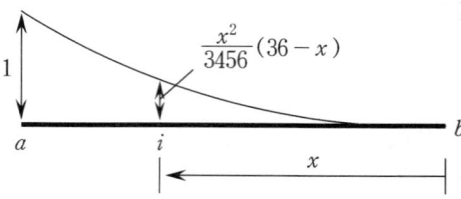

[별해] 변형일치법을 이용한 해법

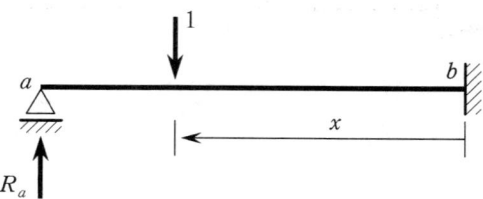

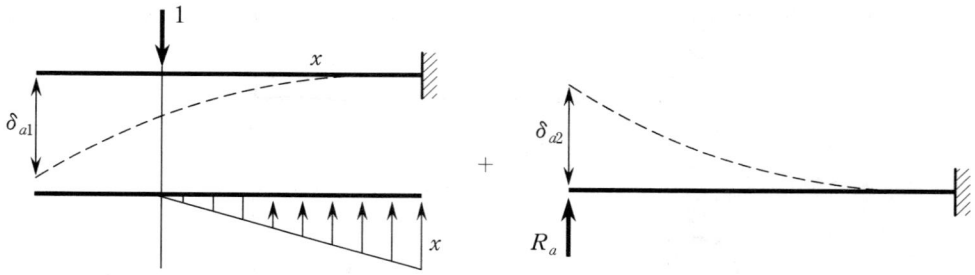

$\delta_{a1} + \delta_{a2} = 0$; 적합조건식

$$\delta_{a1} = \frac{1}{EI}\left\{\frac{x^2}{2}\times\left(12-\frac{x}{3}\right)\right\} = \frac{x^2(36-x)}{6EI} \ (\downarrow)$$

$$\delta_{a2} = -\frac{R_a \times 12^3}{3EI} = -\frac{576 R_a}{EI} \ (\uparrow)$$

$$\therefore \delta_{a1} + \delta_{a2} = 0 \ ; \ \frac{x^2(36-x)}{6EI} - \frac{576 R_a}{EI} = 0$$

$$\therefore R_a = \frac{x^2}{3456}(36-x)$$

필수예제 7

R_b 와 M_b 의 영향선을 작도하시오.

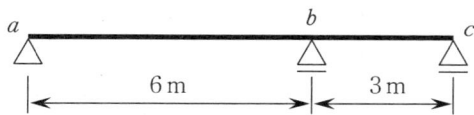

풀이과정 [R_b 의 영향선]

1. 변형일치 개념

    (1) 단위하중 1이 ab 사이일 때

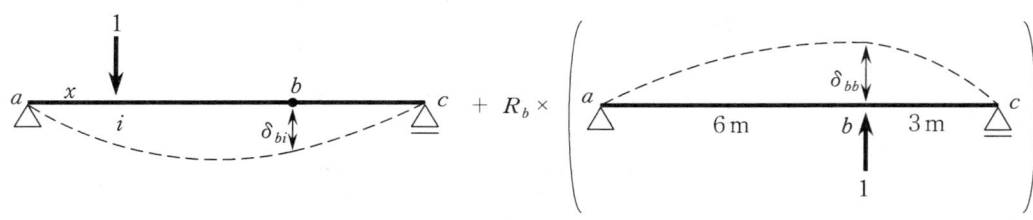

$$\delta_{bi} = R_b \times \delta_{bb}$$

$$\therefore R_b = \frac{\delta_{bi}}{\delta_{bb}} = \frac{\delta_{ib}}{\delta_{bb}}$$

    (2) 단위하중 1이 bc 사이일 때

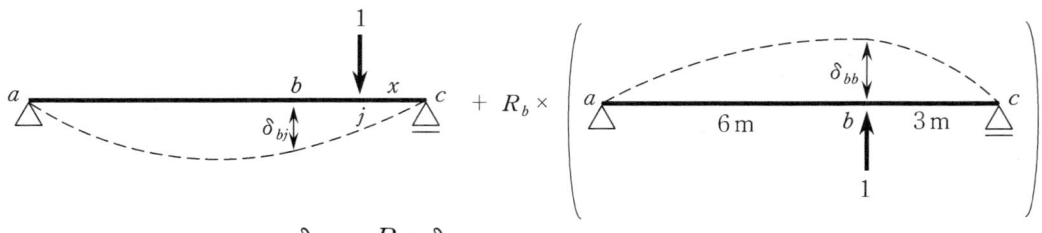

$$\delta_{bj} = R_b \times \delta_{bb}$$

$$\therefore R_b = \frac{\delta_{bj}}{\delta_{bb}} = \frac{\delta_{jb}}{\delta_{bb}}$$

2. Müller-Breslau의 원리

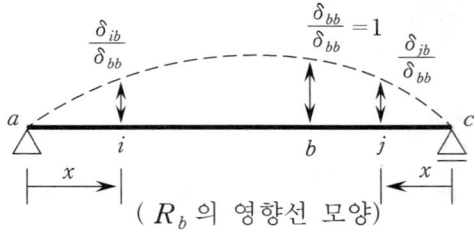

(R_b의 영향선 모양)

3. R_b의 일반식 산정

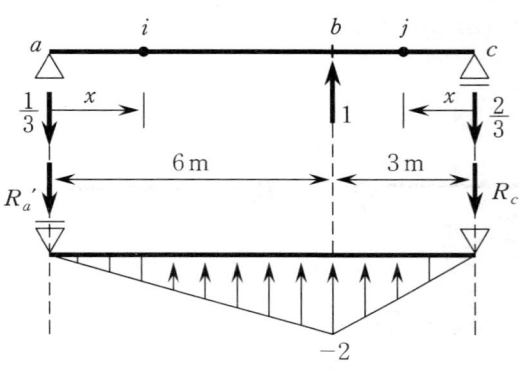

(1) 공액보의 반력

$$R_a{'} = \frac{1}{9}\left(2\times 9\times \frac{1}{2}\times \frac{9+3}{3}\right) = 4$$

$$R_c{'} = 2\times 9\times \frac{1}{2} - 4 = 5$$

(2) δ_{bb}, δ_{ib}, δ_{jb}의 산정

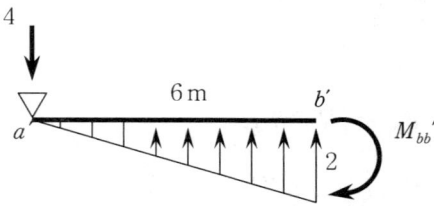

① δ_{bb}

$$\delta_{bb} = \frac{M_{bb}'}{EI} = \frac{1}{EI}\left(4 \times 6 - \left(6 \times 2 \times \frac{1}{2}\right) \times 2\right) = \frac{12}{EI}$$

주의 처짐은 모두 상방향이며 부호는 무시

② δ_{ib}

$$\delta_{ib} = \frac{M_{ib}'}{EI}$$
$$= \frac{1}{EI}\left\{4 \times x - \left(x \times \frac{x}{3} \times \frac{1}{2}\right) \times \frac{x}{3}\right\}$$
$$= \frac{x(72 - x^2)}{18} EI$$

③ δ_{jb}

$$\delta_{jb} = \frac{M_{jb}'}{EI}$$
$$= \frac{1}{EI}\left\{5 \times x - \left(x \times \frac{2}{3}x \times \frac{1}{2}\right) \times \frac{x}{3}\right\}$$
$$= \frac{x(45 - x^2)}{9} EI$$

(3) R_b의 일반식 (영향선의 종거)

① 단위하중 1이 ab 사이일 때

$$\therefore R_b = \frac{\delta_{ib}}{\delta_{bb}} = \frac{\dfrac{x(72-x^2)}{18EI}}{\dfrac{12}{EI}} = \frac{x(72-x^2)}{216}$$

② 단위하중 1이 bc 사이일 때

$$\therefore R_b = \frac{\delta_{ib}}{\delta_{bb}} = \frac{\dfrac{x(72-x^2)}{9EI}}{\dfrac{12}{EI}} = \frac{x(45-x^2)}{108}$$

4. R_b의 영향선 작도

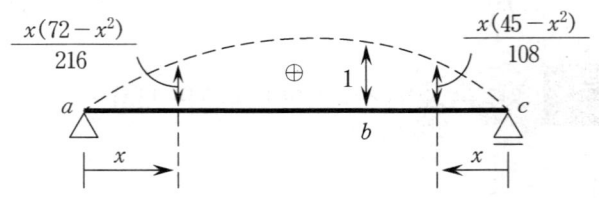

[M_b의 영향선]

1. R_b의 영향선을 이용하는 방법

    (1) 단위하중 1이 ab 사이일 때

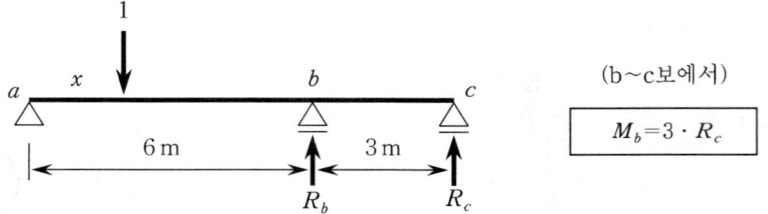

(b~c보에서)

$$M_b = 3 \cdot R_c$$

R_c 값만 찾으면 M_b를 구할 수 있다.

① $\Sigma M_a = 0$; (+↷)

$$x - R_b \times 6 - R_c \times 9 = 0$$

$$\therefore R_c = \frac{1}{9}(x - 6 \cdot R_b)$$

② 앞에서, $R_b = \dfrac{x}{216}(72 - x^2)$이며 이를 R_c식에 대입하면,

$$\therefore R_c = \frac{1}{9}\left\{ x - 6 \times \frac{x}{216}(72 - x^2) \right\} = \frac{x}{9}\left(\frac{x^2}{36} - 1 \right)$$

③ 그러므로 M_b는

$$\therefore M_b = 3 \cdot R_c = 3 \times \frac{x}{9}\left(\frac{x^2}{36} - 1 \right) = \frac{x}{108}(x^2 - 36)$$

(2) 단위하중 1이 bc 사이일 때

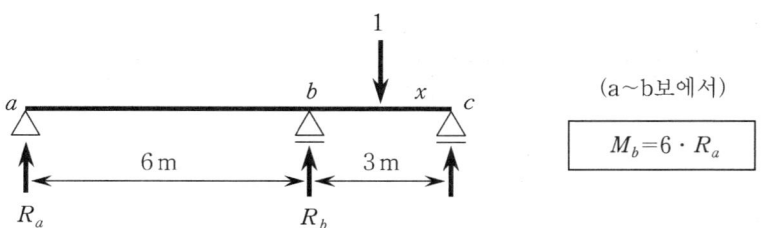

(a~b보에서)

$$M_b = 6 \cdot R_a$$

R_a 값만 찾으면 M_b를 구할 수 있다.

① $\Sigma M_c = 0$; (↶+)

$$R_a \times 9 + R_b \times 3 - x = 0$$

$$\therefore R_a = \frac{1}{9}(x - 3 \cdot R_b)$$

② 앞에서, $R_b = \dfrac{x}{108}(45 - x^2)$ 이며 이를 R_a식에 대입하면,

$$\therefore R_a = \frac{1}{9}\left\{x - 3 \times \frac{x}{108}(45 - x^2)\right\} = \frac{x}{36}\left(\frac{x^2}{9} - 1\right)$$

③ 그러므로 M_b는

$$\therefore M_b = 6 \cdot R_a = 6 \times \frac{2}{36}\left(\frac{x^2}{9} - 1\right) = \frac{x}{54}(x^2 - 9)$$

2. Müller-Breslau의 원리를 이용하는 방법

M_b의 영향선의 정의 : M_b의 작용방향으로 단위회전 변위를 유발시킨 것

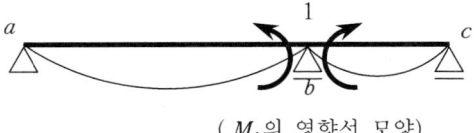

(M_b의 영향선 모양)

> **참고** ✔ **Maxwell 의 상반작용원리**
>
>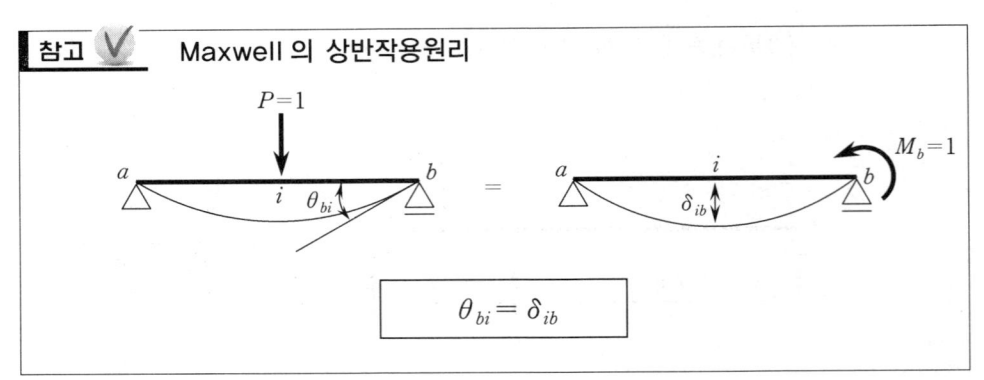
>
> $$\theta_{bi} = \delta_{ib}$$

(1) 주어진 보

　M_b 를 부정정력 (과잉력)으로 선택

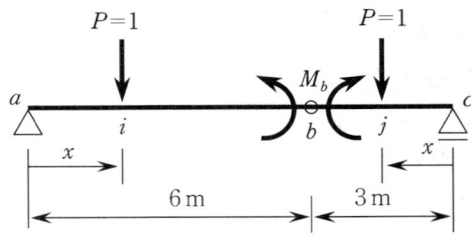

(2) 변형일치 개념

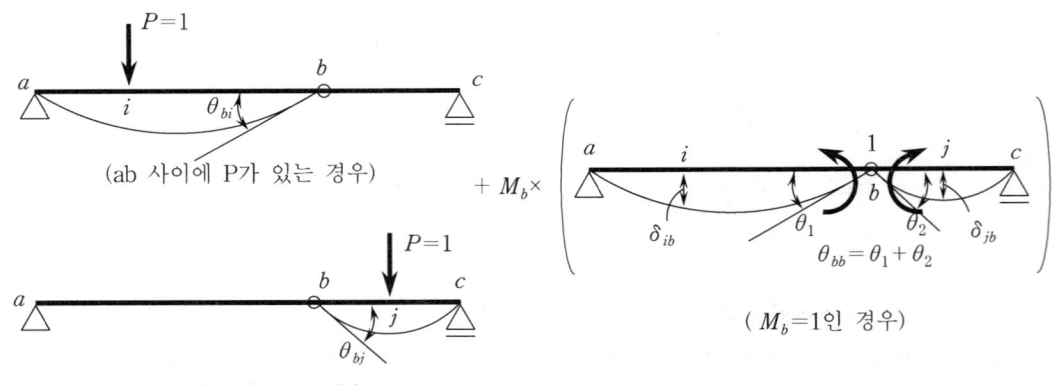

① ab 사이에 $P = 1$이 있는 경우

　　$\theta_{bi} + M_b \cdot \theta_{bb} = 0$

② bc 사이에 $P = 1$이 있는 경우

　　$\theta_{bj} + M_b \cdot \theta_{bb} = 0$

(3) Müller-Breslau의 원리

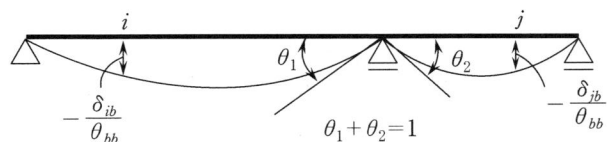

(M_b의 영향선의 모양)

Maxwell의 상반작용의 원리에 의하여 M_b는 다음과 같다.

$$\therefore M_b = -\frac{\theta_{bi}}{\theta_{bb}} = -\frac{\delta_{ib}}{\theta_{bb}} \quad \text{(a~b보)}$$

$$\therefore M_b = -\frac{\theta_{bj}}{\theta_{bb}} = -\frac{\delta_{jb}}{\theta_{bb}} \quad \text{(b~c보)}$$

따라서, θ_{bb}와 δ_{ib}, δ_{jb}만 구하면 M_b식이 나오며 이들을 공액보법으로 구할 수 있다.

(4) 공액보법

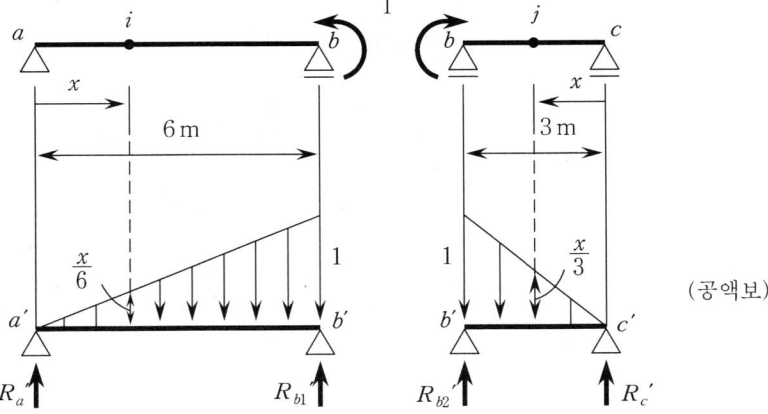

(공액보)

① θ_{bb}의 산정

$$R_{b1}' = \frac{6 \times 1}{3} = 2 \rightarrow \theta_1 = \frac{2}{EI}$$

$$R_{b2}' = \frac{3 \times 1}{3} = 1 \rightarrow \theta_2 = \frac{1}{EI}$$

주의 θ_{bb}는 θ_1과 θ_2의 양의 합이므로 부호는 무시한다.

$$\therefore \theta_{bb} = \theta_1 + \theta_2 = \frac{2}{EI} + \frac{1}{EI} = \frac{3}{EI}$$

② 공액보 $a' \sim b'$에서 δ_{ib}의 산정

$$\delta_{ib} = \frac{M_i'}{EI} = \frac{1}{EI}\left\{R_a' \times x - \left(\frac{x}{6} \times x \times \frac{1}{2}\right) \times \left(\frac{1}{3} \times x\right)\right\}$$

$$= \frac{1}{EI}\left(\frac{6 \times 1}{6} \times x - \frac{x^3}{36}\right) = \frac{1}{EI}\left(x - \frac{x^3}{36}\right)$$

③ 공액보 $b' \sim c'$에서 δ_{jb}의 산정

$$\delta_{jb} = \frac{M_j'}{EI} = \frac{1}{EI}\left\{R_c' \times x - \left(\frac{x}{3} \times x \times \frac{1}{2}\right) \times \left(\frac{1}{3} \times x\right)\right\}$$

$$= \frac{1}{EI}\left(\frac{3 \times 1}{6} \times x - \frac{x^3}{18}\right) = \frac{x}{2EI}\left(1 - \frac{x^2}{9}\right)$$

(5) M_b의 일반식 산정

① ab 사이에 $P = 1$이 있는 경우

$$\therefore M_b = -\frac{\delta_{ib}}{\theta_{bb}} = -\frac{\frac{1}{EI}\left(x - \frac{x^3}{36}\right)}{\frac{3}{EI}}$$

$$= \frac{x}{3}\left(\frac{x^2}{36} - 1\right) = \frac{x}{108}(x^2 - 36)$$

② bc 사이에 $P = 1$이 있는 경우

$$\therefore M_b = -\frac{\delta_{jb}}{\theta_{bb}} = -\frac{\frac{x}{2EI}\left(1 - \frac{x^2}{9}\right)}{\frac{3}{EI}}$$

$$= \frac{x}{6}\left(\frac{x^2}{9} - 1\right) = \frac{x}{54}(x^2 - 9)$$

(6) M_b 의 영향선

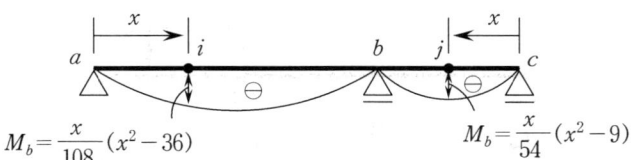

$M_b = \dfrac{x}{108}(x^2-36)$ $\qquad M_b = \dfrac{x}{54}(x^2-9)$

3. 3연 모멘트법을 이용

  (1) 단위하중 1이 ab 사이일 때

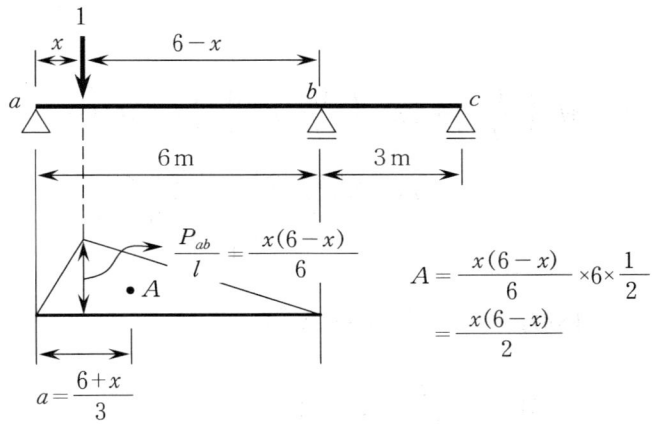

$$M_a\left(\frac{6}{I}\right) + 2M_b\left(\frac{6}{I}+\frac{3}{I}\right) + M_c\left(\frac{3}{I}\right)$$

$$= -\frac{6 \times \dfrac{x(6-x)}{2} \times \left(\dfrac{6+x}{3}\right)}{I \cdot 6}$$

$$18M_b = -\frac{x}{6}(36-x^2)$$

$$\therefore M_b = \frac{x}{108}(x^2-36)$$

(2) 단위하중 1이 bc 사이일 때

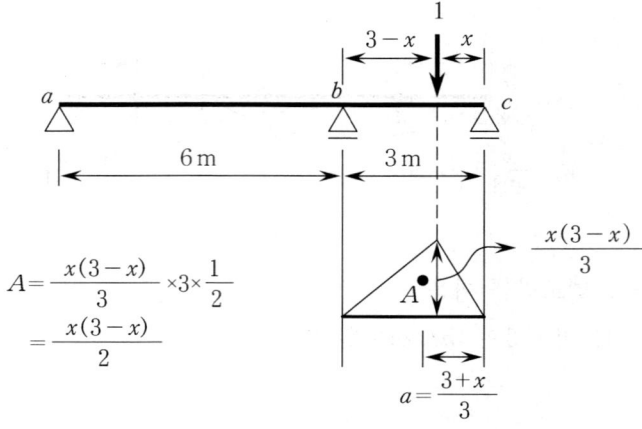

$$M_a\left(\frac{6}{I}\right) + 2M_b\left(\frac{6}{I} + \frac{3}{I}\right) + 3M_c\left(\frac{3}{I}\right)$$

$$= -\frac{6 \times \frac{x(3-x)}{2} \times \left(\frac{3+x}{3}\right)}{I \cdot 3}$$

$$18M_b = -\frac{x}{3}(9 - x^2)$$

$$\therefore M_b = \frac{x}{54}(x^2 - 9)$$

20.5 고차 부정정 구조물의 영향선

2차 부정정인 3경간 연속 보의 영향선을 그려보자.

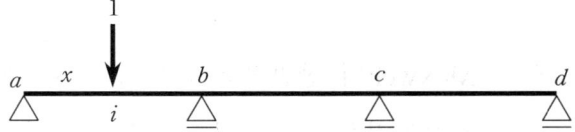

$=$

변형일치 개념으로 R_b와 R_c를 부정정력으로 산정 단위하중 1에 의한 처짐곡선

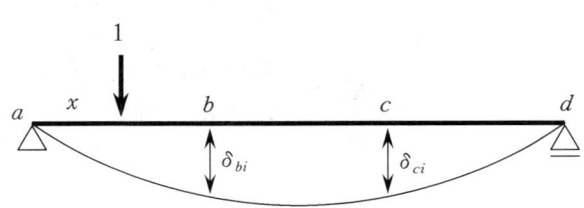

$+$

$R_b=1$일 때 처짐곡선 $\quad R_b \times \left(\right.$

$+$

$R_c=1$일 때 처짐곡선 $\quad R_c \times \left(\right.$

[적합조건]

① 지점 b에서, $-\delta_{bi} + R_b \times \delta_{bb} + R_c \times \delta_{bc} = 0$

② 지점 c에서, $-\delta_{ci} + R_b \times \delta_{cb} + R_c \times \delta_{cc} = 0$

Maxwell의 상반작용의 원리 ; $\delta_{bc} = \delta_{cb}$, $\delta_{bi} = \delta_{ib}$, $\delta_{ci} = \delta_{ic}$

적합조건을 연립하여 R_b와 R_c의 식을 구하면 다음과 같다.

$$R_b = \frac{\delta_{bi} \cdot \delta_{cc} - \delta_{ci} \cdot \delta_{bc}}{\delta_{bb} \cdot \delta_{cc} - \delta_{cb} \cdot \delta_{bc}} = \frac{\delta_{ib} \cdot \delta_{cc} - \delta_{ic} \cdot \delta_{bc}}{\delta_{bb} \cdot \delta_{cc} - \delta_{bc}^2}$$

$$R_c = \frac{\delta_{ci} \cdot \delta_{bb} - \delta_{bi} \cdot \delta_{cb}}{\delta_{cc} \cdot \delta_{bb} - \delta_{cb} \cdot \delta_{bc}} = \frac{\delta_{ic} \cdot \delta_{bb} - \delta_{ib} \cdot \delta_{bc}}{\delta_{cc} \cdot \delta_{bb} - \delta_{bc}^2}$$

그 외의 영향선은 부정정 반력인 R_b와 R_c를 이용하여 정역학적으로 구할 수 있다.

필수예제 8

그림과 같은 연속보에서 반력 R_2와 R_5의 영향선을 그린 다음에, 점 7의 모멘트의 영향선과 점 6의 전단력의 영향선을 작도하시오.

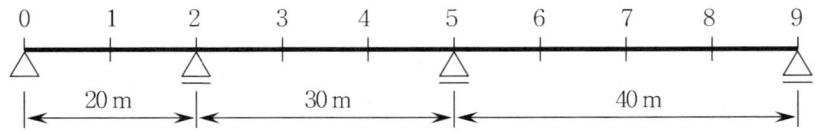

풀이과정 1. R_2와 R_5의 산정

$$R_2 = \frac{\delta_{i2} \cdot \delta_{55} - \delta_{i5} \cdot \delta_{25}}{\delta_{22} \cdot \delta_{55} - \delta_{25}^2}, \quad R_5 = \frac{\delta_{i5} \cdot \delta_{22} - \delta_{i2} \cdot \delta_{25}}{\delta_{22} \cdot \delta_{55} - \delta_{25}^2}$$

점 i에 단위하중이 가해질 때 처짐 δ_{i2}, δ_{i5}를 공액보법으로 구하여 본다.

(1) $R_2 = 1$일 때의 공액보 (δ_{i2}의 계산)

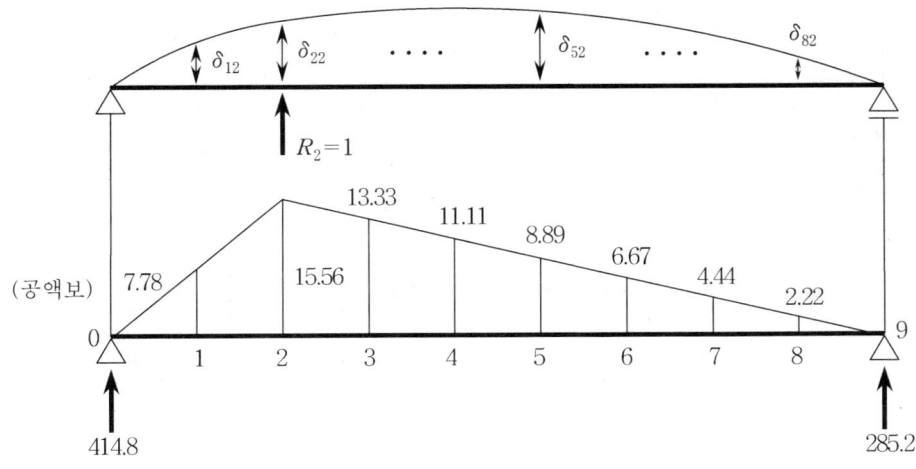

(δ_{i2}는 모두 상방향 처짐이며 이하 부호는 무시한다.)

$$\delta_{12} = \frac{1}{EI}\left\{414.8\times10 - 7.78\times10\times\frac{1}{2}\times\frac{10}{3}\right\} = \frac{4018}{EI}$$

$$\delta_{22} = \frac{1}{EI}\left\{414.8\times20 - 15.56\times20\times\frac{1}{2}\times\frac{20}{3}\right\} = \frac{7259}{EI}$$

$$\vdots$$

$$\delta_{82} = \frac{1}{EI}\left\{285.2\times10 - 2.22\times10\times\frac{1}{2}\times\frac{10}{3}\right\} = \frac{2815}{EI}$$

(2) $R_5 = 1$일 때의 공액보 (δ_{i5}의 계산)

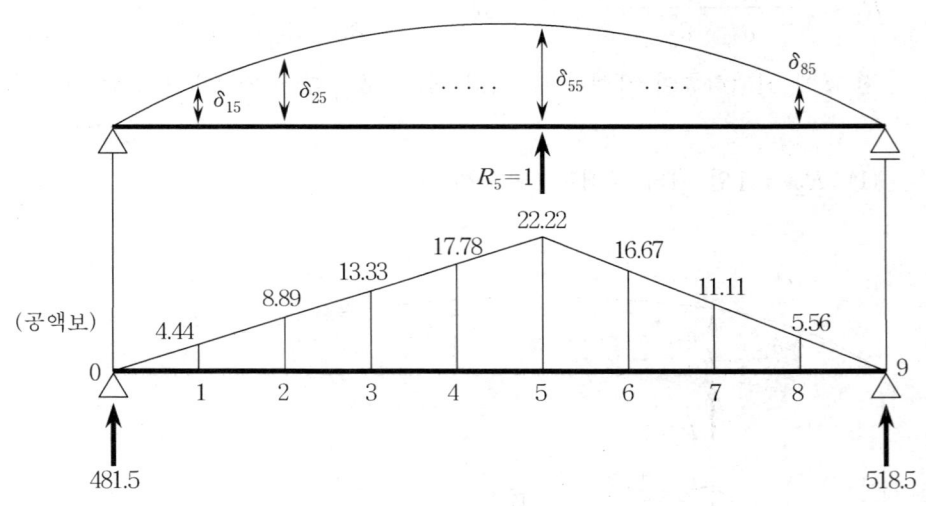

$$\delta_{15} = \frac{1}{EI}\left\{481.5\times10 - 4.44\times10\times\frac{1}{2}\times\frac{10}{3}\right\} = \frac{4741}{EI}$$

$$\delta_{25} = \frac{1}{EI}\left\{481.5\times20 - 8.89\times20\times\frac{1}{2}\times\frac{20}{3}\right\} = \frac{9037}{EI}$$

$$\vdots$$

$$\delta_{85} = \frac{1}{EI}\left\{518.5\times10 - 5.56\times10\times\frac{1}{2}\times\frac{10}{3}\right\} = \frac{5092}{EI}$$

(3) R_2 와 R_5 의 산정

① $i = 1$; $R_2 = \dfrac{4018 \times 14817 \times - 4741 \times 9037}{7259 \times 14817 - (9037)^2}$

$= \dfrac{16690289}{25889234} = 0.645$

$R_5 = \dfrac{4741 \times 7259 \times 4018 \times 9037}{25889234} = -0.0736$

② $i = 2$; $R_2 = \dfrac{7259 \times 14817 - 9037 \times 9037}{25889234} = 1$

$R_5 = \dfrac{9037 \times 7259 - 7259 \times 9037}{25889234} = 0$

(이하 같은 방법)

2. R_9 와 M_7 의 산정

R_2 와 R_5 를 찾았으므로 정역학적으로 구할 수 있다.

(1) $i = 1$ 에 단위하중 $P = 1$ 이 가해질 때

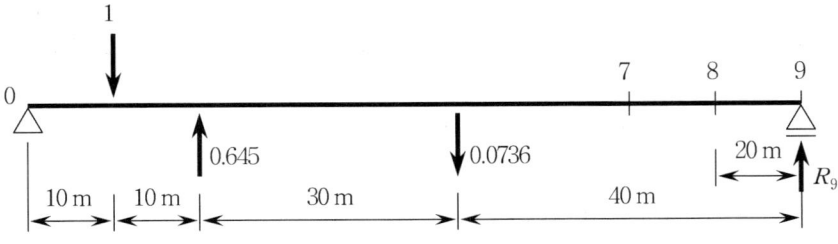

① R_9

$\Sigma M_0 = 0$; (↻+)

$1 \times 10 - 0.645 \times 20 + 0.0736 \times 50 - R_9 \times 90 = 0$

$\therefore R_9 = 0.0087$

② M_7 (7~9 보에서 구한다.)

$\therefore M_7 = R_9 \times 20 = 0.0087 \times 20 = 0.174$

(2) $i = 2$에 단위하중 $P = 1$이 가해질 때

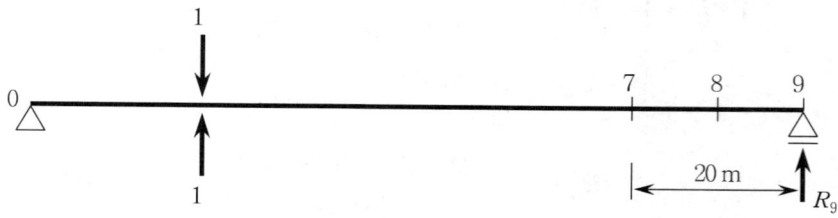

① $R_9 = 0$

② $M_7 = 0$

⋮

(3) $i = 8$에 단위하중 $P = 1$이 가해질 때

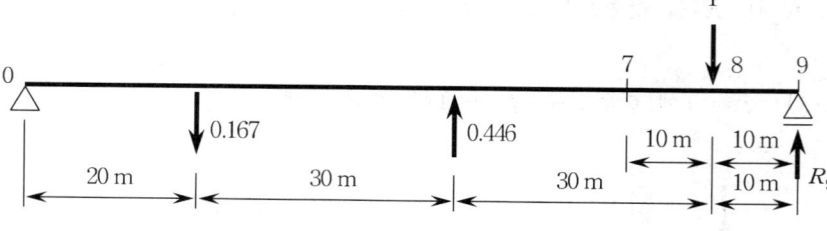

① R_9

$\Sigma M_0 = 0$; (↻+)

$$0.167 \times 20 - 0.446 \times 50 + 1 \times 80 - R_9 \times 90 = 0$$

$$\therefore R_9 = 0.678$$

② M_7 (7~9 보에서 구한다.)

$$\therefore M_7 = 0.678 \times 20 - 1 \times 10 = 3.56$$

3. 영향선 표

이상의 계산을 표로 만들어 정리하면 다음과 같다.

단면 i	$EI\delta_{i2}$	$EI\delta_{i5}$	R_2	R_5	R_9	M_7	V_6
1	4018	4741	0.645	−0.0736	0.0087	0.174	−0.0087
2	7259	9037	1.0	0	0	0	0
3	9114	12,446	0.871	0.309	−0.0319	−0.638	0.0319
4	9631	14,519	0.443	0.710	−0.0484	−0.968	0.0484
5	9037	14,817	0	1.0	0	0	0
6	7556	13,055	−0.234	1.024	0.150	3.00	0.150 ⎫ 0.850 ⎭
7	5408	9629	−0.268	0.813	0.386	7.72	0.614
8	2815	5092	−0.167	0.446	0.678	3.56	0.322

4. 영향선 작도

영향선 표의 값을 그대로 그리면 다음과 같다.

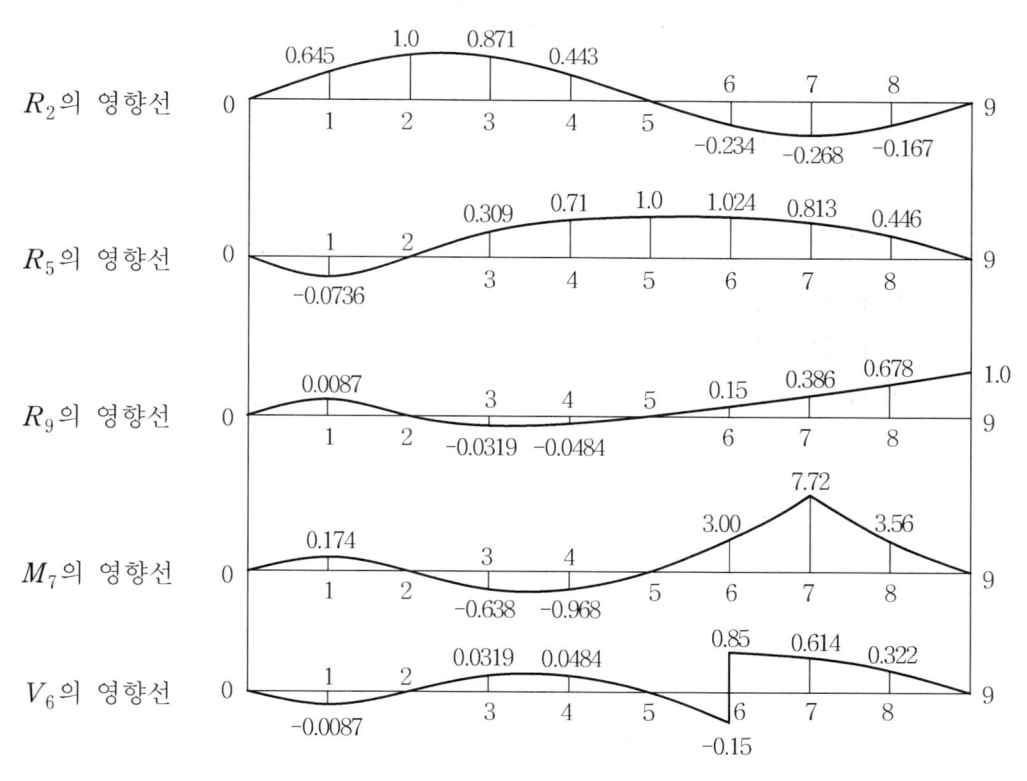

1. 다음과 같은 겔버보에 DL-24하중이 통과할 때 영향선을 이용하여 다음 값을 구하시오.

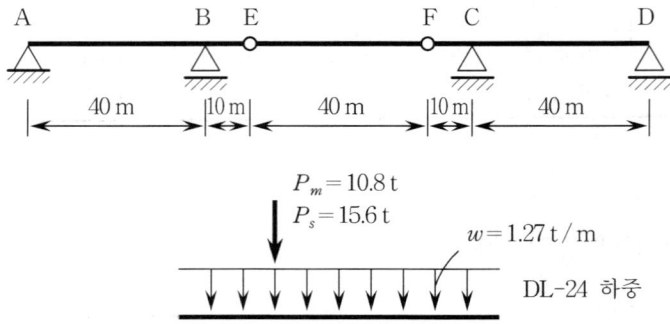

여기서, P_m : 모멘트 계산시 재하시키는 집중하중
P_s : 전단력 계산시 재하시키는 집중하중

(1) B점의 최대 반력
(2) B점의 최대 휨 모멘트
(3) B점 바로 우측의 최대 전단력

2. 다음 연속보에서 지점 모멘트 M_b와 M_c의 영향선도의 값이 매 10 m 마다 주어져 있다. 개략적으로 지점반력 R_b, R_c, R_d의 영향선도를 그리고 구간 cd의 중점의 종거를 구하여 표시하시오.

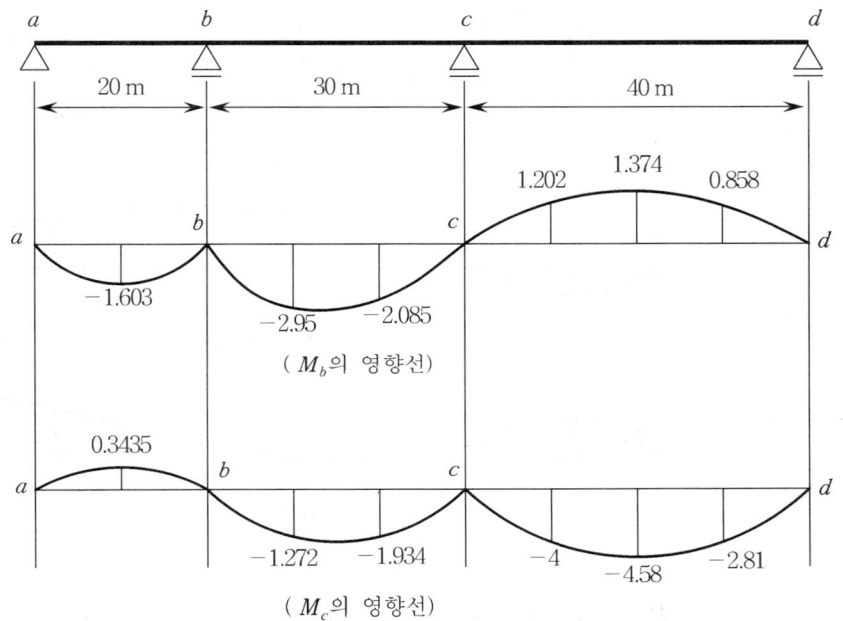

정답

1. (1) $R_{B(\max)} = 90.94 \text{ t}$

(2) $M_{B(\max)} = -425.5 \text{ t} \cdot \text{m}$

(3) $V_{B(\max)} = 53.7 \text{ t}$

2.

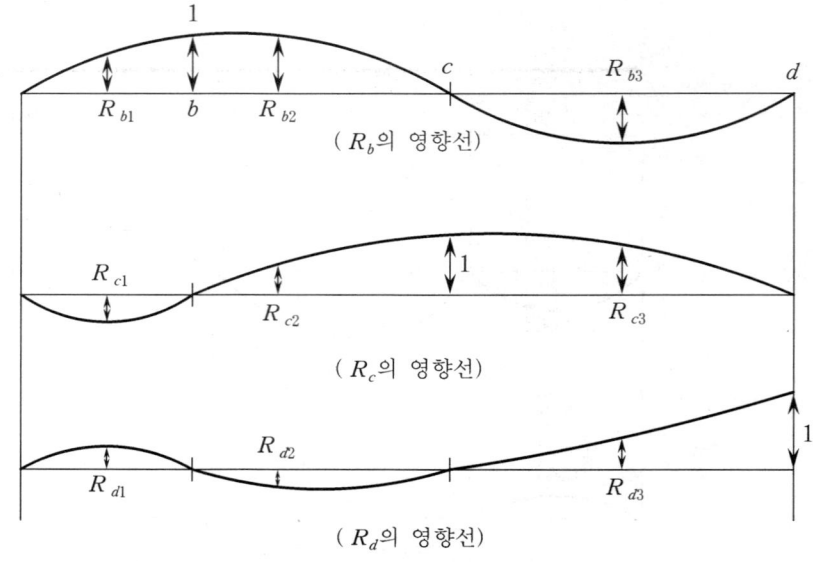

$R_{b1} = 0.645, \ R_{c1} = -0.0736, \ R_{d1} = 0.0086$

$R_{b2} = 0.87, \ R_{c2} = 0.309, \ R_{d2} = -0.0318$

$R_{b3} = -0.2667, \ R_{c3} = 0.8125, \ R_{d3} = 0.3855$

Chapter 21
Matrix 구조해석

Chapter 21 Matrix 구조해석

21.1 용어설명

(1) P : 격점하중 또는 자유도 (절점조건이나 평형방정식으로 구한다.)
(2) F : 부재내력
    ① 보 및 라아멘 : F는 고정단 모멘트 (하중항)를 포함한 재단모멘트이다.
    ② 트러스 : F는 부재력 (축력)이다.
(3) X : 격점변위
    ① 보 : 처짐각
    ② 라아멘 : 처짐각과 side sway양
    ③ 트러스 : 절점의 수평 및 수직변위
(4) e : 부재 변형
(5) [A] : 평형 매트릭스 (Statics matrix)
(6) [B] : 적합 매트릭스 ([B] = [A^T])
(7) [S] : 부재강도 매트릭스 (Element Stiffness matrix)
(8) [K] : 구조물 강도 매트릭스 (Global Stiffness matrix)

21.2 자유도 (Degree of Freedom)

21.2.1 정 의

구조물이 하중을 받았을 때 발생하는 각 격점의 독립적인 변위성분의 갯수를 자유도라 한다.

21.2.2 격점변위에 의한 자유도

(1) 보

① 고정단 : 수평, 수직, 회전 반력이 발생하므로 격점의 모든 변위가 구속되어 있다. 따라서 자유도는 0이다.
② 힌지단 : 수평, 수직 반력이 발생하므로 수평과 수직력에 대해서만 구속되어 있고, 모멘트에 대해서는 자유롭다. 따라서 자유도는 1이다.
③ 롤러단 : 수직 반력이 발생하므로 수직력에 대해서만 구속되어 있고, 모멘트와 수평력에 대해서는 자유롭다. 따라서 자유도는 2이다.

여기서, ↷ : 회전변위에 대한 자유도
→ : 수평변위에 대한 자유도

〔보 부재의 자유도〕

(2) 트러스

① 트러스의 모든 절점은 핀연결이므로 회전은 부재력에 영향을 미치지 않는다. 따라서 회전변위에 대한 자유도는 없고 수평과 수직 변위에 대한 자유도만 존재한다. (트러스의 모든 절점은 자유도가 2이다.)
② 트러스의 지점도 회전변위는 없으므로, 힌지단은 자유도가 0이며 롤러단은 수평변위에 대한 자유도가 1이다.

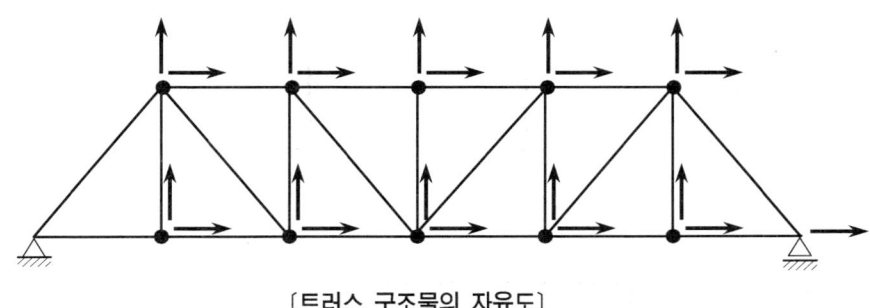

[트러스 구조물의 자유도]

여기서, ↑ : 수직변위에 대한 자유도

(3) 라아멘

① 라아멘의 모든 절점은 수평, 수직, 회전변위가 모두 가능하므로 자유도는 3이다.
② 지점에 대한 자유도는 보와 동일하다.

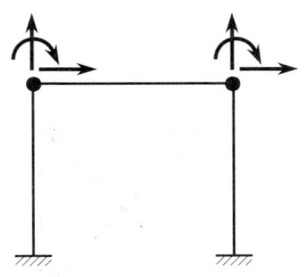

[라아멘 구조물의 자유도]

필수예제 1

각 구조물의 자유도 수를 구하시오.

(1)

(2)

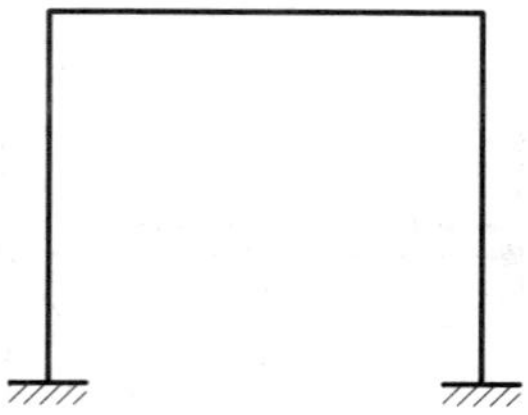

(3)

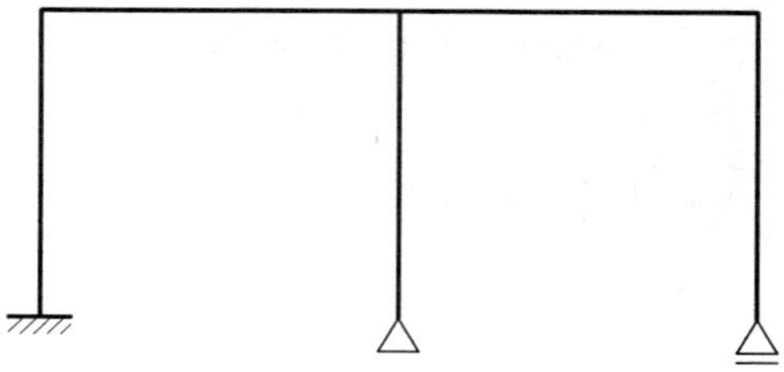

(4)

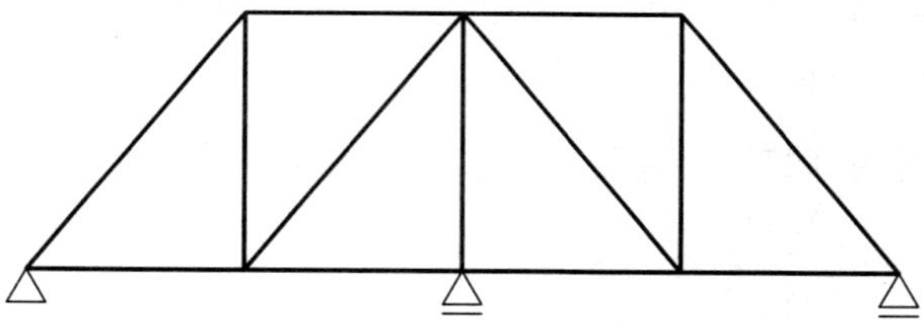

(5)

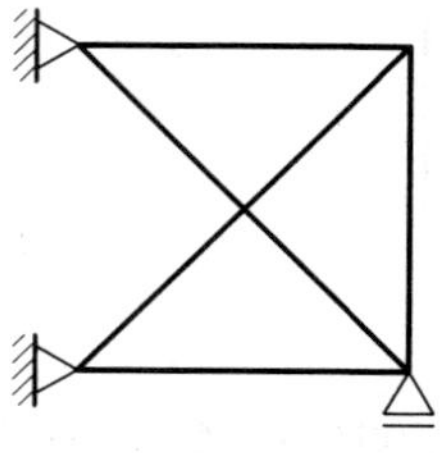

풀이과정 (1) ① 고정지점 : 자유도가 없다. (0)
　　　　② 롤러지점 : 수평과 회전이 가능
　　　　　하므로 자유도는 2이고, 롤러
　　　　　의 갯수가 3개이다.
　　　　∴ 자유도 수 = 2×3 = 6

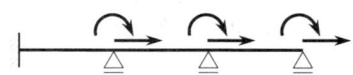

(2) ① 고정지점 : 자유도 0
　　② 절점 2개 : 자유도 3
　　∴ 자유도 수 : 3×2 = 6

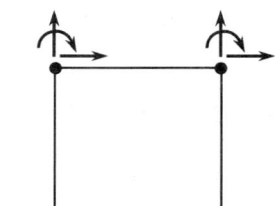

(3) ① 고정지점 : 자유도 0
　　② 힌지지점 : 자유도 1
　　③ 롤러지점 : 자유도 2
　　④ 절점 3개 : 자유도 3
　　∴ 자유도 수 : 1+2+3×3 = 12

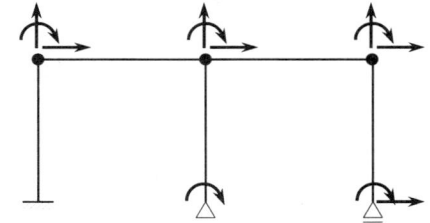

(4) ① 힌지지점 : 자유도 0 (∵ 트러스)
　　② 롤러지점 2개 : 자유도 1
　　③ 절점 5개 : 자유도 2 (수평, 수
　　　　직 변위 가능)
　　∴ 자유도 수 : 1×2+2×5 = 12

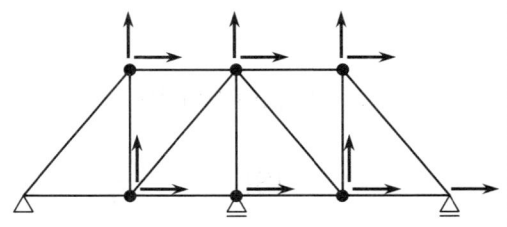

(5) bracing이므로 겹치는 부분은 절
　　점이 아님
　　① 힌지지점 2개 : 0 (∵ 트러스)
　　② 롤러지점 : 1 (수평변위 가능)
　　③ 절점 1개 : 2
　　∴ 자유도 수 : 1+2×1 = 3

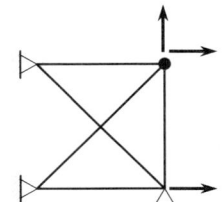

21.3 Matrix 법의 공식

(1) $\{P\} = [A]\{F\}$ ⇒ $[A]$를 결정

① $\{P\}$: 격점하중이며 자유도로부터 모든 P를 결정한다.
② $\{F\}$: 하중항 또는 부재력이 된다.
③ $[A]$; $\{P\}$와 $\{F\}$와의 관계로부터 Statics matrix $[A]$를 결정한다.

(2) $\{F\} = [S]\{e\}$ ⇒ $[S]$를 결정

① 보 및 라아멘의 $[S]$

$$[S] = \begin{bmatrix} \dfrac{4EI_1}{L_1} & \dfrac{2EI_1}{L_1} & & & \\ \dfrac{2EI_1}{L_1} & \dfrac{4EI_1}{L_1} & & & \\ & & \dfrac{4EI_2}{L_2} & \dfrac{2EI_2}{L_2} & \\ & & \dfrac{2EI_2}{L_2} & \dfrac{4EI_2}{L_2} & \\ & & & & \ddots \end{bmatrix}$$

② 트러스의 $[S]$

$$[S] = \begin{bmatrix} \dfrac{EA_1}{L_1} & & & \\ & \dfrac{EA_2}{L_2} & & \\ & & \dfrac{EA_3}{L_3} & \\ & & & \ddots \end{bmatrix}$$

(3) $\boxed{\begin{aligned} \{e\} &= [B]\{X\} \\ &= [A]^T\{X\} \end{aligned}}$

(4) $\boxed{\begin{aligned} \{P\} &= [A]\{F\} \\ &= [A][S]\{e\} = [A][S][A]^T\{X\} \\ &= [K]\{X\} \end{aligned}}$

① [K] ; Global Stiffness matrix이며 앞에서 구한 [A]와 [S] matrix에 의하여 구할 수 있다.

② $\boxed{[K] = [A] \cdot [S] \cdot [A]^T}$

(5) $\boxed{\{X\} = [K]^{-1} \cdot \{P\}}$ ⇒ $\boxed{\{X\}를\ 구할\ 수\ 있다.}$

① 보와 라아멘 ; {X}는 처짐각이 된다.
② 트러스 ; {X}는 절점 변위가 된다.
③ $[K]^{-1}$; 부재 유연도 매트릭스 (Element Flexibility matrix)

(6) $\boxed{\{F\} = [S][A]^T\{X\}}$ ⇒ $\boxed{\{F\}를\ 구한다.}$

① 보 및 라아멘 ; 하중에 의한 모멘트 (하중항)도 고려해야 하므로
  $\{F\}^* = \{F_0\} + [S][A]^T\{X\}$가 되며 $\{F\}^*$가 실제 부재 내력이 된다.
  여기서, $\{F_0\}$: 하중항

② 트러스 : 절점에 하중이 가해지므로 하중항이 없다. 따라서 위 공식을 그대로 적용한다.
  $\{F\} = [S][A]^T\{X\}$

21.4 보의 Matrix 해석순서

(1) $P = A \cdot F \Rightarrow [A]$: Statics matrix

① 자유도

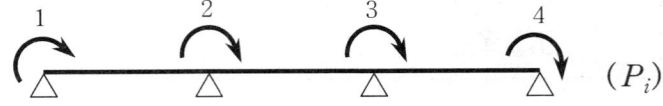 (P_i)

② 하중항 (고정단 모멘트)

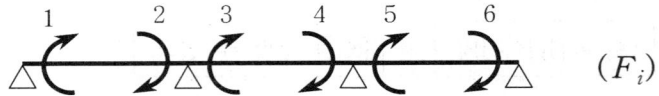 (F_i)

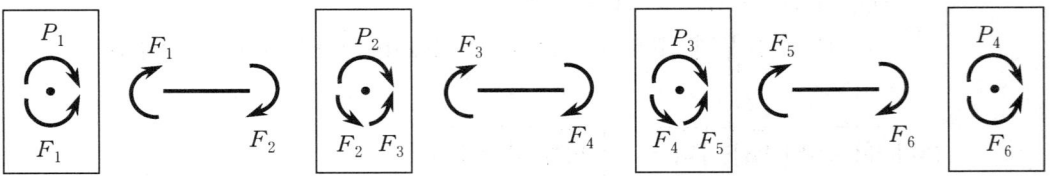

$$[A] = \begin{array}{c} \text{P} \backslash \text{F} \\ 1 \\ 2 \\ 3 \\ 4 \end{array} \begin{bmatrix} 1.0 & & & & & \\ & 1.0 & 1.0 & & & \\ & & & 1.0 & 1.0 & \\ & & & & & 1.0 \end{bmatrix}$$

(2) $F = S \cdot e \Rightarrow [S]$: element Stiffness matrix

$$[S] = \begin{array}{c} \\ 1 \\ 2 \\ 3 \\ \vdots \\ 6 \end{array} \begin{array}{c} 1 \quad\quad 2 \quad\quad 3 \cdots 6 \\ \left[\begin{array}{cc} \dfrac{4EI}{L} & \dfrac{2EI}{L} \\ \dfrac{2EI}{L} & \dfrac{4EI}{L} \\ & \\ & \\ & \end{array} \right. \end{array}$$

(3) $e = B \cdot X = A^T \cdot X$

(4) $P = A \cdot F = A \cdot S \cdot e = A \cdot S \cdot A^T \cdot X = K \cdot X$
$\Rightarrow [K] = A \cdot S \cdot A^T$: Global Stiffness matrix

(5) $\boxed{X = K^{-1} \cdot P}$: 처짐각

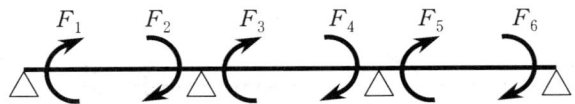

여기서, F_i : 고정단모멘트 (하중항)

⇓

여기서, P_i : 절점조건으로 구한 격점하중

(6) $\boxed{F^* = \{F_i\} + S \cdot A^T \cdot X}$: 단면력 산정

필수예제 2

다음 연속보를 Matrix법으로 해석하시오.

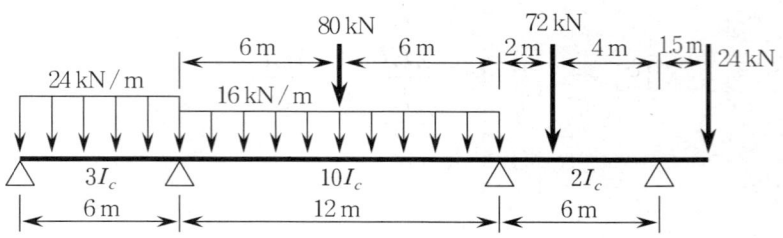

풀이과정 1. Statics matrix [A]

$$P = A \cdot F$$

$$[A] = \begin{array}{c} \\ P \\ 1 \\ 2 \\ 3 \\ 4 \end{array} \begin{array}{c} F \quad 1 \quad 2 \quad 3 \quad 4 \quad 5 \quad 6 \\ \left[\begin{array}{cccccc} 1.0 & & & & & \\ & 1.0 & 1.0 & & & \\ & & & 1.0 & 1.0 & \\ & & & & & 1.0 \end{array} \right] \end{array}$$

2. Element Stiffness matrix [S]
   F = S · e

$$[S] = \begin{bmatrix} \dfrac{4EI}{L} & \dfrac{2EI}{L} & & & & \\ \dfrac{2EI}{L} & \dfrac{4EI}{L} & & & & \\ & & \dfrac{4EI}{L} & \dfrac{2EI}{L} & & \\ & & \dfrac{2EI}{L} & \dfrac{4EI}{L} & & \\ & & & & \dfrac{4EI}{L} & \dfrac{2EI}{L} \\ & & & & \dfrac{2EI}{L} & \dfrac{4EI}{L} \end{bmatrix}$$

$$= EI_c \begin{bmatrix} 2 & 1 & & & & \\ 1 & 2 & & & & \\ & & \dfrac{10}{3} & \dfrac{5}{3} & & \\ & & \dfrac{5}{3} & \dfrac{10}{3} & & \\ & & & & \dfrac{4}{3} & \dfrac{2}{3} \\ & & & & \dfrac{2}{3} & \dfrac{4}{3} \end{bmatrix}$$

3. Global stiffness matrix [K]

$$P = A \cdot F = A \cdot S \cdot e = A \cdot S \cdot B \cdot X = [A\,S\,A^T]X = K \cdot X$$

$$[K] = [A][S][A]^T = EI_c \begin{bmatrix} 2 & 1 & 0 & 0 \\ 1 & 5.33 & 1.67 & 0 \\ 0 & 1.67 & 4.67 & 0.67 \\ 0 & 0 & 0.67 & 1.33 \end{bmatrix}$$

4. 단면력 산정

(1) $[K]^{-1} = \dfrac{1}{EI_c} \begin{bmatrix} 0.56 & -0.119 & 0.046 & -0.023 \\ -0.119 & 0.239 & -0.092 & 0.046 \\ 0.459 & -0.092 & 0.266 & -0.133 \\ -0.023 & 0.046 & -0.133 & 0.817 \end{bmatrix}$

(2) 고정단 모멘트 (하중항) $\{F_O\}$ (단위 : kN·m)

$$F_{01} = -\dfrac{wl^2}{12} = -\dfrac{24 \times 6^2}{12} = -72$$

$$F_{02} = 72, \quad F_{03} = -F_{04} = -\dfrac{16 \times 12^2}{12} - \dfrac{80 \times 6^3}{12^2} = -312$$

$$F_{05} = -\dfrac{72 \times 2 \times 4^2}{6^2} = -64, \quad F_{06} = \dfrac{72 \times 2^2 \times 4}{6^2} = 32$$

$$\begin{array}{cccccc} -72 & 72 \; -312 & 312 \; -64 & 32 \; -36 \end{array}$$

(3) Joint Condition (P)

$$\begin{array}{cccc} 72 & 240 & -248 & 4 \end{array}$$

(4) $X = K^{-1} \cdot P$

$$= \dfrac{1}{EI_c} \begin{bmatrix} 0.56 & -0.119 & 0.046 & -0.023 \\ -0.119 & 0.239 & -0.092 & 0.046 \\ 0.459 & -0.092 & 0.266 & -0.133 \\ -0.023 & 0.046 & -0.133 & 0.817 \end{bmatrix} \begin{Bmatrix} 72 \\ 240 \\ -248 \\ 4 \end{Bmatrix}$$

$$= \dfrac{1}{EI_c} \begin{bmatrix} 0.2 \\ 71.6 \\ -85.23 \\ 45.6 \end{bmatrix}$$

(5) $\{F\} = \{F_0\} + [S][A]^T\{X\}$

$$= \begin{Bmatrix} -72 \\ 72 \\ -312 \\ 312 \\ -64 \\ 32 \end{Bmatrix} + \begin{bmatrix} 2 & 1 & 0 & 0 \\ 1 & 2 & 0 & 0 \\ 0 & 3.33 & 1.67 & 0 \\ 0 & 1.67 & 3.33 & 0 \\ 0 & 0 & 1.33 & 0.67 \\ 0 & 0 & 0.67 & 1.33 \end{bmatrix} \begin{Bmatrix} 0.2 \\ 71.6 \\ -85.23 \\ 45.6 \end{Bmatrix}$$

$$= \begin{Bmatrix} -72 \\ 72 \\ -312 \\ 312 \\ -64 \\ 32 \end{Bmatrix} + \begin{Bmatrix} 72 \\ 143.4 \\ 96.62 \\ -164.7 \\ -83.23 \\ 4 \end{Bmatrix} = \begin{Bmatrix} 0 \\ 215.4 \\ -215.4 \\ 147.23 \\ -147.23 \\ 36 \end{Bmatrix} \text{(kN · m)}$$

필수예제 3

고정단이 있는 연속보를 Matrix법으로 해석하시오.

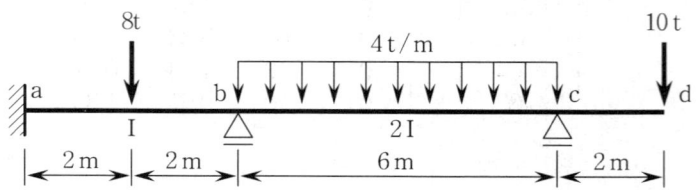

풀이과정 a 단이 고정단이므로 P에는 포함이 안 된다. (고정단은 자유도 0)

1. Statics matrix [A]

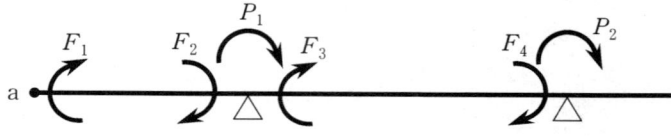

$\{P\} = [A]\{F\}$

$$\therefore [A] = \begin{matrix} & 1 & 2 & 3 & 4 \\ 1 \\ 2 \end{matrix} \begin{bmatrix} & 1.0 & 1.0 & \\ & & & 1.0 \end{bmatrix}$$

2. element stiffness matrix [S]

$\{F\} = [S]\{e\}$

$$[S] = \begin{array}{c} 1 \\ 2 \\ 3 \\ 4 \end{array} \begin{bmatrix} \dfrac{4EI}{4} & \dfrac{2EI}{4} & & \\ \dfrac{2EI}{4} & \dfrac{4EI}{4} & & \\ & & \dfrac{8EI}{6} & \dfrac{4EI}{6} \\ & & \dfrac{4EI}{6} & \dfrac{8EI}{6} \end{bmatrix} = \begin{bmatrix} 1 & 0.5 & & \\ 0.5 & 1 & & \\ & & \dfrac{4}{3} & \dfrac{2}{3} \\ & & \dfrac{2}{3} & \dfrac{4}{3} \end{bmatrix} \times EI$$

3. Global stiffness matrix [K]

(1) $[K] = [A][S][A]^T$

$$= \begin{bmatrix} 0 & 1 & 1 & 0 \\ 0 & 0 & 0 & 1 \end{bmatrix} \begin{bmatrix} 1 & 0.5 & 0 & 0 \\ 0.5 & 1 & 0 & 0 \\ 0 & 0 & \dfrac{4}{3} & \dfrac{2}{3} \\ 0 & 0 & \dfrac{2}{3} & \dfrac{4}{3} \end{bmatrix} \times EI \begin{bmatrix} 0 & 0 \\ 1 & 0 \\ 1 & 0 \\ 0 & 1 \end{bmatrix}$$

$$= \begin{bmatrix} 2.33 & 0.67 \\ 0.67 & 1.33 \end{bmatrix} \times EI$$

(2) $[K]^{-1} = \begin{bmatrix} 0.5 & -0.25 \\ -0.25 & 0.875 \end{bmatrix} \dfrac{1}{EI}$

4. 단면력 산정

(1) 고정단 모멘트 (하중항) $\{F_0\}$

$$F_{01} = -F_{02} = -\dfrac{8 \times 2^3}{4^2} = -4$$

$$F_{03} = -F_{04} = -\dfrac{4 \times 6^2}{12} = -12$$

(2) Joint Condition (P)

```
       -4    4  -12  12  -20              (P₁)   (P₂)
   a ●─────△────△─────●      ⇒         ────8────8────
                                           b △    c △
```

(3) $X = K^{-1} \cdot P = \begin{bmatrix} 0.5 & -0.25 \\ -0.25 & 0.875 \end{bmatrix} \times \dfrac{1}{EI} \begin{Bmatrix} 8 \\ 8 \end{Bmatrix}$

$\qquad\qquad = \begin{bmatrix} 2 \\ 5 \end{bmatrix} \times \dfrac{1}{EI}$

$\therefore \theta_b = \dfrac{2}{EI}, \quad \theta_c = \dfrac{5}{EI}$

(4) 단면력 (모멘트) 산정 : 재단모멘트

$\{F\} = \{F_o\} + [S][A]^T \cdot \{X\}$

$= \begin{Bmatrix} -4 \\ 4 \\ -12 \\ 12 \end{Bmatrix} + \begin{bmatrix} 1 & 0.5 & & \\ 0.5 & 1 & & \\ & & \dfrac{4}{3} & \dfrac{2}{3} \\ & & \dfrac{2}{3} & \dfrac{4}{3} \end{bmatrix} \begin{bmatrix} 0 & 0 \\ 1 & 0 \\ 1 & 0 \\ 0 & 1 \end{bmatrix} \times \begin{Bmatrix} 2 \\ 5 \end{Bmatrix}$

$= \begin{Bmatrix} -4 \\ 4 \\ -12 \\ 12 \end{Bmatrix} + \begin{bmatrix} 1 \\ 2 \\ 6 \\ 8 \end{bmatrix} = \begin{bmatrix} -3 \\ 6 \\ -6 \\ 20 \end{bmatrix} (t \cdot m)$

21.5 라아멘의 Matrix 해석순서

다음과 같은 간단한 라아멘 구조물을 Matrix 해석하기로 한다. EI는 일정하다고 가정하며 수평하중에 의해 sidesway가 작용한다.

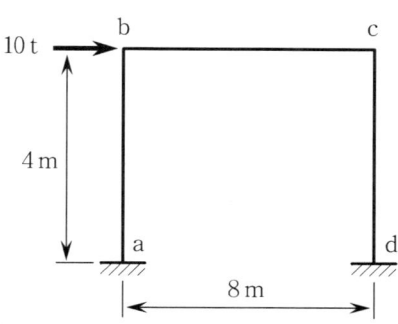

(1) Statics matrix [A]

① 자유도 ⇒ {P}

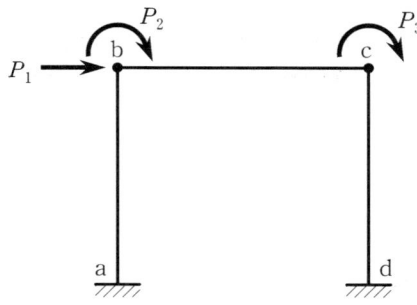

② 자유물체도

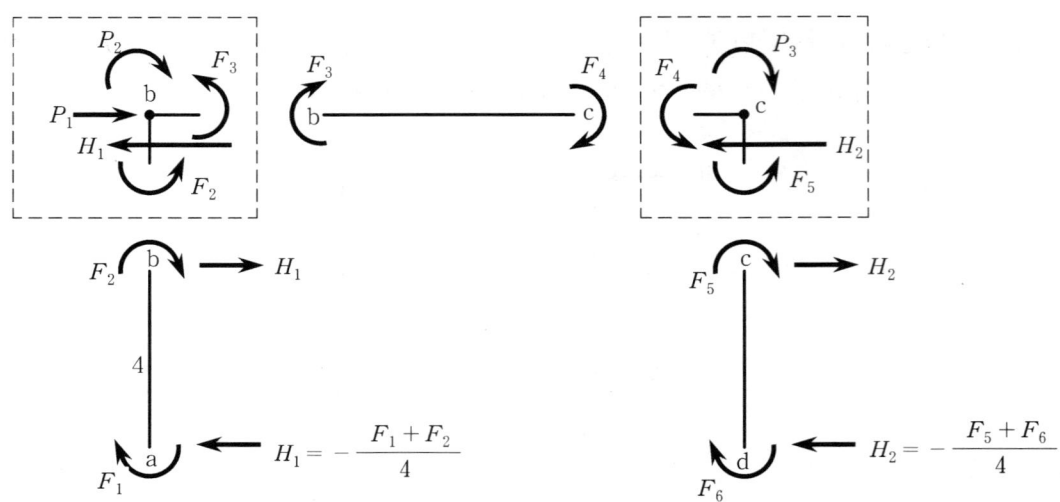

③ Statics matrix [A]

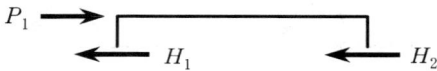

전단조건

$$\Sigma F_x = 0 \ ; \ P_1 = H_1 + H_2 = -\frac{F_1+F_2}{4} - \frac{F_5+F_6}{4}$$

절점조건

$$\Sigma M_b = 0 \ ; \ P_2 = F_2 + F_3$$

$$\Sigma M_c = 0 \ ; \ P_3 = F_4 + F_5$$

$\therefore \{P\} = [A]\{F\}$

$$\begin{Bmatrix} P_1 \\ P_2 \\ P_3 \end{Bmatrix} = \begin{bmatrix} -\dfrac{1}{4} & -\dfrac{1}{4} & 0 & 0 & -\dfrac{1}{4} & -\dfrac{1}{4} \\ 0 & 1 & 1 & 0 & 0 & 0 \\ 0 & 0 & 0 & 1 & 1 & 0 \end{bmatrix} \begin{Bmatrix} F_1 \\ F_2 \\ F_3 \\ F_4 \\ F_5 \\ F_6 \end{Bmatrix}$$

$$\Uparrow$$
$$[A]$$

(2) Element stiffness matrix [S]

　　$\{F\} = [S]\{e\}$에서,

$$[S] = \begin{bmatrix} \dfrac{4EI}{L_1} & \dfrac{2EI}{L_1} & & \\ \dfrac{2EI}{L_1} & \dfrac{4EI}{L_1} & & \\ & & \ddots & \end{bmatrix}$$

$$= \begin{bmatrix} 4 & 2 & & & & \\ 2 & 4 & & & & \\ & & 2 & 1 & & \\ & & 1 & 2 & & \\ & & & & 4 & 2 \\ & & & & 2 & 4 \end{bmatrix} \times \dfrac{EI}{4}$$

(3) Global stiffness matrix [k]

$$[K] = [A][S][A]^T$$

$$[K] = \begin{bmatrix} -\frac{1}{4} & -\frac{1}{4} & 0 & 0 & -\frac{1}{4} & -\frac{1}{4} \\ 0 & 1 & 1 & 0 & 0 & 0 \\ 0 & 0 & 0 & 1 & 1 & 0 \end{bmatrix} \times \begin{bmatrix} 4 & 2 & & & & \\ 2 & 4 & & & & \\ & & 2 & 1 & & \\ & & 1 & 2 & & \\ & & & & 4 & 2 \\ & & & & 2 & 4 \end{bmatrix}$$

$$\times \frac{EI}{4} \begin{bmatrix} -\frac{1}{4} & 0 & 0 \\ -\frac{1}{4} & 1 & 0 \\ 0 & 1 & 0 \\ 0 & 0 & 1 \\ -\frac{1}{4} & 0 & 1 \\ -\frac{1}{4} & 0 & 0 \end{bmatrix} = \frac{EI}{4} \begin{bmatrix} \frac{3}{2} & -\frac{3}{2} & -\frac{3}{2} \\ -\frac{3}{2} & 6 & 1 \\ -\frac{3}{2} & 1 & 6 \end{bmatrix}$$

(4) 변위 및 처짐각 {X}

$$\{X\} = [K]^{-1}\{P\}$$

① $[K]^{-1} = \dfrac{4}{EI} \begin{bmatrix} \dfrac{7}{6} & 0.25 & 0.25 \\ 0.25 & 0.225 & 0.025 \\ 0.25 & 0.025 & 0.225 \end{bmatrix}$

② $\{P\} = \begin{Bmatrix} 10 \\ 0 \\ 0 \end{Bmatrix}$

③ $\{X\} = [K]^{-1}\{P\} = \dfrac{4}{EI}\begin{bmatrix} \dfrac{7}{6} & 0.25 & 0.25 \\ 0.25 & 0.225 & 0.025 \\ 0.25 & 0.025 & 0.225 \end{bmatrix}\begin{Bmatrix} 10 \\ 0 \\ 0 \end{Bmatrix}$

$= \dfrac{4}{EI}\begin{Bmatrix} 11.667 \\ 2.5 \\ 2.5 \end{Bmatrix} = \dfrac{1}{EI}\begin{Bmatrix} 46.667 \\ 10 \\ 10 \end{Bmatrix}$

> **주의** $X_1 = \dfrac{46.667}{EI}$ 은 P_1 에 해당하는 수평변위, 즉 sideway 양 $\varDelta$ 에 해당한다. 또한 $X_2 = X_3 = \dfrac{10}{EI}$ 은 각각 b 점과 c 점의 처짐각에 해당한다.

(5) 부재내력 (재단모멘트) {F}

$\{F\} = [S][A]^T\{X\}$

> **주의** 하중항이 0이므로 $\{F_0\}$ 을 생략한다.

$\{F\} = \begin{bmatrix} 4 & 2 & & & & \\ 2 & 4 & & & & \\ & & 2 & 1 & & \\ & & 1 & 2 & & \\ & & & & 4 & 2 \\ & & & & 2 & 4 \end{bmatrix}\dfrac{EI}{4}\begin{bmatrix} -\dfrac{1}{4} & 0 & 0 \\ -\dfrac{1}{4} & 1 & 0 \\ 0 & 1 & 0 \\ 0 & 0 & 1 \\ -\dfrac{1}{4} & 0 & 1 \\ -\dfrac{1}{4} & 0 & 0 \end{bmatrix}\dfrac{4}{EI}\begin{Bmatrix} 11.667 \\ 2.5 \\ 2.5 \end{Bmatrix}$

$$= \begin{Bmatrix} -12.5 \\ -7.5 \\ 7.5 \\ 7.5 \\ -7.5 \\ -12.5 \end{Bmatrix}$$

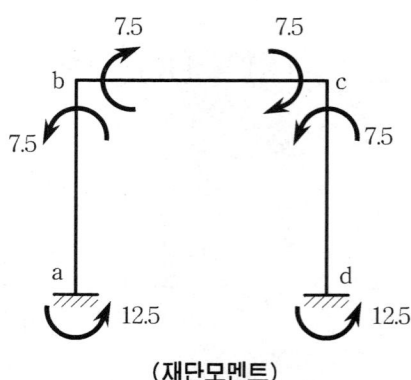

(재단모멘트)

> **참고** ✓
>
> 앞의 라아멘 구조물을 처짐각법으로 해석하면 다음과 같다.
>
> 1. 하중항 모두 Zero
>
> 2. 처짐각식
>
> $$M_{ab} = \frac{2EI}{4}\left(2\theta_a + \theta_b - \frac{3}{4}\Delta\right)$$
>
> $$M_{ba} = \frac{2EI}{4}\left(2\theta_b + \theta_a - \frac{3}{4}\Delta\right)$$
>
> $$M_{bc} = \frac{2EI}{8}(2\theta_b + \theta_b)$$
>
> $$M_{cd} = \frac{2EI}{4}\left(2\theta_c + \theta_d - \frac{3}{4}\Delta\right)$$
>
> $$M_{dc} = \frac{2EI}{4}\left(2\theta_d + \theta_c - \frac{3}{4}\Delta\right)$$
>
> 여기서, $\theta_a = \theta_d = 0$ (∵ 고정단)

3. 절점조건식
(1) 절점 b

$$M_{ba} + M_{bc} = 0 \; ; \; EI\theta_b - \frac{3}{8}EI\Delta + \frac{EI}{2}\theta_b + \frac{EI}{4}\theta_c = 0$$

$$\Rightarrow \frac{3}{2}EI\theta_b + \frac{1}{4}EI\theta_c - \frac{3}{8}EI\Delta = 0 \cdots\cdots ①$$

(2) 절점 c

$$M_{cb} + M_{cd} = 0 \; ; \; \frac{1}{2}EI\theta_c + \frac{1}{4}EI\theta_b + EI\theta_c - \frac{3}{8}EI\Delta = 0$$

$$\Rightarrow \frac{1}{4}EI\theta_b + \frac{3}{2}EI\theta_c - \frac{3}{8}EI\Delta = 0 \cdots\cdots ②$$

4. 전단조건식

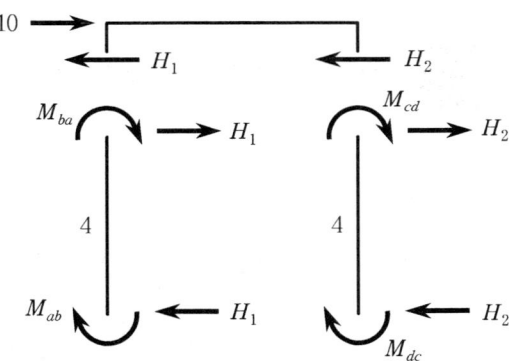

$$H_1 + H_2 = 10$$

$$-\frac{1}{4}(M_{ab} + M_{ba}) - \frac{1}{4}(M_{cd} + M_{dc}) = 10$$

$$M_{ab} + M_{ba} + M_{cd} + M_{dc} = -40$$

처짐각 식을 대입하여 정리하면 다음과 같다.

$$\frac{3}{2}EI\theta_b + \frac{3}{2}EI\theta_c - \frac{3}{2}EI\Delta = -40$$

$$\Rightarrow EI\theta_b + EI\theta_c - EI\Delta = -\frac{80}{3} \cdots\cdots\cdots\cdots ③$$

5. 연립방정식

①, ②, ③ 식을 매트릭스 형으로 나타내면 다음과 같다.

$$\begin{bmatrix} \dfrac{3}{2} & \dfrac{1}{4} & -\dfrac{3}{8} \\ \dfrac{1}{4} & \dfrac{3}{2} & -\dfrac{3}{8} \\ 1 & 1 & -1 \end{bmatrix} \begin{Bmatrix} EI\theta_b \\ EI\theta_c \\ EI\varDelta \end{Bmatrix} = \begin{Bmatrix} 0 \\ 0 \\ -\dfrac{80}{3} \end{Bmatrix}$$

$$\therefore \begin{Bmatrix} EI\theta_b \\ EI\theta_c \\ EI\varDelta \end{Bmatrix} = \begin{Bmatrix} 10 \\ 10 \\ 46.667 \end{Bmatrix}$$

주의 Matrix 해석의 {X} 와 비교 검토하기 바람

6. 재단 모멘트

$$M_{ab} = \dfrac{2}{4}\left(10 - \dfrac{3}{4} \times 46.667\right) = -12.5$$

$$M_{ba} = \dfrac{2}{4}\left(2 \times 10 - \dfrac{3}{4} \times 46.667\right) = -7.5$$

$$M_{bc} = \dfrac{2}{8}(2 \times 10 + 10) = 7.5$$

$$M_{cb} = \dfrac{2}{8}(2 \times 10 + 10) = 7.5$$

$$M_{cd} = \dfrac{2}{4}\left(2 \times 10 - \dfrac{3}{4} \times 46.667\right) = -7.5$$

$$M_{dc} = \dfrac{2}{4}\left(10 - \dfrac{3}{4} \times 46.667\right) = -12.5$$

21.6 트러스의 Matrix 해석순서

(1) Statics matrix [A]

$$\{P\} = [A]\{F\}$$

    ↑ external joint force   ↑ member force

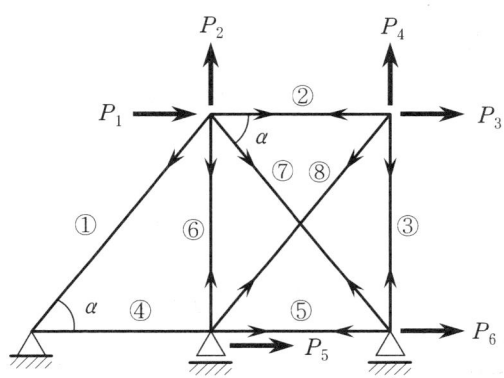

P → Degree of freedom(자유도)

F①~⑧ : 부재력

$$P_1 = F_1 \cdot \cos\alpha - F_2 - F_7 \cdot \cos\alpha$$
$$P_2 = F_1 \cdot \sin\alpha + F_6 + F_7 \cdot \sin\alpha$$
$$\vdots$$

(2) Element Stiffness matrix [S]

$$[S] = \begin{bmatrix} \dfrac{EA_1}{L_1} & & & \\ & \dfrac{EA_2}{L_2} & & \\ & & \dfrac{EA_3}{L_3} & \\ & & & \ddots \end{bmatrix}$$

필수예제 4

다음 트러스를 Matrix법으로 해석하시오.

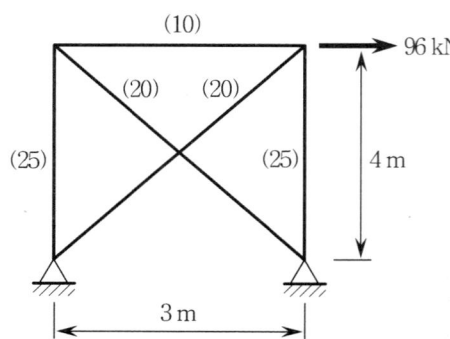

$E = 20000 \text{ kN/cm}^2$
( )는 단면적이며 cm^2 단위

풀이과정

1. Statics matrix [A]

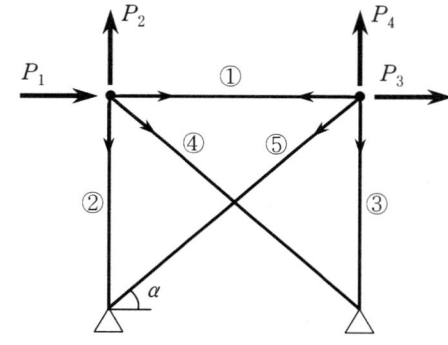

$\{P\} = [A] \cdot \{F\}$

$$[A] = \begin{array}{c} \\ 1 \\ 2 \\ 3 \\ 4 \end{array} \begin{array}{c} \quad 1 \quad 2 \quad 3 \quad\; 4 \quad\; 5 \\ \begin{bmatrix} -1 & 0 & 0 & -0.6 & 0 \\ 0 & 1 & 0 & 0.8 & 0 \\ 1 & 0 & 0 & 0 & 0.6 \\ 0 & 0 & 1 & 0 & 0.8 \end{bmatrix} \end{array}$$

$\cos\alpha = \dfrac{3}{5} = 0.6, \quad \sin\alpha = \dfrac{4}{3} = 0.8$

2. Element stiffness matrix [S]

$\{F\} = [S] \cdot \{e\}$

여기서, $[S]_i = \dfrac{A_i E}{L_i}, \quad S_{11} = \dfrac{10 \times 20000}{300} = 666.7$

$$[S] = \begin{bmatrix} 666.7 & & & & \\ & 1250 & & & \\ & & 1250 & & \\ & & & 800 & \\ & & & & 800 \end{bmatrix}$$

3. Global stiffness matrix [K]

$$[K] = [A][S][A]^T = \begin{bmatrix} 954.67 & -384 & -666.67 & 0 \\ -384 & 1762 & 0 & 0 \\ -666.67 & 0 & 954.67 & 384 \\ 0 & 0 & 384 & 1762 \end{bmatrix}$$

4. 변위 {X}

$$\{P\} = \begin{Bmatrix} 0 \\ 0 \\ 96 \\ 0 \end{Bmatrix}$$

$$\{X\} = [K]^{-1}\{P\} = \begin{Bmatrix} 0.2037 \\ 0.0444 \\ 0.2661 \\ -0.058 \end{Bmatrix} \text{ (cm)}$$

5. 부재력 {F}

$$\{F\} = [S][A]^T\{X\}$$

$$= \begin{bmatrix} -666.67 & 0 & 666.67 & 0 \\ 0 & 1250 & 0 & 0 \\ 0 & 0 & 0 & 1250 \\ -480 & 640 & 0 & 0 \\ 0 & 0 & 480 & 640 \end{bmatrix} \begin{Bmatrix} 0.2037 \\ 0.0444 \\ 0.2661 \\ -0.058 \end{Bmatrix} = \begin{Bmatrix} 41.62 \\ 55.5 \\ -72.5 \\ -69.37 \\ 90.63 \end{Bmatrix} \text{ (kN)}$$

필수예제 5

다음 그림과 같은 트러스에 대하여 물음에 답하시오.

(1) 각 부재의 부재력을 F_1, F_2, F_3 라 하고, 이를 미지수로 하는 절점 1에서의 평형방정식 $\Sigma F_x = 0$, $\Sigma F_y = 0$를 구하시오.

(2) 절점 1의 x 방향 및 y 방향의 변위를 δ_x, δ_y 라 하고, 이들을 미지수로 하는 절점 1에서의 평형방정식 $\Sigma F_x = 0$, $\Sigma F_y = 0$를 구하시오.

(3) 위의 방정식을 풀어 δ_x 와 δ_y 를 구하시오.

(4) δ_x 와 δ_y 로부터 각 부재의 부재력 (F_1, F_2, F_3)을 구하시오. (단, 각 부재의 단면적 A와 탄성계수 E는 모두 동일하다.)

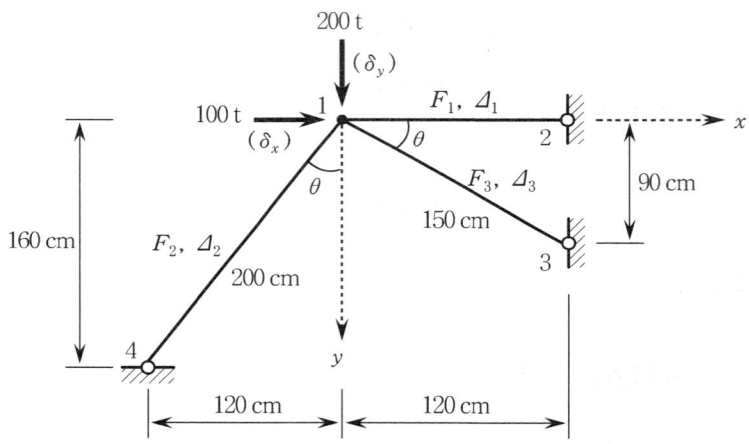

풀이과정 매트릭스 변위법을 사용한다.

$$\cos\theta = \frac{120}{150} = 0.8$$

$$\sin\theta = \frac{90}{150} = 0.6$$

부재변형 : $\varDelta_1$, $\varDelta_2$, $\varDelta_3$

(1) 부재력에 대한 평형방정식 ($P = A \cdot F$)

   ① 평형 매트릭스 A

$$\Sigma F_x = 0 \;;\; F_1 - F_2 \cdot \sin\theta + F_3 \cdot \cos\theta + 100 = 0$$

$$\therefore\; -F_1 + 0.6F_2 - 0.8F_3 = 100$$

$$\Sigma F_y = 0 \;;\; F_2 \cdot \cos\theta + F_3 \cdot \sin\theta + 200 = 0$$

$$\therefore\; -0.8F_2 - 0.6F_3 = 200$$

   ② $P = A \cdot F$

$$\begin{Bmatrix} 100 \\ 200 \end{Bmatrix} = \begin{bmatrix} -1 & 0.6 & -0.8 \\ 0 & -0.8 & -0.6 \end{bmatrix} \begin{Bmatrix} F_1 \\ F_2 \\ F_3 \end{Bmatrix}$$

(2) 변위에 대한 평형방정식

   ① $F = S \cdot \Delta \; (= S \cdot e)$

$$\begin{Bmatrix} F_1 \\ F_2 \\ F_3 \end{Bmatrix} = \begin{bmatrix} \dfrac{1}{120} & 0 & 0 \\ 0 & \dfrac{1}{200} & 0 \\ 0 & 0 & \dfrac{1}{150} \end{bmatrix} \begin{Bmatrix} \Delta_1 \\ \Delta_2 \\ \Delta_3 \end{Bmatrix} EA$$

   ② 구조물 강성도 매트릭스 K

$$K = A \cdot S \cdot A^T$$

$$\therefore\; K = \begin{bmatrix} -1 & 0.6 & -0.8 \\ 0 & -0.8 & -0.6 \end{bmatrix} EA \begin{bmatrix} \dfrac{1}{120} & 0 & 0 \\ 0 & \dfrac{1}{200} & 0 \\ 0 & 0 & \dfrac{1}{150} \end{bmatrix}$$

$$\begin{bmatrix} -1 & 0 \\ 0.6 & -0.8 \\ -0.8 & -0.6 \end{bmatrix} = EA \begin{bmatrix} 0.0144 & 0.0008 \\ 0.0008 & 0.0056 \end{bmatrix} = \begin{bmatrix} k_{11} & k_{12} \\ k_{21} & k_{22} \end{bmatrix}$$

③ $P = K \cdot X$

$$\begin{Bmatrix} 100 \\ 200 \end{Bmatrix} = \begin{bmatrix} k_{11} & k_{12} \\ k_{21} & k_{22} \end{bmatrix} \begin{Bmatrix} \delta_x \\ \delta_y \end{Bmatrix}$$

∴ 평형방정식

$$k_{11} \cdot \delta_x + k_{12} \cdot \delta_y = 100$$
$$k_{21} \cdot \delta_x + k_{22} \cdot \delta_y = 200$$

(3) 변위 산정 ($X = K^{-1} \cdot P$)

$$\begin{Bmatrix} 100 \\ 200 \end{Bmatrix} = EA \begin{bmatrix} 0.0144 & 0.0008 \\ 0.0008 & 0.0056 \end{bmatrix} \begin{Bmatrix} \delta_x \\ \delta_y \end{Bmatrix}$$

$$\therefore \begin{Bmatrix} \delta_x \\ \delta_y \end{Bmatrix} = \frac{1}{EA} \begin{bmatrix} 70 & -10 \\ -10 & 180 \end{bmatrix} \begin{Bmatrix} 100 \\ 200 \end{Bmatrix} = \frac{1}{EA} \begin{bmatrix} 5000 \\ 35000 \end{bmatrix}$$

* E는 t/cm², A는 cm² 단위

(4) 부재력 산정 ($F = S \cdot A^T \cdot X$)

$$\begin{Bmatrix} F_1 \\ F_2 \\ F_3 \end{Bmatrix} = EA \begin{bmatrix} \frac{1}{120} & 0 & 0 \\ 0 & \frac{1}{200} & 0 \\ 0 & 0 & \frac{1}{150} \end{bmatrix} \begin{bmatrix} -1 & 0 \\ 0.6 & -0.8 \\ -0.8 & -0.6 \end{bmatrix} \times \frac{1}{EA} \begin{bmatrix} 5000 \\ 35000 \end{bmatrix}$$

$$= \begin{bmatrix} -41.67 \\ -125 \\ -166.67 \end{bmatrix}$$

필수예제 6

격점 ①의 하중에 의해서 격점 ①에 수평변위 $u_1 = 0.5$ cm (좌), 연직변위 $u_2 = 1$ cm (하)를 얻었을 때 매트릭스 변위법에 의하여 부재력을 구하시오. (단, 사용재료의 탄성계수 $E = 2 \times 10^6 \, \text{kg/cm}^2$ 이다.)

부재 ①의 단면적 $A_1 = 4\sqrt{2} \, \text{cm}^2$

부재 ②의 단면적 $A_2 = 5 \, \text{cm}^2$

부재 ③의 단면적 $A_3 = 4 \, \text{cm}^2$

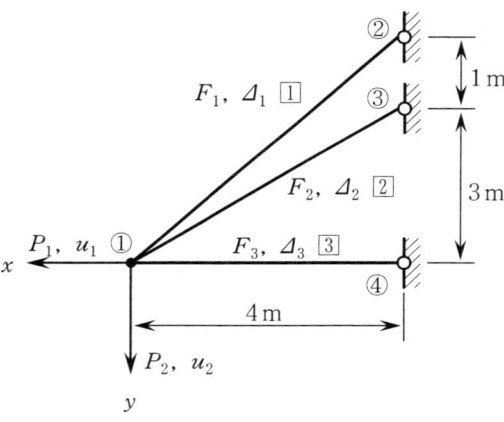

풀이과정

매트릭스 변위법을 사용한다.

절점 ①의 수평력은 P_1, 수직력은 P_2, 각 부재의 부재력은 F_1, F_2, F_3이며, 이에 대응하는 변형을 Δ_1, Δ_2, Δ_3라고 한다.

$$\cos\theta_1 = \frac{1}{\sqrt{2}}, \quad \sin\theta_1 = \frac{1}{\sqrt{2}} = 0.707$$

$$\cos\theta_2 = \frac{4}{5} = 0.8, \quad \sin\theta_2 = \frac{3}{5} = 0.6$$

1. 평형매트릭스 [A]

$$P = A \cdot F \text{ (절점 ①)}$$

$$\Sigma F_x = 0 \; ; \; F_1 \cdot \cos\theta_1 + F_2 \cdot \cos\theta_2 + F_3 = P_1$$
$$\therefore \; 0.707 F_1 + 0.8 F_2 + F_3 = P_1$$
$$\Sigma F_y = 0 \; ; \; F_1 \cdot \sin\theta_1 + F_2 \cdot \sin\theta_2 = P_2$$
$$\therefore \; 0.707 F_1 + 0.6 F_2 = P_2$$

$$\therefore [A] = \begin{bmatrix} 0.707 & 0.8 & 1 \\ 0.707 & 0.6 & 0 \end{bmatrix}$$

2. 부재강성도 매트릭스 [S]

$$F = S \cdot \Delta$$

$$\therefore [S] = E \begin{bmatrix} A_1/l_1 & 0 & 0 \\ 0 & A_2/l_2 & 0 \\ 0 & 0 & A_3/l_3 \end{bmatrix}$$

$$= (2 \times 10^6) \begin{bmatrix} \dfrac{4\sqrt{2}}{4\sqrt{2}} & 0 & 0 \\ 0 & \dfrac{5}{5} & 0 \\ 0 & 0 & \dfrac{4}{4} \end{bmatrix} \times \dfrac{1}{10^2} = 2 \times 10^4 \begin{bmatrix} 1 & 0 & 0 \\ 0 & 1 & 0 \\ 0 & 0 & 1 \end{bmatrix}$$

3. 구조물 강성도 매트릭스 [K]

   이 문제와는 상관없이 참고로 구해보면 다음과 같다.

$$K = A \cdot S \cdot A^T$$

$$\therefore [K] = \begin{bmatrix} 0.707 & 0.8 & 1 \\ 0.707 & 0.6 & 0 \end{bmatrix} (2 \times 10^4) \begin{bmatrix} 1 & 0 & 0 \\ 0 & 1 & 0 \\ 0 & 0 & 1 \end{bmatrix} \begin{bmatrix} 0.707 & 0.707 \\ 0.8 & 0.6 \\ 1 & 0 \end{bmatrix}$$

$$= (2 \times 10^4) \times \begin{bmatrix} 2.14 & 0.98 \\ 0.98 & 0.86 \end{bmatrix}$$

4. 부재력 (F_1, F_2, F_3)의 산정

   절점 ①의 변위 $X = \begin{Bmatrix} 0.5 \\ 1 \end{Bmatrix}$이 주어져 있으므로

   $P = K \cdot X$에서 $X = K^{-1} \cdot P$의 과정은 생략해도 된다.

   $F = S \cdot A^T \cdot X$

   $\therefore \begin{Bmatrix} F_1 \\ F_2 \\ F_3 \end{Bmatrix} = (2 \times 10^4) \begin{bmatrix} 1 & 0 & 0 \\ 0 & 1 & 0 \\ 0 & 0 & 1 \end{bmatrix} \begin{bmatrix} 0.707 & 0.707 \\ 0.8 & 0.6 \\ 1 & 0 \end{bmatrix} \begin{bmatrix} 0.5 \\ 1 \end{bmatrix}$

   $\qquad = 2 \times 10^4 \begin{bmatrix} 1.06 \\ 1 \\ 0.5 \end{bmatrix}$ (kg)

   $\qquad = \begin{bmatrix} 21.2 \\ 20 \\ 10 \end{bmatrix}$ (t)

필수예제 7

다음 Spring 구조물의 지점반력과 변위를 Matrix법으로 구하시오.

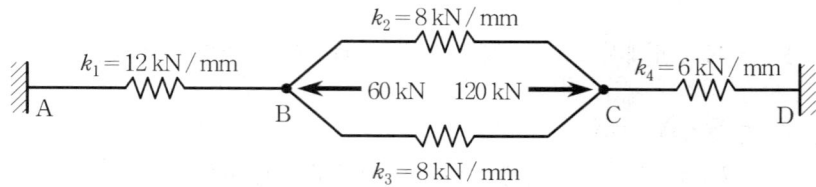

풀이과정

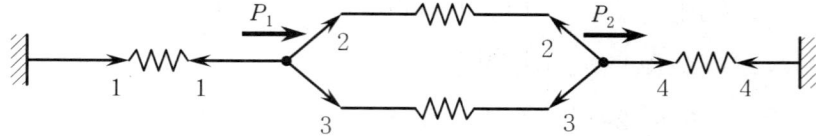

1. Statics matrix [A]

   $\{P\} = [A]\{F\}$

   $$[A] = \begin{matrix} 1 \\ 2 \end{matrix} \begin{bmatrix} \overset{1}{1.0} & \overset{2}{-1.0} & \overset{3}{-1.0} & \overset{4}{} \\ & 1.0 & 1.0 & -1.0 \end{bmatrix}$$

2. element stiffness matrix [S]

   $$[S] = \begin{matrix} 1 \\ 2 \\ 3 \\ 4 \end{matrix} \begin{bmatrix} k_1 & & & \\ & k_2 & & \\ & & k_3 & \\ & & & k_4 \end{bmatrix} = \begin{bmatrix} 12 & 0 & 0 & 0 \\ 0 & 8 & 0 & 0 \\ 0 & 0 & 8 & 0 \\ 0 & 0 & 0 & 6 \end{bmatrix}$$

3. Global stiffness matrix [K]

   (1) $[K] = [A \cdot S \cdot A^T] = \begin{bmatrix} 1 & -1 & -1 & 0 \\ 0 & 1 & 1 & -1 \end{bmatrix} \begin{bmatrix} 12 & 0 & 0 & 0 \\ 0 & 8 & 0 & 0 \\ 0 & 0 & 8 & 0 \\ 0 & 0 & 0 & 6 \end{bmatrix} \begin{bmatrix} 1 & 0 \\ -1 & 1 \\ -1 & 1 \\ 0 & -1 \end{bmatrix}$

   $= \begin{bmatrix} 28 & -16 \\ -16 & 22 \end{bmatrix}$

   (2) $[K]^{-1} = \dfrac{1}{360} \begin{bmatrix} 22 & 16 \\ 16 & 28 \end{bmatrix}$

4. 단면력 산정

   (1) 변위 $\{X\} = [K]^{-1}\{P\}$

   $$= \frac{1}{360}\begin{bmatrix} 22 & 16 \\ 16 & 28 \end{bmatrix} \begin{Bmatrix} -60 \\ 120 \end{Bmatrix} = \begin{Bmatrix} 1.667 \\ 6.667 \end{Bmatrix} \text{ (mm)}$$

   (2) 단면력 $\{F\} = [S][A]^T\{X\}$

   $$= \begin{bmatrix} 12 & 0 & 0 & 0 \\ 0 & 8 & 0 & 0 \\ 0 & 0 & 8 & 0 \\ 0 & 0 & 0 & 8 \end{bmatrix} \begin{bmatrix} 1 & 0 \\ -1 & 1 \\ -1 & 1 \\ 0 & -1 \end{bmatrix} \begin{Bmatrix} 1.667 \\ 6.667 \end{Bmatrix}$$

   $$= \begin{Bmatrix} 20 \\ 40 \\ 40 \\ -40 \end{Bmatrix} \text{ (kN)}$$

실전문제

1. 다음 라아멘을 Matrix법으로 해석하시오. (단, E는 일정하며 축변위는 무시한다.)

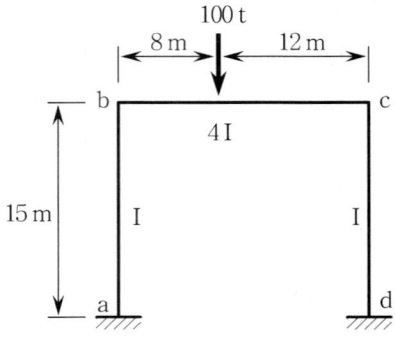

2. E가 일정한 다음의 부정정 트러스를 Matrix법으로 해석하시오.

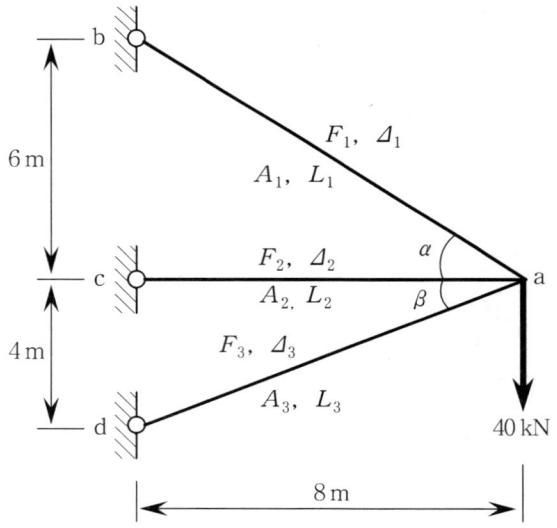

여기서, $\cos \alpha = 0.8$, $\sin \alpha = 0.6$
$\cos \beta = 0.894$, $\sin \beta = 0.447$
$A_1 = 20$, $A_2 = 10$, $A_3 = 10$ (단면적, cm²)
$L_1 = 10\,\text{m}$, $L_2 = 8\,\text{m}$, $L_3 = 8.944\,\text{m}$

정답

1. $M_{ab} = 45.47$ t·m, $M_{ba} = 98.53$ t·m

   $M_{bc} = -98.53$ t·m, $M_{cb} = 93.5$ t·m

   $M_{cd} = -93.5$ t·m, $M_{dc} = 50.53$ t·m

2. $F_1 = 44.43$ kN, $\Delta_1 = -\dfrac{692}{E}$ cm ($\leftarrow$)

   $F_2 = -8.65$ kN, $\Delta_2 = \dfrac{4616}{E}$ cm ($\downarrow$)

   $F_3 = -29.98$ kN

Chapter 22
동역학

Chapter 22 동 역 학

22.1 동적 평형 방정식

단일 자유도계에 작용되는 힘은 동적하중 (f, 외부하중), 관성력 (f_I, 운동에 저항하는 힘), 감쇠력 (f_P, 운동에너지의 소멸을 일으키는 힘), 탄성력 (f_E, 구조물이 원위치로 복귀하려는 힘, 스프링)이 있다.

$$f(t) = f_I(t) + f_P(t) + f_E(t)$$

여기서, $f_I(t) = m\ddot{x}(t)$: 가속도의 법칙

$f_P(t) = c\dot{x}(t)$: 댐퍼

$f_E(t) = k \cdot x(t)$: 스프링

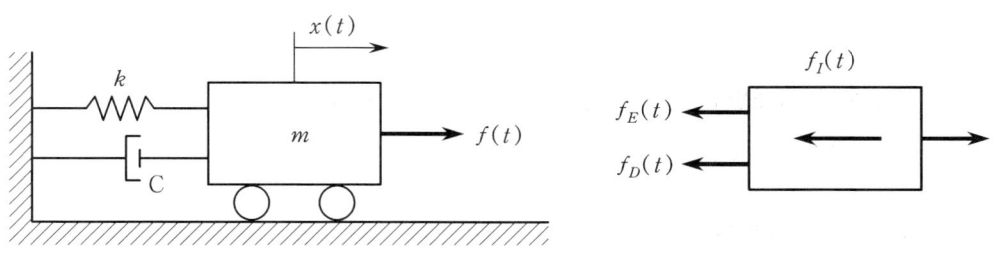

[단일자유도 구조물]   [힘의 평형관계]

여기서, m : 질량

c : 감쇠계수

k : 탄성계수

위 식을 정리하면, 단일자유도 구조물의 운동방정식이 된다.

$$m\ddot{x}(t) + c\dot{x}(t) + kx(t) = f(t)$$

필수예제 1

다음과 같은 지진하중이 작용되는 물탱크 지지구조물을 단일자유도계로 모형화할 때 운동방정식을 유도하시오.

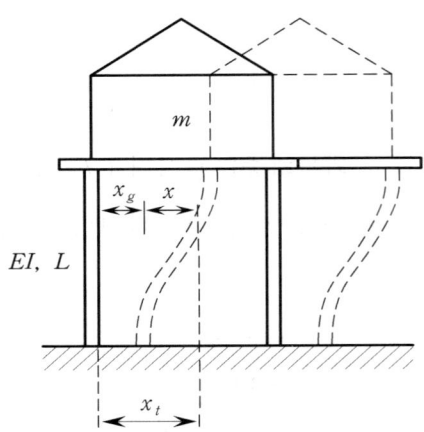
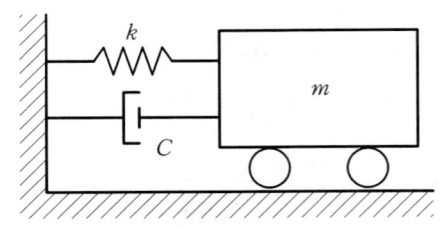

풀이과정 지반 변위를 x_g, 구조물의 상대변위를 x라 하면, 구조물이 움직인 전체 절대변위 x_t는,

$$x_t = x_g + x$$

구조물의 절대변위 x_t에 대한 운동방정식은 다음과 같다.

$$m\ddot{x}_t + c(\dot{x}_t - \dot{x}_g) + k(x_t - x_g) = 0$$

위 식을 상대변위 x에 대하여 나타내면,

$$m(\ddot{x}_g + \ddot{x}) + c\dot{x} + kx = 0$$

$$\therefore m\ddot{x} + c\dot{x} + kx = -m\ddot{x}_g$$

즉, 지진에 의한 운동방정식을 지반에 대한 구조물의 상대변위 $x(t)$로 나타낼 때 지반이 정지되어 있는 상태에서 질량이 존재하는 점에 지반가속도의 유효 지진력 $f_{eff} = -m\ddot{x}_g$을 구조물에 작용시킨 경우와 동일하다.

22.2 감쇠 자유 진동

감쇠 계수 C가 존재한다.

임계 감쇠값 (critical damping), C_c

$$\therefore C_c = 2m \cdot \omega = 2 \cdot \sqrt{m \cdot k}$$

여기서, $w = \sqrt{\dfrac{k}{m}}$

임계 감쇠비 (critical damping ratio), ξ

$$\xi = \frac{C}{C_c}$$

따라서, 감쇠계수 C는 다음과 같이 구한다.

$$\therefore C = \xi \cdot C_c = \xi \cdot (2m \cdot \omega)$$

22.2.1 임계감쇠 (critical damping)

$$C_c = 2 \cdot \sqrt{m \cdot k}$$

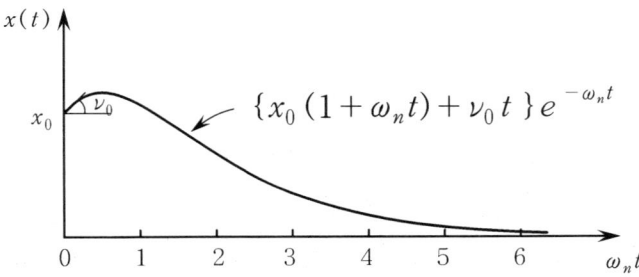

22.2.2 과감쇠 (Over damping)

$$C > C_c$$

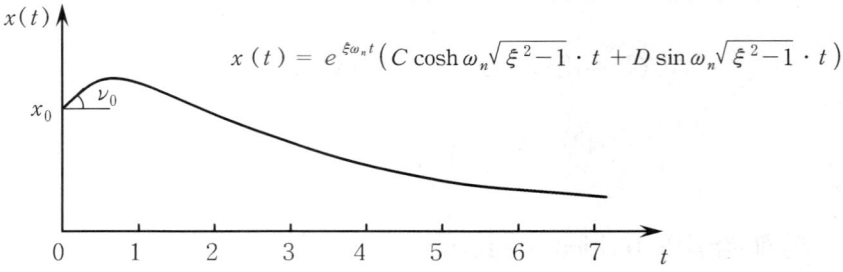

$$x(t) = e^{\xi \omega_n t}\left(C\cosh\omega_n\sqrt{\xi^2-1}\cdot t + D\sin\omega_n\sqrt{\xi^2-1}\cdot t\right)$$

22.2.3 저감쇠 (Under damping)

$$O < C < C_c$$

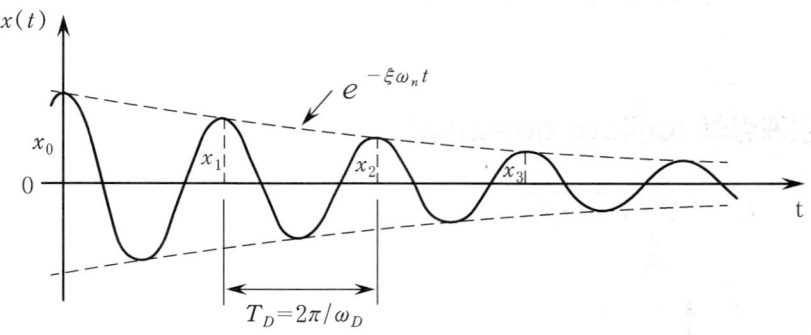

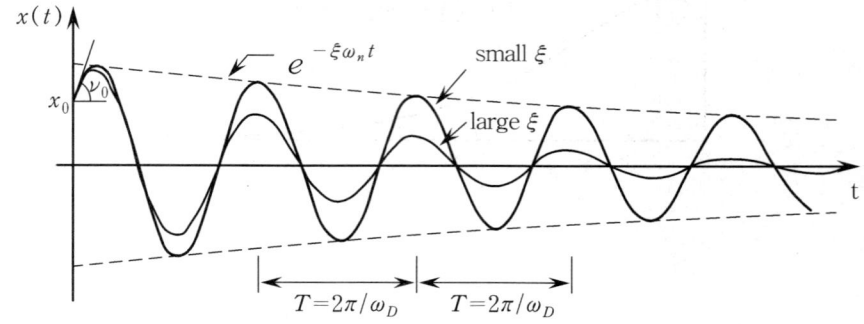

22.2.4 감쇠비 ξ의 추정방법

$$\therefore \xi = \frac{\delta}{2\pi}$$

여기서, δ : 대수 감쇠율
(자유 진동의 진폭이 한 주기가 지난 후 감쇠되는 비율)

$$\delta = \ln\left(\frac{x_1}{x_2}\right)$$

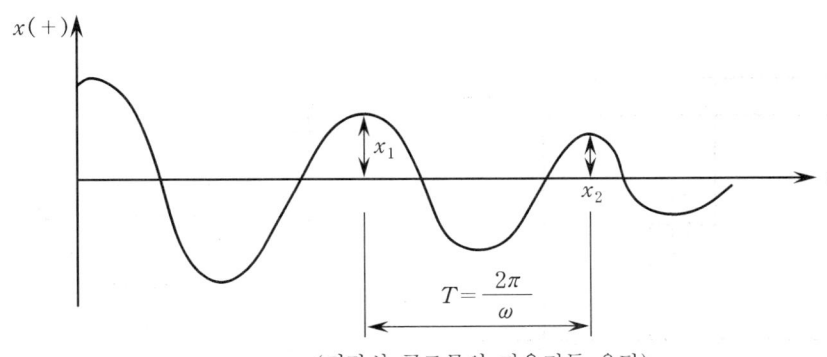

(저감쇠 구조물의 자유진동 응답)

22.2.5 저감쇠인 경우의 고유진동수 (일반적인 구조물)

$$\therefore T\,(주기) = \frac{2\pi}{\omega_D}$$

$$\therefore \omega_D = \omega_n\sqrt{1-\xi^2}, \quad \therefore \omega_n = \frac{\omega_D}{\sqrt{1-\xi^2}}$$

여기서, ω_n : 고유진동수 (natural frequency)
ω_D : 감쇠자유진동수

필수예제 2

1층 건물을 그림과 같이 무게가 없는 탄성기둥과 무게가 있는 강체거더로 모형화하였다. 이 구조물을 수평방향으로 변위를 가한 후 놓아서 자유진동이 발생하도록 하였다. 이 때 작용한 수평방향 힘은 20 t 이었고 측정된 변위는 2 cm 였다. 잭을 분리시킨 후 되돌아 오는 지붕의 최대 변위는 1.6 cm 였으며, 이때 주기 (T)는 1.4 초였다. 구조물의 유효강성 (k), 자유진동수 (ω_n), 감쇠비 (ξ), 유효질량 (m)을 추정하시오.

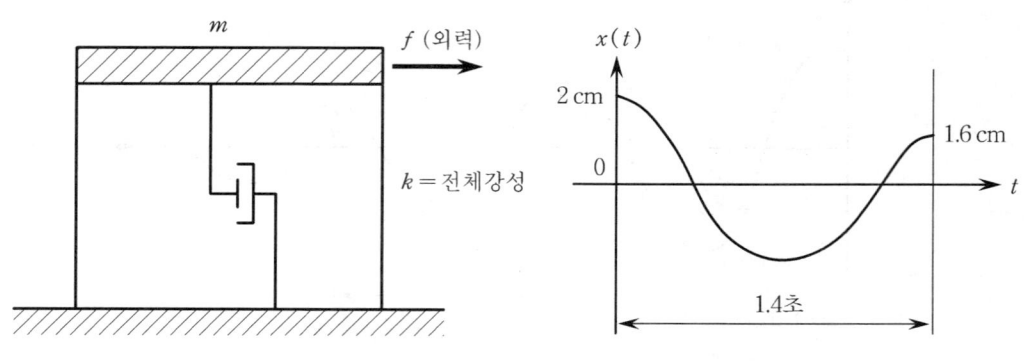

풀이과정

1. 유효강성 (k)

$$f = k \cdot x(0)$$

$$\therefore k = \frac{f}{x(0)} = \frac{20}{2} = 10 \text{ ton/cm}$$

2. 감쇠비 (ξ)

$$\xi = \frac{\delta}{2\pi}$$

여기서, $\delta = \ln\left(\frac{x_1}{x_2}\right) = \ln\left(\frac{2}{1.6}\right) = 0.223$

$$\therefore \xi = \frac{0.223}{2\pi} = 0.0355$$

3. 자유 (고유) 진동수 (ω_n)

저감쇠인 경우이므로, 감쇠 자유진동수 ω_D 는,

$$\omega_D = \frac{2\pi}{T} = \frac{2\pi}{1.4} = 4.488 \text{ rad/sec}$$

$$\therefore \omega_n = \frac{\omega_D}{\sqrt{1-\xi^2}} = \frac{4.488}{\sqrt{1-0.0355^2}} = 4.49 \text{ rad/sec}$$

4. 유효질량 (m)

$$\omega_n = \sqrt{\frac{k}{m}} \rightarrow \therefore m = \frac{k}{\omega_n^2} = \frac{10 \times 10^3 \times 980}{(4.49^2)}$$

$$= 486.1 \times 10^3 \, kg \text{ (질량)}$$

5. 감쇠계수 (C)

$$C = \xi C_c = \xi (2m \, \omega_n)$$
$$= 0.0355 \times (2 \times 496 \times 4.49)$$
$$= 158.1 \text{ kg} \cdot \text{sec/cm}$$

22.3 SDOF(Single Degree Of Freedom)의 응답

22.3.1 기본적인 응답의 패턴

하중의 진동수와 구조물의 진동수를 비교하여, 그 비가 매우 작은 것, 매우 큰 것, 그리고 같은 것의 응답을 알아본다.

(1) $\omega/\omega \ll 1$ (i.e., $T \gg T_n$)

하중이 매우 천천히 작용하므로, 정적하중이 가해진 경우와 같다.

$$\boxed{u_0 \approx (u_{st})_0 = \frac{P_0}{k}}$$: 구조물의 강성이 지배적이다.

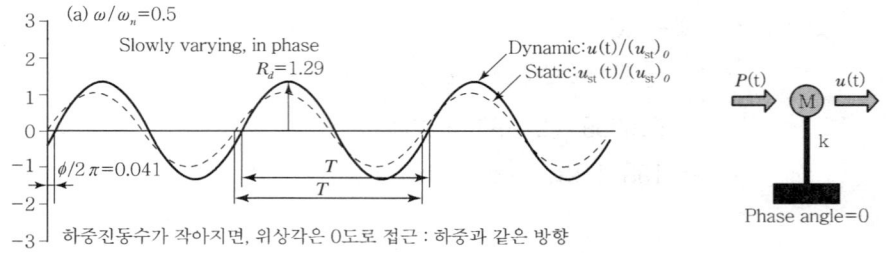

(2) $\omega/\omega_n \gg 1$ (i.e., $T \ll T_n$)

하중의 진동수가 매우 크며 급하게 변화한다.

$$\boxed{u_0 \approx (u_{st})_0 \frac{\omega_n^2}{\omega^2} = \frac{P_0}{m\omega^2}}$$: 구조물의 질량에 의존이다.

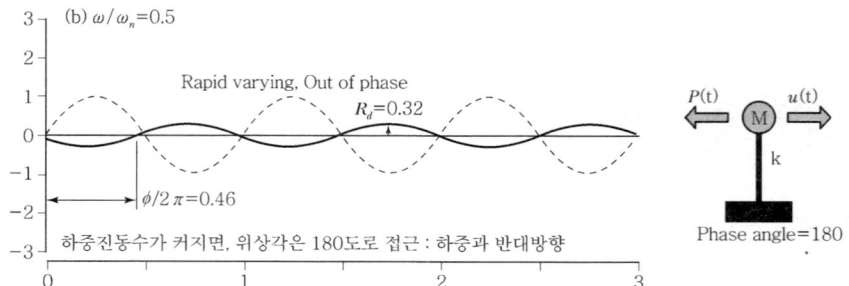

(3) $\omega/\omega_n \approx 1$

하중의 진동수와 구조물의 진동수가 같다. 이때 공진현상이 발생한다. 공진현상은 Damping으로만 조정이 가능하다.

$$\boxed{u_0 \approx \frac{(u_{st})_0}{2\zeta} = \frac{P_0}{c\omega_n}}$$: 감쇠계수에 의존한다.

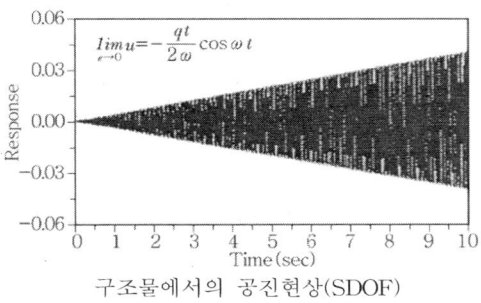

구조물에서의 공진현상(SDOF)

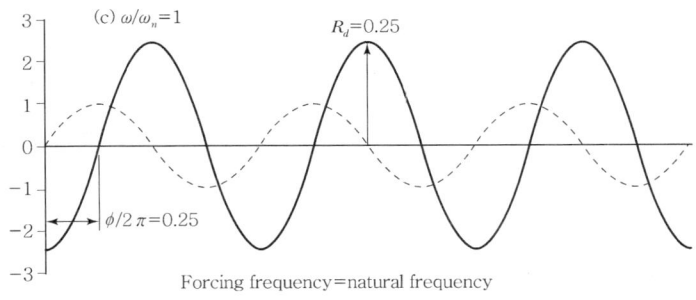

22.3.2 SDOF에서 주의할 두 가지

(1) 공진(Resonance) 현상

① 동적증폭계수(DAF ; Dynamic Amplification Factor)의 정의
조화하중에 대한 동적응답의 크기는 정상상태에 도달한 진폭의 정적해석을 했을 시의 최대 정적응답에 대한 비율로 나타내는데, 이때 정적응답에 대한 동적응답의 비를 동적증폭계수라 한다.

$$DAF = \frac{\rho}{X_{STmax}} = \frac{1}{\sqrt{(1-\beta^2)^2 + (2\xi\beta)^2}}$$

ρ : 동적해석을 하였을 경우의 최대 변위 값

$X_{STmax} = F/K$: 정적해석을 하였을 경우의 최대 변위 값

$\beta = \omega/\omega_n$: 하중과 구조물의 진동수 비

ξ = Damping Ratio

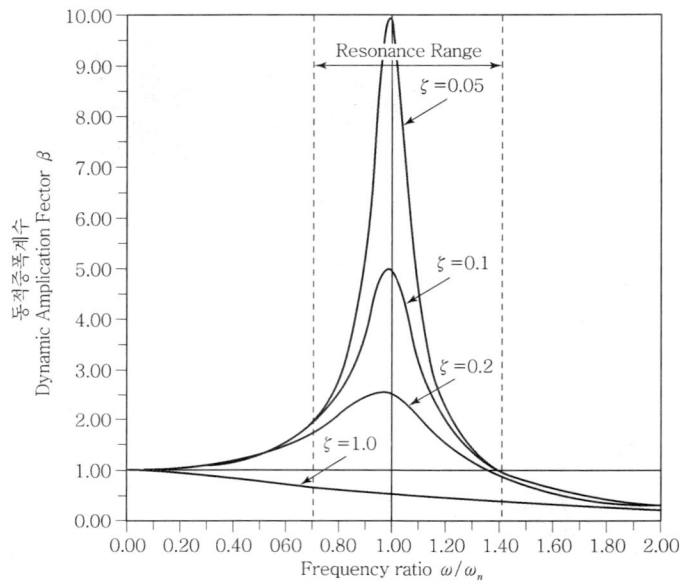

② 공진현상을 일으킬 수 있는 진동수비의 범위

하중과 구조물의 진동수비가 다음 범위일 때 공진현상이 일어날 확률이 높다.

$$\frac{1}{\sqrt{2}} \leq \frac{\omega}{\omega_n} \leq \sqrt{2} : 공진현상 발생 위험$$

따라서 위 그림의 점선에 해당하는 부분이 공진현상 발생위험이 높은 진동수범위이다.

(예) 위 그림에서 감쇠비가 0.2인 그래프에서 진동수비가 1.2라고 한다면, 현재 공진현상 발생위험지역에 해당한다. 이에 대한 대책을 생각해 보자.

(대책방안)

공진위험이 있으므로, 지진에 견딜 수 있도록 구조물의 강성을 높인다고 하자.

강성증가 ⇒ k가 증가 ⇒ $\omega_n = \sqrt{\dfrac{k}{m}}$ 이므로 ω_n이 증가 ⇒ 진동수비 $\dfrac{\omega}{\omega_n}$ 의 감소 ⇒ 진동수비가 1에 가까워지므로 더 위험하다.

따라서 위의 공진발생 범위를 벗어나기 위해서는, 구조물의 강성을 줄이거나 질량을 증가시켜 진동수비를 크게 함으로써 공진위험의 범위를 벗어날 수 있다.

(2) 맥놀이(Beating) 현상

주기적으로 증폭과 감쇠가 일어나는 현상

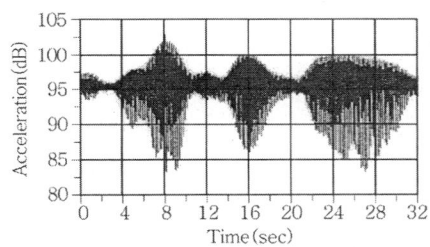 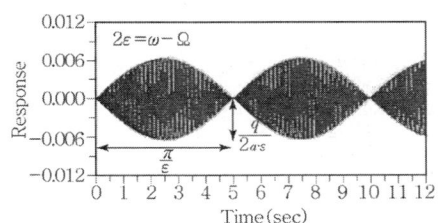

$$2\varepsilon = \omega - \Omega = 2\pi \Delta f \qquad \boxed{T_{beating} = \pi / \varepsilon = 1 / \Delta f}$$

(예) 구조물의 진동수 20Hz, 동적하중의 진동수 19.8Hz인 경우
맥놀이 주기 $T = 1/(20 - 19.8)\mathrm{H}_z = 5(\sec)$

필수예제 3

그림과 같은 1 자유도를 가지는 구조물의 변위를 구하고 resonant response가 발생되는 조건을 구하라. (단, wheel은 마찰이 없고, 외력은 정지상태에서 작용한다.)

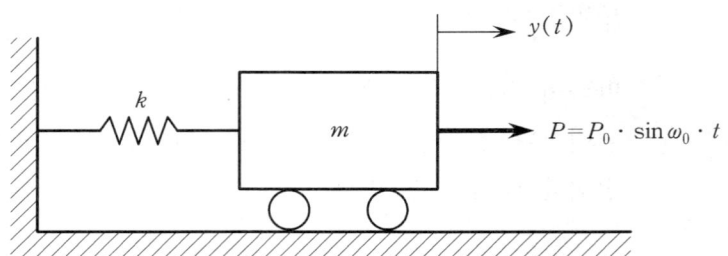

풀이과정 댐퍼가 없으므로 (C = 0), 비감쇠 자유도계이다.

1. 모든 힘에 대한 미분방정식

$$m\ddot{y} + ky = P_0 \cdot \sin\omega_0 t$$

2. 미분방정식의 해

$$y_{(t)} = y_c(t) + y_p(t)$$

여기서, $y_c(t)$: 일반해 (제차 미분방정식)

$y_p(t)$: 특수해 (비제차 미분방정식)

(1) 일반해

$$y_c(t) = A \cdot \cos\omega t + B \cdot \sin\omega t$$

여기서, $\omega = \sqrt{\dfrac{k}{m}}$

(2) 특수해

$$y_p(t) = C \cdot \sin\omega_0 t$$
$$y_p'(t) = C \cdot \omega_0 \cdot \cos\omega_0 t$$
$$y_p''(t) = -C \cdot \omega_0^2 \cdot \sin\omega_0 t$$

⇒ 미분방정식에 대입하면,

$$m \cdot (-C \cdot \omega_0^2 \cdot \sin\omega_0 t) + k(C \cdot \sin\omega_0 t) = P_0 \cdot \sin\omega_0 t$$

$$-m \cdot C \cdot \omega_0^2 + k \cdot C = P_0$$

$$\therefore C = \frac{P_0}{k - m \cdot \omega_0^2} = \frac{P_0/k}{1 - \frac{m}{k}\omega_0^2}$$

$$= \frac{P_0/k}{1 - \left(\frac{\omega_0}{\omega}\right)^2} = \frac{P_0/k}{1 - r^2}$$

여기서, $r = \dfrac{\omega_0}{\omega}$; 지진력 진동수와 구조계의 고유진동수와의 비

∴ 미분방정식의 해

$$y(t) = A \cdot \cos\omega t + B \cdot \sin\omega t + \frac{P/k}{1 - r^2}\sin\omega_0 t$$

3. 경계조건

외력이 정지 상태에서 작용하므로,

$t = 0$; $\begin{cases} y(0) = 0 & \cdots\cdots\cdots\cdots\cdots\cdots\cdots\cdots\cdots\cdots\cdots\cdots (1) \\ y'(0) = 0 & \cdots\cdots\cdots\cdots\cdots\cdots\cdots\cdots\cdots\cdots\cdots\cdots (2) \end{cases}$

(1) $y(0) = 0$일 때

∴ $A = 0$

(2) $y'(0) = 0$일 때

$$y'(t) = B \cdot \omega \cdot \cos\omega t + \frac{P/k}{1 - r^2}\omega_0 \cdot \cos\omega_0 t$$

$$y'(0) = B \cdot \omega + \frac{P/k}{1 - r^2}\omega_0 = 0$$

$$\therefore B = -\frac{P/k}{1 - r^2}r$$

경계조건에 의한 A, B값을 미분방정식의 해에 대입하면,

$$\therefore y(t) = -\frac{P/k}{1-r^2} r \cdot \sin \omega t + \frac{P/k}{1-r^2} \sin \omega_0 t$$

$$= \frac{P/k}{1-r^2} (\sin \omega_0 t - r \cdot \sin \omega t)$$

4. Resonant response(공진응답)의 발생조건

앞에서 구한 구조물 변위식 $y(t)$에서, 외부하중에 의한 진동수 ω_0가 구조물의 고유진동수 ω에 접근할수록 $r=1$에 가까워지며 운동의 진폭은 무한대가 된다. 이러한 상태를 공진상태에 있다고 한다.

그러나, 실제 사용되는 재료들은 강도한계를 가지며 실제구조물에서는 상당히 큰 진폭에 도달하기 훨씬 전에 구조물의 파괴가 발생한다.

22.4 구조동역학

(1) 각 가속도 $\omega = \sqrt{\dfrac{k}{m}}$ (k : spring 상수)

(2) 고유 진동수 $f = \dfrac{1}{T} = \dfrac{\omega}{2\pi}$ (T : 주기) (1 / cycle)

(3) Free Body Diagram

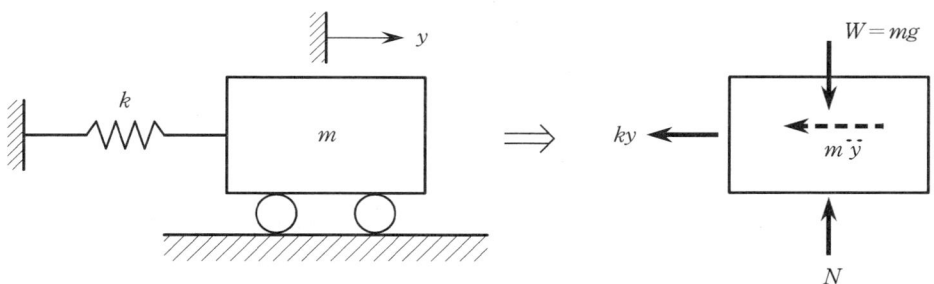

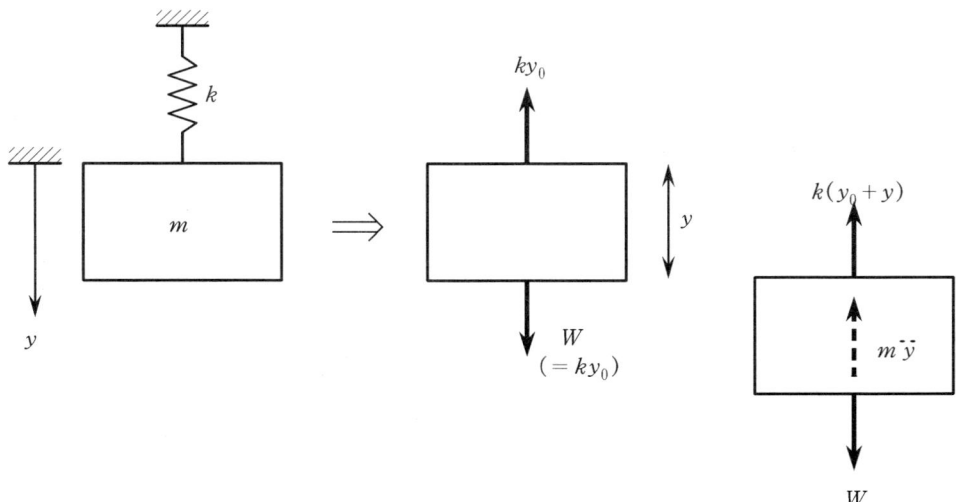

(4) 병렬과 직렬 스프링

스프링이 2개 이상인 경우, 다음과 같이 평형스프링 상수 k_e를 사용한다.

① 병렬 스프링

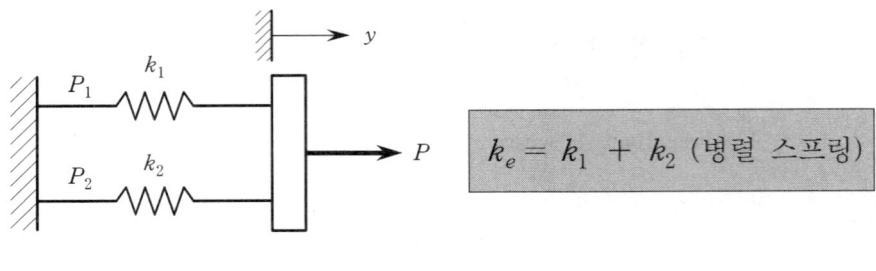

$$k_e = k_1 + k_2 \text{ (병렬 스프링)}$$

(유도)

$$P = P_1 + P_2$$
$$k_e \cdot \Delta = k_1 \cdot \Delta_1 + k_2 \cdot \Delta_2 \text{ (여기서, } \Delta = \Delta_1 = \Delta_2\text{)}$$
$$\therefore k_e = k_1 + k_2$$

② 직렬 스프링

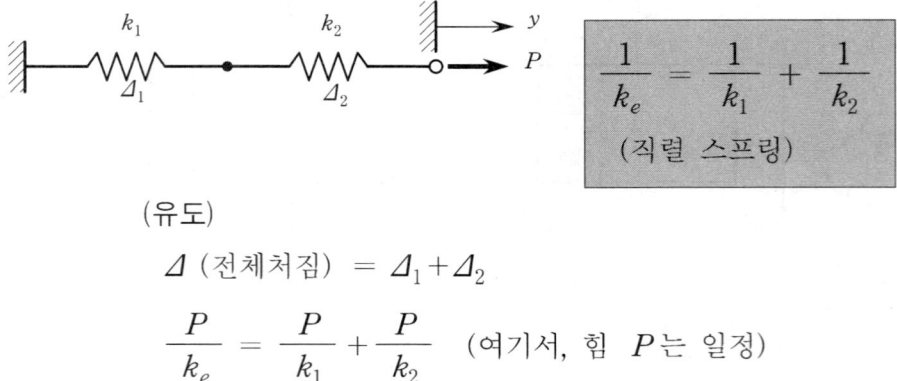

$$\frac{1}{k_e} = \frac{1}{k_1} + \frac{1}{k_2}$$
(직렬 스프링)

(유도)

$$\Delta \text{ (전체처짐)} = \Delta_1 + \Delta_2$$
$$\frac{P}{k_e} = \frac{P}{k_1} + \frac{P}{k_2} \quad \text{(여기서, 힘 } P\text{는 일정)}$$
$$\therefore \frac{1}{k_e} = \frac{1}{k_1} + \frac{1}{k_2}$$

필수예제 4

그림과 같은 단일 자유도계를 갖는 구조물의 고유진동수를 구하시오.
(단, m은 구조물의 질량이고, k는 spring 상수이다.)

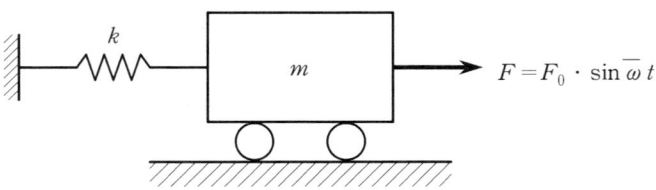

풀이과정

1. 자유물체도

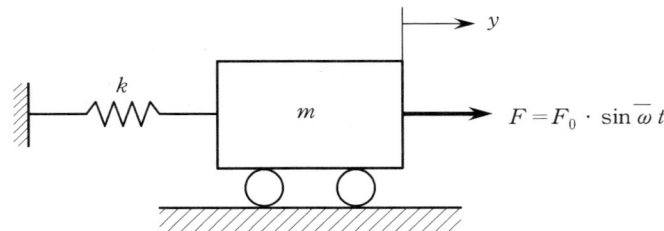

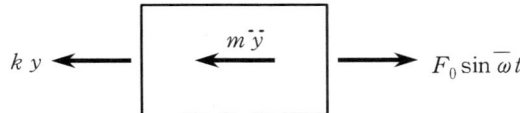

$$m\ddot{y} + ky = F_0 \cdot \sin\overline{\omega} t$$

$$\ddot{y} + \frac{k}{m} y = \frac{F_0}{m} \sin\overline{\omega} t$$

여기서, $\omega^2 = \dfrac{k}{m} \ \rightarrow \ \omega = \sqrt{\dfrac{k}{m}}$

$$\ddot{y} + \omega^2 y = \frac{F_0}{m} \sin\overline{\omega} t$$

2. 고유 진동수

$$\therefore f = \frac{\omega}{2\pi} = \frac{1}{2\pi}\sqrt{\frac{k}{m}} \ \text{cps (Hz/sec)}$$

필수예제 5

다음 그림과 같은 단순보의 중앙에 질량 M이 재하되었을 때 단순보의 고유진동수를 구하시오.

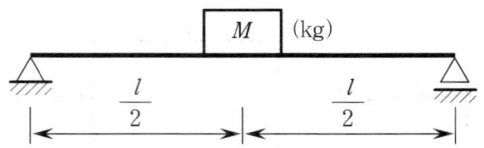

풀이과정 단순보를 다음과 같이 치환할 수 있으며, 이때 스프링 상수 k는 다음과 같다.

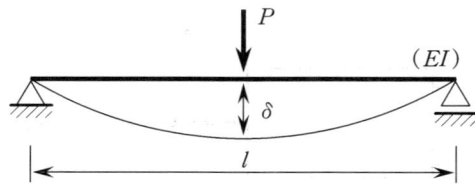

$$\delta = \frac{Pl^3}{48EI}$$

$$k = \frac{P}{\delta} = \frac{48EI}{l^3}$$

따라서, 고유진동수는

$$\therefore \omega = \sqrt{\frac{k}{m}} = \sqrt{\frac{48EI}{Ml^3}} \text{ (rad/sec)}$$

$$\therefore f = \frac{\omega}{2\pi} = \frac{1}{2\pi}\sqrt{\frac{48EI}{Ml^3}} \text{ cps (Hz)}$$

참고

위 구조물의 운동미분방정식은 $My'' + ky = F(t)$
자유진동일 때 $F(t)$는 0이므로
$My'' + ky = 0$
$\therefore y = A \cdot \sin kx + B \cdot \cos kx$

$\left(\text{여기서}, k = \dfrac{P}{EI}\right)$

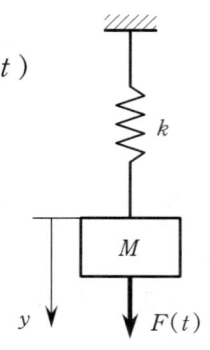

필수예제 6

무게가 50.7 lb인 물체가 Cantilever에 매달려있을 때, 스프링 상수 $k_2 = 10.69\,(\text{lb/in})$, 캔틸레버의 두께 $t = \dfrac{1}{4}$ in, 폭 $b = 1$ in, 탄성계수 $E = 30 \times 10^6$ psi, 길이 $L = 12.5$ in 라면, 고유 진동수는 얼마인가? (단, 캔틸레버 자중은 무시)

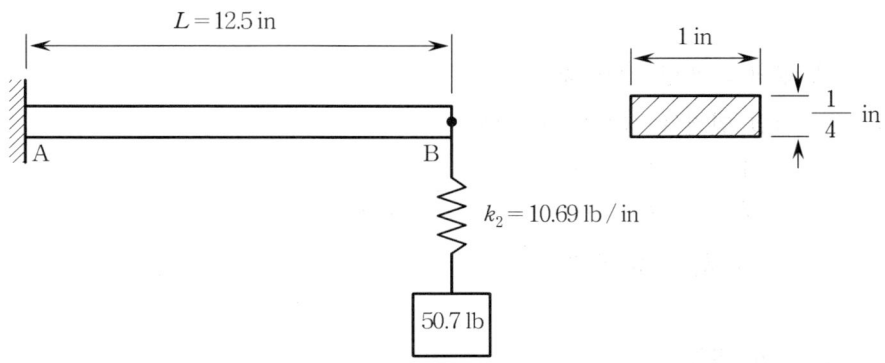

풀이과정 Cantilever 자체의 탄성처짐과 스프링의 처짐이 직렬로 연결된 시스템으로 생각할 수 있다.

1. Cantilever의 탄성 처짐에 해당하는 스프링 상수 k_1

   (1) Cantilever의 처짐 Δ_B

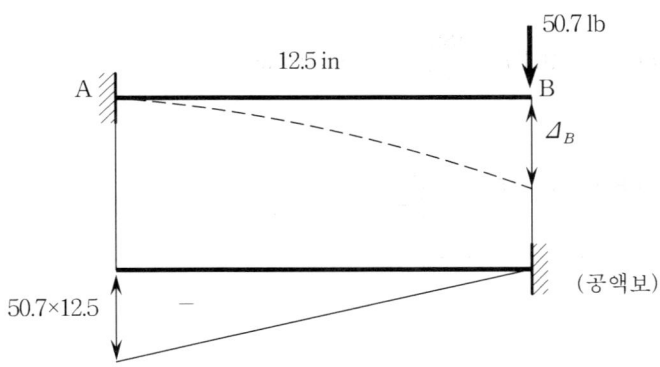

$$\Delta_B = \dfrac{1}{EI}\left\{50.7 \times 12.5 \times 12.5 \times \dfrac{1}{2} \times \left(\dfrac{2}{3} \times 12.5\right)\right\}$$

$$= \dfrac{33007.8}{EI}\ (\text{in})$$

(2) 스프링 상수 k_1

캔틸레버를 탄성 스프링으로 생각한다면,

$$P = k_1 \cdot \Delta_B \Rightarrow k_1 = \frac{P}{\Delta_B} = \frac{50.7 \times 30 \times 10^6 \times \dfrac{1 \times (1/4)}{12}}{33007.8}$$

$$\therefore k_1 = 60 \text{ lb/in}$$

2. 평형 스프링 상수 k_e

직렬 연결로 생각할 수 있으므로,

$$\frac{1}{k_e} = \frac{1}{k_1} + \frac{1}{k_2} = \frac{1}{60} + \frac{1}{10.69}$$

$$\therefore k_e = 9.07 \text{ lb/in}$$

3. 고유 진동수 f

(1) $\omega = \sqrt{\dfrac{k_e}{m}}$

$$\left(\text{여기서}, \ m = \frac{W}{g} = \frac{50.7}{386} \right)$$

$$\left(\because g = 9.8 \text{ m/sec}^2 = 9.8 \times \frac{1}{0.0254} \text{ in/sec}^2 = 386 \text{ in/sec}^2 \right)$$

$$\omega = \sqrt{9.07 \times \frac{386}{50.7}} = 8.31 \text{ rad/sec}$$

(2) 고유진동수 $f = \dfrac{\omega}{2\pi} = \dfrac{8.31}{2\pi} = 1.32$ cps

필수예제 7

다음과 같은 구조물의 전달률을 구하시오.

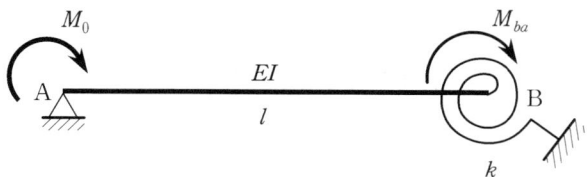

풀이과정 B점이 스프링으로 되어있으며, 이는 모멘트를 저항하므로 회전각과 관계가 있다. 즉, $M = k \cdot \theta$ 이다. 이 문제는 $M_{ba} = k \cdot \theta_B$ 가 되며 처짐각법으로 해석한다.

1. 처짐각 식

$$M_{ab} = \frac{2EI}{l}(2\theta_A + \theta_B) = M_o \quad \cdots\cdots ①$$

$$M_{ba} = \frac{2EI}{l}(2\theta_B + \theta_A) = k \cdot \theta_B \quad \cdots\cdots ②$$

참고

$$P = k\Delta$$

2. 연립방정식

①과 ②를 연립한다. 단, $\frac{2EI}{l} = K$ 로 둔다.

① ; $2K\theta_A + K\theta_B = M_o \quad \cdots\cdots ③$

② ; $2K\theta_B + K\theta_A = k\theta_B$

$K\theta_A = (k - 2K)\theta_B \quad \cdots\cdots ④$

④ → ③에 대입하여 θ_B를 구한다.

$2(k - 2K)\theta_B + K\theta_B = M_o$

$\theta_B = (2k - 4K + K) = M_o$

$$\therefore \theta_B = \frac{M_o}{2k - 3K} = \frac{M_o}{2k - \dfrac{6EI}{l}} = \frac{M_o \cdot l}{2kl - 6EI}$$

3. 전달률 C_{ab} 산정

$M_{ba} = C_{ab} \times M_{ab}$

$$\therefore C_{ab} = \frac{M_{ba}}{M_{ab}} = \frac{k \cdot \theta_B}{M_o} = \frac{k\left(\dfrac{M_o \cdot l}{2kl - 6EI}\right)}{M_o} = \frac{k \cdot l}{2kl - 6EI}$$

$$= \frac{k \cdot l}{2(kl - 3EI)}$$

실전문제

1. 다음과 같은 구조물에서 각 경우별 스프링 상수 k를 구하시오.

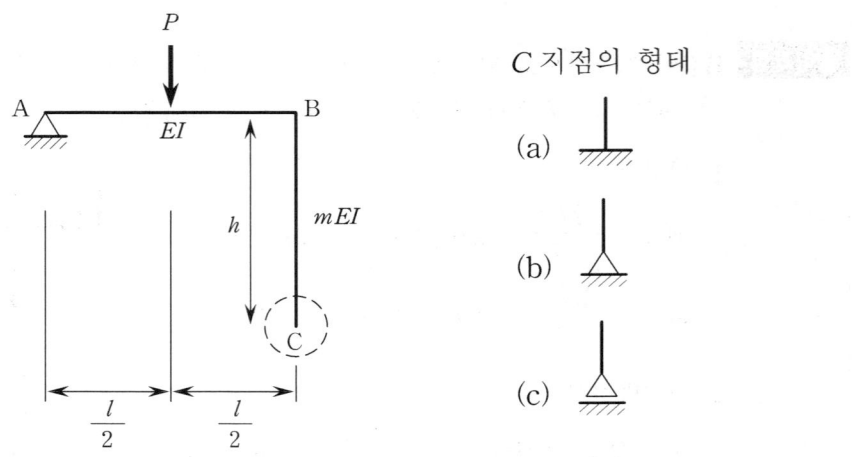

이때, AB 부재의 구조모델링은 다음과 같다.

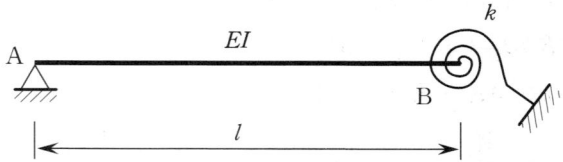

2. 다음 구조 시스템에 대하여 답하시오.

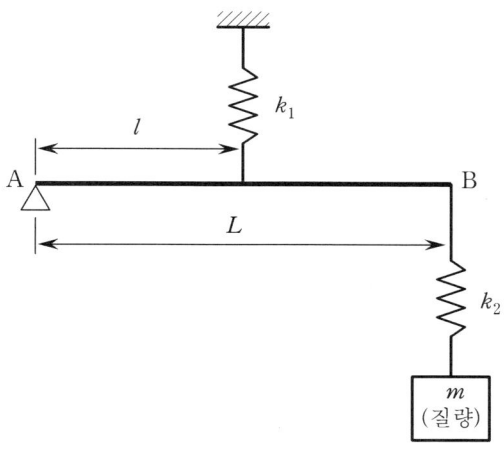

(1) 고유진동수를 구하시오.
(2) 대수감쇠를 설명하고 종류를 기술하시오.

정답

1. (a) $k = -\dfrac{4mEI}{h}$

(b) $k = -\dfrac{3mEI}{h}$

(c) $k = 0$

2. $f = \dfrac{1}{2\pi}\sqrt{\dfrac{1}{m} \cdot \left\{\dfrac{k_1 \cdot k_2}{k_1 + \left(\dfrac{L}{l}\right)^2 \cdot k_2}\right\}}$

Chapter

실전문제 풀이 및 해답

chapter 1 단 면 성 질

1. $y = \dfrac{A_1y_1 - A_2y_2 - A_3y_3 - A_4y_4}{A}$

   $= \dfrac{30 \times 3 - 9 \times 4 - 4 \times \dfrac{14}{3} - 5 \times \dfrac{2}{3}}{12} = 2.67$

2. $x = \dfrac{A_1 \cdot x_1 + A_2 \cdot x_2}{A_1 + A_2} = \dfrac{\dfrac{1}{2}ah \times \dfrac{2}{3}a + \dfrac{1}{2}bh \times \left(a + \dfrac{b}{3}\right)}{\dfrac{1}{2}(a+b) \cdot h}$

   $= \dfrac{2a+b}{3}$

3. (1) 면적 $A = \int_0^a b\left(1 - \dfrac{x^2}{a^2}\right)dx = \dfrac{2}{3}a \cdot b$

   (2) 단면1차 모멘트

   ① $Q_x = \int y \cdot dA = \int_0^a \dfrac{1}{2} \cdot b^2 \cdot \left(1 - \dfrac{x^2}{a^2}\right)^2 dx$

   $= \dfrac{4}{15}ab^2$

   ② $Q_y = \int x \cdot dA = \int_0^a x \cdot b \cdot \left(1 - \dfrac{x^2}{a^2}\right)^2 dx$

   $= \dfrac{1}{4}a^2 b$

   (3) 도심

   $\overline{x} = \dfrac{Q_y}{A} = \dfrac{3}{8}a$

   $\overline{y} = \dfrac{Q_x}{A} = \dfrac{2}{5}a$

4. $I_x = \int dI_x = \dfrac{A^3}{3}\int_0^{\frac{\pi}{\omega}} \sin^3 \omega x \cdot dx = \dfrac{4A^3}{9\omega}$

4 재료 및 구조 역학

chapter 2 응력과 변형률

1. (1) $\therefore \sigma_{AB} = \dfrac{P_{AB}}{A} = \dfrac{\left(-\dfrac{2}{3}\right) \times 10^3}{10} = -\dfrac{200}{3}$ kg/cm² (압축응력)

(2) 종방향 변형률 $\varepsilon_l = \dfrac{\Delta l}{l} = \dfrac{P}{AE} = \dfrac{\left(\dfrac{8}{3}\right) \times 10^3}{10 \times 10^6} = 0.000267$ (줄음)

$\therefore$ 횡방향 변형률 $\varepsilon' = \nu \times \varepsilon_l = 0.3 \times 0.000267 = 8 \times 10^{-5}$ (늘음)

(3) $\therefore \Delta l_{CD} = \dfrac{P_{CD} \cdot l_{CD}}{AE} = \dfrac{\left(\dfrac{10}{3} \times 10^3\right) \times (400)}{10 \times 10^6} = 0.133$ cm (늘음)

2. $\delta = \int_0^l d\delta = \dfrac{\gamma}{E}\left[\dfrac{x^2}{2}\right]_0^{100} = 0.2$ m (늘음)

$\therefore$ 총길이 $= l + \delta = 1000 + 0.2 = 1000.2$ m

3. (1) 탄성구간 처짐량 δ_1

① 탄성구간 x

$\sigma_x = 95833333 + 28000 x = \sigma_y (= 100 \times 10^6)$

$\therefore x = 148.8$ m

② 처짐량 δ_1

$\delta_1 = \int_0^{148.8} \dfrac{1}{E_1}(95833333 + 28000\, x)\, dx = 0.1943$ m

(2) 소성구간 처짐량 δ_2

$\delta_2 = \int_x^l \left\{\dfrac{\sigma_y}{E_1} + \dfrac{(\sigma_x - \sigma_y)}{E_2}\right\} dx$

$= \int_{148.8}^{360} \left\{\dfrac{100 \times 10^6}{75 \times 10^9} + \dfrac{(95833333 + 28000\, x - 100 \times 10^6)}{12 \times 10^9}\right\} dx$

$= 0.333$ m

(3) 총 처짐량 δ

$\therefore \delta = \delta_1 + \delta_2 = 194.3 + 333 = 527.3$ mm (늘음)

chapter 3 정정구조의 해석

1. (1) 반력

① $R_A = \dfrac{1}{l}\left\{0.5wl \times 0.5l - 0.3wl \times 0.2l - w \times \dfrac{(0.2l)^2}{2}\right\} = 0.17wl$

② $R_B = 0.5wl + 0.3wl + w \times 0.2l - 0.17wl = 0.83wl$

③ $R_D = \dfrac{1}{0.8l}\left\{w \times \dfrac{(0.8l)^2}{2} - w \times \dfrac{(0.2l)^2}{2} - 0.3wl \times 0.2l\right\} = 0.3wl$

④ $R_C = 0.3wl + wl - 0.3wl = wl$

(2) V와 M의 일반식

① AE 구간
  $V = 0.17\,wl$
  $M = 0.17\,wlx$

② EB 구간
  $V = -0.33\,wl$
  $M = 0.0853\,wl^2 - 0.33\,wlx$

③ $G_1 B$ 구간
  $V = 0.3\,wl + wx$
  $M = -0.3\,wlx - \dfrac{w}{2}x^2$

④ $G_2 C$ 구간
  $V = -0.3\,wl - wx$
  $M = -0.3\,wlx - \dfrac{w}{2}x^2$

⑤ DC 구간
  $V = wx - 0.3\,wl$
  $M = 0.3\,wlx - \dfrac{w}{2}x^2$

2.

$\therefore V_C = R_A - 2.4 = 4 - 2.4 = 1.6 \text{ kN}$

$\therefore M_C = R_A \times 4 - 2.4 \times 2 = 4 \times 4 - 2.4 \times 2 = 11.2 \text{ kN} \cdot \text{m}$

chapter 4 보의 휨응력과 전단응력

1. (1) 중립축 위치

$$y_1 = \frac{50 \times 125 \times \dfrac{125}{2} + 200 \times 50 \times (125+25)}{50 \times 125 + 200 \times 50} = 116.3 \text{ mm}$$

$y_2 = 58.7$ mm

(2) 단면2차 모멘트

$$I = \frac{50 \times (116.3)^3}{3} + \frac{200 \times (58.7)^3}{3} - \frac{150 \times (58.7-50)^3}{3}$$

$\quad = 39.7 \times 10^6 \text{ mm}^4$

(3) 허용 하중 P

B, C, D의 상·하연 응력에서 산정되는 P값중 가장 작은 값이 허용하중 P이다. B와 D점의 상연응력 σ_t에서 P를 구할 수 있다.

$$\sigma_t = \frac{M_B}{I} \cdot y_1$$

$$35 \times 10^6 = \frac{\left(\dfrac{P}{4}\right) \times (116.3 \times 10^{-3})}{39.7 \times 10^6 \times 10^{-12}}$$

$\therefore P = 47.8$ kN

2. (1) 임의의 단면에서 휨모멘트

$$M_x = \frac{q_o L}{6}x - \frac{q_o}{6L}x^3$$

(2) 단면2차 모멘트

$$I_x = \frac{bh^3}{12}\left(1+\frac{x}{L}\right)^3$$

(3) 임의의 단면에서 휨응력

$$\sigma_x = \frac{M_x}{I_x}y(x) = \frac{q_o \cdot L \cdot x - \dfrac{q_o}{L}x^3}{bh^2\left(1+\dfrac{x}{L}\right)^2}$$

(4) 최대 휨응력
① 최대 휨응력 발생위치 x

$$\frac{d\sigma_x}{dx} = 0 \; ; \; \frac{1}{bh^2}\left[\frac{\left(q_oL - \frac{3q_ox^2}{L}\right)\left(1+\frac{x}{L}\right)^2 - \left(q_oLx - \frac{q_o}{L}x^3\right)\left\{\frac{2}{L}\left(1+\frac{x}{L}\right)\right\}}{\left(1+\frac{x}{L}\right)^4}\right]$$

$$= \frac{q_oL - 2q_ox - \frac{q_o \cdot x^2}{L}}{\left(1+\frac{x}{L}\right)^2} = 0$$

② 최대 휨응력

$$\therefore \sigma_{\max} = \frac{q_oL\left\{0.41\,L - \frac{(0.41\,L)^3}{L^2}\right\}}{bh^2 \times (1.41)^2}$$

$$= 0.172\,\frac{q_oL^2}{bh^2}$$

8 재료 및 구조 역학

chapter 5 비틀림 응력과 전단중심

1. (1) $\tau_{max} = \dfrac{T}{2 \cdot A_m \cdot t} = \dfrac{100{,}000}{2\times 274.74 \times 0.6} = 303.3 \ \text{kg/cm}^2$

(2) θ

① $J = \dfrac{4A_m^2}{\int_0^l \dfrac{ds}{t}} = \dfrac{4\times(274.74)^2}{108.8} = 2775 \ \text{cm}^4$

② $\theta = \dfrac{\phi}{l} = \dfrac{T}{GJ} = \dfrac{100{,}000}{8\times 10^5 \times 2775} = 4.5\times 10^{-5} \ \text{rad/cm}$

2. (1) $T = \tau \times (2\cdot A_m \cdot t)$

$= 60\times 10^6 \times \left(2\times 0.15\times 0.15\times \sin 60 \times \dfrac{1}{2}\right)\times 0.008$

$= 9353 \ \text{N}\cdot\text{m} = 9.35 \ \text{kN}\cdot\text{m}$

(2) θ

① $\int_0^l \dfrac{ds}{t} = \dfrac{1}{0.8}(3\times 0.15) = 0.5625$

② $J = \dfrac{4A_m^2}{\int_0^l \dfrac{ds}{t}} = \dfrac{4\times \left(0.15\times 0.15 \times \sin 60 \times \dfrac{1}{2}\right)^2}{0.5625} = 6.75\times 10^{-4} \ \text{m}^4$

③ $\theta = \dfrac{T}{GJ} = \dfrac{9353}{80\times 10^9 \times 6.75\times 10^{-4}} = 1.73\times 10^{-4} \ \text{rad/cm}$

3. $\phi_{c1} = \phi_{c2} : \dfrac{a}{I_{p1}} = \dfrac{a\cdot I_{p2} + (l-a)I_{p1}}{2I_{p1}\cdot I_{p2}}$

$\therefore \ \dfrac{a}{l} = \left(\dfrac{d_1}{d_2}\right)^4$

여기서, $I_{p1} = \dfrac{\pi d_1^4}{32}$, $I_{p2} = \dfrac{\pi(d_2^4 - d_1^4)}{32}$

4. (a) τ_{max}

① 도심 $a = \dfrac{(16 \times 1 \times 8) \times 2 + 30 \times 1.2 \times 0}{68} = 3.76 \text{ cm}$

② $I_z = 2(1.61 \times 1 \times 15^2) + \dfrac{1.2 \times 30^3}{12} = 9900 \text{ cm}^4$

③ $\tau_{max} = \dfrac{V_y \times Q_{w2}}{t_w \times I_z}$: 복부에서 발생

여기서, $Q_{w2} = Q_f + Q_w$

$= 240 + 15 \times 1.2 \times \dfrac{15}{2} = 375 \text{ cm}^3$

∴ $\tau_{max} = \dfrac{20 \times 10^3 \times 375}{1.2 \times 9900} = 631.31 \text{ kg/cm}^2$

(b) M_T

① $F_1 = \dfrac{1}{2} \times \tau_1 \times 16 \times \tau_f$

$= \dfrac{1}{2} \times 484.85 \times 16 \times 1 = 3878.8 \text{ kg}$

② 전단중심 위치 e

$e = \dfrac{F_1 \times h}{V_y} = \dfrac{3878.8 \times 30}{20 \times 10^3} = 5.82 \text{ cm}$

③ ∴ $M_T = 20 \times 10^3 \times (5.82 + 8) = 276364 \text{ kg} \cdot \text{cm}$

5. (1) $I_x = \dfrac{0.5 \times (8.5)^3}{12} + \left\{ \dfrac{5.5 \times (0.5)^3}{12} + (5.5 \times 0.5) \times 4^2 \right\} \times 2$

$+ \left\{ \dfrac{0.5 \times (2.25)^3}{12} + (0.5 \times 2.25) \times \left(2 + \dfrac{2.25}{2}\right)^2 \right\} \times 2$

$= 136.6 \text{ cm}^4$

(2) 전단응력의 합력

① $F_1 = \dfrac{1}{2} \cdot \tau_1 \cdot h_1 \cdot t_w$

$= \dfrac{1}{2} \times \left(\dfrac{V \times 3}{0.5 \times 136.6}\right) \times 2 \times 0.5 = 0.022\, V$

② $F_2 = \dfrac{1}{2} (\tau_1 + \tau_2) \cdot b \cdot t_f$

$= \dfrac{1}{2} \left\{ \dfrac{V \times 3}{0.5 \times 136.6} + \dfrac{V \times 15}{0.5 \times 136.6} \right\} \times 6 \times 0.5 = 0.396\, V$

10 재료 및 구조 역학

(3) 전단중심 위치 e

$$\therefore e = \frac{F_2 \cdot h + (F_1 \cdot b) \times 2}{V}$$

$$= \frac{0.396\,V \times 8 + (0.022\,V \times 6) \times 2}{V} = 3.43 \text{ cm}$$

6. (1) 비틀림 우력 $T = \int \rho \cdot \tau \cdot dA = \int_0^\gamma 2\pi \cdot \tau \cdot \rho^2 \cdot d\rho$

(2) 전단응력 $\tau = \dfrac{T}{2\pi \cdot \int_0^\gamma \rho^2 \cdot d\rho} = \dfrac{3 \cdot T \cdot \theta^3}{2\pi \cdot \gamma_{\max}^3}$

(3) 항복 비틀림력 T_y

$$T_y = \frac{\tau_y \cdot I_p}{r} = \frac{\tau_y}{r} \cdot \frac{\pi r^4}{2} = \frac{1}{2} \pi r^3 \cdot \tau_y$$

(4) 극한 비틀림력 T_u

$$T_u = \int_0^r 2\pi \cdot \tau \cdot \rho^2 \cdot d\rho = 2\pi \cdot \tau_y \cdot \frac{r^3}{3} = \frac{2}{3} \pi r^3 \cdot \tau_y$$

(5) $\dfrac{T_u}{T_y} = \dfrac{4}{3}$

chapter 6 주응력과 주변형률

1. (1) A점의 응력

$$\sigma = \frac{M}{I}y = \frac{2000}{2.976} \times 2 = 1344 \text{ psi}$$

$$\tau = \frac{T}{2 \cdot A_m \cdot t} = \frac{3000}{2 \times (2-0.125) \times (4-0.125) \times 0.125} = 1652 \text{ psi}$$

(2) 최대응력 (주응력)

① $\sigma_{1,2} = \dfrac{\sigma}{2} \pm \sqrt{\left(\dfrac{\sigma}{2}\right)^2 + \tau^2}$

$= \dfrac{1344}{2} \pm \sqrt{\left(\dfrac{1344}{2}\right)^2 + 1652^2} = 672 \pm 1783$

$\therefore \begin{cases} \sigma_{t\max} = \sigma_1 = 2455 \text{ psi} \\ \sigma_{c\max} = \sigma_2 = -1111 \text{ psi} \\ \tau_{\max} = 1783 \text{ psi} \end{cases}$

2. (1) 도심 위치

① $\overline{y} = \dfrac{1}{23}\{10 \times 1 \times 0.5 + 8 \times 1 \times (1+4) + 5 \times 1 \times (9+0.5)\} = 4.02 \text{ cm}$

② $\overline{z} = \dfrac{1}{23}(5 \times 1 \times 2.5 + 8 \times 1 \times 0.5 + 10 \times 1 \times 5) = 2.89 \text{ cm}$

(2) 도심축에 대한 I_y, I_z, I_{yz}

① $I_y = \dfrac{1 \times 5^3}{12} + (5 \times 1) \times (2.89 - 2.5)^2 + \dfrac{8 \times 1^3}{12} + (8 \times 1) \times (2.89 - 0.5)^2$

$+ \dfrac{1 \times 10^3}{12} + (10 \times 1) \times (5 - 2.89)^2 = 185.4 \text{ cm}^4$

② $I_z = \dfrac{5 \times 1^3}{12} + (5 \times 1) \times (9.5 - 4.02)^2 + \dfrac{1 \times 8^3}{12} + (8 \times 1) \times (5 - 4.02)^2$

$+ \dfrac{10 \times 1^3}{12} + (10 \times 1) \times (4.02 - 0.5)^2 = 325.66 \text{ cm}^4$

③ $I_{yz} = (5 \times 1) \times (2.5 - 2.89) \times (4.02 - 9.5) + (8 \times 1) \times (0.5 - 2.89) \times (4.02 - 5)$

$+ (10 \times 1) \times (5 - 2.89) \times (4.02 - 0.5) = 103.7 \text{ cm}^4$

(3) $\tan 2\theta = -\dfrac{2 \cdot I_{yz}}{I_z - I_y} = -\dfrac{2 \times 103.7}{325.66 - 185.4} = -1.48$

$\therefore \theta = -27.98°$

(4) 주축에 대한 I_1, I_2

$$I_{1,2} = \dfrac{I_z + I_y}{2} \pm \sqrt{\left(\dfrac{I_z - I_y}{2}\right)^2 + I_{yz}^2}$$

$$= \dfrac{325.66 + 185.4}{2} \pm \sqrt{\left(\dfrac{325.66 - 185.4}{2}\right)^2 + (103.7)^2}$$

$$= 255.53 \pm 125.19$$

$\therefore \begin{cases} I_1 = 380.72 \text{ cm}^4 \\ I_2 = 130.34 \text{ cm}^4 \end{cases}$

(5) 전단중심의 좌표

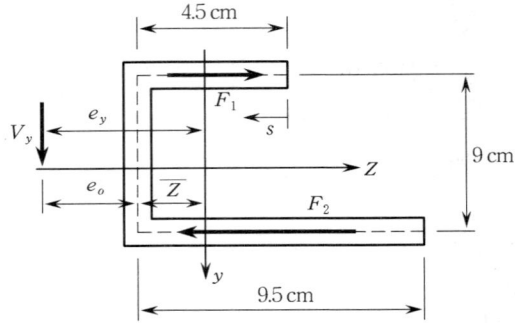

① $\tau = \dfrac{V_y}{(I_y \cdot I_z - I_{yz}^2) \cdot t} \left\{ I_{yz} \cdot \int Z \cdot dA - I_y \cdot \int y \cdot dA \right\}$

$= \dfrac{V_y}{(I_y \cdot I_z - I_{yz}^2) \cdot t} \left\{ I_{yz} \cdot \left(2.11S - \dfrac{S^2}{2}\right) + I_y(5.48 \times S) \right\}$

② $F_1 = \displaystyle\int_0^{4.5} \tau \cdot t \cdot ds$

$= \dfrac{V_y}{185.4 \times 325.66 - (103.7)^2} (6.176 \times 103.7 + 55.485 \times 185.4) = 0.22 V_y$

③ $V_y \cdot e_o = F_1 \cdot h$

$\therefore e_o = 0.22 h = 0.22 \times 9 = 1.98$ cm

④ 전단중심위치 e_y

$\therefore e_y = -2.39 - 1.98 = -4.37$ cm

3. (1) 도심

$y_1 = 56.25$ mm, $y_2 = 118.75$ mm

(2) $I = 2.158 \times 10^{-5}$ m^4

(3) $Q = 150 \times 25 \times \left(56.25 - \dfrac{25}{2}\right) = 1.641 \times 10^{-4}$ m^3

(4) 단면력

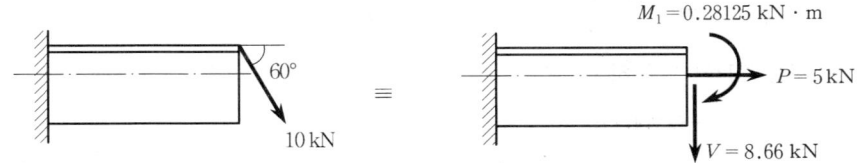

① $P = 10 \times \cos 60 = 5$ kN
② $V = 10 \times \sin 60 = 8.66$ kN
③ $M_1 = P \times y_1 = 5 \times 0.05625 = 0.28125$ kN·m
④ 지점 모멘트 $M = V \times 2 + M_1 = 8.66 \times 2 + 0.28125 = 17.6$ kN·m

(5) A점의 주응력

① $\sigma_A = \dfrac{5}{7.5 \times 10^{-3}} - \dfrac{17.6}{2.158 \times 10^{-5}} \times 0.11875 = -96.18$ MPa (압축)

② $\tau_A = \dfrac{VQ_A}{bI} = 0$

∴ $\sigma_{1,2} = \begin{cases} \sigma_A = -96.18 \text{ MPa} \\ 0 \end{cases}$

∴ $\tau_{\max} = \dfrac{\sigma_A}{2} = 48.09$ MPa

(6) B점의 주응력

① $\sigma_B = \dfrac{5}{7.5 \times 10^{-3}} + \dfrac{17.6}{2.158 \times 10^{-5}} \times 0.03125 = 26.15$ MPa (인장)

② $\tau_B = \dfrac{VQ_B}{bI} = \dfrac{8.66 \times 1.641 \times 10^{-4}}{0.025 \times 2.158 \times 10^{-5}} = 2.634$ MPa

∴ $\sigma_{1,2} = \dfrac{\sigma_B}{2} \pm \sqrt{\left(\dfrac{\sigma_B}{2}\right) + \tau_B^2}$

$= \begin{cases} 26.41 \text{ MPa (최대 주응력)} \\ -0.263 \text{ MPa (최소 주응력)} \end{cases}$

∴ $\tau_{\max} = 13.34$ MPa

chapter 8 기둥

1. (a) ① 기둥 AB의 좌굴하중 P_{cr1}

$$P_{cr1} = \frac{2\pi^2 \times 200 \times 10^9 \times 4.22 \times 10^{-9}}{(1)^2} = 16655 \text{ N}$$

② 기둥 CD의 좌굴하중 P_{cr2}

$$P_{cr2} = \frac{\pi^2 \times 200 \times 10^9 \times 4.22 \times 10^{-9}}{(1.2)^2} = 5783 \text{ N}$$

③ 기둥 AB의 최대하중 P_1

$$P_1 = \frac{16655}{0.6} = 27758 \text{ N}$$

④ 기둥 CD의 최대하중 P_2

$$P_2 = \frac{5783}{0.4} = 14458 \text{ N}$$

⑤ ∴ 임계하중 $P = 14458 \text{ N} = 14.458 \text{ kN}$

(b) ① P_{cr} 발생위치 a

$$P_1 = P_2 \; ; \; \frac{2\pi^2 \cdot EI}{(1-a)} = \frac{\pi^2 \cdot EI}{(1.2)^2 \times a}$$

$$\therefore a = 0.2577 \text{ m}$$

② $P_{cr} = \dfrac{2\pi^2 \cdot EI}{(1-a)} = 22.4 \text{ kN}$

구조물의 처짐과 처짐각

1.

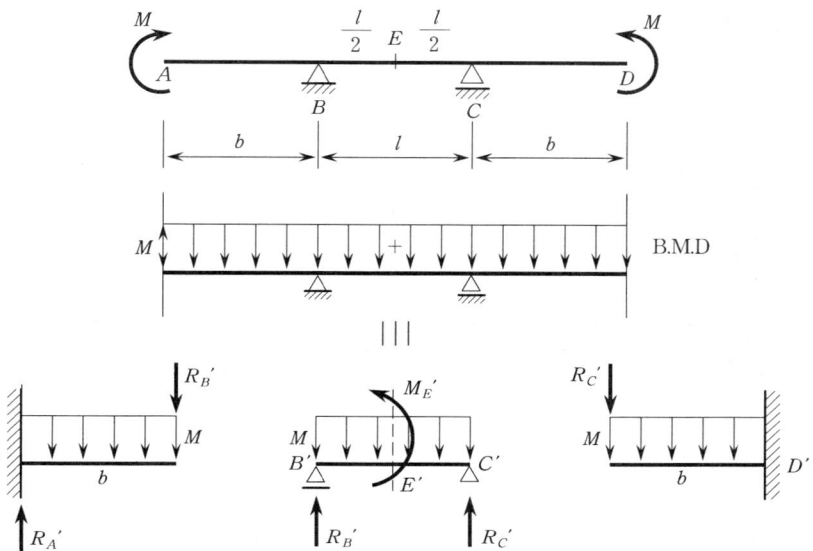

(1) $\theta_B = \dfrac{R_B'}{EI} = \dfrac{M \cdot l}{2EI} = \dfrac{\alpha \cdot l}{2h}(T_2 - T_1)$

(2) $\delta_E = \dfrac{M_E'}{EI} = \dfrac{Ml^2}{8EI} = \dfrac{\alpha \cdot l^2}{8h}(T_2 - T_1)$

(3) $\theta_A = \dfrac{R_A'}{EI} = \dfrac{M}{EI}\left(b + \dfrac{l}{2}\right) = \dfrac{\alpha(2b+l)}{2h}(T_2 - T_1)$

2. $\Delta = 2 \cdot \displaystyle\int_0^l \dfrac{M \cdot m}{EI} dx + 2 \cdot \int_0^l \dfrac{F \cdot f}{EA} dx$

$= \dfrac{2}{EI} \displaystyle\int_0^l (P \cdot \sin\beta \cdot x)(\sin\beta \cdot x) dx + \dfrac{2}{EA} \int_0^l (P\cos\beta) \cdot \cos\beta \cdot dx$

$= \dfrac{2P \cdot \sin^2\beta \cdot l^3}{3EI} + \dfrac{2P \cdot \cos^2\beta \cdot l}{EA}$

① $\beta = 0$; $\Delta = \dfrac{2P \cdot l}{EA}$: 축력에 지배

② $\beta = 90°$; $\Delta = \dfrac{2P \cdot l^3}{3EA}$: 휨에 지배

3.

구 간	기준점	적분구간	M	m (연직)	m (수평)
B~C	B	$0 \leq \theta \leq \pi$	$-Pr(1-\cos\theta)$	$-r(1-\cos\theta)$	$-r\sin\theta$
A~C	C	$0 \leq x \leq h$	$-P(2r)$	$-2r$	x

(1) $\delta_v = \dfrac{1}{EI}\left[\int_0^\pi \{Pr^2(1-\cos\theta)^2\}\cdot r\cdot d\theta + \int_0^h P(2r)^2\cdot dx\right]$

$= \dfrac{1}{EI}\left(\dfrac{3\pi Pr^3}{2}+4Pr^2 h\right)$

(2) $\delta_h = \dfrac{1}{EI}\left[\int_0^\pi \{Pr^2(1-\cos\theta)\cdot\sin\theta\}r\cdot d\theta + \int_0^h (-2Pr)\cdot x\cdot dx\right]$

$= \dfrac{Pr}{EI}(2r^2 - h^2)$

4.

구 간	기준점	적분구간	M	m	T	t
E~A	E	$0 \leq x \leq \dfrac{l}{2}$	$-P\cdot x$	$-x$	0	0
A~B	A	$0 \leq x \leq l$	$P\cdot x$	x	$P\times\dfrac{l}{2}$	$\dfrac{l}{2}$
B~C	B	$0 \leq x \leq l$	$-Px+\dfrac{Pl}{2}$	$-x+\dfrac{l}{2}$	$-P\times l$	$-l$

$\varDelta = \int \dfrac{M\cdot m}{EI}dx + \int \dfrac{T\cdot t}{G\cdot I_p}dx$

$\varDelta = \dfrac{1}{EI}\left[2\int_0^{\frac{l}{2}}(-P\cdot x)(-x)dx + 2\int_0^l (Px)(x)dx\right.$

$\left. + \int_0^l \left(-Px+\dfrac{Pl}{2}\right)\left(-x+\dfrac{l}{2}\right)dx\right]$

$+ \dfrac{1}{GI_p}\left[2\cdot \int_0^{\frac{l}{2}} 0\cdot dx + 2\int_0^l \left(P\times\dfrac{l}{2}\right)\left(\dfrac{l}{2}\right)dx + \int_0^l (-Pl)(-l)dx\right]$

$= \dfrac{5Pl^3}{6EI} + \dfrac{3Pl^3}{2GI_p}$

chapter 10 변형에너지 (탄성에너지)

1. (1) 변형에너지

$$U_{AB} = \frac{F_{AB}^2 \cdot l_{AB}}{2AE} = \frac{\left(\frac{800}{3}\right)^2 \times 400}{2 \cdot \left(\frac{\pi \times 4^2}{4}\right) \times (10^5)} = 11.32 \text{ kg} \cdot \text{m}$$

(2) 변형에너지 밀도

$$u = \frac{U_{AB}}{V_{AB}} = \frac{34}{5024} = 2.25 \times 10^{-3} \text{ kg/cm}^2$$

(3) 레질리언스 계수

$$u_r = \frac{\sigma_{Pl}^2}{2E} = \frac{(1800)^2}{2 \times (10^5)} = 16.2 \text{ kg/cm}^2$$

2.

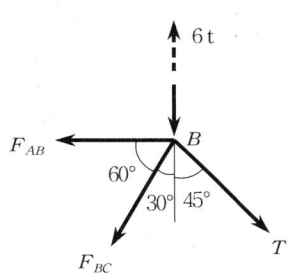

(1) 각 부재의 변형에너지

$$U_{AB} = \frac{F_{AB}^2 \cdot l_{AB}}{2EA} = \frac{3}{EA}(1.25T^2 + 7.74T + 12)$$

$$U_{BC} = \frac{F_{BC}^2 \cdot l_{BC}}{2EA} = \frac{2}{\sin 60 \cdot EA}(0.6724T^2 + 11.3652T + 48)$$

$$U_{BD} = \frac{T^2 \cdot l_{BD}}{2EA} = \frac{2 \cdot T^2}{\cos 45 \cdot EA}$$

(2) 부재력 T

$$\frac{\partial U}{\partial T} = \frac{\partial}{\partial T}(U_{AB} + U_{BC} + U_{BD}) = 0$$

$$\frac{1}{EA}(16.26T + 49.5) = 0$$

$$\therefore T = -3.044 \text{ t}$$

18 재료 및 구조 역학

chapter 11 변형일치법 (공액보법)

1. $\delta_C = \dfrac{5 \times 10^4}{384 EI} - \dfrac{k \cdot \delta_C \times 10^3}{48 EI}$

   $\therefore \delta_C = \dfrac{6250}{48 EI + 1000 k}$ (↓)

   $\therefore T = k \cdot \delta_C = \dfrac{6250 k}{48 EI + 1000 k}$ (↑)

2.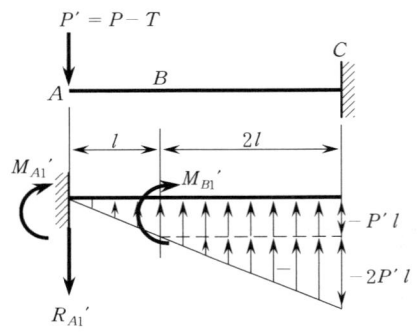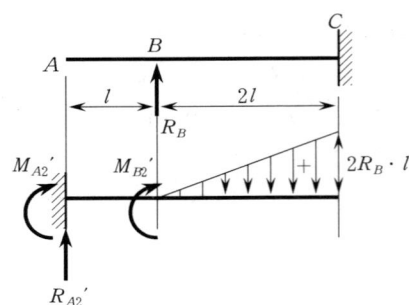

   (1) R_B 산정

   $\delta_{B1} + \delta_{B2} = 0 \;;\; \dfrac{14}{3EI} P' \cdot l^3 - \dfrac{8}{3EI} R_B \cdot l^3 = 0$

   $\therefore R_B = \dfrac{7}{4} P'$ (↑)

   (2) A점의 수직처짐 δ_A

   $\delta_A = \delta_{A1} + \delta_{A2} = \dfrac{9 P' l^3}{EI} - \dfrac{49 P' l^3}{6EI} = \dfrac{5 P' l^3}{6EI}$

   (여기서, $P' = P - k \cdot \delta_A$)

   $\therefore \delta_A = \dfrac{5 P l^3}{6EI + 5 k l^3}$ (↓)

   (3) A점의 처짐각 θ_A

   $\theta_A = \theta_{A1} + \theta_{A2} = -\dfrac{9 P' l^2}{2EI} + \dfrac{7 P' l^2}{2EI} = -\dfrac{P' l^2}{EI}$

   $\therefore \theta_A = -\dfrac{6 P l^2}{6EI + 5 k l^3}$ (↶)

3. (1) 기본가정

① $T_1 > T_2$ ②

(2) R_B 산정

$$\delta_{B1} + \delta_{B2} = 0 \;;\; \frac{Ml^2}{2EI} - \frac{R_B \cdot l^3}{3EI} = 0$$

$$\therefore R_B = \frac{3M}{2l} \;(\uparrow)$$

(3) 모멘트 M

$$M = EI\alpha(T_1 - T_2) \cdot \frac{1}{h}$$

(4) 반력산정

① $R_B = -R_A = \dfrac{3EI\alpha(T_1 - T_2)}{2lh}$

② $M_A = \dfrac{3EI\alpha(T_1 - T_2)}{2h}\;(\curvearrowleft)$

chapter 12 3연 모멘트법

1.

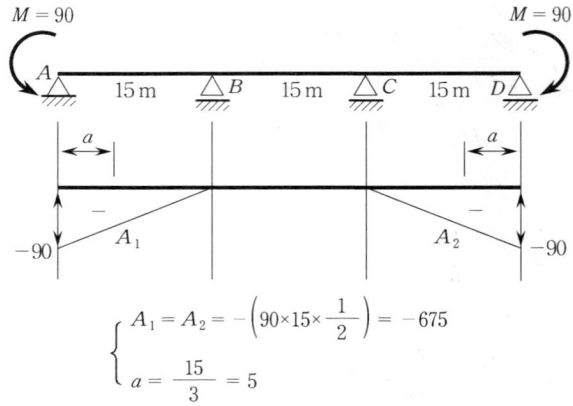

$$\begin{cases} A_1 = A_2 = -\left(90 \times 15 \times \dfrac{1}{2}\right) = -675 \\ a = \dfrac{15}{3} = 5 \end{cases}$$

(1) 3연 모멘트식

① A−B−C보

$4M_B + M_C = 90$

② B−C−D보

$M_B + 4M_C = 90$

③ 연립

∴ $M_B = 18\,\text{t}\cdot\text{m}$, $M_C = 18\,\text{t}\cdot\text{m}$

(2) 자유물체도로부터 반력 산정

∴ $R_A = 7.2\,\text{t}$, $R_B = -7.2\,\text{t}$

∴ $R_C = -7.2\,\text{t}$, $R_D = 7.2\,\text{t}$

2.

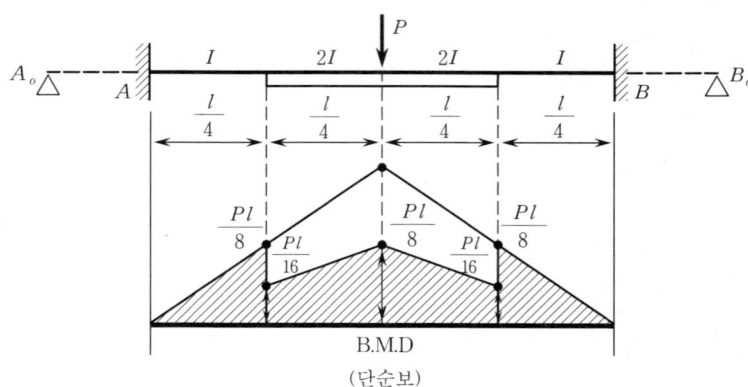

B.M.D
(단순보)

(1) 3연 모멘트식

① $A_o - A - B$ 보

$$2M_A + M_B = -\frac{5}{16}Pl$$

② $A - B - B_o$ 보

$$M_A + 2M_B = -\frac{5}{16}Pl$$

③ 연립

$$\therefore M_A = M_B = -\frac{5}{48}Pl$$

(2) 최대처짐 δ_{max}

기준점		M	m
A	$0 \leq x \leq \dfrac{l}{4}$	$\dfrac{P}{2}x - \dfrac{5Pl}{48}$	$\dfrac{x}{2} - \dfrac{5l}{48}$
C	$0 \leq x \leq \dfrac{l}{4}$	$\dfrac{P}{2}\left(\dfrac{l}{4}+x\right) - \dfrac{5Pl}{48}$	$\dfrac{1}{2}\left(\dfrac{l}{4}+x\right) - \dfrac{5l}{48}$

$$\therefore \delta_{max} = 2\left[\frac{1}{EI}\int_0^{\frac{l}{4}}\left(\frac{P}{2}x - \frac{5Pl}{48}\right)\left(\frac{x}{2} - \frac{5l}{48}\right)dx\right.$$

$$\left. + \frac{1}{2EI}\int_0^{\frac{l}{4}}\left\{\frac{P}{2}\left(\frac{l}{4}+x\right) - \frac{5Pl}{48}\right\}\left\{\frac{1}{2}\left(\frac{l}{4}+x\right) - \frac{5l}{48}\right\}dx\right]$$

$$= 0.00358\frac{Pl^3}{EI}$$

chapter 13 처짐각법

1. (1) $P_e = P(1-\mu a - kl) = 19.4 \text{ t}$

(2) 처짐각법

① $M_{BA} + M_{BC} = 0$; $2K(2\theta_B) - 31.25 + 2K(2\theta_B - \theta_B) = 0$

∴ $K \cdot \theta_B = 5.2083$

② 재단 모멘트

∴ $M_{AB} = 10.42 \text{ t} \cdot \text{m}$

$M_{BA} = 20.84 \text{ t} \cdot \text{m}$

$M_{BC} = -20.84 \text{ t} \cdot \text{m}$

(3) 자유물체도에 의한 수평반력

∴ $H_A = 6.252 \text{ t}$

$H_B = 25.652 \text{ t}$

(4) S.F.D와 B.M.D

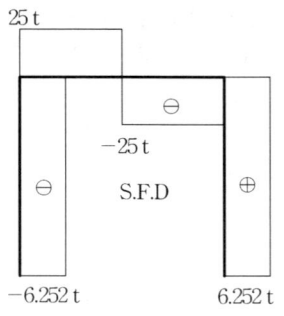

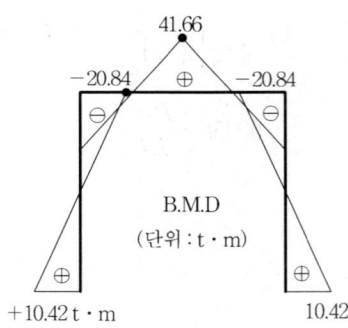

(5) E점의 응력

$$\sigma_E = \frac{P}{A} \pm \frac{M}{I} y = \frac{19.4}{0.25} \pm \frac{41.66}{5.2083 \times 10^{-3}}(0.25)$$

$$= \begin{cases} 2024.7 \text{ t/m}^2 \\ -1974.68 \text{ t/m}^2 \end{cases}$$

2.

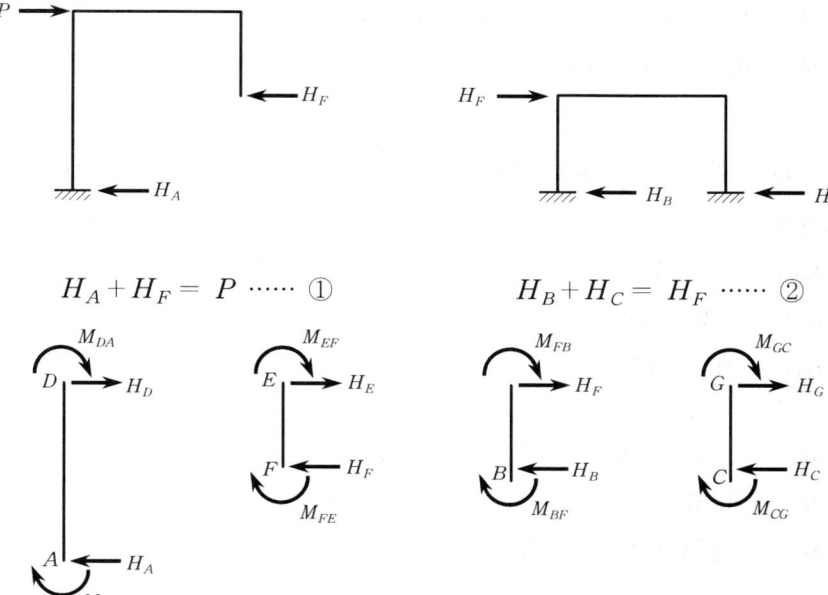

$$H_A + H_F = P \cdots \text{①} \qquad H_B + H_C = H_F \cdots \text{②}$$

(1) 층방정식

① $H_A + H_F = P$; $\dfrac{3}{128} EI\varDelta_1 + \dfrac{3}{16} EI(\varDelta_1 - \varDelta_2) = P$

② $H_B + H_C = H_F$; $\dfrac{3}{16} EI\varDelta_2 + \dfrac{3}{16} EI\varDelta_2 = \dfrac{3}{16} EI(\varDelta_1 - \varDelta_2)$

$$\therefore \varDelta_1 = 3\varDelta_2$$

$$\therefore EI\varDelta_2 = 2.246 P$$

$$\therefore EI\varDelta_1 = 6.737 P$$

(2) 수평반력

$$\therefore H_A = -\dfrac{1}{8}(M_{AD} + M_{DA}) = \dfrac{3}{128} EI\varDelta_1 = 0.158P$$

$$H_B = -\dfrac{1}{4}(M_{BF} + M_{FB}) = \dfrac{3}{16} EI\varDelta_2 = 0.421P$$

$$H_C = \dfrac{3}{16} EI\varDelta_2 = 0.421P$$

3. (1) 변위

$$\varDelta_3 = 1.0245\varDelta_1, \quad \varDelta_2 = 1.24\varDelta_1$$

24 재료 및 구조 역학

(2) 절점조건

① $M_{ba} + M_{bc} = 0$; $5K\theta_b + 1.5K\theta_c + 0.795K\Delta_1 = 40$

② $M_{cb} + M_{cd} = 0$; $1.5K\theta_b + 7K\theta_c + 0.435K\Delta_1 = -40$

(3) 전단조건

$$H_1 + H_2 = 80 \;;\; -\frac{1}{4}M_{ab} - 0.6375M_{ba} - 0.5875M_{cd} - \frac{1}{5}M_{dc} = 144$$

(4) 연립방정식

$\therefore K\theta_b = -2.55784$

$K\theta_c = -10.5268$

$K\Delta_1 = 86.26348$

(5) 재단모멘트

$\therefore M_{ab} = -53.3\,\text{t}\cdot\text{m}, \quad M_{ba} = -56.87\,\text{t}\cdot\text{m}$

$M_{bc} = 56.87\,\text{t}\cdot\text{m}, \quad M_{cb} = 124.92\,\text{t}\cdot\text{m}$

$M_{cd} = -124.92\,\text{t}\cdot\text{m}, \quad M_{dc} = -103.87\,\text{t}\cdot\text{m}$

chapter 14 모멘트 분배법

1.

지점	A		B			C		D	E	F
부재	AD	AB	BA	BE	BC	CB	CF	DA	EB	FC
DF	0.25	0.75	0.429	0.142	0.429	0.75	0.25	0	0	0
F.E.M	0	−288	288	0	−288	288	0	0	0	0
분배M	72	216	0	0	0	−216	−72	0	0	0
전달M	0	0	108	0	−108	0	0	36	0	−36
재단M	72	−72	396	0	−396	72	−72	36	0	−36

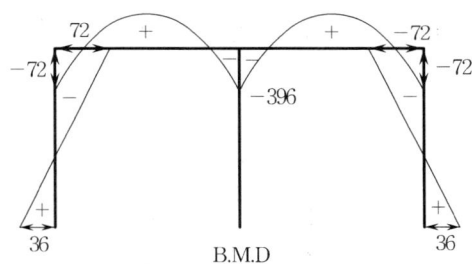

B.M.D

2. (1) 분배율

   $DF_{CA} = 0.2857$, $DF_{CB} = 0.1429$

   $DF_{CD} = 0.3810$, $DF_{CE} = 0.1905$

   (2) 분배모멘트

   $M_{CA} = 60\,\text{t}\cdot\text{m}$, $M_{CB} = 30\,\text{t}\cdot\text{m}$

   $M_{CD} = 80\,\text{t}\cdot\text{m}$, $M_{CE} = 40\,\text{t}\cdot\text{m}$

   (3) 전달모멘트

   $M_{AC} = 0$, $M_{BC} = 0$

   $M_{DC} = 40\,\text{t}\cdot\text{m}$, $M_{EC} = 20\,\text{t}\cdot\text{m}$

   (4) 자유물체도로부터 반력 산정

   $H_A = 12\,\text{t}\,(\rightarrow)$, $H_B = 6\,\text{t}\,(\rightarrow)$, $H_D = 24\,\text{t}\,(\leftarrow)$, $H_E = 6\,\text{t}\,(\rightarrow)$

   $V_A = 12\,\text{t}\,(\downarrow)$, $V_B = 3\,\text{t}\,(\uparrow)$, $V_D = -6\,\text{t}\,(\uparrow)$, $V_E = 3\,\text{t}\,(\uparrow)$

chapter 15 부정정구조에서 고정단 모멘트, 전달률, 강도 등의 계산법

1. (1) $S_{AB} = \dfrac{N}{A} + \dfrac{M_y}{I_y} \times C_A$

여기서, $A = \left(\dfrac{1}{2EI_o} \times 6\right) \times 2 + \left(\dfrac{1}{EI_o} \times 6\right) = \dfrac{12}{EI_o}$

$I_y = \dfrac{1}{12}\left(\dfrac{1}{2EI_o}\right) \times (18)^3 + \dfrac{1}{12}\left(\dfrac{1}{2EI_o}\right) \times (6)^3 = \dfrac{252}{EI_o}$

$\therefore S_{AB} = \dfrac{1}{12/EI_o} + \dfrac{1 \times 9}{252/EI_o} \times 9 = 0.4048 EI_o$

(2) $C_{AB} = \dfrac{S_{BA}}{S_{AB}} = \dfrac{1}{0.4048 EI_o}\left(\dfrac{1}{12/EI_o} - \dfrac{1 \times 9}{252/EI_o} \times 9\right) = -0.5882$

$\therefore C_{AB} = 0.5882$

2.

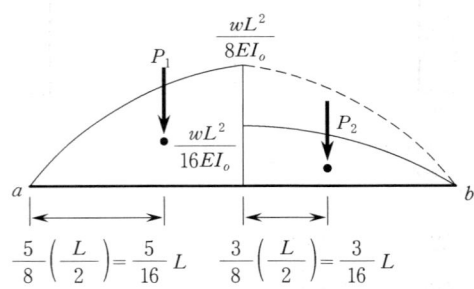

(a) 단순모멘트의 M/EI

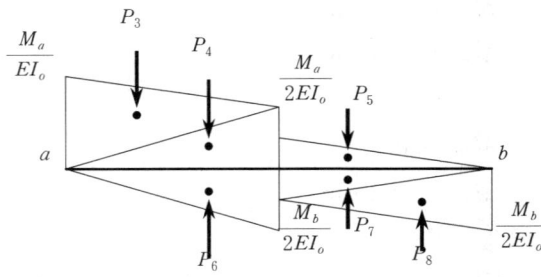

(b) M_a/EI 및 M_b/EI

$$\Sigma P_i = (P_1+P_2)+(P_3+P_4+P_5)-(P_6-P_7-P_8)$$
$$= \left(\frac{wL^3}{24EI_o}+\frac{wL^3}{48EI_o}\right)+\frac{M_aL}{4EI_o}\left(1+\frac{1}{2}+\frac{1}{4}\right)-\frac{M_bL}{4EI_o}\left(\frac{1}{2}+\frac{1}{2}+\frac{1}{4}\right)=0$$
$$\therefore 7M_a-5M_b = -wL^2 \quad \cdots\cdots\cdots\cdots\cdots\cdots\cdots\cdots\cdots\cdots\cdots\cdots\cdots ①$$

$$\Sigma P_i \cdot x_i = P_1\left(\frac{5}{16}L\right)+P_2\left(\frac{L}{2}+\frac{3}{16}L\right)+P_3\left(\frac{L}{6}\right)+P_4\left(\frac{L}{3}\right)$$
$$+P_5\left(\frac{L}{2}+\frac{L}{6}\right)-P_6\left(\frac{L}{2}+\frac{L}{3}\right)-P_7\left(\frac{L}{3}\right)-P_8\left(\frac{L}{2}+\frac{L}{6}\right)$$
$$= \frac{wL^3}{24EI_o}\left(\frac{5}{16}L\right)+\frac{wL^3}{48EI_o}\left(\frac{11}{16}L\right)+\frac{M_aL}{4EI_o}\left(\frac{L}{6}+\frac{L}{6}+\frac{L}{6}\right)$$
$$\therefore M_a-\frac{3}{2}M_b = -\frac{7}{32}wL^2 \quad \cdots\cdots\cdots\cdots\cdots\cdots\cdots\cdots\cdots\cdots ②$$

식 ①, ②를 연립으로 풀면

$$\therefore \begin{cases} M_a = -\dfrac{13}{176}wL^2 \ (\curvearrowleft) \\ M_b = \dfrac{17}{176}wL^2 \ (\curvearrowright) \end{cases}$$

chapter 16 소성해석

1.

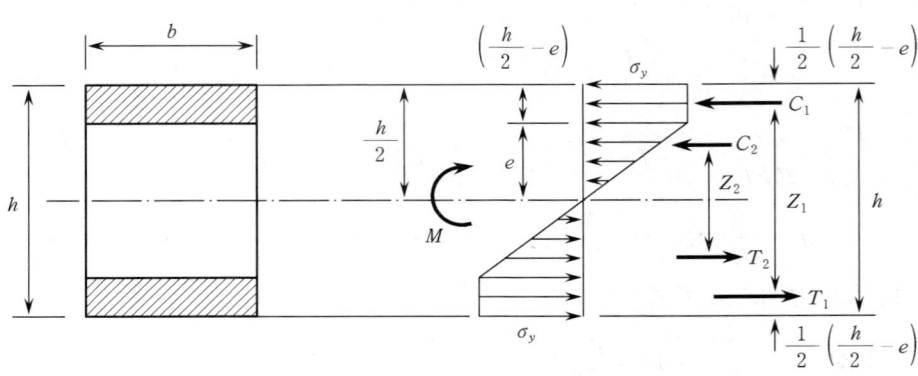

$$M = C_1 \cdot Z_1 + C_2 \cdot Z_2 = T_1 \cdot Z_1 + T_2 \cdot Z_2$$
$$= \sigma_y \left(\frac{h}{2} - e\right) \cdot b \cdot \left(\frac{h}{2} + e\right) + \frac{1}{2} \sigma_y \cdot e \cdot b \cdot \left(\frac{4}{3} e\right)$$
$$= \sigma_y \cdot \frac{bh^2}{4} - \sigma_y \cdot \frac{be^2}{3} = \frac{3}{2} M_y - \frac{2}{h^2} \cdot M_y \cdot e^2$$
$$\therefore e = h \sqrt{\left(\frac{3}{4} - \frac{M}{2M_y}\right)}$$

2. (1) 반력 산정

R_B를 과잉력으로 선정한 후 변형일치법으로 R_B를 구한다.

$$\frac{0.0693}{EI} Pl^3 - \frac{R_B \cdot l^3}{3EI} = 0$$

$$\therefore R_B = 0.208 P \ (\uparrow)$$
$$\therefore R_A = 0.792 P \ (\uparrow)$$
$$\therefore M_A = 0.6Pl - 0.792Pl = -0.192Pl \ (\curvearrowleft)$$

(2) B.M.D의 작성

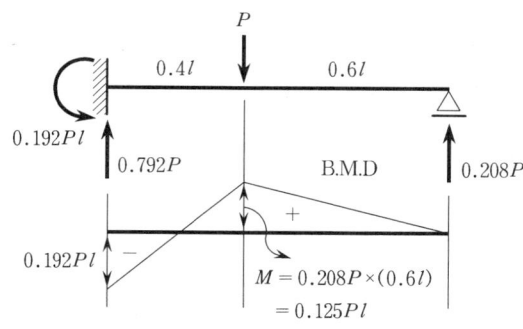

(3) 탄성하중과 극한하중의 비
   ① 최대 탄성하중 P_y

   $|M_{max}| = 0.192Pl$

   $\therefore P_y = \dfrac{M_y}{0.192l}$

   ② 극한하중 P_u

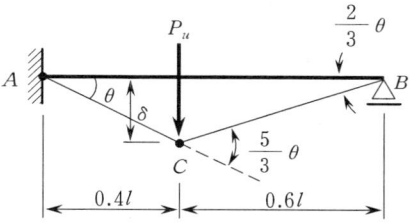

   $P_u(0.4l \cdot \theta) = M_p \cdot \theta + M_p \cdot \left(\dfrac{5}{3}\theta\right)$

   $\therefore P_u = 6.67 \dfrac{M_p}{l}$

   ③ $\dfrac{P_u}{P_y} = 1.28 \dfrac{M_p}{M_y}$

3. ① $W \times \left\{1.414\theta \times (\sqrt{2}-1) \times 18^2 \times \dfrac{1}{2}\right\}$

$= M_p \cdot \theta + M_p(2.414\theta)$

$\therefore W = 0.036 M_p$

② $W \times \left\{12\theta \times 24 \times \dfrac{1}{2}\right\}$

$= M_p(\theta) + M_p(\theta) + M_p(2\theta)$

$\therefore W = 0.028 M_p$

$\therefore W_u = 0.028 M_p$

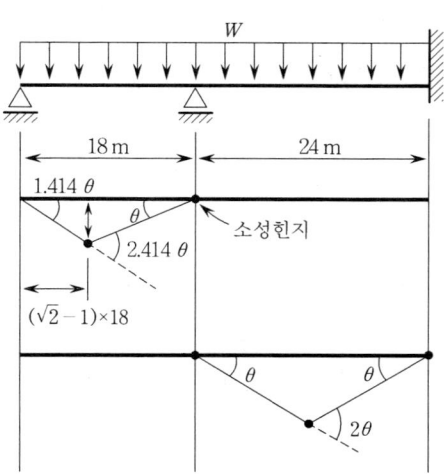

4. (1) 극한하중 P_u

① 붕괴 메커니즘

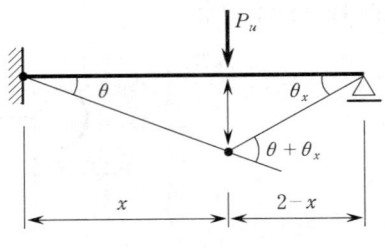

$$P_u \cdot (\theta \cdot x) = M_p \left(2\theta + \frac{x}{2-x}\theta\right)$$

$$\therefore P_u = \frac{4-x}{x(2-x)}M_p$$

② P_u 가 발생하는 x 위치

$$\frac{\partial P_u}{\partial x} = 0 \; ; \; \frac{\partial P_u}{\partial x} = \frac{-1\{x(2-x)\} - (4-x)(2-2x)}{x^2(2-x)^2} = 0$$

$$\therefore x = 1.17 \text{ m}$$

③ 극한하중 P_u

$$P_u = 2.914 M_p = 2.914 (\sigma_y \times Z_p)$$

$$= 2.914 \times 250 \times 52531 \times 10^{-3} = 38270 \text{ N}$$

(2) 탄성한계하중 P_e

$$R_B = \frac{Px^2}{16}(6-x)$$

① M_1의 최대값

$$M_1 = \frac{Px^2}{16}(6-x)(2-x)$$

$$\frac{\partial M_1}{\partial x} = 0 \; ; \; x^2 - 6x + 6 = 0$$

$$\therefore x = 1.27 \text{ m}$$

$$\therefore M_1 = \frac{P}{16} \times (1.27)^2 \times (6-1.27) \times (2-1.27) = 0.348 P$$

② M_2의 최대값

$$M_2 = \frac{P}{8}x^2(6-x) - Px$$

$$\frac{\partial M_2}{\partial x} = 0 \; ; \; 12x - 3x^2 - 8 = 0$$

$$\therefore x = 0.845 \text{ m}$$

$$\therefore M_2 = \frac{P}{8}(0.845)^2 \times (6-0.845) - P \times 0.845 = -0.385 P = M_{\max}$$

③ $P_e = \dfrac{M_{\max}}{0.385} = \dfrac{1}{0.385}(\sigma_y \times Z)$

$$= \frac{1}{0.385}(250 \times 44432 \times 10^{-3}) = 28852 \text{ N}$$

(3) ∴ $\dfrac{P_u}{P_e} = \dfrac{38270}{28852} = 1.326$

5.

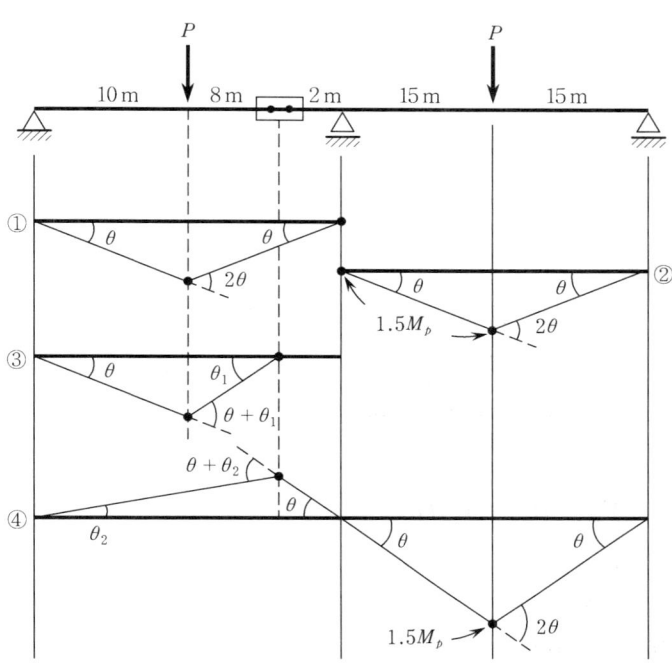

∴ $P_u = 0.296 M_p$

chapter 17 케이블

1. (a) ① $H \cdot y_c = M_c$

$$\therefore H = \frac{M_c}{y_c} = \frac{320}{8} = 40 \text{ t}$$

② Cable의 반력

$\Sigma M_E = 0$; $V_A \times 40 - 40 \times 4 - 10 \times 30 - 20 \times 20 - 14 \times 10 = 0$

$$\therefore V_A = 25 \text{ t}$$

$\Sigma F_y = 0$; $V_A + V_E = 10 + 20 + 14$

$$\therefore V_E = 19 \text{ t}$$

$$\therefore R_A = \sqrt{V_A^2 + H^2} = 47.17 \text{ t}$$

$$\therefore R_E = \sqrt{V_E^2 + H^2} = 44.28 \text{ t}$$

(b) ① AB와 BC 부재의 길이

$$y_B = \frac{M_B}{H} = \frac{210}{40} = 5.25 \text{ m}$$

$$\therefore L_{AB} = \sqrt{10^2 + 6.25^2} = 11.79 \text{ m}$$

$$\therefore L_{BC} = \sqrt{10^2 + (10-6.25)^2} = 10.68 \text{ m}$$

② AB와 BC 부재의 장력

$$T_{AB} = \sqrt{H^2 + V_B^2} = \sqrt{40^2 + 10^2} = 41.23 \text{ t}$$

$$T_{BC} = \sqrt{H^2 + V_C^2} = \sqrt{40^2 + 20^2} = 44.72 \text{ t}$$

chapter 18 정정트러스의 해석

1. (1) F_1과 F_2의 산정

① $\Sigma M_B = 0$;

$$43 \times 4 + 17 \times 4 + 10 \times 4 - F_1 \times 6 = 0$$

$$\therefore F_1 = 46.7 \text{ t (인장)}$$

② $\Sigma F_y = 0$;

$$43 - 17 - 10 - \frac{3}{5} F_2 = 0$$

$$\therefore F_2 = 26.7 \text{ t (인장)}$$

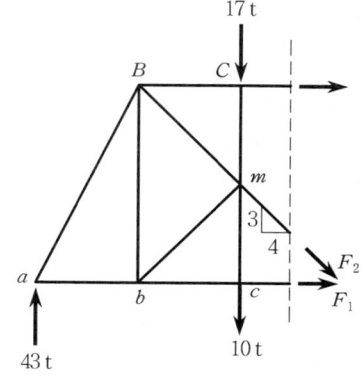

(2) F_3의 산정

$\Sigma M_d = 0$;

$$-\frac{3}{5} F_3 \times 8 - 17 \times 4 - 10 \times 4 = 0$$

$$\therefore F_3 = -22.5 \text{ t (압축)}$$

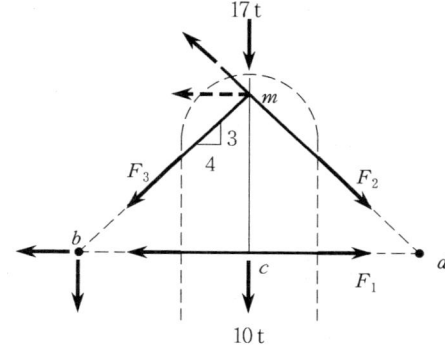

chapter 19 부정정 트러스의 해석 및 트러스의 응용

1. $\Delta_{ao} + X_a \cdot \delta_{aa} = 0$

   $\dfrac{9.6}{AE} + X_a\left(\dfrac{17.28}{AE}\right) = 0$

   $\therefore X_a = -0.556$

부재	길이 L (m)	F_0 (t)	f_a	$F_0 \cdot f_a \cdot L$	$f_a^2 \cdot L$	$F = F_0 + X_a \cdot f_a$ (t)
L_0U_1	5	−10	0	0	0	−10
L_0L_1	3	6	0	0	0	6
U_1L_1	4	0	−0.8	0	2.56	0.445
U_1U_2	3	−12	−0.6	21.6	1.08	−11.666
U_1L_2	5	10	1	50	5	9.444
U_2L_3	5	−20	0	0	0	−20
U_2L_2	4	16	−0.8	−51.2	2.56	16.445
L_2L_3	3	12	0	0	0	12
L_1L_2	3	6	−0.6	−10.8	1.08	6.334
L_1U_2	5	0	1	0	5	−0.556
Σ				9.6	17.28	

2.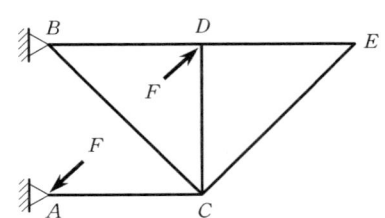

   $F = EA\alpha \cdot \Delta T$

(1) B지점

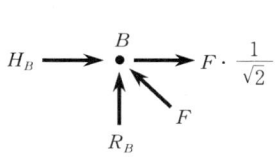

$\Sigma F_y = 0$; $R_B + F \cdot \dfrac{1}{\sqrt{2}} = 0$

$\therefore R_B = -F \cdot \dfrac{1}{\sqrt{2}} = -\dfrac{EA\alpha \cdot \Delta T}{\sqrt{2}}$

$\Sigma F_x = 0$; $H_B + F \cdot \dfrac{1}{\sqrt{2}} - F \cdot \dfrac{1}{\sqrt{2}} = 0$

$\therefore H_B = 0$

(2) A지점

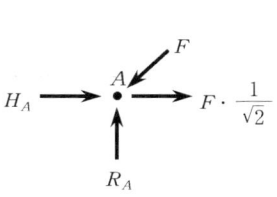

$\Sigma F_y = 0$; $R_A - F \cdot \dfrac{1}{\sqrt{2}} = 0$

$\therefore R_A = \dfrac{F}{\sqrt{2}} = \dfrac{EA\alpha \cdot \Delta T}{\sqrt{2}}$

$\Sigma F_x = 0$; $H_A + F \cdot \dfrac{1}{\sqrt{2}} - F \cdot \dfrac{1}{\sqrt{2}} = 0$

$\therefore H_A = 0$

3.

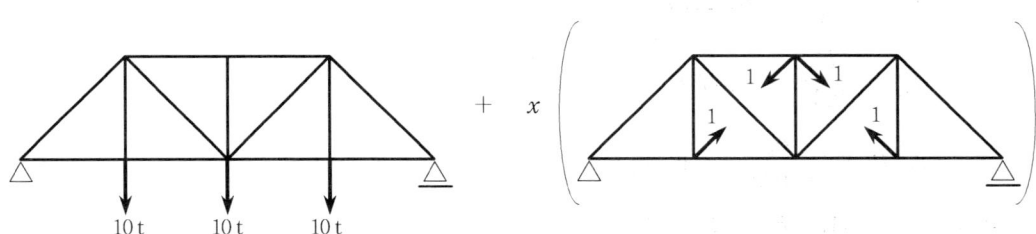

$\Delta_i = \Delta_{io} + x \cdot \delta_{io} = 0$

$\dfrac{90}{AE} + \left(x \times \dfrac{36.72}{AE} \right) = 0$

$\therefore x = -2.45$

부재	$l(m)$	F_o	f_o	$F_o \cdot f_o \cdot l$	$f_o^2 \cdot l$	$F = F_o + x \cdot f_o$
AF	5	-25	0	0	0	-25
AB	4	20	0	0	0	20
BC	4	20	$-\dfrac{4}{5}$	-64	2.56	21.96
⋮	⋮	⋮				
BG	5	0	1	0	5	-2.45
DG	5	0	1	0	5	-2.45
GH	4	$-\dfrac{80}{3}$	$-\dfrac{4}{5}$	85.33	2.56	-24.71
Σ				90	36.72	

4. (a) ① 부재력 산정

$$F_1 = 0.212P, \quad F_2 = 0.661P$$

② P_a 산정

$$\sigma_{a1} = \frac{F_1}{A} = 0.0212P$$

$$\sigma_{a2} = \frac{F_2}{2A} = 0.033P$$

$$\therefore P_a = \frac{\sigma_a}{0.033} = 45.45 \text{ t}$$

(b) $F_1 = \sigma_y \cdot A, \quad F_2 = 2\sigma_y \cdot A$

$$\therefore P_u = 2F_1 \cdot \cos\beta + F_2 = 90 \text{ t}$$

5. (1) 강봉의 단면적 A

$$\therefore A_{(AB)} = \frac{F_{AB}}{\sigma_a} \times 안전율 = \frac{173.2 \times 10^3}{200 \times 10^2} \times 2 = 17.32 \text{ cm}^2$$

$$\therefore A_{(BC)} = \frac{F_{BC}}{\sigma_a} \times 안전율 = \frac{100 \times 10^3}{200 \times 10^2} \times 3.5 = 17.5 \text{ cm}^2$$

(2) B점 변위 산정

$$\therefore \delta_{BH} = \delta_{AB} \cdot \cos 60 - \delta_{BC} \cdot \cos 30$$
$$= 0.1732 \times \cos 60 - 0.05714 \times \cos 30 = 0.0371 \text{ cm}$$

$$\therefore \delta_{BV} = \delta_{AB} \cdot \sin 60 + \delta_{BC} \cdot \sin 30$$
$$= 0.1732 \times \sin 60 + 0.05714 \times \sin 30 = 0.1786 \text{ cm}$$

영향선

1. (1) B점의 최대 반력

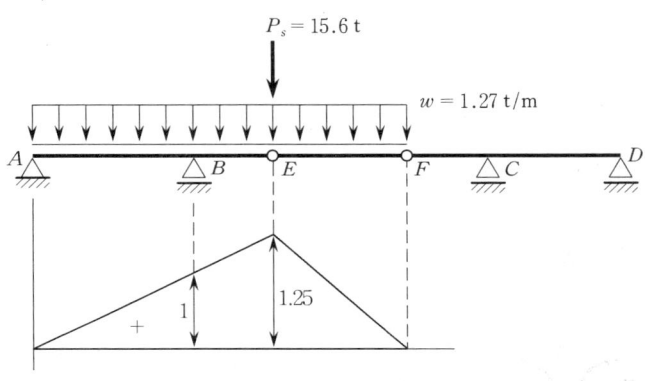

$$R_{B(\max)} = 1.27 \times \left(1.25 \times 90 \times \frac{1}{2}\right) + 15.6 \times 1.25$$
$$= 90.94 \text{ t}$$

(2) B점의 최대 휨모멘트

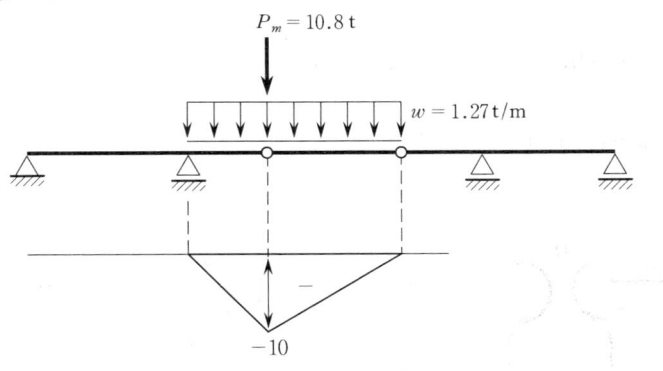

$$M_{B(\max)} = -\left\{1.27 \times \left(10 \times 50 \times \frac{1}{2}\right) + 10.8 \times 10\right\}$$
$$= -425.5 \text{ t} \cdot \text{m}$$

(3) $V_{B(right)}$의 최대값

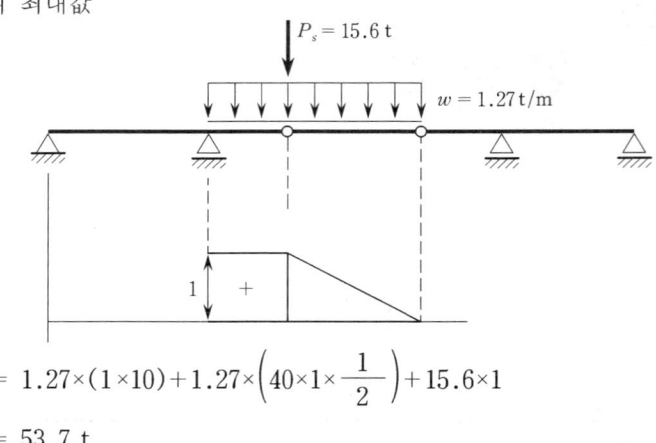

$$V_{B(right)} = 1.27 \times (1 \times 10) + 1.27 \times \left(40 \times 1 \times \frac{1}{2}\right) + 15.6 \times 1$$
$$= 53.7 \text{ t}$$

2. (1) cd 구간의 중점의 종거

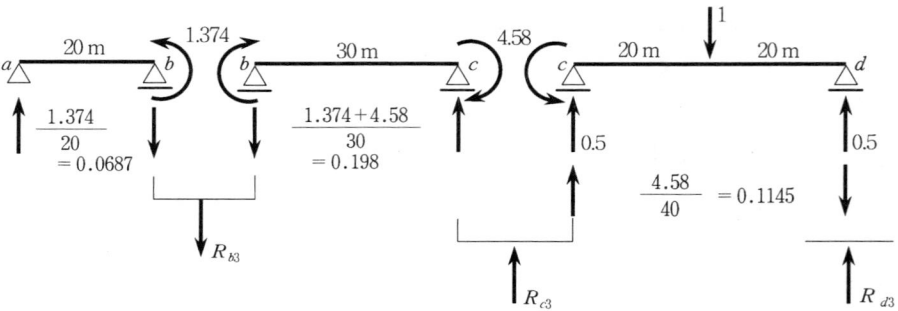

$$\therefore R_{b3} = -0.2667, \quad R_{c3} = 0.8125, \quad R_{d3} = 0.3855$$

(2) ab 구간의 중점의 종거

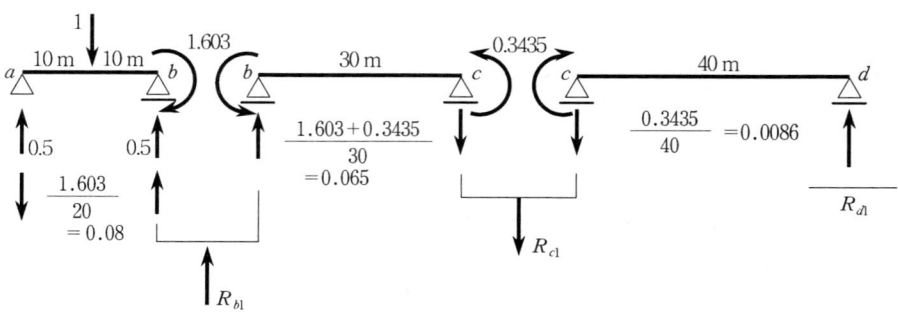

$$\therefore R_{b1} = 0.645, \quad R_{c1} = -0.0736, \quad R_{d1} = 0.0086$$

Matrix 구조해석

1.
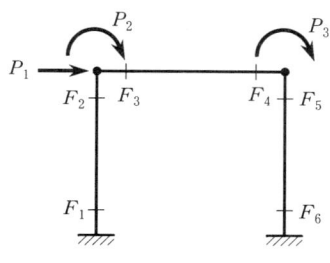
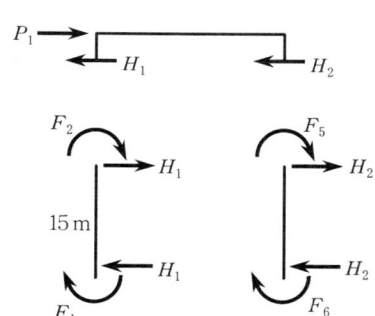

$$[K] = \begin{bmatrix} 0.0071 & -0.0267 & -0.0267 \\ -0.0267 & 1.067 & 0.4 \\ -0.0267 & 0.4 & 1.067 \end{bmatrix} \times EI$$

$$\{X\} = [K]^{-1}\{P\} = \begin{Bmatrix} 284.2 \\ 397.9 \\ -322.1 \end{Bmatrix} \times \frac{1}{EI}$$

∴ 재단모멘트 {F}

$$\{F\} = \begin{Bmatrix} 0 \\ 0 \\ -288 \\ 192 \\ 0 \\ 0 \end{Bmatrix} + \begin{Bmatrix} 45.47 \\ 98.53 \\ 189.5 \\ -98.53 \\ 93.5 \\ -50.53 \end{Bmatrix} = \begin{Bmatrix} 45.47 \\ 98.53 \\ -98.5 \\ 98.5 \\ -93.5 \\ 50.53 \end{Bmatrix}$$

2.

$$[K] = \begin{bmatrix} 0.034 & 5.2\times10^{-3} \\ 5.2\times10^{-3} & 9.3\times10^{-3} \end{bmatrix} \times E$$

$$\{X\} = [K]^{-1}\{P\} = \begin{bmatrix} -692 \\ 4616 \end{bmatrix} \times \frac{1}{E}$$

∴ 부재력 {F}

$$\{F\} = [S][A]^T\{X\} = \begin{Bmatrix} 44.43 \\ -8.65 \\ -29.98 \end{Bmatrix} (kN)$$

chapter 22 동역학

1. (a) C지점이 고정단

$\theta_C = 0$

$M_{BA} + M_{BC} = 0$; $M_{BA} = -M_{BC} = -\dfrac{4mEI}{h}\theta_B$

$\therefore k = \dfrac{M_{BA}}{\theta_B} = -\dfrac{4mEI}{h}$

(b) C지점이 힌지단

$M_{CB} = 0$; $\theta_C = -\dfrac{1}{2}\theta_B$

$M_{BA} + M_{BC} = 0$; $M_{BA} = -M_{BC} = -\dfrac{3mEI}{h}\theta_B$

$\therefore k = \dfrac{M_{BA}}{\theta_B} = -\dfrac{3mEI}{h}$

(c) C지점이 롤러단

$M_{BA} + M_{BC} = 0$; $M_{BA} = -M_{BC} = 0$

$\therefore k = \dfrac{M_{BA}}{\theta_B} = 0$

2. (1) 고유 진동수

① 평형 스프링 상수 k_e

$\dfrac{F}{k_e} = \dfrac{L}{l}\left(\dfrac{L}{l}\dfrac{F}{k_1}\right) + \dfrac{F}{k_2}$

$\therefore k_e = \dfrac{k_1 \cdot k_2}{k_1 + \left(\dfrac{L}{l}\right)^2 k_2}$

② 고유 진동수 f

$\therefore f = \dfrac{\omega}{2\pi} = \dfrac{1}{2\pi}\sqrt{\dfrac{1}{m}\left\{\dfrac{k_1 \cdot k_2}{k_1 + \left(\dfrac{L}{l}\right)^2 \cdot k_2}\right\}}$

3. 대수감쇠
   * 본문참조
   ① 임계감쇠 자유 진동
   ② 과감쇠 자유 진동
   ③ 저감쇠 자유 진동

포인트 토목·건축 구조기술사 시험대비
재료 및 구조역학

발행일 / 2009년 11월 2일   초판 발행
         2010년 9월 15일   1차 개정
         2012년 7월 10일   2차 개정
         2016년 2월 20일   2쇄
         2019년 1월 20일   3쇄
         2021년 1월 15일   4쇄
         2023년 12월 20일   5쇄

저　자 / 임 청 권
발행인 / 정 용 수
발행처 / 예문사

주　소 / 경기도 파주시 직지길 460(출판도시) 도서출판 예문사
Ｔ Ｅ Ｌ / 031)955-0550
Ｆ Ａ Ｘ / 031)955-0660

등록번호 / 11-76호

정가 : 35,000원

• 이 책의 어느 부분도 저작권자나 발행인의 승인 없이 무단 복제하여 이용할 수 없습니다.
• 파본 및 낙장은 구입하신 서점에서 교환하여 드립니다.
• 예문사 홈페이지 http://www.yeamoonsa.com

ISBN 978-89-273-0052-6   93530